Deepen Your Mind

前言

Python 作為人工智慧和巨量資料的主要開發語言，具有靈活性強、擴充性好、應用面廣、可移植、可擴充、可嵌入等特點，近幾年發展迅速，熱度上漲，人才需求量逐年攀升，相關課程已經成為大專院校的專業課程。

為適應當前教育教學改革的要求，更進一步地踐行人工智慧模型與演算法應用，作者以實踐教學與創新能力培養為目標，採取了創新方式，從不同難度、不同類型、不同演算法融合。

本書主要內容和素材來自開放原始碼網站的人工智慧經典模型演算法、資訊工程專業創新課程內容、作者近幾年承擔的科學研究項目成果、作者指導學生所完成的創新專案，學生不僅學到了知識，提高了能力，而且為本書提供了第一手素材和相關資料。

本書內容化繁為簡、先思考後實踐、注重整體架構、系統流程與程式實現相結合。對於從事人工智慧開發、機器學習和演算法實現的專業技術人員，本書可以作為技術參考書、提高專案創新實踐手冊；也可以作為資訊通訊工程及相關領域的大學生參考書，為機器學習模型分析、演算法設計、應用實現提供幫助。

由於作者經驗與水準有限，書中難免存在疏漏及不當之處，衷心地希望各位讀者多提寶貴意見及具體整改措施，以便作者進一步修改和完善。

繁體中文版說明

本書原作者為中國大陸人士，原書使用文字為簡體中文，為保持全書完整，本書圖示維持簡體中文介面，請讀者閱讀時對照書中前後文。此外本書程式碼也會維持簡體中文格式，以保證程式執行之正確性。

目錄

01 文章輔助生成系統

02 Trump 推特的情感分析

03 以 LSTM 為基礎的影評情感分析

04 Image2Poem——根據圖型生成古體詩句

05 歌曲人聲分離

06 以 Image Caption 為基礎的英文學習

07 智慧聊天機器人

08 說唱歌詞創作應用

09 以 LSTM 為基礎的語音 / 文字 / 情感辨識系統

10 以人臉檢測為基礎的表情包自動生成器

11 AI 作曲

12 智慧作文評分系統

13 新冠疫情輿情監督

14 語音辨識——視訊增加字幕

15 人臉辨識與機器翻譯小程式

16 以循環神經網路為基礎的機器翻譯

17 以 LSTM 為基礎的股票預測

18 以 LSTM 為基礎的豆瓣影評分類情感分析

19 AI 寫詩機器人

20 以 COCO 資料集為基礎的自動圖型描述

PROJECT
1

文章輔助生成系統

本專案以學術論文、維基百科等資料集為基礎，透過 TextRank 和 Seq2Seq 演算法對模型進行最佳化和改進，建構一體化的文章摘要、標題和關鍵字輔助生成系統，設計、對接視覺化介面，將程式封裝為可執行檔並在 PC 端直接執行。

1.1 整體設計

本部分包括系統整體結構圖和系統流程圖。

1.1.1 系統整體結構圖

系統整體結構如圖 1-1 所示。

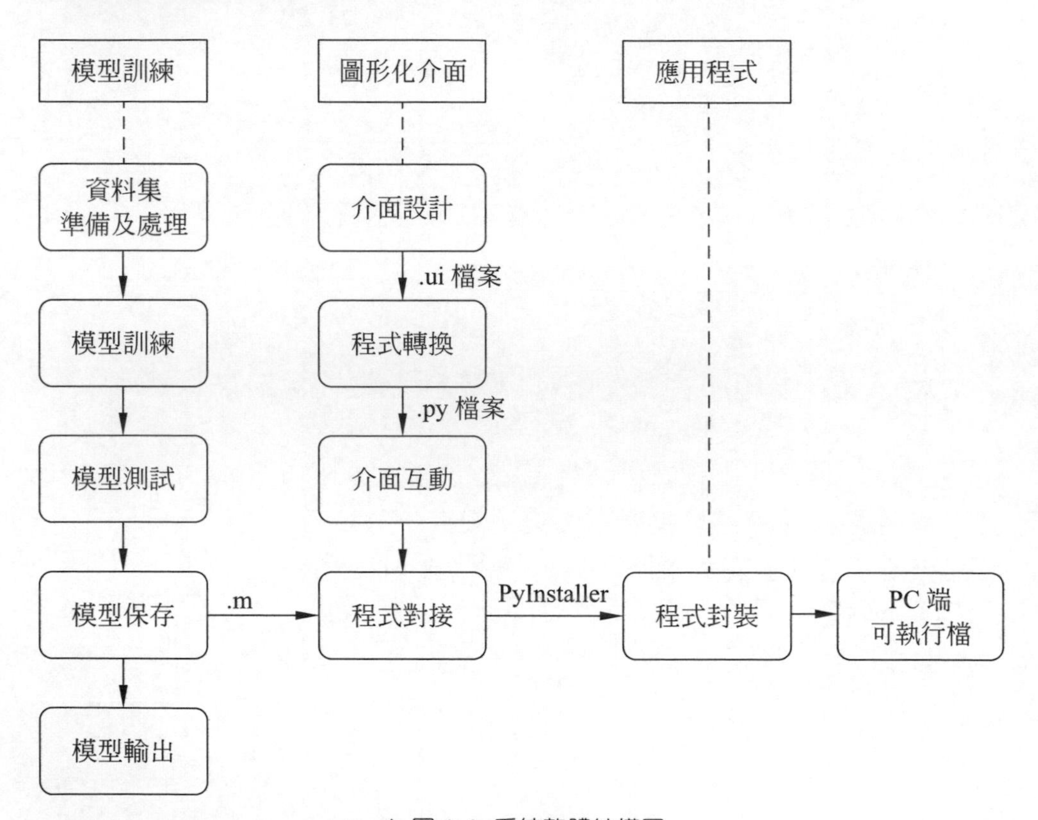

▲ 圖 1-1 系統整體結構圖

1.1.2 系統流程圖

系統流程如圖 1-2 所示。

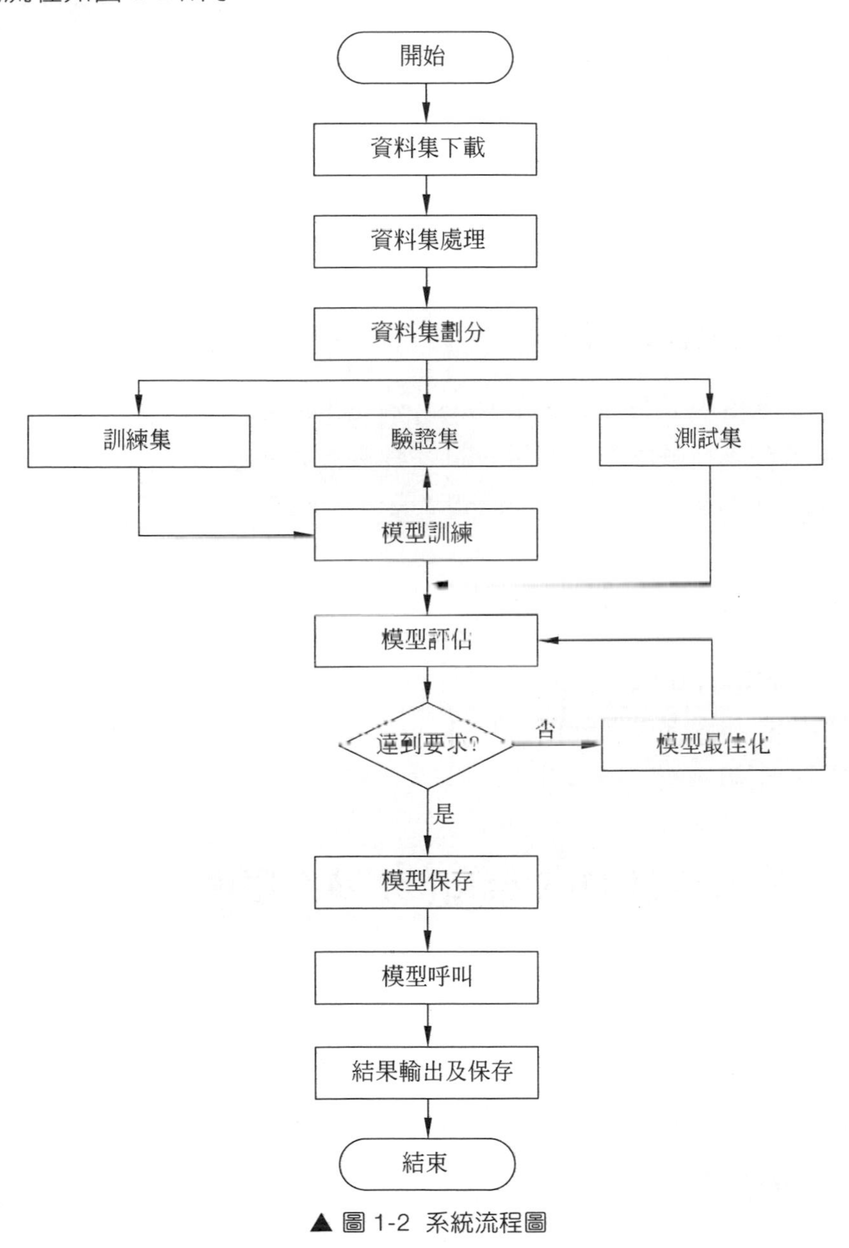

▲ 圖 1-2 系統流程圖

1.2 執行環境

本部分包括 Python 環境、TextRank 環境、TensorFlow 環境、PyQt5 及 Qt Designer 執行環境。

1.2.1 Python 環境

版本：Python 3.5。

1.2.2 TextRank 環境

從倉庫映像檔中下載 numpy-1.9.3.tar.gz、networkx-2.4.tar.gz、math-0.5.tar.gz 檔案，在本地解壓後，使用 cmd 命令列進入主控台，切換到對應目錄中，執行 python.exe setup.py install 命令，完成安裝。

1.2.3 TensorFlow 環境

下載 tensorflow-1.0.1-cp35-cp35m-win_amd64.whl，使用 cmd pip 命令進行安裝，使用 pip 命令安裝 tarfile、matplotlib、jieba 依賴套件，實現 TensorFlow 平台相關模型的準備。

1.2.4 PyQt5 及 Qt Designer 執行環境

使用 pip 命令安裝與 Python 語言對應版本的 PyQt5 工具套件，同時在環境中設定 PyUIC5 和 PyQt5-tools，用於圖形化介面的快速開發及轉換。將上述工具增加至 PyCharm 編輯器的 ExternalTools 中。

從 PyCharm 編輯器的 Tools-External Tools 中開啟 Qt Designer，如圖 1-3 所示，表明 Qt Designer 安裝成功。

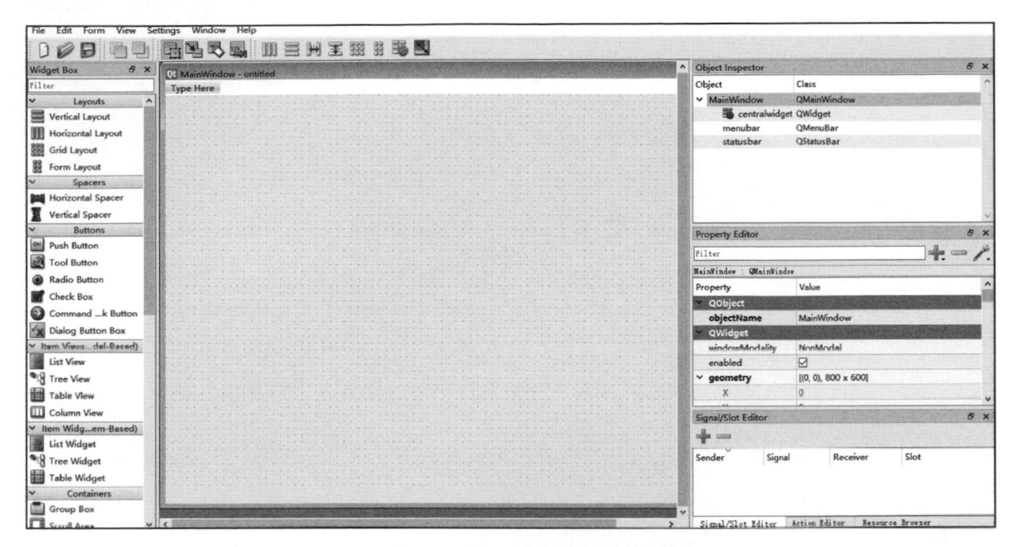

▲ 圖 1-3 Qt Designer 工具圖

1.3 模組實現

本專案包括 6 個模組：資料前置處理、取出摘要、模型架設與編譯、模型訓練與儲存、圖形化介面的開發和應用封裝。下面分別列出各模組的功能介紹及相關程式。

1.3.1 資料前置處理

資料前置處理下載網址為 http://www.sogou.com/labs/resource/cs.php，未經處理的原始資料圖如圖 1-4 所示。

```
<doc>
<url>http://gongyi.sohu.com/20120706/n347457739.shtml</url>
<docno>98590b972ad2f0ea-34913306c0bb3300</docno>
<contenttitle>深圳地铁将设立ＶＩＰ头等车厢　买双倍票可享坐票</contenttitle>
<content>南都讯　记者刘凡　周昌和　任笑一　继推出日票后，深圳今后将设地铁ＶＩＰ头等车厢，设坐票制。昨日，《南都ＭＥＴＲＯ》创刊仪式暨２０１２年深港地铁圈高峰论坛上透露，在未来的１１号线上将
</doc>
<doc>
<url>http://gongyi.sohu.com/20120724/n348878190.shtml</url>
<docno>5fa7926d2cd2f0ea-34913306c0bb3300</docno>
<contenttitle>爸爸为女儿百万建幼儿园　消防设施３年仍不过关</contenttitle>
<content></content>
</doc>
<doc>
<url>http://gongyi.sohu.com/s2008/sourceoflife/</url>
<docno>f2467af22cd2f0ea-34913306c0bb3300</docno>
<contenttitle>中国西部是地球上主要干旱带之一，妇女是当地劳动力．．．</contenttitle>
<content>同心县地处宁夏中部干旱带的核心区，　冬寒长，春暖迟，夏热短，秋凉早，干旱少雨，蒸发强烈，风大沙多。主要自然灾害有沙尘暴、干热风、霜冻、冰雹等，其中以干旱危害最为严重。　由于生态环境的
</doc>
<doc>
<url>http://gongyi.sohu.com/20120612/n345424232.shtml</url>
<docno>0dadd5002ed2f0ea-34913306c0bb3300</docno>
<contenttitle>思源焦点公益基金救助孩子：永康</contenttitle>
<content>不满一岁的永康是个饱经病痛折磨的孩子，２０１１年７月５日出生的他，患有先天性心脏病、疝气，一出生便被遗弃。２０１２年１月８日，才５个月大的永康被发现呼吸困难，随后送往医院进行抢救治
</doc>
<doc>
<url>http://gongyi.sohu.com/20120629/n346847569.shtml</url>
<docno>be6bcb252fd2f0ea-34913306c0bb3300</docno>
<contenttitle>康师傅回应转卖废弃茶叶：下家承诺用废料做枕头</contenttitle>
<content>就废弃茶叶被转手事件发声明　本报讯（记者刘俊）　“我们也是受害者！”昨日，有媒体报道称康师傅的废弃茶叶被转手卖给不良商家、冒充名茶流入市场，康师傅的一位联系人这样说。康师傅昨日晚间发
</doc>
<doc>
<url>http://gongyi.sohu.com/s2009/gongyidream/</url>
<docno>66c756872fd2f0ea-34913306c0bb3300</docno>
<contenttitle>活动时间：</contenttitle>
<content>·奖励办法：率先提交的前１００个创意项目，经评估，可优先资助实施。　·咨询电话：０１０－６７７８４７１０，０１０－６７７８４７２０。　·报名方式：先下载报名表填写完整，网上直接上传项目概
</doc>
<doc>
<url>http://gongyi.sohu.com/20120730/n349358066.shtml</url>
<docno>fdaa73d52fd2f0ea-34913306c0bb3300</docno>
<contenttitle>失独父母中年遇独子夭折　称不怕死亡怕养老生病</contenttitle>
<content></content>
</doc>
<doc>
<url>http://gongyi.sohu.com/s2009/xianxue/</url>
```


▲ 圖 1-4 未經處理的原始資料圖

對於其編碼形式，由於檔案過大，無法透過開啟檔案的方式獲取編碼，採用 GBK18030 可編碼。處理過程如下。

1. 資料提取及劃分

使用正規表示法提取資料的內容，按照比例進行訓練集和驗證集的劃分，去除文字內容長度不符合要求的資料，對劃分後的標題和內容進行儲存，生成的檔案使用軟體改變編碼格式為 utf-8。相關程式如下：

1) 正規表示法比對

```
for_title='<contenttitle>(.*)</contenttitle>'  #篩選標題，去除標籤
for_content='<content>(.*)</content>'          #篩選內容，去除標籤
p1=re.compile(for_title)
p2=re.compile(for_content)
```

2) 將資料篩選進行寫入過程

```
for i in range(4,len(data.values)+1,6):          #針對位置選擇對應的資料
    n=p2.findall(str(data.values[i]))
    text=n[0]
    word=text
    result=''
    for w in word:
        result=result+str(w.word)+' '
#對意外的情況進行替換
    result=result.replace(u'\ u3000','').replace(u'\ ue40c','')
#檢查資料長度是否符合需求，太長或太短，都要捨棄
    if len(result)>=1024 or len(result)==0:
        id.append(i)
        continue
    if i<for_train:
        f_content_train.write(result+'\n')
    else:
        f_content_test.write(result+'\n')
    print((i/6)/len(range(3,len(data.values)+1,6)))
```

2. 替換和分詞

對獲得的文字進行標籤替換，完成分詞操作。相關程式如下：

```
def token(self, sentence):
    words = self.segmentor.segment(sentence)                  #分詞
    words = list(words)
    postags = self.postagger.postag(words)                    #詞性標注
        postags = list(postags)
        netags = self.recognizer.recognize(words, postags) #命名實體辨識
        netags = list(netags)
        result = []
        for i, j in zip(words, netags):
            if j in ['S-Nh', 'S-Ni', 'S-Ns']:
            result.append(j)
```

```
            continue
        result.append(i)
    return result
```

使用上述程式後，得到 4 個檔案——2 個訓練集和 2 個測試集，對應檔案的同一行分別為標題和內容。對所有的文字都進行標籤替換，完成分詞。

3. 資料讀取

根據得到的檔案進行資料讀取，相關程式如下：

```
data_set = [[] for _ in buckets]
with tf.gfile.GFile(source_path, mode="r") as source_file:
    with tf.gfile.GFile(target_path, mode="r") as target_file:
        source, target = source_file.readline(), target_file.readline()
        counter = 0                                              #原始檔案和目的檔案
        while source and target and (not max_size or counter < max_size):
            counter += 1
            if counter % 10000 == 0:
                print("reading data line%d"% counter)            #輸出資訊
                sys.stdout.flush()
            source_ids = [int(x) for x in source.split()]
            target_ids = [int(x) for x in target.split()]
            target_ids.append(data_utils.EOS_ID)                 #增加標識
            for bucket_id, (source_size, target_size) in enumerate(buckets):
                if len(source_ids)<source_size and len(target_ids)<target_size:
                    data_set[bucket_id].append([source_ids, target_ids])
                    break
            source, target = source_file.readline(), target_file.readline()
    return data_set
```

該程式會自動讀取資訊，並將讀取的資料存入 bucket 內，深度學習模型透過學習內容與標題生成，資料前置處理在準備資料時進行，使用 Python 的 codecs 模組讀取即可。

1.3.2 取出摘要

大多數論文的篇幅都是數萬字，直接使用模型對資料進行訓練與測試會耗費運算資源。因此，透過文字排序對資料進行重要性提取，演算法如下。

1. 排序迭代演算法

首先，獲得二位列表，句子為子串列，元素是單字；其次，透過判斷兩個單字是否同時出現在同一個時間視窗內確定連結。將所有詞增加到圖的連結後，使用 PageRank 演算法進行迭代，獲得平穩的單字 PR 值；最後，獲取重要的單字串列。

```
def sort_words(vertex_source, edge_source, window=2, pagerank_config={'alpha':
0.85, }):# 對單字的關鍵程度進行排序
"""
vertex_source：二維串列，子串列代表句子，其元素是單字，用來構造 PageRank 演算法
中的節點
edge_source：二維串列，子串列代表句子，其元素為單字，根據單字位置關係構造
PageRank 演算法中的邊視窗，一個句子中相鄰的單字，兩兩之間認為有邊
pagerank_config：PageRank 演算法的設定
"""
    sorted_words = []
    word_index = {}
    index_word = {}
    _vertex_source = vertex_source
    _edge_source = edge_source
    words_number = 0
    for word_list in _vertex_source:   # 對每個句子進行處理，提取包含單字的列表
        for word in word_list:
            if not word in word_index:
    # 更新 word_index，假如字典中沒有單字，將這個單字與索引增加到字典中
            word_index[word] = words_number
                index_word[words_number] = word    # 對 word 進行反向映射
                    words_number += 1
```

```
    graph = np.zeros((words_number, words_number))
# 建構 word_number*word_number 的矩陣，實現圖型計算
    for word_list in _edge_source:
        for w1, w2 in combine(word_list, window):
            if w1 in word_index and w2 in word_index:
                index1 = word_index[w1]
                index2 = word_index[w2]
                graph[index1][index2] = 1.0
                graph[index2][index1] = 1.0
# 根據視窗判斷其連接
    nx_graph = nx.from_numpy_matrix(graph)
# 組成鄰接矩陣
    scores = nx.pagerank(nx_graph, **pagerank_config)
# 使用 PageRank 演算法進行迭代
    sorted_scores = sorted(scores.items(), key=lambda item: item[1],
reverse=True)
    for index, score in sorted_scores:
        item = AttrDict(word=index_word[index], weight=score)
        sorted_words.append(item)
    return sorted_words
```

2. 句子相似度演算法

在用 TextRank 演算法對句子進行輸出時，使用的預設節點是句子，兩個節點相互連接的權重使用句子的相似度。相關程式如下：

```
def get_similarity(word_list1, word_list2):     # 計算兩個句子的相似程度
    """ 預設用於計算兩個句子相似度的函數
    word_list1, word_list2 分別代表兩個句子，都是由單字組成的列表
    """
    words = list(set(word_list1 + word_list2))
    vector1 = [float(word_list1.count(word)) for word in words]
    # 統計某個單字在句子中的頻率
    vector2 = [float(word_list2.count(word)) for word in words]
```

```
    vector3 = [vector1[x] * vector2[x] for x in range(len(vector1))]
    vector4 = [1 for num in vector3 if num > 0.]
    co_occur_num = sum(vector4)                     #分子
    if abs(co_occur_num) <= 1e-12:
        return 0.
    denominator = math.log(float(len(word_list1))) + math.log(float(len(word_
list2)))                                            #分母
    if abs(denominator) < 1e-12:
    return 0.
return co_occur_num / denominator                   #返回句子的相似度
```

1.3.3 模型架設與編譯

完成資料集製作後，進行模型架設、定義模型輸入、確定損失函數。

1. 模型架設

以 TensorFlow 提供的模型為基礎，參數使用類進行傳遞：

```
class LargeConfig(object):                          #定義網路結構
            learning_rate = 1.0                     #學習率
            init_scale = 0.04
            learning_rate_decay_factor = 0.99       #學習率下降
            max_gradient_norm = 5.0
            num_samples = 4096                      #取樣 Softmax
            batch_size = 64
            size = 256                              #每層節點數
            num_layers = 4                          #層數
vocab_size = 50000
#模型建構
def seq2seq_f(encoder_inputs, decoder_inputs, do_decode):
        return tf.contrib.legacy_seq2seq.embedding_attention_seq2seq(
            encoder_inputs,                         #輸入的句子
            decoder_inputs,                         #輸出的句子
```

```
        cell,                                    # 使用的 cell、LSTM 或 GRU
        num_encoder_symbols=source_vocab_size, # 來源字典的大小
        num_decoder_symbols=target_vocab_size, # 轉換後字典的大小
        embedding_size=size,                     # embedding 的大小
        output_projection=output_projection,     # 看字典大小
        feed_previous=do_decode,                 # 進行訓練還是測試
        dtype=tf.float32)
```

2. 定義模型輸入

在模型中，bucket 承接輸入的字元，所以須為 bucket 的每個元素建構一個預留位置。

```
# 輸入
    self.encoder_inputs = []
    self.decoder_inputs = []
    self.target_weights = []
    for i in xrange(buckets[-1][0]):
      self.encoder_inputs.append(tf.placeholder(tf.int32, shape=[None],
                                               name="encoder{0}".format(i)))
# 為清單物件中的每個元素建構一個預留位置，名稱分別為 encoder0、encoder1...
    for i in xrange(buckets[-1][1] + 1):
      self.decoder_inputs.append(tf.placeholder(tf.int32, shape=[None],
                                               name="decoder{0}".format(i)))
      self.target_weights.append(tf.placeholder(tf.float32, shape=[None],
                                               name="weight{0}".format(i)))
#target_weights 是一個與 decoder_outputs 大小一樣的矩陣
# 該矩陣將目標序列長度以外的其他位置填充為純量值 0
# 目標是將解碼器輸入移位 1
    targets = [self.decoder_inputs[i + 1]
               for i in xrange(len(self.decoder_inputs) - 1)]
# 將 decoder input 向右平移一個單位
```

3. 確定損失函數

在損失函數上，使用 TensorFlow 中的 sampled_softmax_loss() 函數。

```
def sampled_loss(labels, inputs):                          #使用候選取樣損失函數
    labels = tf.reshape(labels, [-1, 1])
#需要使用 32 位元浮點數計算 sampled_softmax_loss，以避免數值不穩定性
    local_b = tf.cast(b, tf.float32)
    local_inputs = tf.cast(inputs, tf.float32)
    return tf.cast(
        tf.nn.sampled_softmax_loss(                        #損失函數
            weights=local_w_t,
            biases=local_b,
            labels=labels,
            inputs=local_inputs,
            num_sampled=num_samples,
            num_classes=self.target_vocab_size),tf.float32)
```

1.3.4 模型訓練與儲存

設定模型結構後，定義模型訓練函數，以匯入及呼叫模型。

1. 定義模型訓練函數

定義模型訓練函數及相關操作。

```
def train():
    #準備標題資料
    print("Preparing Headline data in %s" % FLAGS.data_dir)
    src_train,,dest_train,src_dev,dest_dev,_,_=data_utils.prepare_headline_
data(FLAGS.data_dir, FLAGS.vocab_size)
#將獲得的資料進行處理，包括：建構詞典、根據詞典單字 ID 的轉換，返回路徑
config = tf.ConfigProto(device_count={"CPU": 4},
                        inter_op_parallelism_threads=1,
                        intra_op_parallelism_threads=2)
```

```
    with tf.Session(config = config) as sess:
    print("Creating %d layers of %d units."%(FLAGS.num_layers, FLAGS.size))
    model = create_model(sess, False)
    #建立模型
    print ("Reading development and training data (limit: %d)."
        % FLAGS.max_train_data_size)
    dev_set = read_data(src_dev, dest_dev)
    train_set = read_data(src_train, dest_train, FLAGS.max_train_data_size)
    train_bucket_sizes = [len(train_set[b]) for b in xrange(len(buckets))]
        train_total_size = float(sum(train_bucket_sizes))
        trainbuckets_scale=[sum(train_bucket_sizes[:i + 1]) / train_total_size
                for i in xrange(len(train_bucket_sizes))]
    #進行循環訓練
        step_time, loss = 0.0, 0.0
    current_step = 0
    previous_losses = []
    while True:
            random_number_01 = np.random.random_sample()
            bucket_id = min([i for i in xrange(len(trainbuckets_scale))
                    if trainbuckets_scale[i] > random_number_01])
            #隨機選擇一個 bucket 進行訓練
            start_time = time.time()
            encoder_inputs,decoder_inputs,target_weights=model.get_batch(
            train_set, bucket_id)
    _,step_loss,_=model.step(sess, encoder_inputs, decoder_inputs,
                        target_weights, bucket_id, False)
            step_time+=(time.time()-start_time)/FLAGS.steps_per_checkp oint
            loss += step_loss / FLAGS.steps_per_checkpoint
            current_step += 1
            if current_step % FLAGS.steps_per_checkpoint == 0:
                perplexity=math.exp(float(loss))
if loss<300
else
float("inf")
                print ("global step %d learning rate %.4f step-time %.2f
perplexity ""%.2f" % (model.global_step.eval(),
```

```
model.learning_rate.eval(),
                          step_time, perplexity))          #輸出參數
                 if len(previous_losses)>2 and loss > max(previous_losses[-3:]):
                     sess.run(model.learning_rate_decay_op)
                 previous_losses.append(loss)
checkpoint_path=os.path.join(FLAGS.train_dir, "headline_large.ckpt")
                     model.saver.save(sess,checkpoint_path,
global_step=model.global_step)                              #檢查點輸出路徑
                 step_time, loss = 0.0, 0.0
                 for bucket_id in xrange(len(buckets)):
                     if len(dev_set[bucket_id]) == 0:
                         print(" eval: empty bucket %d" % (bucket_id))
                         continue
                         encoder_inputs,decoder_inputs,target_weights=
model.get_batch(dev_set, bucket_id)                         #編解碼及目標加權
                         _,eval_loss,_=model.step(sess,encoder_inputs,
decoder_inputs, target_weights, bucket_id, True)
                         eval_ppx = math.exp(float(eval_loss))  #計算損失
if eval_loss < 300
else float("inf")
print("eval:bucket%dperplexity%.2f"%(bucket_id, eval_ppx))  #輸出困惑度
             sys.stdout.flush()
```

2. 模型匯入及呼叫

將生成的模型放在 /ckpt 資料夾內部，執行的過程中載入該模型。當程式獲取句子之後，進行以下處理：

```
while sentence:
      sen=tf.compat.as_bytes(sentence)
      sen=sen.decode('utf-8')
      token_ids = data_utils.sentence_to_token_ids(sen, vocab,
      normalize_digits=False)
      print (token_ids)#列印 ID
      #選擇合適的 bucket
```

```
        bucket_id = min([b for b in xrange(len(buckets)) if buckets[b][0] >
len(token_ids)])
        print ("current bucket id" + str(bucket_id))
        encoder_inputs, decoder_inputs, target_weights = model.get_batch(
           {bucket_id: [(token_ids, [])]}, bucket_id)
              # 獲得模型的輸出
        _, _, output_logits_batch = model.step(sess, encoder_inputs,
decoder_inputs, target_weights,
              bucket_id, True)
        # 貪婪解碼器
        output_logits = []
        for item in output_logits_batch:
           output_logits.append(item[0])
        print (output_logits)
        print (len(output_logits))
        print (output_logits[0])
        outputs = [int(np.argmax(logit)) for logit in output_logits]
        print(output_logits)
        # 剔除程式對文字進行的標記
        if data_utils.EOS_ID in outputs:
           outputs = outputs[:outputs.index(data_utils.EOS_ID)]
        print(" ".join([tf.compat.as_str(rev_vocab[output]) for output in
outputs]))
```

1.3.5 圖形化介面的開發

為提高可用性，將針對程式操作的環境轉變為針對介面的操作，透過 Python 提供的 Qt Designer 及 PyQt5 環境完成專案的圖形化介面。

1. 介面設計

從 PyCharm 的 External Tools 中開啟設定好的 Qt Designer，建立主視窗，並使用 WidgetBox 進行元件的佈局，如圖 1-5 所示。

▲ 圖 1-5 使用 Qt Designer 進行介面佈局設計圖

原生元件的美觀性不足，需對各元件進行樣式自訂。在監控視窗中選擇修改對應元件的樣式表，透過增加 CSS(Cascading Style Sheets，層疊樣式表) 完成各元件和介面的美化。如圖 1-6 所示的美化圖展示了「進入程式」按鈕的 CSS 程式，此處分別設定了基礎樣式、點按樣式及滑鼠懸浮樣式，使按鈕的邏輯更接近真實的使用場景，提升使用者體驗。

```
QPushButton#pushButton_openfile{
    border: 1px solid #9a8878;
    background-color:#ffffff;
    border-style: solid;
    border-radius:0px;
    width: 40px;
    height:20px;
    padding:0 0px;
    margin:0 0px;
}

QPushButton#pushButton_openfile:pressed{
    background-color:#FBF7F6;
    border:0.5px solid #DDCFC2;
}

QPushButton#pushButton_openfile:hover{
    border:0.5px solid #DDCFC2;
}
```

▲ 圖 1-6 美化圖

對主視窗和各元件的樣式表修改後進行預覽，如圖 1-7 所示。

▲ 圖 1-7 首頁設計預覽（按鈕樣式為指標懸浮）圖

2. 程式轉換

將上述介面設計儲存為 .ui 檔案，使用設定好的 PyUIC5 工具進行處理，得到轉換後的 .py 程式。

對程式中無法透過程式執行繪製出的元件進行調整，舉例來說，透過 .qrc 檔案指定連結引入的 icon 修改為引用相對位址。相關程式如下：

```
from PyQt5 import QtCore, QtGui, QtWidgets              #引入所需的函數庫
from PyQt5 import QtCore, QtGui, QtWidgets, Qt
from PyQt5.QtWidgets import *
import PreEdit
```

```
class Ui_MainWindow_home(QtWidgets.QMainWindow):     #定義介面類別
    def __init__(self):
        super(Ui_MainWindow_home,self).__init__()
        self.setupUi(self)
        self.retranslateUi(self)
    def setupUi(self, MainWindow_home):#設定介面
        MainWindow_home.setObjectName("MainWindow_home")
        MainWindow_home.resize(900, 650)
        MainWindow_home.setMinimumSize(QtCore.QSize(900, 650))
        MainWindow_home.setMaximumSize(QtCore.QSize(900, 650))
        MainWindow_home.setBaseSize(QtCore.QSize(900, 650))
        font = QtGui.QFont()
        font.setFamily("黑體")
        font.setPointSize(12)
        MainWindow_home.setFont(font)              #設定字型
        MainWindow_home.setStyleSheet("QMainWindow#MainWindow_home{\n"
            "background:#FFFEF8\n}")
        self.centralwidget = QtWidgets.QWidget(MainWindow_home)
        self.centralwidget.setStyleSheet("")        #設定表單風格
        self.centralwidget.setObjectName("centralwidget")
    self.pushButton_openfile=QtWidgets.QPushButton(self.centralwidget)
    self.pushButton_openfile.setGeometry(QtCore.QRect(320,328,258,51))
        font = QtGui.QFont()
        font.setFamily("等線")
        font.setPointSize(11)
        font.setBold(True)
        font.setWeight(75)
        self.pushButton_openfile.setFont(font)    #點擊按鈕，自動瀏覽檔案設定
        self.pushButton_openfile.setCursor(QtGui.QCursor(QtCore.
Qt.PointingHandCursor))
        self.pushButton_openfile.setStyleSheet("QPushButton#pushButton_
openfile{\n"
            "border: 1px solid #9a8878;\n"
            "background-color:#ffffff;\n"
```

```
                "border-style: solid;\n"
                "border-radius:0px;\n"
                "width: 40px; \n"
                "height:20px;\n"
                "padding:00px;\n"
                "margin:00px;\n"
                "}\n"
                "\n"
                "QPushButton#pushButton_openfile:pressed{\n"
                "background-color:#FBF7F6;\n"
                "border:0.5px solid #DDCFC2;\n"
                "}\n"
                "\n"
                "QPushButton#pushButton_openfile:hover{\n"
                "border:0.5px solid #DDCFC2;\n"
                "}")
        icon = QtGui.QIcon()                          #設定圖示
        icon.addPixmap(QtGui.QPixmap(r".\icon\enter2.png"),
QtGui.QIcon.Normal, QtGui.QIcon.Off)
        icon.addPixmap(QtGui.QPixmap(r".\icon\enter2.png"),
QtGui.QIcon.Normal, QtGui.QIcon.On)
        self.pushButton_openfile.setIcon(icon)
        self.pushButton_openfile.setCheckable(False)
        self.pushButton_openfile.setObjectName("pushButton_openfile")
        self.label_maintitle_shadow=QtWidgets.QLabel(self.centralwidget)
        self.label_maintitle_shadow.setGeometry(QtCore.QRect(331,188,241, 61))
        font = QtGui.QFont()                          #設定圖形介面的字型
        font.setFamily("微軟雅黑")
        font.setPointSize(36)
        font.setBold(True)
        font.setWeight(75)
        self.label_maintitle_shadow.setFont(font)
        self.label_maintitle_shadow.setStyleSheet("QLabel#label_maintitle_
        shadow{\n"
```

```
    " color:#847c74\n"
    "}")                                        #設定表單的風格
self.label_maintitle_shadow.setAlignment(QtCore.Qt.AlignCenter)
self.label_maintitle_shadow.setObjectName("label_shadow")
self.label_format = QtWidgets.QLabel(self.centralwidget)
self.label_format.setGeometry(QtCore.QRect(325, 395, 251, 20))
font = QtGui.QFont()
font.setFamily(" 黑體 ")
font.setPointSize(10)
self.label_format.setFont(font)            #設定表單的格式字型
self.label_format.setStyleSheet("QLabel#label_format{\n"
    "color:#3A332A\n"
    "}")
self.label_format.setObjectName("label_format")
self.label_maintitle = QtWidgets.QLabel(self.centralwidget)
self.label_maintitle.setGeometry(QtCore.QRect(331, 189, 241, 61))
font = QtGui.QFont()
font.setFamily(" 微軟雅黑 ")
font.setPointSize(35)
font.setBold(True)
font.setWeight(75)
self.label_maintitle.setFont(font)
self.label_maintitle.setStyleSheet("QLabel#label_maintitle{\n"
    "color:#3A332A\n"
    "}")                                        #設定主題標籤的風格
self.label_maintitle.setAlignment(QtCore.Qt.AlignCenter)
self.label_maintitle.setObjectName("label_maintitle")
self.label_author = QtWidgets.QLabel(self.centralwidget)
self.label_author.setGeometry(QtCore.QRect(328, 600, 251, 20))
font = QtGui.QFont()
font.setFamily(" 等線 ")
font.setPointSize(8)
self.label_author.setFont(font)
self.label_author.setStyleSheet("QLabel#label_author{\n"
```

```
            "color:#97846c\n"                        #設定表單風格
            "}")
        self.label_author.setAlignment(QtCore.Qt.AlignCenter)
        self.label_author.setObjectName("label_author")
        MainWindow_home.setCentralWidget(self.centralwidget)
        self.menubar = QtWidgets.QMenuBar(MainWindow_home)
        self.menubar.setGeometry(QtCore.QRect(0, 0, 900, 23))
        self.menubar.setObjectName("menubar")
        MainWindow_home.setMenuBar(self.menubar)      #設定主視窗功能表列
        self.statusbar = QtWidgets.QStatusBar(MainWindow_home)
        self.statusbar.setObjectName("statusbar")
        MainWindow_home.setStatusBar(self.statusbar)  #設定主視窗狀態列
        self.retranslateUi(MainWindow_home)
        QtCore.QMetaObject.connectSlotsByName(MainWindow_home)
    def retranslateUi(self, MainWindow_home):
        _translate = QtCore.QCoreApplication.translate
        MainWindow_home.setWindowTitle(_translate("MainWindow_home",
"MainWindow"))                                        #設定主視窗標題
        self.pushButton_openfile.setText(_translate("MainWindow_home",
"進入程式"))
        self.label_maintitle_shadow.setText(_translate("MainWindow_home",
"論文幫手"))
        self.label_format.setText(_translate("MainWindow_home",
"支持副檔名：.pdf.doc.docx.txt"))
        self.label_maintitle.setText(_translate("MainWindow_home",
"論文幫手"))
        self.label_author.setText(_translate("MainWindow_home",
"Designed by Hu Tong & Li Shuolin"))
    def openfile(self):
        openfile_name=QFileDialog.getOpenFileName(self,'選擇檔案',
'','files(*.doc,*.docx,*.pdf,*.txt)')
```

3. 介面互動

完成設計後，在介面之間建立互動關係。此處嘗試兩種方式：一是定義跳躍函數；二是綁定按鈕的槽函數，以完成跳躍。

1) 定義跳躍函數

定義跳躍函數及相關操作。

```
#Jumpmain2pre.py
from PyQt5 import QtCore, QtGui, QtWidgets
from home import Ui_MainWindow_home                    #跳躍按鈕所在介面
from PreEdit import Ui_Form                            #跳躍到的介面
    class Ui_PreEdit(Ui_Form):                         #定義跳躍函數的名字
    def __init__(self):
        super(Ui_PreEdit,self).__init__()              #跳躍函數類別名稱
        self.setupUi(self)
    #主介面
class Mainshow(Ui_MainWindow_home):
    def __init__(self):
        super(Mainshow,self).__init__()
        self.setupUi(self)
    #定義按鈕功能
    def loginEvent(self):
        self.hide()
        self.dia = Ui_PreEdit()                        #跳躍到的介面類別名稱
        self.dia.show()
    def homeshow():                                    #呼叫函數
        import sys
        app=QtWidgets.QApplication(sys.argv)
        first=Mainshow()
        first.show()
        first.pushButton_openfile.clicked.connect(first.loginEvent)
    #綁定跳躍功能的按鈕
        sys.exit(app.exec_())
```

2) 綁定按鈕的槽函數

給需要完成跳躍功能的按鈕定義 Click(點擊) 事件，並使用槽函數綁定事件。此處以綁定 showwaiting() 函數為例：

```
self.pushButton_create.clicked.connect(self.showwaiting)
```

將按鈕要綁定的事件單獨定義為函數：

```
def showwaiting(self):
    import sys
    self.MainWindow = QtWidgets.QMainWindow()
    self.newshow = Ui_MainWindow_sumcreating()# 建立圖形介面
    self.newshow.setupUi(self.MainWindow)# 設定介面
    self.hide()
    self.MainWindow.show()
    print(' 生成中…')
```

3) 範例：在圖形化介面中讀取本地檔案

將開啟動作、儲存動作、儲存內容分別定義為三個函數，便於點擊按鈕時透過槽進行呼叫，相關程式如下：

```
def open_event(self):                                          # 開啟檔案事件
    _translate = QtCore.QCoreApplication.translate
    directory1 = QFileDialog.getOpenFileName(None, " 選擇檔案 ", "C:/",
"Word 文件 (*.docx;*.doc);; 文字檔 (*.txt);;pdf(*.pdf);;")
    print(directory1)                                          # 輸出路徑
    path = directory1[0]
    self.open_path_text.setText(_translate("Form", path))
    if path is not None:
        with open(file=path, mode='r+', encoding='utf-8') as file:
            self.text_value.setPlainText(file.read())
    def save_event(self):# 儲存事件
        global save_path
        _translate = QtCore.QCoreApplication.translate
```

```
        fileName2, ok2 = QFileDialog.getSaveFileName(None, "檔案儲存", "C:/",
    "Text Files (*.txt)")
        print(fileName2)      #列印儲存檔案的全部路徑（包括檔案名稱和副檔名）
        save_path = fileName2
        self.save_path_text.setText(_translate("Form", save_path))
    def save_text(self):      #儲存文字
        global save_path
        if save_path is not None:
            with open(file=save_path, mode='a+', encoding='utf-8') as file:
                file.write(self.text_value.toPlainText())
            print('已儲存！')
```

給開啟、儲存按鈕綁定點擊動作，並透過槽呼叫上面定義的對應函數。同時，使用相同的方式將 open_event() 和 save_event() 函數中獲取的路徑與已定義的兩個路徑顯示框進行連結，相關程式如下：

```
def retranslateUi(self, Form):
    _translate = QtCore.QCoreApplication.translate
    Form.setWindowTitle(_translate("Form", "Form"))
    self.label_preview.setText(_translate("MainWindow_preview","預覽"))
    self.open_path_text.setPlaceholderText(_translate("Form","開啟"))
    self.open_path_but.setText(_translate("Form", "瀏覽"))
    self.save_path_but.setText(_translate("Form", "瀏覽"))
    self.save_path_text.setPlaceholderText(_translate("Form","儲存"))
    self.save_but.setText(_translate("Form", "儲存"))
    self.open_path_but.clicked.connect(self.open_event)
    self.save_path_but.clicked.connect(self.save_event)
    self.save_but.clicked.connect(self.save_text)
    self.pushButton_create.clicked.connect(self.showwaiting)
    self.pushButton_create.setText(_translate("Main_preview","生成"))
```

程式執行效果分別如圖 1-8 和圖 1-9 所示。

▲ 圖 1-8 程式執行效果一：在圖形化介面中開啟檔案

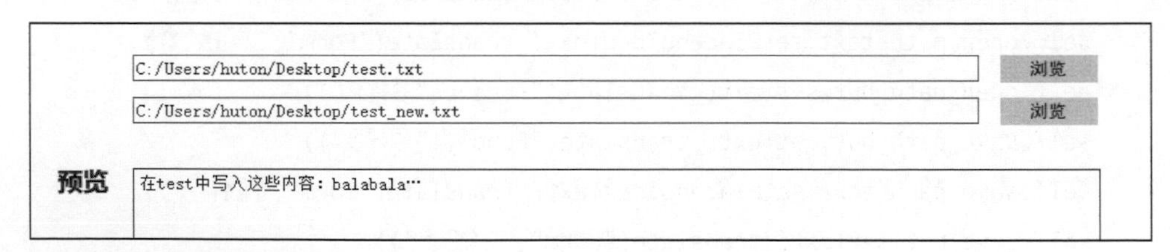

▲ 圖 1-9 程式執行效果二：顯示選定的開啟和儲存路徑

4. 程式對接

為完成模型與圖形化介面的聯合，需要在程式中留出對應的對接介面。在本專案中，介面與模型主體的重點對接部分共有四處：呼叫模型、模型處理結束、結果展示和輸出儲存。

1) 呼叫模型

為完成點擊生成按鈕後開始呼叫模型進行處理的功能，在 PreEdit.py 最後的 showWaiting() 函數中寫入呼叫介面，在摘要生成頁彈出的同時呼叫模型。相關程式如下：

```
def showWaiting(self):
    import sys
    self.MainWindow = QtWidgets.QMainWindow()
    self.newshow = Ui_MainWindow_sumcreating()#建立
    self.newshow.setupUi(self.MainWindow)#設定
    self.hide()
#待對接程式，讀取前面儲存的檔案（檔案的路徑在 save_event 函數裡）
#呼叫模型進行輸出並儲存
    self.MainWindow.show()
    print('生成中…')
```

2) 模型處理結束

在模型處理結束後需繼續執行結果展示頁，故在 PaperMain.py 的主函數里加一個判斷，在判斷模型處理完畢後，呼叫 resultShow() 函數，繼續執行後續的結果展示。相關程式如下：

```
def main():
    homeShow()
    #待對接程式在 PreEdit.py 最後的 showWaiting() 函數裡呼叫模型
    #待對接程式判斷處理完成後繼續執行結果展示頁
resultShow()
```

3) 結果展示

模型處理完畢後，需要在結果展示頁顯示得到摘要、標題、關鍵字。結果展示頁對應 result.py 檔案，對接前，介面顯示的結果為固定的字串；對接時僅需將模型執行的結果存為字串形式，替換之前固定的內容即可。相關程式如下：

```
# 待對接程式模型執行的結果存為幾個字串後替換下面的文字即可
# 替換摘要
self.plainTextEdit_summary.setPlainText(_translate("MainWindow_result", "生成的摘要"))
# 替換標題 1
self.lineEdit_title1.setText(_translate("MainWindow_result","標題 1"))
# 替換標題 2
self.lineEdit_title2.setText(_translate("MainWindow_result","標題 2"))
# 替換標題 3
self.lineEdit_title3.setText(_translate("MainWindow_result","標題 3"))
# 替換關鍵字
self.lineEdit_keywords.setText(_translate("MainWindow_result","關鍵字"))
```

4) 輸出儲存

點擊「儲存」按鈕時，將模型的輸出直接儲存到本地。該功能由 result.py 中 save_text() 函數的 f.write() 完成，在對接之前，f.write() 的輸出為固定字串，對接時替換為模型輸出的內容即可。相關程式如下：

```
def save_text(self):
    global save_path
    if save_path is not None:
    with open(file=save_path, mode='a+', encoding='utf-8') as file:
    # 對接 file.write，這裡直接把程式裡的字串加起來寫入儲存的結果
        file.write("hello,Tibbarr")
    print('已儲存！')
```

1.3.6 應用封裝

為提高使用的便捷性，降低使用者的使用門檻，本專案需要進行一體化封裝。考慮到論文的撰寫大多是在 PC 端完成的，故使用 PyInstaller 將專案封裝為 .exe 應用程式。

1. 安裝 PyInstaller

從倉庫映像檔中下載 PyInstaller-3.6.tar.gz，在本地解壓後，使用 cmd 進入主控台，切換到解壓後的對應目錄中，執行命令 python.exe setup.py install，即可完成安裝。

2. 將程式打包為 .exe 檔案

開啟命令視窗，將目錄切換到 papermain.py 路徑下，輸入命令 pyinstaller -F -w papermain.py，如圖 1-10 所示。

```
Microsoft Windows [版本 10.0.18363.720]
(c) 2019 Microsoft Corporation。保留所有权利。

C:\Users\huton>h:

H:\>cd pycharm\mycodes\paperwindow

H:\pycharm\mycodes\paperwindow>pyinstaller -F -w papermain.py
```

▲ 圖 1-10 使用 PyInstaller 命令進行程式打包

使用 PyInstaller 命令打包成功，如圖 1-11 所示。

```
13292 INFO: checking EXE
13295 INFO: Rebuilding EXE-00.toc because pkg is more recent
13295 INFO: Building EXE from EXE-00.toc
13300 INFO: Appending archive to EXE H:\pycharm\mycodes\paperwindow\dist\papermain.exe
13343 INFO: Building EXE from EXE-00.toc completed successfully.

H:\pycharm\mycodes\paperwindow>
```

▲ 圖 1-11 使用 PyInstaller 命令打包成功

3. 查看 .exe 檔案

成功打包程式後，在 papermain.py 檔案目錄下生成 dist 資料夾，裡面有生成的 .exe 檔案，雙擊即可執行，程式封裝完成。

1.4 系統測試

本部分包括訓練困惑度、測試效果和模型應用。

1.4.1 訓練困惑度

在 Seq2Seq 模型中，使用困惑度評估最終效果，值越小則代表語言模型效果越好。本專案使用大網路進行訓練，共計 48000 步，在訓練過程進行一段時間後，損失不再減少。開始執行訓練與建構網路，如圖 1-12 所示。

```
Run: headline
D:\Anaconda3\envs\for_write\python35.exe D:/autoab/AiSummary/seq2seqAttSum/headline.py
Preparing Headline data in D:\autoab\AiSummary\seq2seqAttSum\news
Creating 4 layers of 256 units.
E c:\tf_jenkins\home\workspace\release-win\device\cpu\os\windows\tensorflow\core\framework\op_kernel.cc:943] OpKernel ('op: "BestSplits" device_type: "CPU"') for unknown op: BestSplits
E c:\tf_jenkins\home\workspace\release-win\device\cpu\os\windows\tensorflow\core\framework\op_kernel.cc:943] OpKernel ('op: "CountExtremelyRandomStats" device_type: "CPU"') for unknown op:
 CountExtremelyRandomStats
E c:\tf_jenkins\home\workspace\release-win\device\cpu\os\windows\tensorflow\core\framework\op_kernel.cc:943] OpKernel ('op: "FinishedNodes" device_type: "CPU"') for unknown op: FinishedNodes
E c:\tf_jenkins\home\workspace\release-win\device\cpu\os\windows\tensorflow\core\framework\op_kernel.cc:943] OpKernel ('op: "GrowTree" device_type: "CPU"') for unknown op: GrowTree
E c:\tf_jenkins\home\workspace\release-win\device\cpu\os\windows\tensorflow\core\framework\op_kernel.cc:943] OpKernel ('op: "ReinterpretStringToFloat" device_type: "CPU"') for unknown op:
 ReinterpretStringToFloat
E c:\tf_jenkins\home\workspace\release-win\device\cpu\os\windows\tensorflow\core\framework\op_kernel.cc:943] OpKernel ('op: "SampleInputs" device_type: "CPU"') for unknown op: SampleInputs
E c:\tf_jenkins\home\workspace\release-win\device\cpu\os\windows\tensorflow\core\framework\op_kernel.cc:943] OpKernel ('op: "ScatterAddNdim" device_type: "CPU"') for unknown op: ScatterAddNdim
E c:\tf_jenkins\home\workspace\release-win\device\cpu\os\windows\tensorflow\core\framework\op_kernel.cc:943] OpKernel ('op: "TopNInsert" device_type: "CPU"') for unknown op: TopNInsert
E c:\tf_jenkins\home\workspace\release-win\device\cpu\os\windows\tensorflow\core\framework\op_kernel.cc:943] OpKernel ('op: "TopNRemove" device_type: "CPU"') for unknown op: TopNRemove
E c:\tf_jenkins\home\workspace\release-win\device\cpu\os\windows\tensorflow\core\framework\op_kernel.cc:943] OpKernel ('op: "TreePredictions" device_type: "CPU"') for unknown op: TreePredictions
E c:\tf_jenkins\home\workspace\release-win\device\cpu\os\windows\tensorflow\core\framework\op_kernel.cc:943] OpKernel ('op: "UpdateFertileSlots" device_type: "CPU"') for unknown op:
 UpdateFertileSlots
Created model with fresh parameters.
Reading development and training data (limit: 0).
step now: 10
step now: 20
```

▲ 圖 1-12 建構網路開始訓練

在訓練過程中，模型困惑度的值呈下降趨勢，即語言的問題性隨著訓練的進行而逐漸減小，模型效果逐漸變好。當模型執行到 30000 步時，其下降趨勢已趨於平緩，困惑度基本不再減小；到 47000 步時，模型的 perplexity 值在小範圍波動，最終，其困惑度最低點降至 232.62，如圖 1-13 所示。

```
step now: 46980
step now: 46990
step now: 47000
global step 47000 learning rate 1.0000 step-time 54.32 perplexity 232.62
  eval: bucket 0 perplexity 1150.35
  eval: bucket 1 perplexity 899.05
  eval: bucket 2 perplexity 937.03
  eval: bucket 3 perplexity 594.86
  eval: bucket 4 perplexity 462.26
step now: 47010
step now: 47020
step now: 47030
step now: 47040
step now: 47050
step now: 47060
step now: 47070
```

▲ 圖 1-13 模型迭代訓練結果

1.4.2 測試效果

載入訓練好的模型，輸入相關文字進行測試。使用 Seq2Seq 進行標題部分的輸出，如圖 1-14 所示。

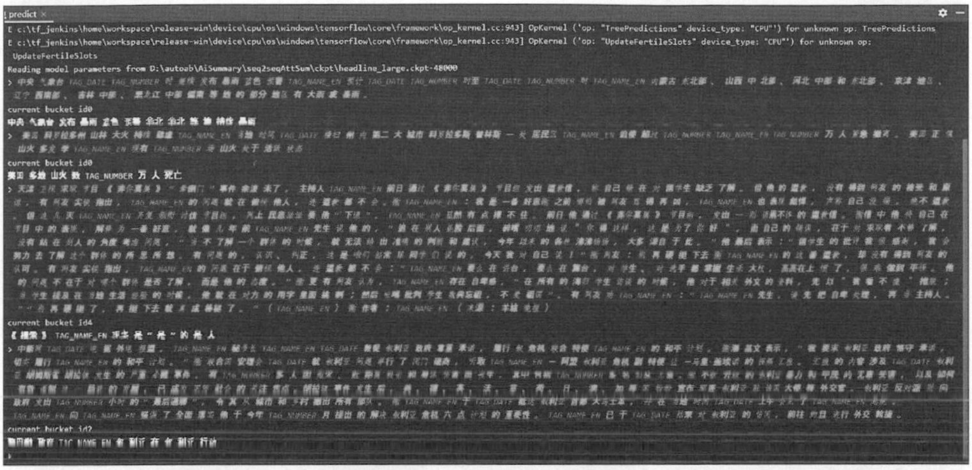

```
predict
E c:\tf_jenkins\home\workspace\release-win\device\cpu\os\windows\tensorflow\core\framework\op_kernel.cc:943] OpKernel ('op: "TreePredictions" device_type: "CPU"') for unknown op: TreePredictions
E c:\tf_jenkins\home\workspace\release-win\device\cpu\os\windows\tensorflow\core\framework\op_kernel.cc:943] OpKernel ('op: "UpdateFertileSlots" device_type: "CPU"') for unknown op:
 UpdateFertileSlots
Reading model parameters from D:\autoab\AiSummary\seq2seqAttSum\ckpt\headline_large.ckpt-48000
> 中央 气象台 TAG_DATE TAG_NUMBER 时 继续 发布 暴雨 蓝色 预警 TAG_NAME_EN 预计 TAG_DATE TAG_NUMBER 时至 TAG_DATE TAG_NUMBER 时 TAG_NAME_EN 内蒙古 东北部 、 山西 中 北部 、 河北 中部 和 东北部 、 京津 地区 、 辽宁 西南部 、 吉林 中部 、 黑龙江 中部 偏南 等 地 的 部分 地区 有 大雨 或 暴雨 。
current bucket id0
中央 气象台 发布 暴雨 蓝色 预警 [illegible]
> [illegible]
current bucket id0
美国 多地 山火 致 TAG_NUMBER 万 人 死亡
> [illegible]
current bucket id4
【 提案 】 TAG_NAME_EN [illegible]
> [illegible]
current bucket id2
[illegible]
>
```

▲ 圖 1-14 模型訓練效果

從輸出結果可以看到，模型的標題生成能力仍有所欠缺，僅能對簡單的內容進行效果較好的標題實現，在處理難度較大的文字時，準確性還有待提高。

摘要提取與關鍵字提取部分，使用 TextRank 演算法訓練模型，用訓練好的模型對指定的文字進行輸出，經過多次測試，均獲得了較好的結果，如圖 1-15 所示。

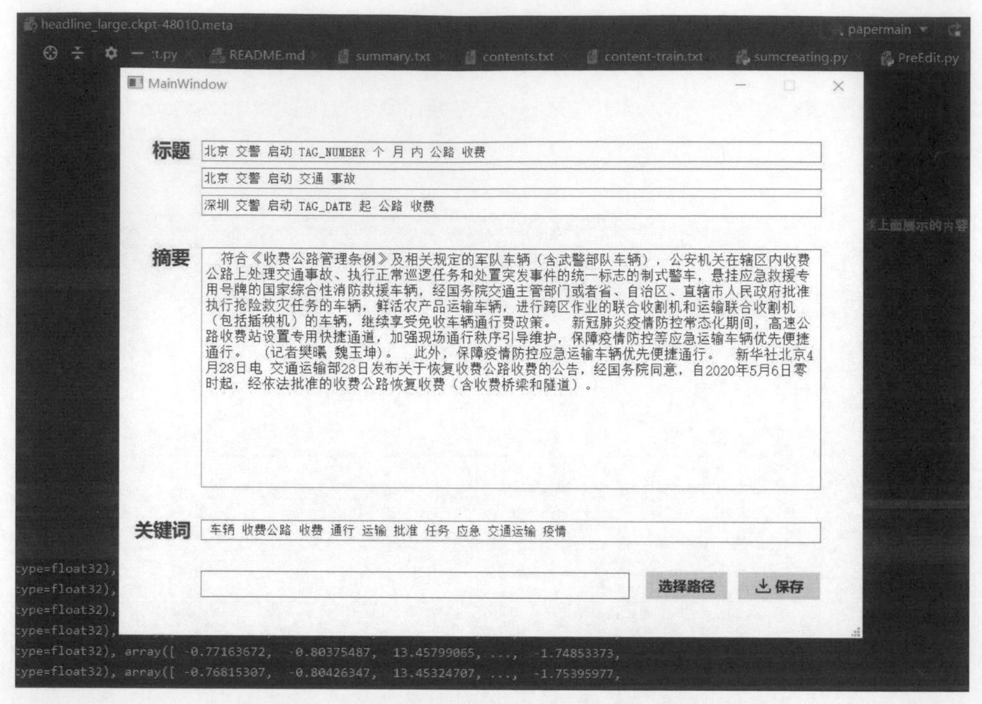

▲ 圖 1-15 模型生成的標題、摘要和關鍵字

1.4.3 模型應用

由於程式已打包為可執行檔，故將 .exe 檔案下載到電腦中，雙擊即可執行，應用初始介面如圖 1-16 所示。

首頁為專案名稱、「進入程式」按鈕及對支援處理文件格式的說明，點擊「進入程式」按鈕即可進入檔案讀取頁。

在檔案讀取頁中，分別透過點擊開啟位址、儲存位址對應的瀏覽和需要處理的文件，並設定修改結果的儲存路徑及檔案名稱，如圖 1-17 所示。

▲ 圖 1-16 應用初始介面

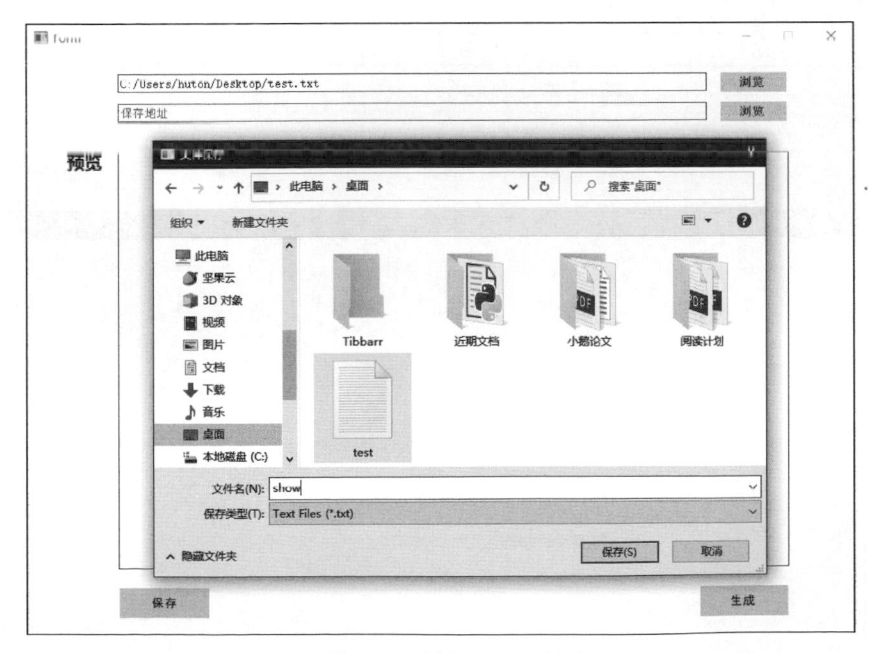

▲ 圖 1-17 儲存路徑及檔案

讀取檔案後，預覽及編輯頁如圖 1-18 所示。在此處對讀取的內容進行預覽及修改，點擊「儲存」按鈕暫存修改無誤的文件後，點擊「生成」按鈕，模型開始處理文字內容，進入等待頁，如圖 1-19 所示。

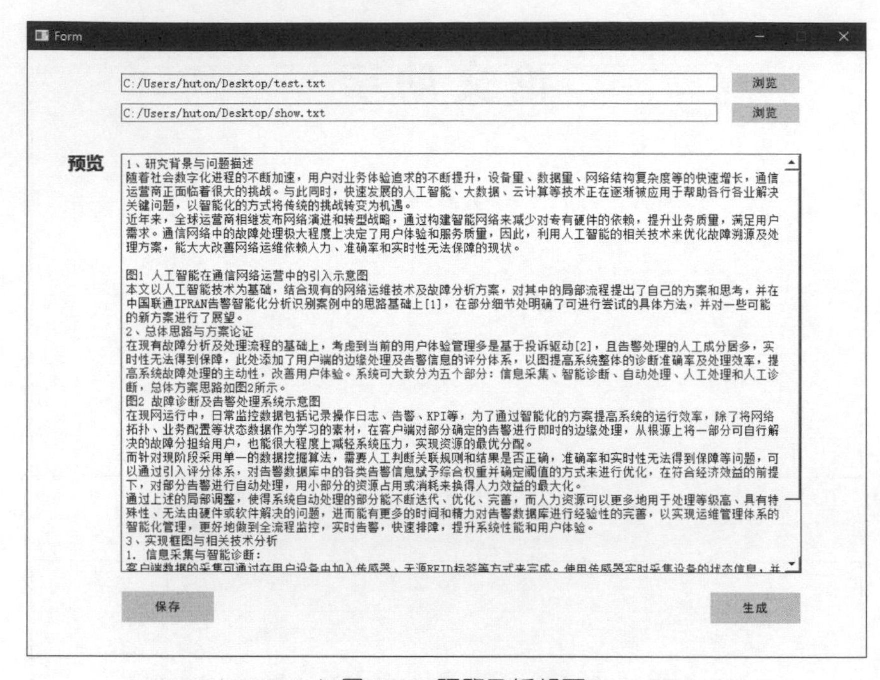

▲ 圖 1-18 預覽及編輯頁

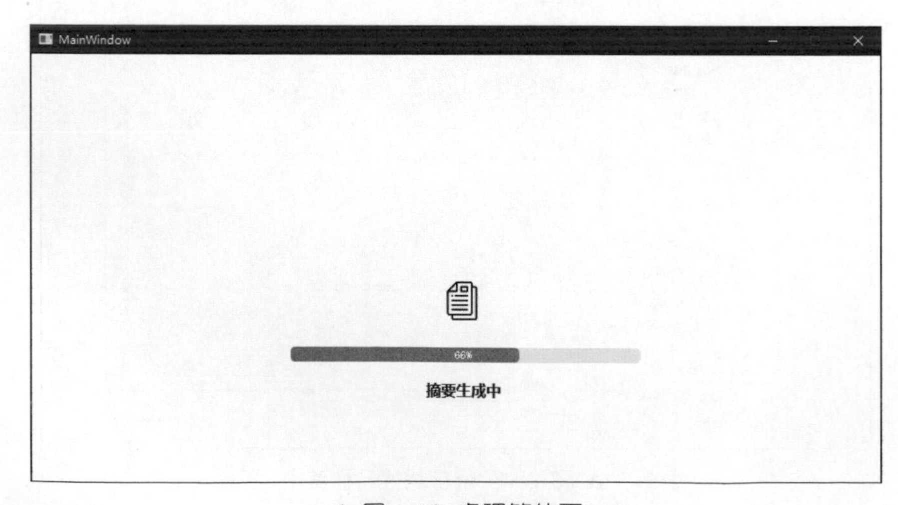

▲ 圖 1-19 處理等待頁

處理模型後，關閉當前視窗，程式會自動跳躍至結果展示頁。頁面由上到下依次展示了三個不同的標題方案、論文摘要及關鍵字，使用者可以在介面中直接複製，或在頁面下方選擇路徑，將全部結果儲存到本地機，如圖 1-20 所示。

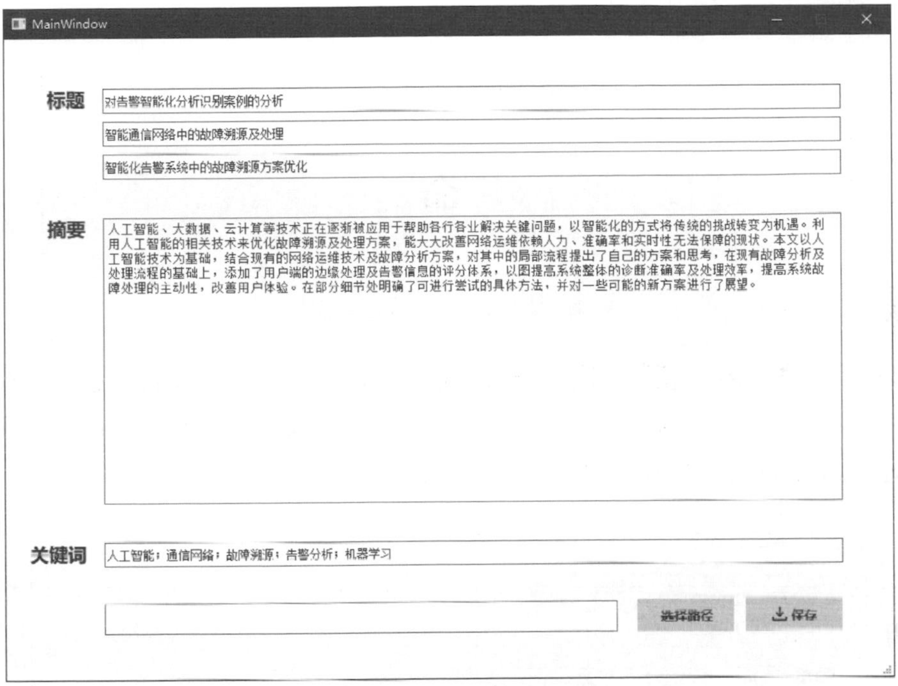

▲ 圖 1-20 結果展示頁圖

選擇儲存路徑並點擊「儲存」按鈕後，程式會將所有結果儲存至指定路徑下，並跳躍至下載成功頁，如圖 1-21 所示。

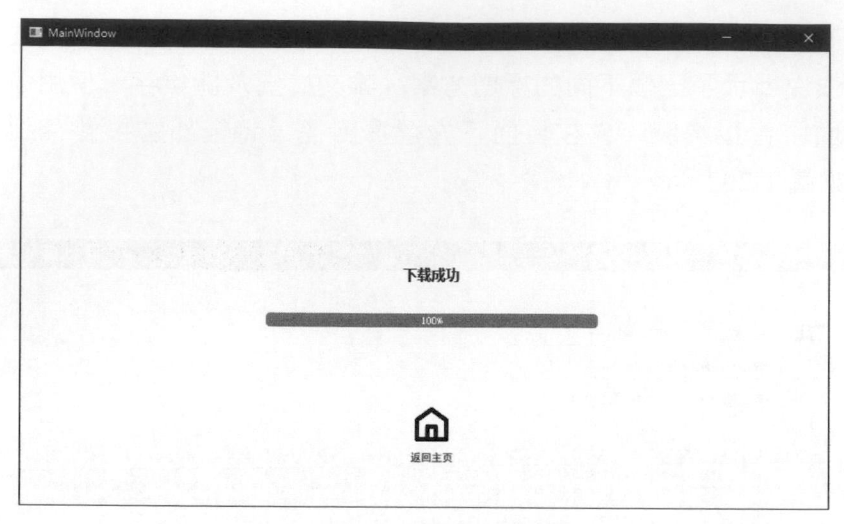

▲ 圖 1-21　下載成功頁圖

處理完畢，使用者直接關閉程式或點擊「返回首頁」按鈕，跳躍回首頁處理其他檔案。在 PC 端對程式進行測試，輸入檔案內容、輸出內容圖及輸出結果檔案分別如圖 1-22~ 圖 1-24 所示。

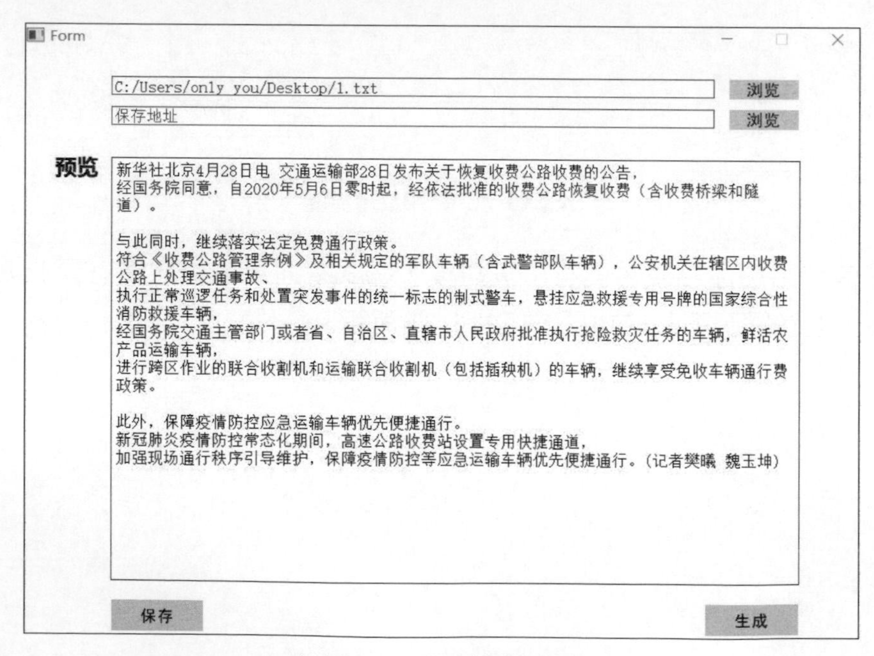

▲ 圖 1-22　輸入檔案內容圖

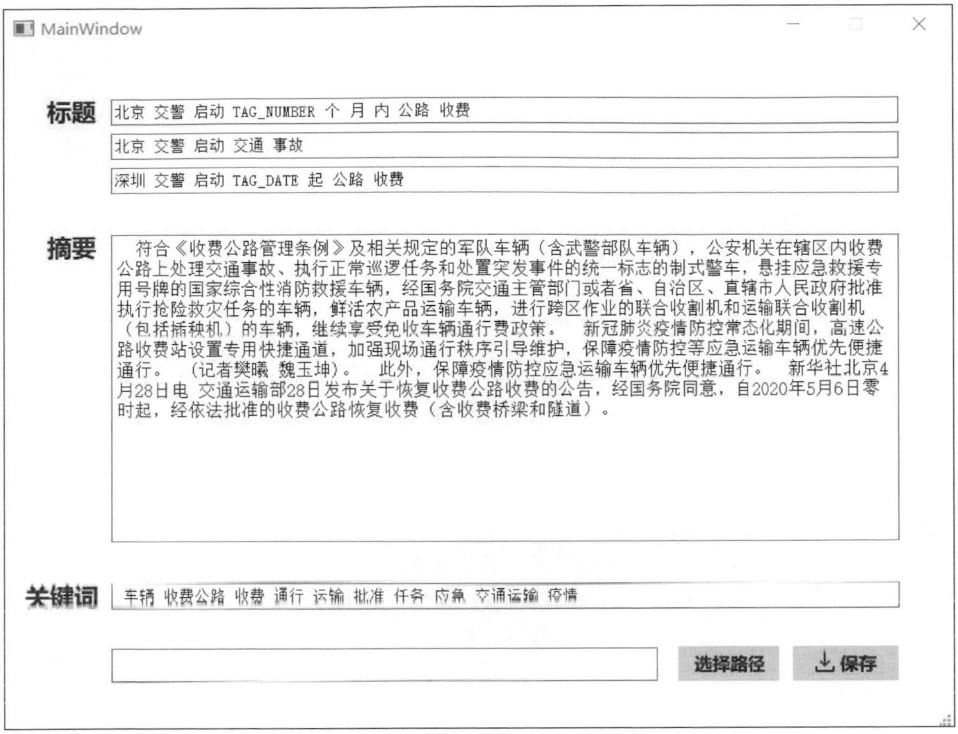

MainWindow

标题 北京 交警 启动 TAG_NUMBER 个 月 内 公路 收费

北京 交警 启动 交通 事故

深圳 交警 启动 TAG_DATE 起 公路 收费

摘要 符合《收费公路管理条例》及相关规定的军队车辆（含武警部队车辆），公安机关在辖区内收费公路上处理交通事故、执行正常巡逻任务和处置突发事件的统一标志的制式警车，悬挂应急救援专用号牌的国家综合性消防救援车辆，经国务院交通主管部门或者省、自治区、直辖市人民政府批准执行抢险救灾任务的车辆，鲜活农产品运输车辆，进行跨区作业的联合收割机和运输联合收割机（包括插秧机）的车辆，继续享受免收车辆通行费政策。 新冠肺炎疫情防控常态化期间，高速公路收费站设置专用快捷通道，加强现场通行秩序引导维护，保障疫情防控等应急运输车辆优先便捷通行。 （记者樊曦 魏玉坤）。 此外，保障疫情防控应急运输车辆优先便捷通行。 新华社北京4月28日电 交通运输部28日发布关于恢复收费公路收费的公告，经国务院同意，自2020年5月6日零时起，经依法批准的收费公路恢复收费（含收费桥梁和隧道）。

关键词 车辆 收费公路 收费 通行 运输 批准 任务 应急 交通运输 疫情

选择路径 保存

▲ 圖 1-23 輸出內容圖

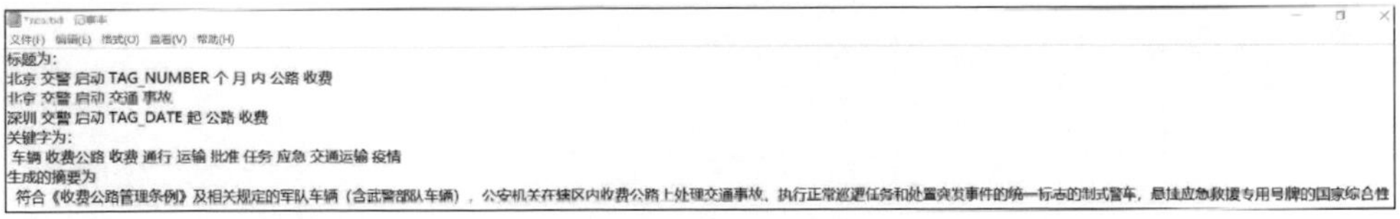

文件(F) 编辑(E) 格式(O) 查看(V) 帮助(H)

标题为:
北京 交警 启动 TAG_NUMBER 个 月 内 公路 收费
北京 交警 启动 交通 事故
深圳 交警 启动 TAG_DATE 起 公路 收费
关键字为:
车辆 收费公路 收费 通行 运输 批准 任务 应急 交通运输 疫情
生成的摘要为
符合《收费公路管理条例》及相关规定的军队车辆（含武警部队车辆），公安机关在辖区内收费公路上处理交通事故、执行正常巡逻任务和处置突发事件的统一标志的制式警车，悬挂应急救援专用号牌的国家综合性

▲ 圖 1-24 輸出結果檔案圖

PROJECT 2

Trump 推特的情感分析

本專案以 LSTM(Long Short-Term Memory，長短期記憶網路) 為基礎對 Trump 推特的情感色彩進行分類，透過 Tkinter 介面操縱，實現詞頻分析、模糊搜索等功能。

2.1 整體設計

本部分包括系統整體結構圖和系統流程圖。

2.1.1 系統整體結構圖

系統整體結構如圖 2-1 所示。

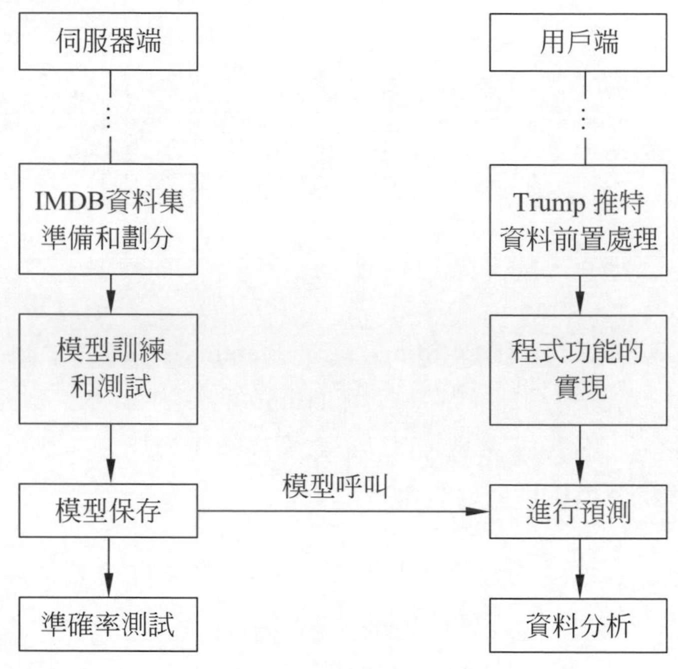

▲ 圖 2-1 系統整體結構圖

2.1.2 系統流程圖

系統流程如圖 2-2 所示。

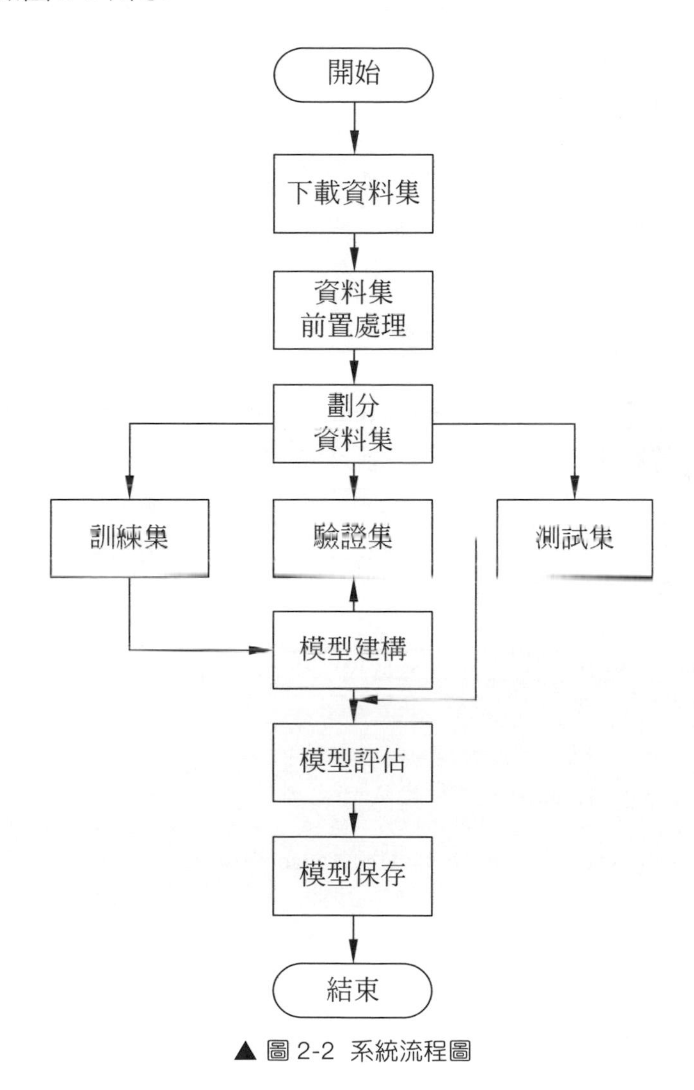

▲ 圖 2-2 系統流程圖

2.2 執行環境

本部分包括 Python 環境、TensorFlow 環境及工具套件。

2.2.1 Python 環境

需要 Python 3.6 及以上設定，下載網址為 https://www.anaconda.com/，也可以下載虛擬機器在 Linux 環境下執行程式。

2.2.2 TensorFlow 環境

建立 Python 3.7 的環境，名稱為 TensorFlow，此時 Python 版本與後面 TensorFlow 的版本有相容性問題，此步選擇 Python 3.5，輸入命令：

```
conda create -n tensorflow python=3.5
```

在需要確認的地方，都輸入 y。

在 Anaconda Prompt 中啟動 TensorFlow 環境，輸入命令：

```
activate tensorflow
```

安裝 CPU 版本的 TensorFlow，輸入命令：

```
pip install –upgrade --ignore-installed tensorflow
```

至此，安裝完畢。

2.2.3 工具套件

用 conda install TensorFlow 即可安裝。採用 Anaconda 自行安裝後，其他的套件都將設定完畢，如果採用 pip 命令，需要額外安裝 matplotlib 和 PIL 函數庫，分別進行圖表繪製和圖片處理，採用 pip install x(x 為安裝套件) 指令在 cmd 中執行即可。

2.3 模組實現

本專案包括 4 個模組：準備資料、資料前置處理、模型建構和模型測試。下面分別列出各模組的功能介紹及相關程式。

2.3.1 準備資料

資料集下載網址為 http://ai.stanford.edu/~amaas/data/sentiment/，包含 50000 筆偏向明顯的評論，其中 25000 筆作為訓練集，25000 筆作為測試集，label 為 pos(正向) 和 neg(負向)。下載資料集後，用以下程式將資料集解壓。

```
import tarfile
import os
def untar(fname, dirs):
    t = tarfile.open(fname)          #開啟目的檔案
    t.extractall(path = dirs)        #解壓檔案路徑
if __name__ == "__main__":
    untar('aclImdb_v1.tar.gz', ".")
```

2.3.2 資料前置處理

資料前置處理的相關操作如下：

```
#讀取下載的資料集
from keras.preprocessing import sequence
from keras.preprocessing.text import Tokenizer
import re
import os
def remove_html(text):                    #用正規表示法去除 HTML 標籤
   r=re.compile(r'<[^>]+>')
   return r.sub('',text)
```

```
def read_file(filetype):                          #讀取資料集內容和標籤
    path='./aclImdb/'
    file_list=[]
    positive=path+filetype+'/pos/'
    for f in os.listdir(positive):
        file_list+=[positive+f]
    negative=path+filetype+'/neg/'
    for f in os.listdir(negative):
        file_list+=[negative+f]
    print('filetype:',filetype,'file_length:',len(file_list))
    label=([1]*12500+[0]*12500)#訓練資料和測試資料，pos和neg都是12500筆
    text=[]
    for f_ in file_list:
        with open(f_,encoding='utf8') as f:
        text+=[remove_html(''.join(f.readlines()))]    #清除HTML標籤
    return label,text
#讀取測試集和訓練集
x_train,y_train=read_file('train')
x_test,y_test=read_file('test')
```

因為不能直接將字串輸入模型，所以建立一個字典，將一句話中的每個詞轉化為一個向量，稱為詞向量。它具有空間意義，並不是簡單的映射——即意思相近的詞向量在空間中的距離比較近，為方便訓練，將數字清單的長度調成相等。

```
    token=Tokenizer(num_words=3500)#建立一個有3500個單字的字典
    token.fit_on_texts(y_train)
    #讀取所有的訓練資料評論，按照單字在評論中出現的次數進行排序，前3500個會列入
字典
    #將評論資料轉化為數字清單
    train_seq=token.texts_to_sequences(y_train)
    test_seq=token.texts_to_sequences(y_test)
    print(train_seq[0])                         #列印轉化後的詞向量
```

```
    # 截長補短，讓每一個數字清單長度都為 100
_train=sequence.pad_sequences(train_seq,maxlen=100)
_test=sequence.pad_sequences(test_seq,maxlen=100)
```

2.3.3 模型建構

資料載入進模型進行定義結構、模型及字典儲存、預測結果展示。

1. 定義結構

定義模型結構相關操作如下。

```
# 匯入所需要的模組
from keras.models import Sequential
from keras.layers.core import Dense,Dropout,Activation
from keras.layers.embeddings import Embedding
from keras.layers.recurrent import LSTM
model_lstm=Sequential()
model_lstm.add(Embedding(output_dim=32,          # 將數字清單轉為 32 維向量
    input_dim=2500,  # 輸入資料的維度是 2500，因為之前建立的字典有 2500 個單字
           input_length=100))                    # 數字清單的長度為 100
model_lstm.add(Dropout(0.25))
model_lstm.add(LSTM(32))
model_lstm.add(Dense(units=256,activation='relu'))
model_lstm.add(Dropout(0.25))
# 輸出層只有一個神經元，輸出 1 表示正面評價，輸出 0 表示負面評價
model_lstm.add(Dense(units=1,activation='sigmoid'))
model_lstm.summary()
```

模型摘要如圖 2-3 所示。

```
Model: "sequential_1"
_________________________________________________________________
Layer (type)                 Output Shape              Param #
=================================================================
embedding_1 (Embedding)      (None, 100, 32)           112000
_________________________________________________________________
dropout_1 (Dropout)          (None, 100, 32)           0
_________________________________________________________________
lstm_1 (LSTM)                (None, 32)                8320
_________________________________________________________________
dense_1 (Dense)              (None, 256)               8448
_________________________________________________________________
dropout_2 (Dropout)          (None, 256)               0
_________________________________________________________________
dense_2 (Dense)              (None, 1)                 257
=================================================================
Total params: 129 025
Trainable params: 129 025
Non-trainable params: 0
```

▲ 圖 2-3 模型摘要

最後選擇損失函數和最佳化器。由於面對的是一個二分類問題，網路輸出是一個機率值，使用 binary_crossentropy(二元交叉熵)，對於輸出機率值的模型，交叉熵是最好的選擇。

```
model_lstm.compile(loss='binary_crossentropy',
optimizer='adam',metrics=['accuracy'])          #選擇損失函數和最佳化器
#開始訓練
train_history=model_lstm.fit(_train,x_train,batch_size=100,
                             epochs=8,verbose=2,
                             validation_split=0.2)  #設定參數
```

訓練過程如圖 2-4 所示。

```
#評估模型準確率
scores=model_lstm.evaluate(_test,x_test) #第一個參數為 feature,第二個參數為 label
```

```
Epoch 1/8
 - 12s - loss: 0.4835 - accuracy: 0.7596 - val_loss: 0.4531 - val_accuracy: 0.7876
Epoch 2/8
 - 12s - loss: 0.3222 - accuracy: 0.8607 - val_loss: 0.3129 - val_accuracy: 0.8488
Epoch 3/8
 - 10s - loss: 0.2993 - accuracy: 0.8756 - val_loss: 0.4574 - val_accuracy: 0.7742
Epoch 4/8
 - 10s - loss: 0.2857 - accuracy: 0.8816 - val_loss: 0.6443 - val_accuracy: 0.7294
Epoch 5/8
 - 10s - loss: 0.2735 - accuracy: 0.8875 - val_loss: 0.5849 - val_accuracy: 0.7200
Epoch 6/8
 - 9s - loss: 0.2562 - accuracy: 0.8939 - val_loss: 0.5938 - val_accuracy: 0.7574
Epoch 7/8
 - 10s - loss: 0.2452 - accuracy: 0.8985 - val_loss: 0.3939 - val_accuracy: 0.8348
Epoch 8/8
 - 10s - loss: 0.2290 - accuracy: 0.9072 - val_loss: 0.4449 - val_accuracy: 0.8092
```

▲ 圖 2-4 訓練過程

透過觀察訓練集和測試集的損失函數、準確率評估模型的訓練程度，進行模型訓練的進一步決策。模型訓練的最佳狀態為：訓練集和測試集的損失函數 (或準確率) 不變且基本相等。

2. 模型及字典儲存

為了能夠被程式讀取，需要將模型檔案儲存為 .h5 格式。Model 物件提供了 save() 和 save_wights() 兩個方法。

save() 方法儲存了模型結構、模型參數和最佳化器參數，使用 HDF5 檔案儲存模型。

```
model_lstm.save('my_model.h5')      # 儲存為 .h5 格式
```

模型儲存後可以被重用，也可以移植到其他環境中使用。透過資料集製作一個詞典，將預測的資料轉化為詞向量序列，在主程式中，假如重新前置處理資料以製作詞典會耗費時間。因此，為了最佳化系統，將預先處理好資料儲存、最佳化執行時間、資料儲存為 .json 格式的檔案。

```
import json
filename='train.json'
with open(filename,'w') as file_obj:
        json.dump(y_train,file_obj)
```

3. 預測結果展示

透過比對函數檢測預測結果是否正確。

```
_dict={1:'正面的評論',0:'負面的評論'}
def display(i):
    print(y_test[i])
    print('label 真實值為:',_dict[x_test[i]],
          '預測結果為:',_dict[predict[i]])
```

2.3.4 模型測試

該模組主要包括：資料庫模型匯入及呼叫、功能類函數和視覺化模組。

1. 資料庫模型匯入及呼叫

把資料庫檔案放入檔案目錄並呼叫。

```
import csv
import numpy as np
csv_reader = csv.reader(open("newtrumptweets.csv"))      #開啟檔案
text=[]
for row in csv_reader:                                   #讀取資料
text.append(row)
text1 = np.array(text)
content=text1[:,0]
date=text1[:,1]
retweet=text1[:,2]
likes=text1[:,3]
```

載入 Keras 函數庫，呼叫 .json 檔案中前置處理好的資料建立詞典，利用詞典將呼叫資料庫中的文字資料轉化為詞向量。

```
#匯入所需的模組
from keras.preprocessing import sequence
from keras.preprocessing.text import Tokenizer
```

```
from keras.models import Sequential
from keras.layers.core import Dense,Dropout,Activation
from keras.layers.embeddings import Embedding
from keras.layers.recurrent import LSTM
from keras.models import load_model
# 載入前置處理好的資料
import json
filename='train.json'
with open(filename) as file_obj:
      train = json.load(file_obj)
token=Tokenizer(num_words=3500)   # 建立一個有 3500 個單字的字典
token.fit_on_texts(train)
# 讀取所有的訓練資料評論，按照單字在評論中出現的次數進行排序，前 3500 個會列入字典
# 載入儲存好的模型
model = load_model('my_model.h5')
# 呼叫模型進行預測
def plotshow(s1):                 # 預測及視覺化圖型展示
      if s1:
         q1=[]
         q2=[]
         q3=[]
         m=0
         n=0
         r1=[]
         for q in s1:
            q1.append(content[s1[m]])
            q2.append(likes[s1[m]])
            q3.append(retweet[s1[m]])
            m=m+1
         content_seq=token.texts_to_sequences(q1)
         # 利用詞典將文字資料轉化為詞向量序列
         _content=sequence.pad_sequences(content_seq,maxlen=100)
         # 截長補短，將詞向量序列長度調整一致，方便預測
         predict=model.predict_classes(_content)
```

```
        #進行預測，返回類別索引，即該樣本所屬的類別標籤
        predict=predict.reshape(-1)    #轉換成一維陣列
      for q in s1:
        r1.append(display(n))
        r1.append('\n分析結果：')
        r1.append(_dict[predict[n]])
        n=n+1
      #畫圖型視覺化資料
      fig = plt.figure()
      ax1 = fig.add_subplot(211)
      plt.xlabel('likes')
      ax1.scatter(q2, predict)
      ax2 = fig.add_subplot(212)
      plt.xlabel('retweet')
      ax2.scatter(q3, predict)
      plt.tight_layout()
      plt.show()
    else:
      r1=["無可分析內容"]
    return r1 #返回預測結果
```

2. 功能類函數

本部分包括詞頻統計模組、詞雲圖製作模組和搜索模組。

1) 詞頻統計模組

```
def order_dict(dicts, n):           #排序字典
    result = []
    result1 = []
    p = sorted([(k, v) for k, v in dicts.items()], reverse=True)
    s = set()
    for i in p:
        s.add(i[1])
    for i in sorted(s, reverse=True)[:n]:
        for j in p:
```

```
            if j[1] == i:
                result.append(j)
    for r in result:
        result1.append(r[0])
    return result1
def order_dict1(dicts,n):                              # 截取排序結果
    list1= sorted(dicts.items(),key=lambda x:x[1])
    return list1[-1:-(n+1):-1]
    # return list1[-2:-(n+2):-1] 去除統計結果為 " " 的情況
if __name__ == "__main__":
    str1 = ','.join(content)
    # 劃分單字
    import re
    array=re.split('[ ,.\n]',str1)
    #print(' 分詞結果 ',array)
    # 詞頻統計
    a=len(array)-1
    for i in range(0,a):                               # 清洗單字
        if len(array[i])<=4:
            array[i]='#'
    dic={}
    for i in array:
        if i not in dic:
            dic[i] = 1
        else:
            dic[i] += 1
    # 資料清洗
    del[dic['twitter']]
    del[dic['#']]
    del[dic['https://www']]
    del[dic['don’ t']]
    del[dic['because']]
    del[dic['would']]
    del[dic['should']]
```

```
    del[dic['there']]
    del[dic['their']]
    del[dic['which']]
    del[dic['before']]
    del[dic['after']]
```

2) 詞雲圖製作模組

```
def wd(pw):
    pw1 = np.array(pw)
    wl=pw1[:,0]
    wl = ','.join(wl)
    img = np.array(Image.open('wordcloud.jpg'))     #載入背景圖片
    #生成一個詞雲物件
    wordcloud = WordCloud(
        background_color="white",                   #設定背景顏色
        scale=10,                                   #圖型清晰度
        mask=img).generate(wl)                      #設定詞語圖形狀
    #繪製圖片
    plt.imshow(wordcloud)
    #消除座標軸
    plt.axis("off")
    plt.savefig('test1.jpg')
    plt.show()
```

3) 搜索模組

```
def fuzzyfinder(user_input, str1):
    if user_input:
        suggestions = []
        pattern = '.*?'.join(user_input)            #去除符號
        regex = re.compile(pattern)                 #編譯正規表示法
        p1=[]
        s1=[]
        i=0
        for item in content:
```

```
        match = regex.search(item)          #檢查當前項是否與 regex 符合
        if match:
            p1.append(display(i))
            s1.append(i)
        i=i+1
else:
    p1=[" 請輸入要搜索的關鍵字 "]
    s1=[]
return s1,p1                                #返回搜索結果
```

3. 視覺化模組

視覺化相關程式如下：

```
from PIL import Image
from PIL import ImageTk
import tkinter as tk                           #使用 Tkinter 前需要先匯入
import tkinter.messagebox
import pickle
def create():                                  #功能視窗生成
        window.destroy()                       #銷毀登入介面
        #定義一個新的視窗
        window1 = tk.Tk()
        #給視窗的視覺化命名
        window1.title('Trump Observer')
        #設定視窗的大小(長*寬)
        window1.geometry('800x600')            #這裡的乘是小寫 x
        canvas = tk.Canvas(window1, width=300, height=168, bg='green')
        image_file = ImageTk.PhotoImage(file='trump22.jpg')
        image = canvas.create_image(150, 0, anchor='n', image=image_file)
        canvas.pack(side='top')
        tk.Label(window1, text='Wellcome',font=('Arial', 16)).pack()
    #在圖形介面上設定輸入框控制項 entry 框並放置
    e = tk.Entry(window1, show = None)         #顯示成明文形式
    e.pack()
```

```
    # 定義三個觸發事件時的函數
    def point1():                                   # 詞頻分析
        t.delete(0.0, 'end')
        t.insert('end',order_dict1(dic,50))
        wd(order_dict1(dic,50))
    def point2():                                   # 模糊搜索
        t.delete(0.0, 'end')
        var = e.get()
        t.insert('end',fuzzyfinder(var, str1)[1])
        def point3():                               # 情感分析
        t.delete(0.0, 'end')
        var = e.get()
        t.insert('end',plotshow(fuzzyfinder(var, str1)[0]))
        tkinter.messagebox.showinfo('0：負面評論；1：正面評論 ')
    # 建立並放置三個按鈕分別觸發三種情況
    b1 = tk.Button(window1, text=' 詞頻統計 ', width=10,
            height=2, command=point1)
    b1.pack()
    b2 = tk.Button(window1, text=' 搜索 ', width=10,
        height=2, command=point2)
    b2.pack()
    b3 = tk.Button(window1, text=' 分析 ', width=10,
        height=2, command=point3)
    b3.pack()
    # 建立並放置一個多行文字標籤 text 用以顯示，指定 height=10 為文字標籤是三個字
元高度
    t = tk.Text(window1, height=10)
    t.pack()
    window1.mainloop()
    window = tk.Tk()
# 給視窗的視覺化命名
window.title('Wellcome to Trump Observer')
    # 設定視窗的大小 ( 長 * 寬 )
window.geometry('600x500')                  # 這裡的乘是小寫 x
```

```
    #載入歡迎圖片
canvas = tk.Canvas(window, width=280, height=210, bg='green')
image_file = ImageTk.PhotoImage(file='trump11.jpg')
image = canvas.create_image(130, 0, anchor='n', image=image_file)
canvas.pack(side='top')
tk.Label(window, text='Wellcome',font=('Arial', 16)).pack()
    #使用者資訊
tk.Label(window, text='用戶名稱 :', font=('Arial', 14)).place(x=20, y=310)
tk.Label(window, text='密碼 :', font=('Arial', 14)).place(x=20, y=390)
    #使用者登入輸入框
    #用戶名稱
var_usr_name = tk.StringVar()
entry_usr_name = tk.Entry(window, textvariable=var_usr_name, font=('Arial', 14))
entry_usr_name.place(x-200,y=320)
    #使用者密碼
var_usr_pwd = tk.StringVar()
entry_usr_pwd = tk.Entry(window, textvariable=var_usr_pwd, font=('Arial', 14),
show='*')
entry_usr_pwd.place(x=200,y=400)
#定義使用者登入功能
def usr_login():
    #這兩行程式是獲取輸入的用戶名稱和密碼
    usr_name = var_usr_name.get()
    usr_pwd = var_usr_pwd.get()
    #設定異常捕捉，當第一次存取使用者資訊檔案時是不存在的
    #中間的兩行即程式將輸入資訊和檔案中的資訊比對
    try:
        with open('usrs_info.pickle', 'rb') as usr_file:
            usrs_info = pickle.load(usr_file)
    except FileNotFoundError:
#沒有 "usr_file"，則建立，並將管理員的用戶名稱和密碼寫入，即用戶名稱為 "admin"，
密碼為 "admin"
    with open('usrs_info.pickle', 'wb') as usr_file:
        usrs_info = {'admin': 'admin'}
```

```
        pickle.dump(usrs_info, usr_file)
        usr_file.close()
    if usr_name in usrs_info:
        if usr_pwd == usrs_info[usr_name]:
#如果用戶名稱和密碼與檔案比對成功，則會成功登入，並跳出彈窗 Hello 加上用戶名稱
tkinter.messagebox.showinfo(title='Welcome',message='Hello,'+ usr_name)
    create()
#如果用戶名稱比對成功，而密碼輸入錯誤，則會彈出 " 密碼錯誤 "
    else:
        tkinter.messagebox.showerror(message=' 密碼錯誤 ')
else:  #如果發現用戶名稱不存在
    tkinter.messagebox.showerror(message=' 用戶名稱不存在 ')
#定義使用者註冊功能
def usr_sign_up():
def sign_to_Hongwei_Website():
#以下三行是獲取註冊時所輸入的資訊
np = new_pwd.get()
npf = new_pwd_confirm.get()
nn = new_name.get()
#開啟記錄資料的檔案，將註冊資訊讀出
with open('usrs_info.pickle', 'rb') as usr_file:
    exist_usr_info = pickle.load(usr_file)
#如果兩次密碼輸入不一致，則提示兩次輸入密碼必須一致
if np != npf:
    tkinter.messagebox.showerror(' 兩次輸入密碼必須一致 ')
#如果用戶名稱已經在資料檔案中，則提示錯誤 , 用戶名稱已存在
elif nn in exist_usr_info:
    tkinter.messagebox.showerror(' 錯誤 ', ' 用戶名稱已存在 ')
#如果輸入無以上錯誤，則將註冊輸入的資訊記錄到檔案中，並提示註冊成功，然後銷毀
視窗
else:
    exist_usr_info[nn] = np
    with open('usrs_info.pickle', 'wb') as usr_file:
        pickle.dump(exist_usr_info, usr_file)
```

```
        tkinter.messagebox.showinfo(' 註冊成功 ')
        # 銷毀視窗
        window_sign_up.destroy()
    # 定義長在視窗上的視窗
    window_sign_up = tk.Toplevel(window)
    window_sign_up.geometry('400x240')
    window_sign_up.title('Sign up window')
    new_name = tk.StringVar()                       # 將輸入的註冊名稱設定值給變數
    tk.Label(window_sign_up, text=' 用戶名稱 : ').place(x=10, y=10)
    # 將用戶名稱放置在座標 (10,10)
    entry_new_name = tk.Entry(window_sign_up, textvariable=new_name)
    # 建立一個註冊名稱的 "entry"，變數為 "new_name"
    entry_new_name.place(x=130, y=10)  #"entry" 放置在座標 (150,10)
    new_pwd = tk.StringVar()
    tk.Label(window_sign_up, text=' 密碼 : ').place(x=10, y=50)
    entry_usr_pwd = tk.Entry(window_sign_up, textvariable=new_pwd, show='*')
    entry_usr_pwd.place(x=130, y=50)
    new_pwd_confirm = tk.StringVar()
    tk.Label(window_sign_up, text=' 再次確認密碼 : ').place(x=10, y=90)
    entry_usr_pwd_confirm = tk.Entry(window_sign_up, textvariable=new_pwd_confirm,
    show='*')
    entry_usr_pwd_confirm.place(x=130, y=90)
    # 下面是具體實例
    btn_comfirm_sign_up = tk.Button(window_sign_up, text='Sign up', command=sign_
    to_Hongwei_Website)
    btn_comfirm_sign_up.place(x=180, y=120)
# 放置登入和註冊按鈕並設定觸發情況
btn_login = tk.Button(window, text=' 登入 ', command=usr_login, width=15, height=2)
btn_login.place(x=140, y=440)
btn_sign_up = tk.Button(window, text=' 註冊 ', command=usr_sign_up, width=15,
height=2)
btn_sign_up.place(x=340, y=440)
# 主視窗循環顯示
window.mainloop()
```

2.4 系統測試

本部分包括模型效果和模型應用。

2.4.1 模型效果

模型訓練效果如圖 2-5 所示。

```
for i in range(0,25):
    display(i)
```

```
I saw this film in a sneak preview, and it is delightful. The cinematography is unusually creative, the acting is good, and the story is f
abulous. If this movie does not do well, it won't be because it doesn't deserve to. Before this film, I didn't realize how charming Shia L
ebouf could be. He does a marvelous, self-contained, job as the lead. There's something incredibly sweet about him, and it makes the movie
even better. The other actors do a good job as well, and the film contains moments of really high suspense, more than one might expect fro
m a movie about golf. Sports movies are a dime a dozen, but this one stands out. This is one I'd recommend to anyone.
label真实值为: 正面的评论 预测结果为: 正面的评论
Bill Paxton has taken the true story of the 1913 US golf open and made a film that is about much more than an extra-ordinary game of golf.
The film also deals directly with the class tensions of the early twentieth century and touches upon the profound anti-Catholic prejudices
of both the British and American establishments. But at heart the film is about that perennial favourite of triumph against the odds.The a
cting is exemplary throughout. Stephen Dillane is excellent as usual, but the revelation of the movie is Shia LaBoeuf who delivers a disci
plined, dignified and highly sympathetic performance as a working class Franco-Irish kid fighting his way through the prejudices of the Ne
w England WASP establishment. For those who are only familiar with his slap-stick performances in "Even Stevens" this demonstration of his
maturity is a delightful surprise. And Josh Flitter as the ten year old caddy threatens to steal every scene in which he appears.A old fas
hioned movie in the best sense of the word: fine acting, clear directing and a great story that grips to the end - the final scene an affe
ctionate nod to Casablanca is just one of the many pleasures that fill a great movie.
label真实值为: 正面的评论 预测结果为: 正面的评论
I saw this film on September 1st, 2005 in Indianapolis. I am one of the judges for the Heartland Film Festival that screens films for thei
r Truly Moving Picture Award. A Truly Moving Picture "...explores the human journey by artistically expressing hope and respect for the po
sitive values of life." Heartland gave that award to this film.This is a story of golf in the early part of the 20th century. At that tim
```

▲ 圖 2-5 模型訓練效果

2.4.2 模型應用

對格式為 .ipynb 的檔案編譯成功後，執行檔案生成視覺化操作介面，初始登入介面如圖 2-6 所示。

▲ 圖 2-6 初始登入介面

輸入用戶名稱及密碼並登入成功後，主程式介面如圖 2-7 所示。

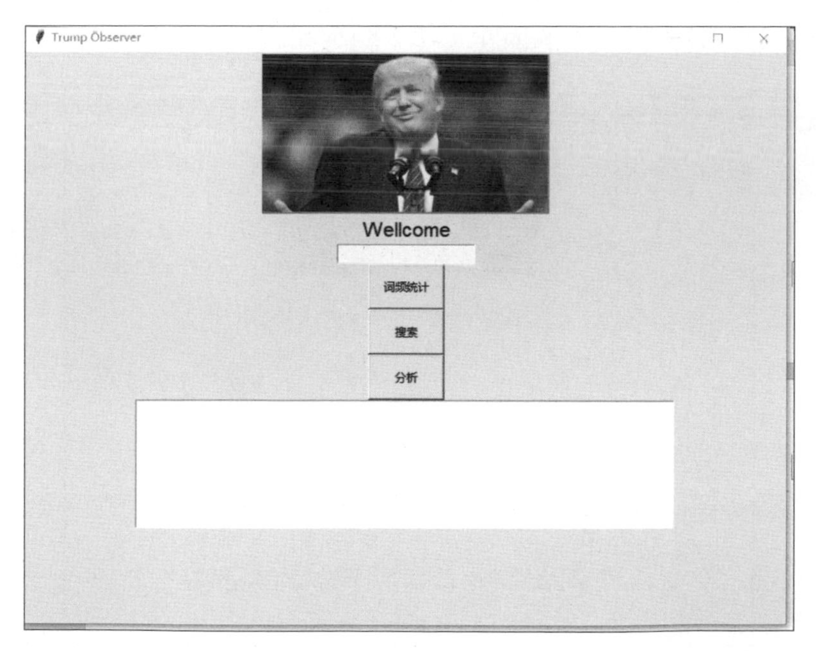

▲ 圖 2-7 主程式介面

介面從上至下分別是 1 張圖片、文字輸入框、3 個按鈕和 1 個文字標籤顯示結果。第一個按鈕為資料庫中文字內容的詞頻統計及詞雲圖展示，如圖 2-8 所示。

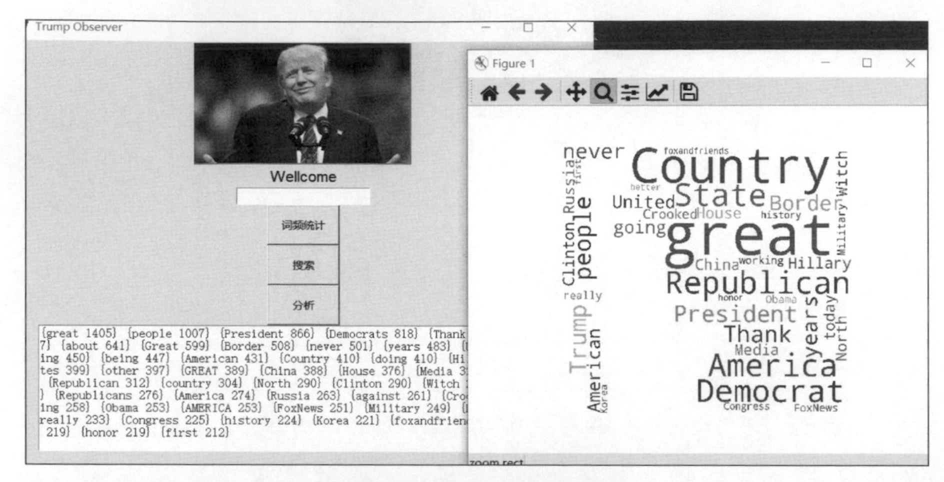

▲ 圖 2-8 詞頻統計顯示畫面

在文字標籤內輸入要搜索的內容，搜索結果如圖 2-9 所示。

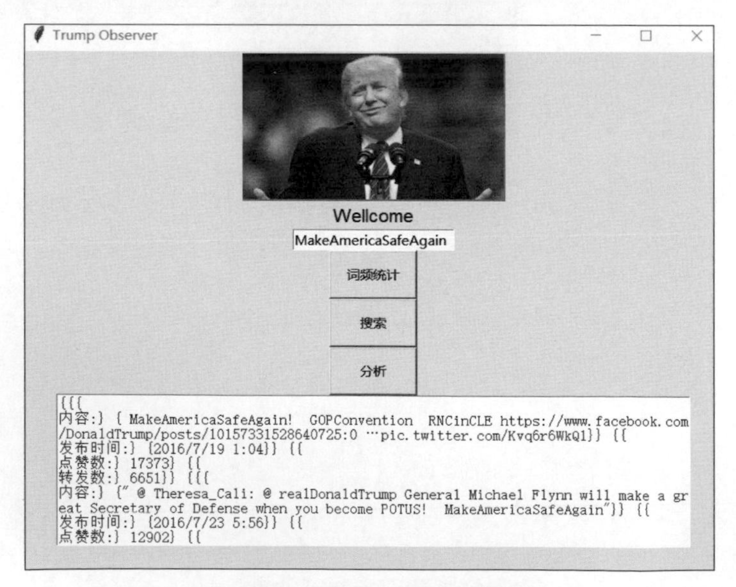

▲ 圖 2-9 搜索結果顯示畫面

點擊「分析」按鈕可將搜索結果進行情感分類，並根據按讚數和轉發數繪製視覺化圖形，如圖 2-10 所示。

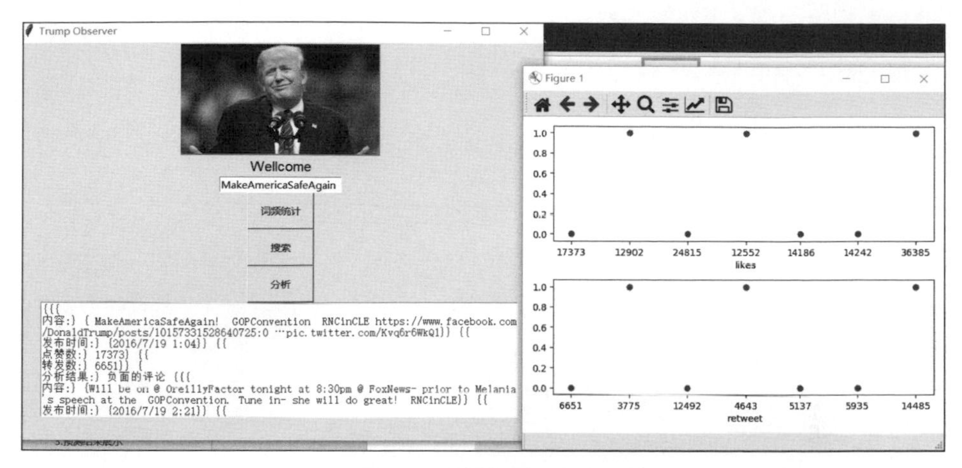

▲ 圖 2-10 情感分析結果展示

◆ 2.4 系統測試

PROJECT 3

以 LSTM 為基礎的影評情感分析

本專案以 LSTM 為基礎，使用分類資料集 (Large Movie Review Dataset,LMRD) 訓練情感分析模型，實現行動端的文字情感推斷設計。

3.1 整體設計

本部分包括系統整體結構圖和系統前後端流程圖。

3.1.1 系統整體結構圖

系統整體結構如圖 3-1 所示。

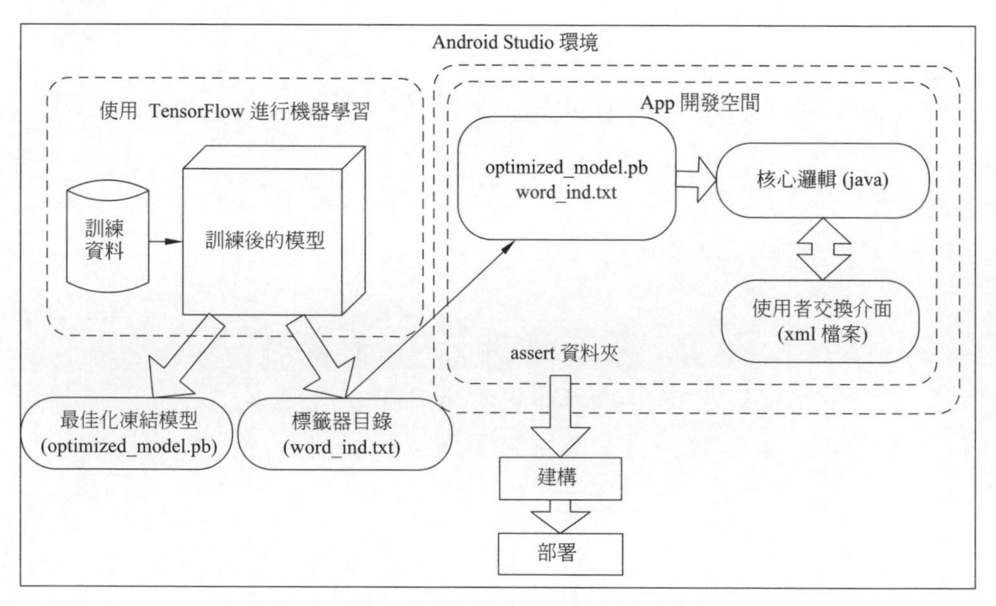

▲ 圖 3-1 系統整體結構圖

3.1.2 系統前後端流程圖

系統前端流程如圖 3-2 所示，系統後端流程如圖 3-3 所示。

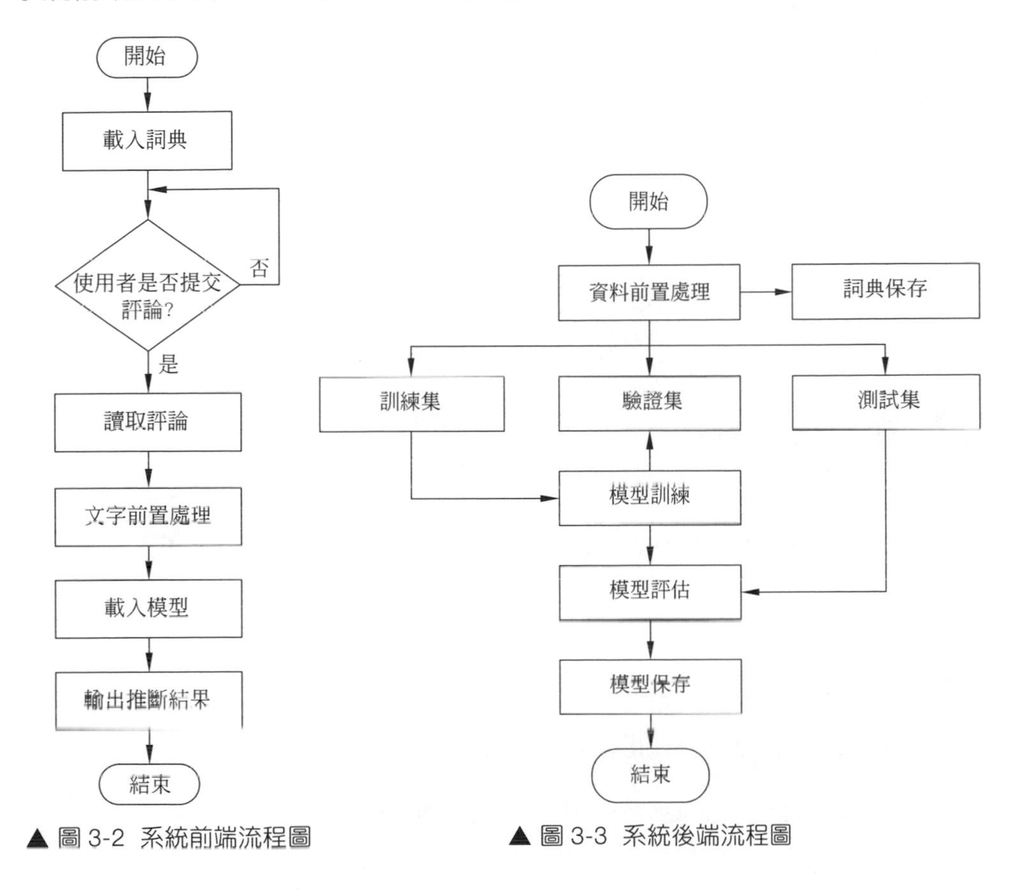

▲ 圖 3-2 系統前端流程圖

▲ 圖 3-3 系統後端流程圖

3.2 執行環境

本部分包括 Python 環境、TensorFlow 環境和 Android 環境。

3.2.1 Python 環境

需要 Python 3.6 及以上設定，用 Anaconda 建立虛擬環境 MRSA(全標為 Movie Review Sentiment Analysis)，完成所需 Python 環境的設定。

開啟 Anaconda Prompt，輸入命令：

```
conda create -n MRSA python=3.6
```

建立 MRSA 虛擬環境。

3.2.2 TensorFlow 環境

開啟 Anaconda Prompt，啟動所建立的 MRSA 虛擬環境，輸入命令：

```
activate MRSA
```

安裝 CPU 版本的 TensorFlow，輸入命令：

```
pip install -upgrade --ignore-installed tensorflow
```

安裝完畢。

其他相關依賴套件，包括 Keras、Re、Pickle、Fire、Pandas、Numpy，其安裝方式和 TensorFlow 類似，直接在虛擬環境中 pip install package_name 或 conda install package_name 即可完成。

3.2.3 Android 環境

安裝 Android Studio 新建 Android 專案，開啟 Android Studio，依次選擇 File → New → New Project → Empty Activity → Next。

Name 定義 Movie Review Analysis，Save location 為專案儲存的位址，可自行定義，Minimum API 為該專案能夠相容 Android 手機的最低版本，選擇 16。點擊 Finish 按鈕，新建專案完成。App/build.gradle 裡的內容有任何改動後，Android Studio 都會彈出資訊提示。點擊 Sync Now 按鈕，同步該設定，「成功」表示設定完成。

3.3 模組實現

本專案包括 5 個模組：資料前置處理、模型建構及訓練、模型儲存、詞典儲存和模型測試。下面分別列出各模組的功能介紹及相關程式。

3.3.1 資料前置處理

本部分包括資料集合並、資料清洗、文字數值化和資料集劃分。

1. 資料集合並

資料集下載網址為 http://ai.stanford.edu/~amaas/data/sentiment/。史丹佛大學提供的情感分類資料集中了 25000 筆電影評論用於訓練，25000 筆用於測試。先將這 50000 筆資料合併，並儲存為 .csv 檔案格式，相關程式如下：

```
#匯入原始資料
train_review_files_pos = os.listdir(path + 'train/pos/')
review_dest.append(path + 'train/pos/')
train_review_files_neg = os.listdir(path + 'train/neg/')
review_dest.append(path + 'train/neg/')
```

```
test_review_files_pos = os.listdir(path + 'test/pos/')
review_dest.append(path + 'test/pos/')
test_review_files_neg = os.listdir(path + 'test/neg/')
review_dest.append(path + 'test/neg/')
# 將標籤合併
sentiment_label = [1]*len(train_review_files_pos) +  \
                  [0]*len(train_review_files_neg) + \
                  [1]*len(test_review_files_pos) + \
                  [0]*len(test_review_files_neg)
# 將所有評論合併
review_train_test = ['train']*len(train_review_files_pos) + \
                    ['train']*len(train_review_files_neg) + \
                    ['test']*len(test_review_files_pos) + \
                    ['test']*len(test_review_files_neg)
# 將合併後的資料儲存為 .csv 格式
df = pd.DataFrame()
df['Train_test_ind'] = review_train_test
df['review'] = reviews
df['sentiment_label'] = sentiment_label
df.to_csv(path + 'processed_file.csv', index=False)
```

合併後的 .csv 檔案如圖 3-4 所示。

```
data = pd.read_csv(path + 'processed_file.csv')
print('数据大小为: ',data.shape)
data.head()
```

数据大小为： (50000, 3)

	Train_test_ind	review	sentiment_label
0	train	bromwell high is a cartoon comedy it ran at th...	1
1	train	homelessness or houselessness as george carlin...	1
2	train	brilliant over acting by lesley ann warren bes...	1
3	train	this is easily the most underrated film inn th...	1
4	train	this is not the typical mel brooks film it was...	1

▲ 圖 3-4 合併後的 .csv 檔案

2. 資料清洗

文字中一些非相干因素會影響最後模型的精度，採用正規表示法將所有標點符號去除，將大寫字母轉換成小寫字母，相關程式如下：

```
def text_clean(text):
        # 將所有大寫字母轉換成小寫字母，並去除標點符號
        letters = re.sub("[^a-zA-z0-9\s]", " ",text)
        words = letters.lower().split()
        text = " ".join(words)
        return text
```

資料清洗結果如圖 3-5 所示。

```
Bromwell High is a cartoon comedy. It ran at the same
time as some other programs about school life, such as
"Teachers". My 35 years in the teaching profession
lead me to believe that Bromwell High's satire is much
closer to reality than is "Teachers". The scramble to
survive financially, the insightful students who can
see right through their pathetic teachers' pomp, the
pettiness of the whole situation, all remind me of the
schools I knew and their students. When I saw the
episode in which a student repeatedly tried to burn
down the school, I immediately recalled ......... at
.......... High. A classic line: INSPECTOR: I'm here
to sack one of your teachers. STUDENT: Welcome to
Bromwell High. I expect that many adults of my age
think that Bromwell High is far fetched. What a pity
that it isn't!
```

(a) 原始文字

```
bromwell high is a cartoon comedy it ran at the same
time as some other programs about school life such as
teachers my 35 years in the teaching profession lead
me to believe that bromwell high s satire is much
closer to reality than is teachers the scramble to
survive financially the insightful students who can
see right through their pathetic teachers pomp the
pettiness of the whole situation all remind me of the
schools i knew and their students when i saw the
episode in which a student repeatedly tried to burn
down the school i immediately recalled at high a
classic line inspector i m here to sack one of your
teachers student welcome to bromwell high i expect
that many adults of my age think that bromwell high is
far fetched what a pity that it isn t
```

(b) 處理後文字

▲ 圖 3-5 資料清洗結果

3. 文字數值化

文字中每個單字對應唯一的索引 (token)，依據索引將文字數值化。Keras tokenizer 透過擷取前 50000 個常用詞，轉為數字索引或標記。為了處理方便，對於文字長度大於 1000 的評論，只取前 1000 個單字；若評論長度不足 1000，則在評論開始使用 0 填充。相關程式如下：

```
# 擷取前 50000 個常用詞，把單字轉為數字索引或標記
max_features = 50000
tokenizer = Tokenizer(num_words=max_features, split=' ')
tokenizer.fit_on_texts(df['review'].values)
```

```
X = tokenizer.texts_to_sequences(df['review'].values)
X_ = []
for x in X:
    x = x[:1000]
    X_.append(x)
X_ = pad_sequences(X_)
```

數值化結果如圖 3-6 所示。

```
records_processed 50000
[[    0     0     0 ...     4    11    16]
 [    0     0     0 ...  1173 22081    75]
 [    0     0     0 ...     9     1  1912]
 ...
 [    0     0     0 ...   167    32   363]
 [    0     0     0 ...   681     1  9109]
 [    0     0     0 ...    34   318    11]]
```

▲ 圖 3-6 數值化結果

4. 資料集劃分

將資料集劃分為訓練集、驗證集及測試集，比例分別為 70%、15% 和 15%。相關程式如下：

```
y = df['sentiment_label'].values
index = list(range(X_.shape[0]))
np.random.shuffle(index)
train_record_count = int(len(index)*0.7)
validation_record_count = int(len(index)*0.15)
train_indices = index[:train_record_count]
validation_indices = index[train_record_count:train_record_count +
                     validation_record_count]
test_indices = index[train_record_count + validation_record_count:]
X_train, y_train = X_[train_indices], y[train_indices]
X_val, y_val = X_[validation_indices], y[validation_indices]
X_test, y_test = X_[test_indices], y[test_indices]
```

劃分後的資料集如圖 3-7 所示。

```
x_train = np.load(path + 'X_train.npy')
x_val = np.load(path + 'X_val.npy')
x_test = np.load(path + 'X_test.npy')
print('训练数据集大小：', x_train.shape)
print('验证数据集大小：', x_val.shape)
print('测试数据集大小：', x_test.shape)

训练数据集大小： (35000, 1000)
验证数据集大小： (7500, 1000)
测试数据集大小： (7500, 1000)
```

▲ 圖 3-7　劃分後的資料集

3.3.2 模型建構及訓練

將資料載入進模型之後，需要定義模型結構、最佳化損失函數和性能指標。這裡定義了兩種結構進行訓練，一是以 BasicLSTM 為基礎的網路；二是以 MultiRNN 為基礎的網路。

1. 定義模型結構

首先，建構一個簡單的 LSTM 版本遞迴神經網路 (BasicLSTM)，並在輸入層後面放一個嵌入層。嵌入層的單字向量使用預先訓練好的 100 維 Glove 向量初始化，該圖層被定義為 trainable(可訓練的)，這樣，該單字向量嵌入層就可以根據訓練資料自行更新。隱藏狀態的維度和單元狀態的維度也是 100。

其次，為獲得文字中更多正確資訊，進一步定義多層遞迴神經網路 (MultiRNN)，共有三層，每層單元狀態的維度分別是 100、200、100。定義嵌入層的相關程式如下：

```
#定義嵌入層
with tf.variable_scope('embedding'):
    self.emb_W = tf.get_variable('word_embeddings', [self.n_words, self.
embedding_dim],
        initializer=tf.random_uniform_initializer(-1, 1, 0), trainable=True,
                                dtype=tf.float32)
```

```
    self.assign_ops = tf.assign(self.emb_W, self.emd_placeholder)
    self.embedding_input = tf.nn.embedding_lookup(self.emb_W, self.X,
"embedding_input")
    print(self.embedding_input)
    self.embedding_input = tf.unstack(self.embedding_input, self.sentence_
length, 1)
#定義網路結構
with tf.variable_scope('LSTM_cell'):
    #定義 BasicLSTM
    self.cell = tf.nn.rnn_cell.BasicLSTMCell(self.hidden_states)
    #定義 MultiRNN
    #num_units = [100, 200, 100]
    #self.cells = [tf.nn.rnn_cell.BasicLSTMCell(num_unit) for num_unit in
num_units]
    #self.cell = tf.nn.rnn_cell.MultiRNNCell(self.cells)
```

2. 最佳化損失函數

使用二進位交叉熵損失訓練模型，並在損失函數中加入正則化以防止出現過擬合，同時使用 Adam(Adaptivemoment estimation) 最佳化器訓練模型，用精確度作為性能指標。相關程式如下：

```
self.l2_loss = tf.nn.l2_loss(self.w, name="l2_loss")
self.scores=tf.nn.xw_plus_b(self.output[-1],self.w,self.b, name="logits")
self.prediction_probability = tf.nn.sigmoid(self.scores, name='positive_
sentiment_probability')             #計算屬於 1 類的機率
self.predictions = tf.round(self.prediction_probability, name='final_
prediction')
self.losses = tf.nn.sigmoid_cross_entropy_with_logits(logits=self.scores,
labels=self.y)                      #損失函數
self.loss = tf.reduce_mean(self.losses) + self.lambda1 * self.l2_loss
tf.summary.scalar('loss', self.loss)
self.optimizer = tf.train.AdamOptimizer(self.learning_rate).minimize(self.
losses)
                                    #最佳化器
```

```
self.correct_predictions = tf.equal(self.predictions, tf.round(self.y))
self.accuracy = tf.reduce_mean(tf.cast(self.correct_predictions, "float"),
name="accuracy")
tf.summary.scalar('accuracy', self.accuracy)
```

3. 模型實現

使用 tf.train.write_graph() 函數將模型圖定義儲存到 model.pbtxt 檔案中，訓練完成後，使用 tf.train.Saver() 函數將權重儲存在 model_ckpt 中。model.pbtxt 和 model_ckpt 檔案將被用於建立 protobuf 格式的 TensorFlow 模型最佳化版本，以便與 Android 應用整合，相關程式如下：

```
for epoch in range(self.epochs):            #輪次
    gen_batch = self.batch_gen(self.X_train, self.y_train, self.batch_size)
    gen_batch_val=self.batch_gen(self.X_val,self.y_val,self.batch_size_val)
    for batch in range(self.num_batches): #批次
        X_batch, y_batch = next(gen_batch)
        X_batch_val, y_batch_val = next(gen_batch_val)
        sess.run(self.optimizer,feed_dict={self.X: X_batch, self.y: y_batch})
        if (batch+1) % 10 == 0:
            c, a = sess.run([self.loss, self.accuracy], feed_dict={self.X: X_
batch, self.y: y_batch})
            print(" Epoch=", epoch+1, " Batch-", batch+1, " Training Loss: ",
"{:.9f}".format(c), " Training Accuracy=", "{:.9f}".format(a))
#模型權值儲存相關程式
builder = tf.saved_model.builder.SavedModelBuilder(saved_model_dir)
builder.add_meta_graph_and_variables(sess, [tf.saved_model.tag_constants.
SERVING],
            signature_def_map={
            tf.saved_model.signature_constants.DEFAULT_SERVING_SIGNATURE_DEF_
KEY: signature},
            legacy_init_op=legacy_init_op)
builder.save()
tflite_model = tf.contrib.lite.toco_convert(sess.graph_def, [self.X[0]],
```

```
[self.prediction_probability[0]],inference_type=1, input_format=1, output_
format=2,quantized_input_stats=None, drop_control_dependency=True)
open(self.path + "converted_model.tflite", "wb").write(tflite_model)
```

在 train() 函數中，根據傳入批次大小使用生成器生成隨機批次，生成器函數的定義如下：

```
def batch_gen(self, X, y, batch_size):
    index = list(range(X.shape[0]))
    np.random.shuffle(index)
    batches = int(X.shape[0] // batch_size)
    for b in range(batches):
        X_train,y_train=X[index[b*batch_size: (b + 1)* batch_size], :], y[
            index[b * batch_size: (b + 1) * batch_size]]
        yield X_train, y_train
```

透過合適的參數呼叫函數，建立批次的迭代器物件。使用 next() 函數，提取批次物件的下一個物件。在每個輪次開始時呼叫生成器函數，以保證每個輪次中的批次都是隨機的。

3.3.3 模型儲存

在 model.pbtxt 和 model_ckpt 的檔案中儲存訓練好的模型並不能直接被 Android 應用程式使用。需要將其轉為 protobuf 格式 (副檔名為 .pb 檔案)，與 Android 應用整合。最佳化的 protobuf 格式小於 model.pbtxt 和 model_ckpt 檔案的大小。

首先，定義輸入張量和輸出張量的名稱；其次，透過 tensorflow.python.tools 中的 freeze_graph 函數，使用這些輸入和輸出張量以及 model.pbtxt 和 model_ckpt 檔案，將模型凍結；最後，被凍結的模型透過 tensorflow.python.tools 中的 optimize_for_inference_lib 函數進一步最佳化，建立 protobuf 模型 (即 optimized_model.pb)，相關程式如下：

```
freeze_graph.freeze_graph(input_graph_path, input_saver_def_path,
                          input_binary, checkpoint_path, output_node_names,
                          restore_op_name, filename_tensor_name,
                          output_frozen_graph_name, clear_devices, "")
input_graph_def = tf.GraphDef()
with tf.gfile.Open(output_frozen_graph_name, "rb") as f:
    data = f.read()
    input_graph_def.ParseFromString(data)
output_graph_def = optimize_for_inference_lib.optimize_for_inference(
        input_graph_def,
        ["inputs/X"],                              # 輸入節點組成的陣列
        ["positive_sentiment_probability"],
        tf.int32.as_datatype_enum                  # 輸出節點組成的陣列
        )
# 儲存最佳化後的模型圖
f = tf.gfile.FastGFile(output_optimized_graph_name, "w")
f.write(output_graph_def.SerializeToString())
```

3.3.4 詞典儲存

在前置處理期間，訓練 Keras tokenizer，將單字替換為數字索引，處理後的電影評論提供給 LSTM 模型進行訓練。保留頻率最高的前 50000 個單字，並將電影評論序列的最大長度限制為 1000。儘管訓練後的 Keras tokenizer 被儲存並用於推斷，但不能直接被 Android 應用程式使用。

將 Keras tokenizer 還原，50000 個單字及其對應的單字索引儲存在文字檔中。此文字檔可以在 Android 應用程式中使用，以建構單字到索引的詞典，用來轉換電影評論的文字。單字到索引映射可以透過 tokenizer.word_index 從載入的 Keras tokenizer 物件進行檢索。相關程式如下：

```
def tokenize(path,path_out):
    # 儲存詞典
    with open(path, 'rb') as handle:
        tokenizer = pickle.load(handle)
```

```
dict_ = tokenizer.word_index
keys = list(dict_.keys())[:50000]
values = list(dict_.values())[:50000]
total_words = len(keys)
f = open(path_out,'w')
for i in range(total_words):
    line = str(keys[i]) + ',' + str(values[i]) + '\n'
    f.write(line)
f.close()
```

3.3.5 模型測試

完成模型訓練後，移植到行動端，在設計行動應用程式時包括互動介面設計及核心邏輯設計。

1. 互動介面設計

行動應用程式介面設計的對應程式採用 XML 檔案格式。應用套裝程式含一個簡單的電影評論文字標籤，使用者在其中輸入他們對於電影的評論，完成後點擊 SUBMIT 按鈕，電影評論將被傳遞給應用程式的核心邏輯模組，該模組處理電影評論文字，並將其傳遞給 TensorFlow 最佳化模型進行推斷，針對電影評論的情感評分，該分數會轉為對應的星級，並顯示在行動應用程式中。

用於幫助使用者和行動應用程式核心邏輯進行彼此互動的變數是在 XML 檔案中透過 android：id 選項宣告的。舉例來說，使用者提供的電影評論可以使用 Review 變數進行處理，對應 XML 檔案中的定義為：

```
android：id="@+id/submit"
```

相關程式如下：

```
res/layout/activity_main.xml
<?xml version="1.0" encoding="utf-8"?>
```

```
<android.support.constraint.ConstraintLayout xmlns:android="http://schemas.
android.com/apk/res/android"
    xmlns:app="http://schemas.android.com/apk/res-auto"
    xmlns:tools="http://schemas.android.com/tools"
    android:layout_width="match_parent"
    android:layout_height="match_parent"
    tools:context=".MainActivity"
    tools:layout_editor_absoluteY="81dp">
    <TextView
        android:id="@+id/desc"
        android:layout_width="100dp"
        android:layout_height="26dp"
        android:layout_marginEnd="8dp"
        android:layout_marginLeft="44dp"
        android:layout_marginRight="8dp"
        android:layout_marginStart="44dp"
        android:layout_marginTop="36dp"
        android:text="Movie Review"
        app:layout_constraintEnd_toEndOf="parent"
        app:layout_constraintHorizontal_bias="0.254"
        app:layout_constraintStart_toStartOf="parent"
        app:layout_constraintTop_toTopOf="parent"
        tools:ignore="HardcodedText" />
    <EditText
        android:id="@+id/Review"
        android:layout_width="319dp"
        android:layout_height="191dp"
        android:layout_marginEnd="8dp"
        android:layout_marginLeft="8dp"
        android:layout_marginRight="8dp"
        android:layout_marginStart="8dp"
        android:layout_marginTop="24dp"
        app:layout_constraintEnd_toEndOf="parent"
        app:layout_constraintStart_toStartOf="parent"
```

```
        app:layout_constraintTop_toBottomOf="@+id/desc" />
    <RatingBar
        android:id="@+id/ratingBar"
        android:layout_width="240dp"
        android:layout_height="49dp"
        android:layout_marginEnd="8dp"
        android:layout_marginLeft="52dp"
        android:layout_marginRight="8dp"
        android:layout_marginStart="52dp"
        android:layout_marginTop="28dp"
        app:layout_constraintEnd_toEndOf="parent"
        app:layout_constraintHorizontal_bias="0.238"
        app:layout_constraintStart_toStartOf="parent"
        app:layout_constraintTop_toBottomOf="@+id/score"
        tools:ignore="MissingConstraints" />
    <TextView
        android:id="@+id/score"
        android:layout_width="125dp"
        android:layout_height="39dp"
        android:layout_marginEnd="8dp"
        android:layout_marginLeft="96dp"
        android:layout_marginRight="8dp"
        android:layout_marginStart="96dp"
        android:layout_marginTop="32dp"
        android:ems="10"
        android:inputType="numberDecimal"
        app:layout_constraintEnd_toEndOf="parent"
        app:layout_constraintHorizontal_bias="0.135"
        app:layout_constraintStart_toStartOf="parent"
        app:layout_constraintTop_toBottomOf="@+id/submit" />
    <Button
        android:id="@+id/submit"
        android:layout_width="wrap_content"
        android:layout_height="35dp"
```

```
        android:layout_marginEnd="8dp"
        android:layout_marginLeft="136dp"
        android:layout_marginRight="8dp"
        android:layout_marginStart="136dp"
        android:layout_marginTop="24dp"
        android:text="SUBMIT"
        app:layout_constraintEnd_toEndOf="parent"
        app:layout_constraintHorizontal_bias="0.0"
        app:layout_constraintStart_toStartOf="parent"
        app:layout_constraintTop_toBottomOf="@+id/Review" />
</android.support.constraint.ConstraintLayout>
```

該檔案提供了 5 個控制項。其中：1 個 Button，用於提交電影評論；2 個 TextView，分別顯示影評和預測電影評論為正面的機率；1 個 RatingBar，顯示星級評分；1 個 EditText，獲取使用者輸入的評論。

2. 核心邏輯設計

Android 應用程式的核心邏輯是處理使用者請求以及傳遞的資料，將結果返回給使用者。作為應用程式的一部分，核心邏輯將接收使用者提供的電影評論，並處理原始資料，將其轉為可以被訓練好的 LSTM 模型進行推斷的格式。

Java 中的 OnClickListener() 函數用於監視使用者是否已提交處理請求。在可以將資料登錄經過最佳化訓練好的 LSTM 模型進行推斷之前，使用者提供電影評論中的每個單字都需要被轉化為索引。因此，除了最佳化 protobuf 模型，單字字典及其對應的索引也需要預先儲存在裝置上。使用 TensorFlowInferenceInterface() 方法透過訓練好的模型來執行推斷。經過最佳化的 protobuf 模型和單字字典及其對應的索引儲存在 assets 資料夾中。

應用程式核心邏輯需要完成的任務如下：

（1）將單字到索引的字典載入到 WordToInd HashMap 中。單字到索引字典是在訓練模型之前前置處理文字時從 tokenizer 衍生而來的。相關程式如下：

```
final Map<String,Integer> WordToInd = new HashMap<String,Integer>();
        BufferedReader reader = null;
        try { //單字到索引的字典載入
            reader = new BufferedReader(
                new InputStreamReader(getAssets().open("word_ind.txt")));
            String line;
            while ((line = reader.readLine()) != null)
            {//讀取
                String[] parts = line.split("\n")[0].split(",",2);
                if (parts.length >= 2)
                {
                    String key = parts[0];
                    int value = Integer.parseInt(parts[1]);
                    WordToInd.put(key,value);
                } else
                {
                }
            }
        } catch (IOException e) {  //捕捉異常
        } finally {
            if (reader != null) {
                try {
                    reader.close();
                } catch (IOException e) {
                }
            }
        }
```

（2）透過監聽 OnClickListener() 方法判斷使用者是否已提交電影評論進行推斷。

（3）如果已提交，則從 XML 綁定的 Review 物件中讀取。

首先，透過刪除標點符號等操作清理評論文字；其次，進行單字分詞。每個單字都使用 WordToInd HashMap 轉為對應的索引。這些索引組成輸入 TensorFlow 模型並用於推斷的 InputVec 向量，向量的長度為 1000。因此，如果評論少於 1000 個單字，則用 0 在向量開頭進行填充。相關程式如下：

```
final Map<String,Integer> WordToInd = new HashMap<String,Integer>();
        BufferedReader reader = null;
        try {// 讀取快取
            reader = new BufferedReader(
                new InputStreamReader(getAssets().open("word_ind.txt")));
            String line;
            while((line = reader.readLine()) != null)
            {
                String[] parts = line.split("\n")[0].split(",",2);
                if(parts.length >= 2)
                {
                    String key = parts[0];
                    int value = Integer.parseInt(parts[1]);
                    WordToInd.put(key,value);
                } else
                {
                }
            }
        } catch(IOException e) {// 捕捉異常
        } finally {
            if(reader != null) {
                try {
                        reader.close();
```

```
            } catch(IOException e) {
            }
        }
    }
```

（4）從 assets 資料夾將經過最佳化的 protobuf 模型 (副檔名為 .pb) 載入記憶體，使用 TensorFlowInferenceInterface 功能建立 mInferenceInterface 物件，與原始模型一樣，需要定義輸入 / 輸出節點，相關程式如下：

```
private TensorFlowInferenceInterface mInferenceInterface;
private static final String MODEL_FILE = "file:///android_asset/optimized_
model.pb";
//模型存放路徑
private static final String INPUT_NODE = "inputs/X";
private static final String OUTPUT_NODE ="positive_sentiment_probability";
```

對於模型，它們被定義為 INPUT_NODE 和 OUTPUT_NODE，分別包含 TensorFlow 輸入預留位置的名稱和輸出的評分機率操作。mInferenceInterface 物件的 feed() 方法用於將 InputVec 設定值給模型的 INPUT_NODE，而 mInferenceInterface 的 run() 方法用於執行 OUTPUT_NODE。最後，呼叫 mInferenceInterface 的 fetch() 得到用浮點變數 value_ 表示推斷結果。相關程式如下：

```
mInferenceInterface.feed(INPUT_NODE,InputVec,1,1000);
mInferenceInterface.run(new String[] {OUTPUT_NODE}, false);
System.out.println(Float.toString(value_[0]));
mInferenceInterface.fetch(OUTPUT_NODE, value_);
    System.out.println(Float.toString(value_[0]));
```

（5）首先，將 value_ 乘以 5 得到情感得分 (評論為正面評論的機率)；其次，提供給 Android 應用程式的互動物件 ratingBar 變數。相關程式如下：

```
    double scoreIn;
scoreIn = value_[0]*5;
```

```
double ratingIn = scoreIn;
String stringDouble = Double.toString(scoreIn);
score.setText(stringDouble);
    ratingBar.setRating((float) ratingIn);
```

此外，還需要編輯應用程式的 build.gradle 檔案，將需要的套件添為依賴項。

3.4 系統測試

本部分包括資料處理、模型訓練、詞典儲存及模型效果。

3.4.1 資料處理

在 PyCharm 終端輸入 python preprocess.py --path E:/MRSA/aclImdb/，輸出結果如圖 3-8 所示。

```
(tensorflow) C:\Users\dy-d\PycharmProjects\MRSA>python preprocess.py --path E:/MRSA/aclImdb/
Using TensorFlow backend.
records_processed 50000
5.458 min: Process
```

▲ 圖 3-8 資料處理輸出結果

3.4.2 模型訓練

在 PyCharm 終端輸入以下命令：

```
python movie_review_model_train.py process_main --path  E:/MRSA/ --epochs 10
```

開始訓練，模型經過 10 個輪次的適度訓練，避免過擬合。最佳化器的學習率為 0.001，訓練和驗證的批次大小分別設定為 250 和 50。將訓練輸出結果儲存在 .txt 檔案中。BasicLSTM 的訓練結果如圖 3-9 所示，MultiLSTM 訓練結果如圖 3-10 所示。

```
250 50
 Epoch= 1  Validation Loss:  0.616187274  Validation Accuracy= 0.680000007
 Epoch= 2  Validation Loss:  0.524188161  Validation Accuracy= 0.740000010
 Epoch= 3  Validation Loss:  0.436133772  Validation Accuracy= 0.819999993
 Epoch= 4  Validation Loss:  0.390949339  Validation Accuracy= 0.819999993
 Epoch= 5  Validation Loss:  0.515198827  Validation Accuracy= 0.759999990
 Epoch= 6  Validation Loss:  0.343094289  Validation Accuracy= 0.860000014
 Epoch= 7  Validation Loss:  0.261696249  Validation Accuracy= 0.939999998
 Epoch= 8  Validation Loss:  0.244921491  Validation Accuracy= 0.899999976
 Epoch= 9  Validation Loss:  0.411403835  Validation Accuracy= 0.839999974
 Epoch= 10  Validation Loss:  0.355748057  Validation Accuracy= 0.879999995
 Test Loss:  0.295403659  Test Accuracy= 0.892000020
4.527 hrs: Model train
```

▲ 圖 3-9 BasicLSTM 訓練結果

```
250 50
 Epoch= 1  Validation Loss:  0.538058639  Validation Accuracy= 0.759999990
 Epoch= 2  Validation Loss:  0.555779696  Validation Accuracy= 0.759999990
 Epoch= 3  Validation Loss:  0.495759934  Validation Accuracy= 0.779999971
 Epoch= 4  Validation Loss:  0.456312269  Validation Accuracy= 0.839999974
 Epoch= 5  Validation Loss:  0.342410803  Validation Accuracy= 0.839999974
 Epoch= 6  Validation Loss:  0.361103296  Validation Accuracy= 0.860000014
 Epoch= 7  Validation Loss:  0.477218360  Validation Accuracy= 0.779999971
 Epoch= 8  Validation Loss:  0.324074388  Validation Accuracy= 0.839999974
 Epoch= 9  Validation Loss:  0.373119235  Validation Accuracy= 0.800000012
 Epoch= 10  Validation Loss:  0.378401011  Validation Accuracy= 0.839999974
 Test Loss:  0.362354994  Test Accuracy= 0.856000006
208912.500 s: Model train
```

▲ 圖 3-10 MultiLSTM 訓練結果

透過比較，MultiLSTM 模型訓練集的準確率達到 94%，在驗證集、測試集上的準確度均隨著訓練的進展而減少，發生了過擬合現象。所以最終移植到 Android 端時，採用 BasicLSTM 模型。

3.4.3 詞典儲存

在 Pycharm 終端輸入 python freeze_code.py --path E:/MRSA/ --MODEL_NAME model，將模型凍結為 protobuf 格式，終端輸出執行時間為 1.177min。

在 Pycharm 終端輸入 python tokenizer_2_txt.py --path 'E:/MRSA//aclImdb/tokenizer.pickle' --path_out 'E:/MRSA/word_ind.txt'，即可儲存詞典。

儲存的 optimized_model.pb 和 word_ind.txt 檔案會移植到行動端。

3.4.4 模型效果

本部分包括程式下載執行和應用使用說明。

1. 程式下載執行

Android 專案編譯成功後，在實機上進行測試，模擬器執行較慢，不建議使用。執行到實機的方法如下：

(1) 將手機資料線連接到電腦，開啟開發者模式，開啟 USB 偵錯，點擊 Android 專案的「執行」按鈕，將出現連接手機選項，點擊即可。

(2) Android Studio 生成 .apk 檔案，發送到手機，在手機上下載 .apk 檔案，安裝即可。

2. 應用使用說明

開啟 App，應用初始介面如圖 3-11 所示。

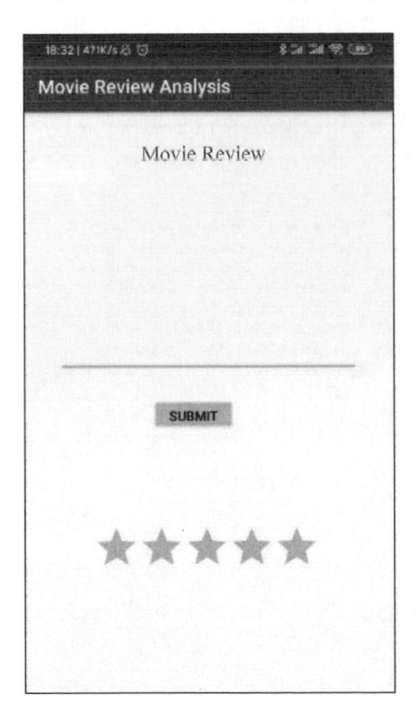

▲ 圖 3-11 應用初始介面

介面從上至下分別是文字標籤顯示 Movie Review、文字編輯方塊、按鈕、文字標籤顯示機率，RatingBar 顯示評分值。

此時在文字標籤內輸入有關電影 *The Shawshank Redemption* 的評論，如圖 3-12 所示。

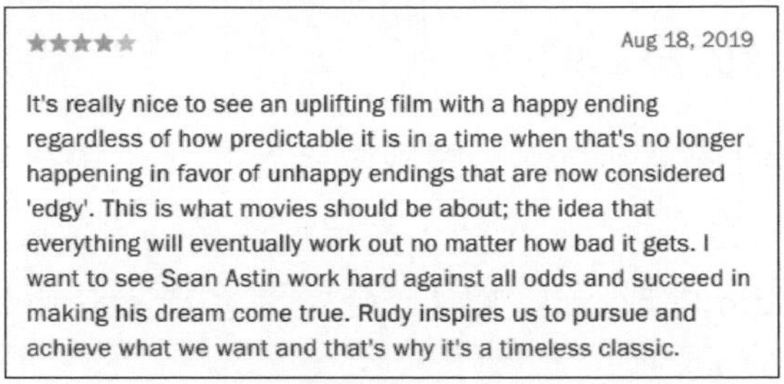

Aug 18, 2019
It's really nice to see an uplifting film with a happy ending regardless of how predictable it is in a time when that's no longer happening in favor of unhappy endings that are now considered 'edgy'. This is what movies should be about; the idea that everything will eventually work out no matter how bad it gets. I want to see Sean Astin work hard against all odds and succeed in making his dream come true. Rudy inspires us to pursue and achieve what we want and that's why it's a timeless classic.

▲ 圖 3-12 The Shawshank Redemption 電影評論

點擊 SUBMIT 按鈕，顯示文字標籤內輸出預測機率為 4.293/5，如圖 3-13 所示。而評論員給這部電影的評分為 4/5，預測的評分更加精細化。

Movie Review Analysis
Movie Review
It's really nice to see an uplifting film with a happy ending regardless of how predictable it is in a time when that's no longer happening in favor of unhappy endings that are now considered 'edgy'. This is what movies should be about; the idea that everything will eventually work out no
SUBMIT
4.292724609375

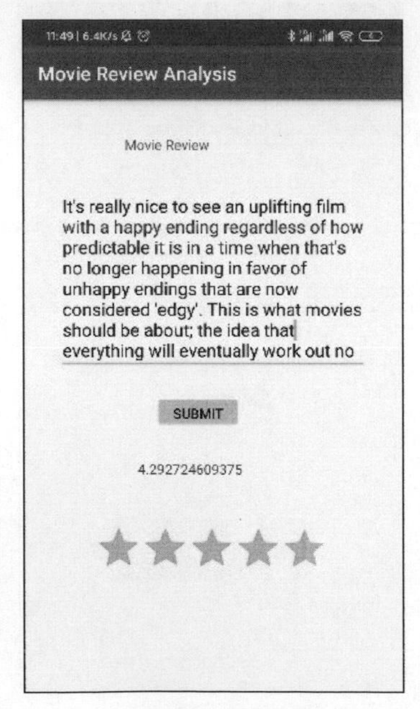

▲ 圖 3-13 行動應用程式預測結果 1

點擊 SUBMIT 按鈕，顯示文字標籤內輸出預測機率為 3.246/5，如圖 3-14 所示。而 Rotten Tomatoes 對這部電影的平均評分為 3.5/5。

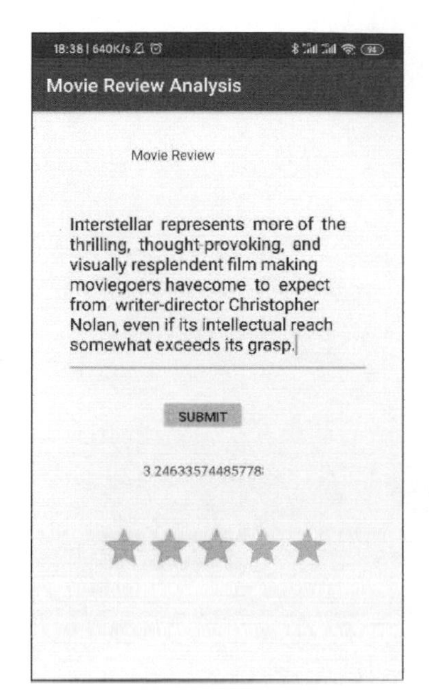

▲ 圖 3-14 行動應用程式預測結果 2

從比較結果可以看出，應用程式能夠為電影評論提供更加精細化的評分，用於電影評分的修正。以上各電影評分來自以下兩個連結：

（1）https://www.rottentomatoes.com/m/shawshank_redemption/reviews?type=user；

（2）https://www.rottentomatoes.com/m/interstellar_2014/。

Image2Poem——根據圖型生成古體詩句

本專案使用 MS COCO 資料集，透過對圖型進行簡單描述，以 CNN 和 LSTM 神經網路訓練模型為基礎，進行詩歌創作，並以網站的形式展示，方便使用者進行互動。

4.1 整體設計

本部分包括系統整體結構圖和系統流程圖。

4.1.1 系統整體結構圖

系統整體結構如圖 4-1 所示。

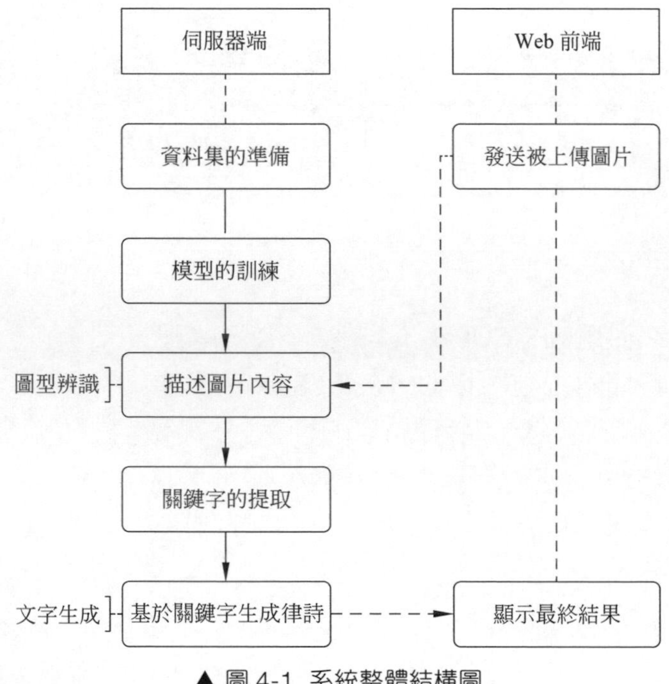

▲ 圖 4-1 系統整體結構圖

4.1.2 系統流程圖

系統流程如圖 4-2 所示。

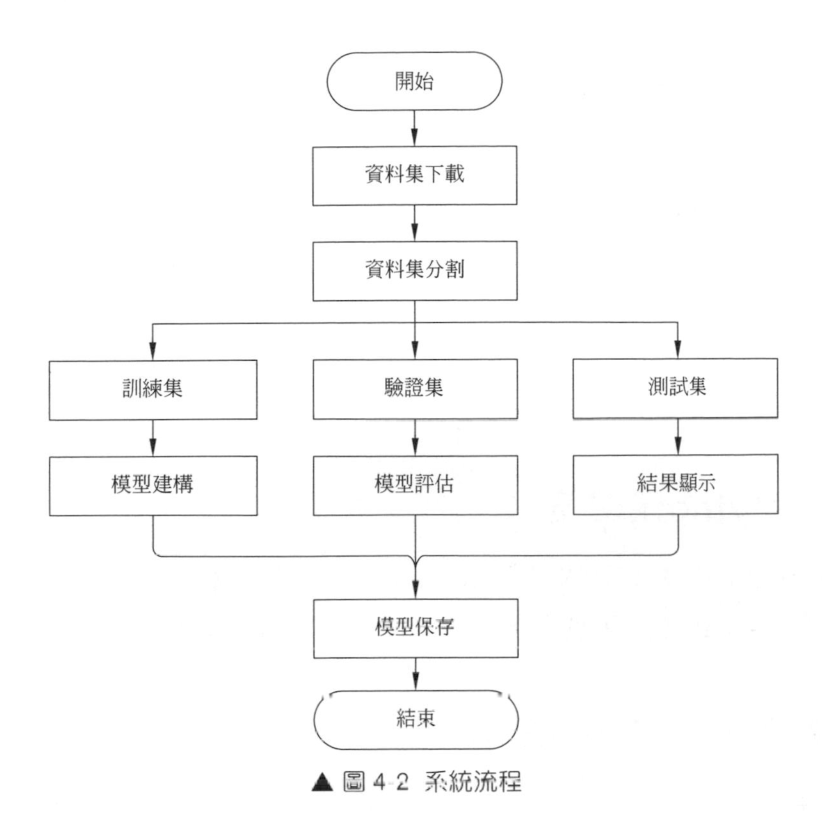

▲ 圖 4-2 系統流程

4.2 執行環境

本專案使用的 Python 模組名稱及其版本如表 4-1 所示。

表 4-1 Python 模組名稱及其版本

模組名稱	版本
Python	3.6.2
TensorFlow	1.12
Gensim	3.8.1
jieba	0.39
Numpy	1.18.2

模組名稱	版本
Pandas	1.0.1
joblib	0.14.1
Tqdm	4.43.0
Matplotlib	3.2.0
Scikit-image	0.16.2
Nltk	3.4.5
Django	3.0

4.2.1 Python 環境

以 Python 3.6 版本為基礎，在 Windows 環境下推薦下載 Anaconda 完成 Python 所需的設定，下載網址為：https://www.anaconda.com/。

4.2.2 TensorFlow 安裝

由於模型訓練量比較大，需要使用 TensorFlow-GPU 版本。安裝 TensorFlow-GPU，需要對應版本的 GPU 驅動、CUDA、cuDNN 軟體。執行機器的 GPU 驅動只支援 CUDA 9.2 以下版本，如圖 4-3 所示。

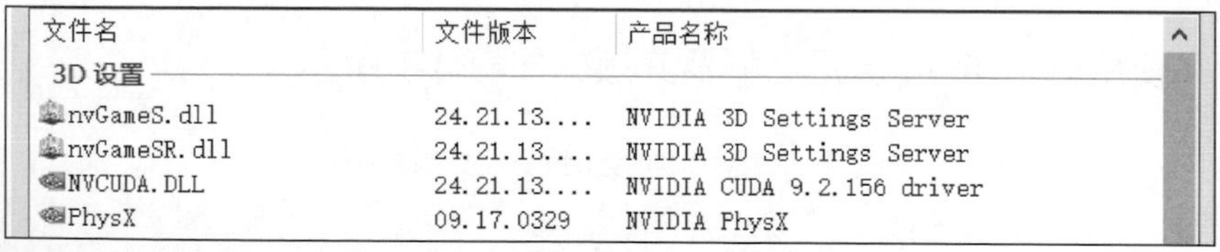

文件名	文件版本	产品名称
3D 设置		
nvGameS.dll	24.21.13....	NVIDIA 3D Settings Server
nvGameSR.dll	24.21.13....	NVIDIA 3D Settings Server
NVCUDA.DLL	24.21.13....	NVIDIA CUDA 9.2.156 driver
PhysX	09.17.0329	NVIDIA PhysX

▲ 圖 4-3 GPU 驅動支援

下載網址為 https://developer.nvidia.com/cuda-toolkit-archive，本專案選擇 CUDA 9.0 版本。透過以下位址下載對應版本的 cuDNN 軟體：https://developer.nvidia.com/rdp/cudnn-archive。安裝 TensorFlow-GPU 後，在 Anaconda Prompt 中建立並啟動 TensorFlow-GPU 環境，輸入命令：

```
> conda create -n tensorflow-gpu python=3.6
> activate tensorflow-gpu
```

pip 指令安裝 TensorFlow-GPU，注意版本要滿足環境要求，輸入命令：

```
> pip install tensorflow_gpu==1.12.0
```

安裝完畢。

4.2.3 其他 Python 模組的安裝

分別安裝 gensim、jieba、numpy 和 django，輸入以下命令：

```
> pip install gensim==3.8.1
> pip install jieba==0.39
> pip install numpy==1.18.2
> pip install django==3.0
```

安裝完畢。

4.2.4 百度通用翻譯 API 開通及使用

開放平台位址為 http://api.fanyi.baidu.com/。註冊百度帳號並完成通用翻譯 API 的申請後獲得 APP ID 和金鑰，如圖 4-4 所示。

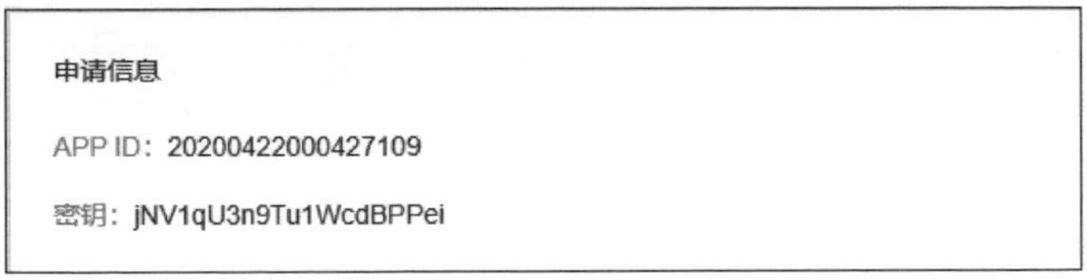

申请信息

APP ID：20200422000427109

密钥：jNV1qU3n9Tu1WcdBPPei

▲ 圖 4-4 百度翻譯使用者申請資訊

4.3 模組實現

本專案包括 7 個模組：資料準備、Web 後端準備、百度通用翻譯、全域變數宣告、建立模型、模型訓練及儲存、模型呼叫。下面分別列出各模組的功能介紹及相關程式。

4.3.1 資料準備

本部分包括資料集的獲取、資料獲取、前置處理與載入、中文語料前置處理。

1. 資料集的獲取

資料集官網連結為 http://cocodataset.org/。

下載連結為：

http://images.cocodataset.org/zips/train2014.zip；

http://images.cocodataset.org/zips/val2014.zip；

http://images.cocodataset.org/zips/test2014.zip；

http://images.cocodataset.org/annotations/annotations_trainval2014.zip。

只需完成圖型標題任務，使用標題標注即可，共有 5 個關鍵字：

```
{
info{   #基本資訊
    "year" : int,
    "version" : str,
    "description" : str,
    "contributor" : str,
    "url" : str,
    "date_created" : datetime,
    }
image{   #圖型
```

```
    "id" : int,
    "width" : int,
    "height" : int,
    "file_name" : str,
    "license" : int,
    "flickr_url" : str,
    "coco_url" : str,
    "date_captured" : datetime,
    }
license{          #授權
        "id" : int,
        "name" : str,
        "url" : str,
        }
categories{       #類別
          #caption 標注下，該項為空
          }
annotation{       #標注
          "id" : int,
          "image_id" : int,
          "caption" : str,
          }
    }
```

2. 資料獲取

（1）古詩資料：包括元、明、清時期的古詩。

下載連結為

https://github.com/DevinZ1993/Chinese-Poetry-Generation/tree/master/raw

（2）通常使用中文維基百科 (https://zh.wikipedia.org/wiki) 和百度百科詞條 (https://baike.baidu.com/)。綜合考慮收集難度、使用的便利性和內容品質，將中文維基百科語料作為古詩資料的額外補充，以解決模型不能瞭解現代詞彙的問題。下載連結為 https://dumps.wikimedia.org/zhwiki/20200401/zhwiki-20200401-pages-articles1.xml-p1p162886.bz2。

由於下載的是壓縮檔，需要用 WikiExtractor 進行提取。WikiExtractor 下載網址為

https://github.com/attardi/wikiextractor/blob/master/WikiExtractor.py

在 Python 3.x 的環境下執行以下指令：

```
> python WikiExtractor.py -b 500M -o wiki_00 zhwiki-10200401-pages-articles1.
xml-p1p2886.bz2
```

將維基百科的全部中文正文輸出到 wiki_00 檔案中。透過該方法生成的文字中，簡體字與繁體字混合，不利於處理，因此，使用開放原始碼工具 OpenCC 進行轉換。

3. 前置處理與載入

MS COCO 資料集在 GitHub 網站中上傳了各種版本的 API 呼叫介面，可以為訓練資料的處理提供現成的模組呼叫，但是，部分程式使用的是 Python 2.7，程式設計時要略微修改。下載連結為 https://github.com/cocodataset/cocoapi/tree/master/PythonAPI 和 https://github.com/tylin/coco-caption。

進行詞彙表 Vocabulary 的建立，以便 Decoder 翻譯時使用。

```
# 呼叫 COCO API
from utils.coco.coco import COCO
# 建立詞彙表
from utils.vocabulary import Vocabulary
def prepare_train_data(config):
    # 準備訓練用的資料
    coco = COCO(config.train_caption_file)
    # 按句子長度篩選資料集裡的 caption
```

```
    coco.filter_by_cap_len(config.max_caption_length)
    #開始建立詞彙表
    print("Building the vocabulary...")
    vocabulary = Vocabulary(config.vocabulary_size)
    if not os.path.exists(config.vocabulary_file):
        vocabulary.build(coco.all_captions())
        vocabulary.save(config.vocabulary_file)
    else:
        vocabulary.load(config.vocabulary_file)
    print("Vocabulary built.")
    print("Number of words = %d" %(vocabulary.size))
    coco.filter_by_words(set(vocabulary.words))
    #開始載入資料集中的資訊
    print("Processing the captions...")
    if not os.path.exists(config.temp_annotation_file):
    captions = [coco.anns[ann_id]['caption'] for ann_id in coco.anns]
    image_ids = [coco.anns[ann_id]['image_id'] for ann_id in coco.anns]
    image_files = [os.path.join(config.train_image_dir,
                                coco.imgs[image_id]['file_name'])
                                for image_id in image_ids]
    #圖片資訊的載入
    annotations = pd.DataFrame({'image_id': image_ids,
                               'image_file': image_files,
                               'caption': captions})
    annotations.to_csv(config.temp_annotation_file)
    #標題的載入
else:
    annotations = pd.read_csv(config.temp_annotation_file)
    captions = annotations['caption'].values
    image_ids = annotations['image_id'].values
    image_files = annotations['image_file'].values
if not os.path.exists(config.temp_data_file):
    word_idxs = []
    masks = []
```

```
    for caption in tqdm(captions):
        current_word_idxs_ = vocabulary.process_sentence(caption)
        current_num_words = len(current_word_idxs_)
        current_word_idxs = np.zeros(config.max_caption_length,
                                     dtype = np.int32)
        current_masks = np.zeros(config.max_caption_length)
    current_word_idxs[:current_num_words] = np.array(current_word_idxs_)
        current_masks[:current_num_words] = 1.0
        word_idxs.append(current_word_idxs)
        masks.append(current_masks)
    word_idxs = np.array(word_idxs)
    masks = np.array(masks)
    data = {'word_idxs': word_idxs, 'masks': masks}
    np.save(config.temp_data_file, data)
else:
    data = np.load(config.temp_data_file).item()
    word_idxs = data['word_idxs']
    masks = data['masks']
print("Captions processed.")
print("Number of captions = %d" %(len(captions)))
#完成資料集載入到記憶體
print("Building the dataset...")
dataset = DataSet(image_ids,
                  image_files,
                  config.batch_size,
                  word_idxs,
                  masks,
                  True,
                  True)
print("Dataset built.")
return dataset
```

4. 中文語料前置處理

在生成古詩主題詞的計畫階段，需要找出與使用者輸入最接近的 4 個詞語作為每一行詩句的主題。首先，根據規則從原始資料中提取有用的詞語；其次，使用 TextRank 計算出這些詞語的權重；最後，儲存 RankedWords 模型。

```
_stopwords_path = os.path.join(raw_dir, 'stopwords.txt')
_damp = 0.85
def train_planner():
    #嘗試另一個關鍵字拓展模型
    print("Training Word2Vec-based planner ...")
    if not os.path.exists(save_dir):
        os.mkdir(save_dir)
    if not check_uptodate(plan_data_path):
        gen_train_data()
    word_lists = []
    with open(plan_data_path, 'r') as fin:
        for line in fin.readlines():
            #各句之間用定位字元隔開
            word_lists.append(line.strip().split('\t'))
    #生成一個 Word2Vec 模型
    model = models.Word2Vec(word_lists, size = 512, min_count = 5)
    model.save(_plan_model_path)
#從原始檔案中讀取所有停止詞
def _get_stopwords():
    stopwords = set()
    with open(_stopwords_path, 'r', encoding='UTF-8') as fin:
            for line in fin.readlines():
                stopwords.add(line.strip())
    return stopwords
#使用另一個關鍵字提取演算法
class RankedWords(Singleton):
    def __init__(self):  #初始化
```

```
        self.stopwords = _get_stopwords()
        if not check_uptodate(wordrank_path):
            self._do_text_rank()
        with open(wordrank_path, 'r') as fin:
            self.word_scores = json.load(fin)
        self.word2rank = dict((word_score[0], rank)
                for rank, word_score in enumerate(self.word_scores))
    def _do_text_rank(self):            #文字排序
        print("Do text ranking ...")
        adjlists = self._get_adjlists()
        print("[TextRank] Total words: %d" % len(adjlists))
        #scores 初始化，可以視為 scores 越大，該詞就越重要，越容易被選中
        scores = dict()
        for word in adjlists:
            scores[word] = [1.0, 1.0]
        #進行同步的數值迭代
        itr = 0
        while True:
            sys.stdout.write("[TextRank] Iteration %d ..." % itr)
            sys.stdout.flush()
        #透過遍歷詞連結表查看每一個詞與其他詞的連結次數和重要程度，據此計算該
詞的 score
        for word, adjlist in adjlists.items():
            #_damp 決定了每次進行更新時的步進值
            scores[word][1] = (1.0 - _damp) + _damp * \
                sum(adjlists[other][word] * scores[other][0]
                      for other in adjlist)
        eps = 0
        for word in scores:
            eps = max(eps, abs(scores[word][0] - scores[word][1]))
            scores[word][0] = scores[word][1]
        print(" eps = %f" % eps)
        #當精度足夠高時，結束訓練
        if eps <= 1e-6:
```

```
                break
            itr += 1
        # 以字典為基礎的比較，以 TextRank 得分為準
        segmenter = Segmenter()
        def cmp_key(x):
            word, score = x
            return (0 if word in segmenter.sxhy_dict else 1, -score)
        words = sorted([(word, score[0]) for word, score in scores.items()],
                key = cmp_key)
        # 儲存 ranked words 和對應的 scores
        with open(wordrank_path, 'w') as fout:
            json.dump(words, fout)
    # 從原始資料中獲得各詞之間的連結程度
    def _get_adjlists(self):
        print("[TextRank] Generating word graph ...")
        segmenter = Segmenter()
        poems = Poems()
        adjlists = dict()
        # 計數次數
        for poem in poems:
            for sentence in poem:
                words = []
                # 根據詩句含義分割出句子的技巧部分，舉例來說，押韻用詞等
                for word in segmenter.segment(sentence):
                    if word not in self.stopwords:
                        words.append(word)
                for word in words:
                    if word not in adjlists:
                        adjlists[word] = dict()
                for i in range(len(words)):
                # 如果兩個詞具有關聯，那麼增加它們的連結權重，否則初始化權重為 1.0
                    for j in range(i + 1, len(words)):
                        if words[j] not in adjlists[words[i]]:
                            adjlists[words[i]][words[j]] = 1.0
```

```
                else:
                    adjlists[words[i]][words[j]] += 1.0
                if words[i] not in adjlists[words[j]]:
                    adjlists[words[j]][words[i]] = 1.0
                else:
                    adjlists[words[j]][words[i]] += 1.0
        #歸一化權重
        for a in adjlists:
            sum_w = sum(w for _, w in adjlists[a].items())
            for b in adjlists[a]:
                adjlists[a][b] /= sum_w
        return adjlists
    def __getitem__(self, index):
        if index < 0 or index >= len(self.word_scores):
            return None
        return self.word_scores[index][0]
    def __len__(self):
        return len(self.word_scores)
    def __iter__(self):
        return map(lambda x: x[0], self.word_scores)
    def __contains__(self, word):
        return word in self.word2rank
    def get_rank(self, word):  #獲取排序
        if word not in self.word2rank:
            return len(self.word2rank)
        return self.word2rank[word]
```

4.3.2 Web 後端準備

本專案選用 Django 作為 Web 後端引擎，使用 django-admin 工具進行 Django 專案的初始化：

```
> django-admin startproject image2poem      #新建專案
> django-admin startapp app1                #新建應用
```

為了儲存待辨識圖片的資訊，需要在 SQLite 中建立資料庫表，用於儲存圖片的路徑及其他資訊。在 app1 中的 models.py 檔案中增加一個圖片類別。

```
from django.db import models
class IMG(models.Model): #建立模型
    img = models.ImageField(upload_to='img')
name = models.CharField(max_length=20)
```

在命令列中輸入下面的指令，完成 SQLite 資料庫表的初始化。

```
python manage.py makemigrations app1
```

4.3.3 百度通用翻譯

獲得百度通用翻譯 API 的 AppID 與 Key 後，編寫專門用於翻譯英文圖片描述的類別。在整合應用中，只需呼叫該類別實例的方法即可。

```
#!/usr/bin/python
#coding=utf-8
import requests
import hashlib
import random
import json
App_ID = '20200422000427109'
KEY = 'jNV1qU3n9Tu1WcdBPPei'
#HTTP與HTTPS所使用的URI不同
HTTP_URL = 'http://api.fanyi.baidu.com/api/trans/vip/translate'
class Translator:
    def __init__(self):
        #使用相同的salt
        self.salt = random.randint(11111111, 99999999)
    def __sign__(self, query):
        sign = App_ID + query + str(self.salt) + KEY
        hl = hashlib.md5()
```

```
        hl.update(sign.encode(encoding="UTF-8"))
        return hl.hexdigest()
    def __request_url_generate(self, query):
        sign = self.__sign__(query)
        # 文字翻譯
        return '{}?q={}&from=en&to=zh&appid={}&salt={}&sign={}'.format(HTTP_
URL,query, App_ID, str(self.salt), sign)
    def baidu_general_translate(self, query):
        if query == '':
            return 'Input could not be empty'
        url = self.__request_url_generate(query)
        req = requests.get(url)
        # 如果回應的狀態碼不正確則提示錯誤
        if req.status_code == requests.codes.ok:
            text = req.text
            # 解析返回的 json
            data = json.loads(text)
            return data['trans_result'][0]['dst']
        else:
            return 'Fail to translate query, please check for the integrity
of user info'
```

4.3.4 全域變數宣告

為防止變數污染情況出現，提前宣告要使用的全域變數。

```
class Config(object):
    # 各種（超）參數的包裝類別
    def __init__(self):
        # 關於模型系統結構
        self.cnn = 'vgg16'                  # 可選 "VGG16" 或 "resnet50"
        self.max_caption_length = 20
        self.dim_embedding = 512
        self.num_lstm_units = 512
```

```
self.num_initalize_layers = 2      # 1或2
self.dim_initalize_layer = 512
self.num_attend_layers = 2         # 1或2
self.dim_attend_layer = 512
self.num_decode_layers = 2         # 1或2
self.dim_decode_layer = 1024
#關於權重的初始化與正則化
self.fc_kernel_initializer_scale = 0.08
self.fc_kernel_regularizer_scale = 1e-4
self.fc_activity_regularizer_scale = 0.0
self.conv_kernel_regularizer_scale = 1e-4
self.conv_activity_regularizer_scale = 0.0
self.fc_drop_rate = 0.5
self.lstm_drop_rate = 0.3
self.attention_loss_factor = 0.01
#關於最佳化參數
self.num_epochs = 90                    # 100可選
self.batch_size = 16                    # 32可選
self.optimizer = 'Adam' #"Adam"、"RMSProp"、"Momentum"或"SGD"
self.initial_learning_rate = 0.0001
self.learning_rate_decay_factor = 1.0
self.num_steps_per_decay = 100000
self.clip_gradients = 5.0
self.momentum = 0.0
self.use_nesterov = True
self.decay = 0.9
self.centered = True
self.beta1 = 0.9
self.beta2 = 0.999
self.epsilon = 1e-6
#關於模型儲存
self.save_period = 1000
self.save_dir = './models/'
self.summary_dir = './summary/'
```

```
#關於詞彙表建立
self.vocabulary_file = './vocabulary.csv'
self.vocabulary_size = 5000
#關於模型訓練
self.train_image_dir = './train/images/train2014/'
self.train_caption_file = './train/captions_train2014.json'
self.temp_annotation_file = './train/anns.csv'
self.temp_data_file = './train/data.npy'
#關於模型評估
self.eval_image_dir = './val/images/val2014/'
self.eval_caption_file = './val/captions_val2014.json'
self.eval_result_dir = './val/results/'
self.eval_result_file = './val/results.json'
self.save_eval_result_as_image = False
#關於模型測試
self.test_image_dir = './test/images/'
self.test_result_dir = './test/results/'
self.test_result_file = './test/results.csv'
```

4.3.5 建立模型

本部分包括 Image-Caption 的 CNN 模型、RNN 模型和 Poetry Generator。

1. Image-caption 的 CNN 模型

CNN 共有 13 個卷積層、3 個全連接層和 5 個池化層，圖片先歸一化成 224×224×3 的規格後，經過卷積池化後得到長度 L=14×14，維度 D=512 的特徵向量，完成編碼工作。

```
def build_cnn(self):
    #建構 CNN 網路模型
    print("Building the CNN...")
    if self.config.cnn == 'vgg16':
        self.build_vgg16()
```

```
    else:
        print('can not build cnn! ')
    print("CNN built.")
def build_vgg16(self):
    # 建構 VGG16 網路
    config = self.config
    # 建立圖片 placeholder
    images = tf.placeholder(
        dtype = tf.float32,
        shape = [config.batch_size] + self.image_shape)
    # 第一次卷積、池化
    conv1_1_feats = self.nn.conv2d(images, 64, name = 'conv1_1')
    conv1_2_feats = self.nn.conv2d(conv1_1_feats, 64, name = 'conv1_2')
    pool1_feats = self.nn.max_pool2d(conv1_2_feats, name = 'pool1')
    # 第二次卷積、池化
    conv2_1_feats = self.nn.conv2d(pool1_feats, 128, name = 'conv2_1')
    conv2_2_feats = self.nn.conv2d(conv2_1_feats, 128, name = 'conv2_2')
    pool2_feats = self.nn.max_pool2d(conv2_2_feats, name = 'pool2')
    # 第三次卷積、池化
    conv3_1_feats = self.nn.conv2d(pool2_feats, 256, name = 'conv3_1')
    conv3_2_feats = self.nn.conv2d(conv3_1_feats, 256, name = 'conv3_2')
    conv3_3_feats = self.nn.conv2d(conv3_2_feats, 256, name = 'conv3_3')
    pool3_feats = self.nn.max_pool2d(conv3_3_feats, name = 'pool3')
    # 第四次卷積、池化
    conv4_1_feats = self.nn.conv2d(pool3_feats, 512, name = 'conv4_1')
    conv4_2_feats = self.nn.conv2d(conv4_1_feats, 512, name = 'conv4_2')
    conv4_3_feats = self.nn.conv2d(conv4_2_feats, 512, name = 'conv4_3')
    pool4_feats = self.nn.max_pool2d(conv4_3_feats, name = 'pool4')
    # 第五次卷積
    conv5_1_feats = self.nn.conv2d(pool4_feats, 512, name = 'conv5_1')
    conv5_2_feats = self.nn.conv2d(conv5_1_feats, 512, name = 'conv5_2')
    conv5_3_feats = self.nn.conv2d(conv5_2_feats, 512, name = 'conv5_3')
    reshaped_conv5_3_feats = tf.reshape(conv5_3_feats,
                                        [config.batch_size, 196, 512])
```

```
    self.conv_feats = reshaped_conv5_3_feats
    self.num_ctx = 196
    self.dim_ctx = 512
    self.images = images
```

2. Image-caption 的 RNN 模型

把 CNN 網路生成的特徵向量輸入 RNN 模型中，RNN 網路使用 LSTM(Long Short-Term Memory，長短期記憶) 模型。每層的輸入不僅由當前層決定，而且還由上一層輸出決定，並在上層輸出引入注意力權重參數，實現帶有注意力機制的翻譯，最終根據權重值安排用詞，生成完整句子。

```
def build_rnn(self):
    # 建構 RNN
    print("Building the RNN...")
    config = self.config
    # 建立卷積特徵 placeholders
    if self.is_train:
        contexts = self.conv_feats
        sentences = tf.placeholder(
            dtype = tf.int32,
            shape = [config.batch_size, config.max_caption_length])
        masks = tf.placeholder(# 插入一個張量的預留位置
            dtype = tf.float32,
            shape = [config.batch_size, config.max_caption_length])
    else:
        contexts = tf.placeholder(
            dtype = tf.float32,
            shape = [config.batch_size, self.num_ctx, self.dim_ctx])
        last_memory = tf.placeholder(# 插入一個張量的預留位置
            dtype = tf.float32,
            shape = [config.batch_size, config.num_lstm_units])
        last_output = tf.placeholder(# 插入一個張量的預留位置
```

```
            dtype = tf.float32,
            shape = [config.batch_size, config.num_lstm_units])
        last_word = tf.placeholder(# 插入一個張量的預留位置
            dtype = tf.int32,
            shape = [config.batch_size])
    # 設定單字嵌入
    with tf.variable_scope("word_embedding"):
        embedding_matrix = tf.get_variable(
            name = 'weights',
            shape = [config.vocabulary_size, config.dim_embedding],
            initializer = self.nn.fc_kernel_initializer,
            regularizer = self.nn.fc_kernel_regularizer,
            trainable = self.is_train)
    # 設定 LSTM 網路模型
    lstm = tf.nn.rnn_cell.LSTMCell(
        config.num_lstm_units,
        initializer = self.nn.fc_kernel_initializer)
    if self.is_train:
        lstm = tf.nn.rnn_cell.DropoutWrapper(
            lstm,
            input_keep_prob = 1.0-config.lstm_drop_rate,
            output_keep_prob = 1.0-config.lstm_drop_rate,
            state_keep_prob = 1.0-config.lstm_drop_rate)
    # 使用平均值初始化 LSTM 模型
    with tf.variable_scope("initialize"):
        context_mean = tf.reduce_mean(self.conv_feats, axis = 1)
        initial_memory, initial_output = self.initialize(context_mean)
        initial_state = initial_memory, initial_output
    # 執行準備
    predictions = []
    if self.is_train:
        alphas = []
        cross_entropies = []
        predictions_correct = []
```

```
        num_steps = config.max_caption_length
        last_output = initial_output
        last_memory = initial_memory
        last_word = tf.zeros([config.batch_size], tf.int32)
    else:
        num_steps = 1
    last_state = last_memory, last_output
    #陸續生成單字
    for idx in range(num_steps):
    #注意力機制的引入
        with tf.variable_scope("attend"):
            alpha = self.attend(contexts, last_output)
            context = tf.reduce_sum(contexts*tf.expand_dims(alpha, 2),
                                    axis = 1)
            if self.is_train:
                tiled_masks = tf.tile(tf.expand_dims(masks[:, idx], 1),
                                      [1, self.num_ctx])
                masked_alpha = alpha * tiled_masks
                alphas.append(tf.reshape(masked_alpha, [-1]))
    #嵌入最後一個單字
    with tf.variable_scope("word_embedding"):
        word_embed = tf.nn.embedding_lookup(embedding_matrix,
                                            last_word)
    #應用 LSTM 模型
    with tf.variable_scope("lstm"):
        current_input = tf.concat([context, word_embed], 1)
        output, state = lstm(current_input, last_state)
        memory, _ = state
    #將 LSTM 的擴充輸出解碼成一個單字
    with tf.variable_scope("decode"):
        expanded_output = tf.concat([output,
                                     context,
                                     word_embed],
                                     axis = 1)
```

```
            logits = self.decode(expanded_output)
            probs = tf.nn.softmax(logits)
            prediction = tf.argmax(logits, 1)
            predictions.append(prediction)
        #計算每一步訓練的損失值
        if self.is_train:
        cross_entropy = tf.nn.sparse_softmax_cross_entropy_with_logits(
                labels = sentences[:, idx],
                logits = logits)
            masked_cross_entropy = cross_entropy * masks[:, idx]
            cross_entropies.append(masked_cross_entropy)        #交叉熵
            ground_truth = tf.cast(sentences[:, idx], tf.int64)
            prediction_correct = tf.where(
                tf.equal(prediction, ground_truth),
                tf.cast(masks[:, idx], tf.float32),
                tf.cast(tf.zeros_like(prediction), tf.float32))
            predictions_correct.append(prediction_correct)      #預測返回
            last_output = output
            last_memory = memory
            last_state = state
            last_word = sentences[:, idx]
        tf.get_variable_scope().reuse_variables()
    #計算最終的損失值
    if self.is_train:
        cross_entropies = tf.stack(cross_entropies, axis = 1)
        cross_entropy_loss = tf.reduce_sum(cross_entropies) \
                                     / tf.reduce_sum(masks)
    alphas = tf.stack(alphas, axis = 1)
    alphas = tf.reshape(alphas, [config.batch_size, self.num_ctx, -1])
        attentions = tf.reduce_sum(alphas, axis = 2)
        diffs = tf.ones_like(attentions) - attentions
        attention_loss = config.attention_loss_factor \     #注意力損失
                     * tf.nn.l2_loss(diffs) \
                     / (config.batch_size * self.num_ctx)
```

```
        reg_loss = tf.losses.get_regularization_loss()      # 正則損失
        total_loss = cross_entropy_loss + attention_loss + reg_loss
        predictions_correct = tf.stack(predictions_correct, axis = 1)
        accuracy = tf.reduce_sum(predictions_correct) \     # 準確率
                 / tf.reduce_sum(masks)
    self.contexts = contexts
    if self.is_train:                                       # 輸出參數的值
        self.sentences = sentences
        self.masks = masks
        self.total_loss = total_loss
        self.cross_entropy_loss = cross_entropy_loss
        self.attention_loss = attention_loss
        self.reg_loss = reg_loss
        self.accuracy = accuracy
        self.attentions = attentions
    else:
        self.initial_memory = initial_memory
        self.initial_output = initial_output
        self.last_memory = last_memory
        self.last_output = last_output
        self.last_word = last_word
        self.memory = memory
        self.output = output
        self.probs = probs
    print("RNN built.")
```

3. Poetry Generator

Poetry Generator 使用以注意力模型為基礎的 RNN 網路。首先，把生成的關鍵字編碼成在量，增加到上下文在量中；其次，生成第一句古詩向量，增加到上下文在量中；最後，每一句詩都根據上下文向量進行生成，並且增加到上下文向量中。進行 4 次循環後，投射器將上下文向量解碼得到字元化的詩句，最佳化器使用 Adam Poetry Generator 模型的相關程式如下：

```
def _build_keyword_encoder(self):
    # 將關鍵字編碼為向量
    self.keyword = tf.placeholder(                  # 關鍵字預留位置
            shape = [_BATCH_SIZE, None, CHAR_VEC_DIM],
            dtype = tf.float32,
            name = "keyword")
    self.keyword_length = tf.placeholder(           # 關鍵字長度預留位置
            shape = [_BATCH_SIZE],
            dtype = tf.int32,
            name = "keyword_length")
    _, bi_states = tf.nn.bidirectional_dynamic_rnn(  # 雙向動態 RNN
            cell_fw = tf.contrib.rnn.GRUCell(_NUM_UNITS / 2),
            cell_bw = tf.contrib.rnn.GRUCell(_NUM_UNITS / 2),
            inputs = self.keyword,
            sequence_length = self.keyword_length,
            dtype = tf.float32,
            time_major = False,
            scope = "keyword_encoder")
    self.keyword_state = tf.concat(bi_states, axis = 1)
    tf.TensorShape([_BATCH_SIZE, _NUM_UNITS]).\     # 返回表示維度的向量
            assert_same_rank(self.keyword_state.shape)
# 上下文編碼器是保證詩詞語義連續性的關鍵
# 建立上下文編碼器
def _build_context_encoder(self):
# 將上下文編碼為向量 list
    self.context = tf.placeholder(
            shape = [_BATCH_SIZE, None, CHAR_VEC_DIM],
            dtype = tf.float32,
            name = "context")
    self.context_length = tf.placeholder(           # 上下文長度預留位置
            shape = [_BATCH_SIZE],
            dtype = tf.int32,
            name = "context_length")
    bi_outputs, _ = tf.nn.bidirectional_dynamic_rnn(   # 雙向動態 RNN
```

```
            cell_fw = tf.contrib.rnn.GRUCell(_NUM_UNITS / 2),
            cell_bw = tf.contrib.rnn.GRUCell(_NUM_UNITS / 2),
            inputs = self.context,
            sequence_length = self.context_length,
            dtype = tf.float32,
            time_major = False,
            scope = "context_encoder")
    self.context_outputs = tf.concat(bi_outputs, axis = 2)
    tf.TensorShape([_BATCH_SIZE, None, _NUM_UNITS]).\        #返回維度的向量
            assert_same_rank(self.context_outputs.shape)
#建立解碼器模型
def _build_decoder(self):
#將關鍵字上下文解碼為向量序列
    attention = tf.contrib.seq2seq.BahdanauAttention(        #注意力機制
            num_units = _NUM_UNITS,
            memory = self.context_outputs,
            memory_sequence_length = self.context_length)
    decoder_cell = tf.contrib.seq2seq.AttentionWrapper(      #解碼
            cell = tf.contrib.rnn.GRUCell(_NUM_UNITS),
            attention_mechanism = attention)
    self.decoder_init_state = decoder_cell.zero_state(       #初始化狀態
            batch_size = _BATCH_SIZE, dtype = tf.float32).\
                        clone(cell_state = self.keyword_state)
    self.decoder_inputs = tf.placeholder(                    #解碼輸入
            shape = [_BATCH_SIZE, None, CHAR_VEC_DIM],
            dtype = tf.float32,
            name = "decoder_inputs")
    self.decoder_input_length = tf.placeholder(              #解碼輸入長度
            shape = [_BATCH_SIZE],
            dtype = tf.int32,
            name = "decoder_input_length")
    self.decoder_outputs, self.decoder_final_state = tf.nn.dynamic_rnn(
            cell = decoder_cell,                             #解碼輸出
            inputs = self.decoder_inputs,
```

```
            sequence_length = self.decoder_input_length,
            initial_state = self.decoder_init_state,
            dtype = tf.float32,
            time_major = False,
            scope = "training_decoder")
    tf.TensorShape([_BATCH_SIZE, None, _NUM_UNITS]).\   # 返回維度的向量
            assert_same_rank(self.decoder_outputs.shape)
# 建立投影模型
def _build_projector(self):
    #projector 將解碼器輸出的向量投影到人類讀取的字元空間中
    softmax_w = tf.Variable(
            tf.random_normal(shape = [_NUM_UNITS, len(self.char_dict)],
                mean = 0.0, stddev = 0.08),
            trainable = True)
    softmax_b = tf.Variable(
            tf.random_normal(shape = [len(self.char_dict)],
                mean = 0.0, stddev = 0.08),
            trainable = True)
    reshaped_outputs = self._reshape_decoder_outputs()  # 變為指定的輸出
    self.logits = tf.nn.bias_add(
            tf.matmul(reshaped_outputs, softmax_w),
            bias = softmax_b)
    self.probs = tf.nn.softmax(self.logits)
def _reshape_decoder_outputs(self):
    # 將解碼器的輸出維度轉化為 shape[?, _NUM_UNITS]
    def concat_output_slices(idx, val):
        output_slice = tf.slice(
                input_ = self.decoder_outputs,
                begin = [idx, 0, 0],
                size = [1, self.decoder_input_length[idx],  _NUM_UNITS])
        return tf.add(idx, 1),\
                tf.concat([val, tf.squeeze(output_slice, axis = 0)],
                        axis = 0)
    tf_i = tf.constant(0)
```

```
        tf_v = tf.zeros(shape = [0, _NUM_UNITS], dtype = tf.float32)
        _, reshaped_outputs = tf.while_loop(            #透過循環實現
                cond = lambda i, v: i < _BATCH_SIZE,
                body = concat_output_slices,
                loop_vars = [tf_i, tf_v],
                shape_invariants = [tf.TensorShape([]),
                    tf.TensorShape([None, _NUM_UNITS])])
        tf.TensorShape([None, _NUM_UNITS]).\
                assert_same_rank(reshaped_outputs.shape)
        return reshaped_outputs
    def _build_optimizer(self):
        #定義交叉熵以及為了降低交叉熵所使用的最佳化器
        self.targets = tf.placeholder(
                shape = [None],
                dtype = tf.int32,
                name = "targets")
        labels = tf.one_hot(self.targets, depth = len(self.char_dict))
        cross_entropy = tf.losses.softmax_cross_entropy(
                onehot_labels = labels,
                logits = self.logits)
        self.loss = tf.reduce_mean(cross_entropy)       #計算損失
        self.learning_rate = tf.clip_by_value(          #學習率
                tf.multiply(1.6e-5, tf.pow(2.1, self.loss)),
                clip_value_min = 0.0002,
                clip_value_max = 0.02)
        self.opt_step = tf.train.AdamOptimizer(
                learning_rate = self.learning_rate).\
                        minimize(loss = self.loss)
    def _build_graph(self):
        #按照順序建立各模型
        self._build_keyword_encoder()
        self._build_context_encoder()
        self._build_decoder()
        self._build_projector()
```

```
        self._build_optimizer()
    def __init__(self):
        self.g = tf.Graph()
        # 在 TensorFlow 的預設圖中建立模型
        with self.g.as_default():
                self.char_dict = CharDict()
                self.char2vec = Char2Vec()
                self._build_graph()
                if not os.path.exists(save_dir):
                    os.mkdir(save_dir)
        self.saver = tf.train.Saver(tf.global_variables())
        self.trained = False
        # 儲存已經建好的圖
        self.merged = None
        self.summary = None
        self.summary_writer = None
        # 讀取已經建立的 RankedWord 模型，防止在 infere 的過程中多次載入
        self.generation_initialized = False
        def _initialize_session(self, session):
    checkpoint = tf.train.get_checkpoint_state(save_dir)
    # 檢查是否已經存在
    if not checkpoint or not checkpoint.model_checkpoint_path:
        init_op = tf.group(tf.global_variables_initializer(),
                tf.local_variables_initializer())
        session.run(init_op)
    else:
        self.saver.restore(session, checkpoint.model_checkpoint_path)
        self.trained = True
```

4.3.6 模型訓練及儲存

定義模型架構和編譯之後，使用訓練集訓練模型，其中圖片描述、詩歌生成訓練是分開進行的。進入專案路徑後，使用以下指令開始訓練：

```
> python image_caption/train_imagecaption.py --phase=train
> python image_caption/train_poem.py –a   # 同時訓練 planning 與 generator
```

1. Image-caption

訓練函數的實現過程如下：

```
def train(self, sess, train_data):
    # 使用 COCO train2014 資料訓練模型
    print("Training the model...")
    config = self.config
    # 確保訓練過程中的資料儲存路徑
    if not os.path.exists(config.summary_dir):
        os.mkdir(config.summary_dir)
    train_writer = tf.summary.FileWriter(config.summary_dir,
                                         sess.graph)
    for _ in tqdm(list(range(config.num_epochs)), desc='epoch'): # 輪次
        for _ in tqdm(list(range(train_data.num_batches)), desc='batch'):
                batch = train_data.next_batch()                  # 批次
                image_files, sentences, masks = batch
                images = self.image_loader.load_images(image_files)
                feed_dict = {self.images: images,
                             self.sentences: sentences,
                             self.masks: masks}
                _, summary, global_step = sess.run([self.opt_op,
                                                    self.summary,
                                                    self.global_step],
                                                    feed_dict=feed_dict)
                if (global_step + 1) % config.save_period == 0:
                    self.save()
                train_writer.add_summary(summary, global_step)
            train_data.reset()
    # 呼叫 save() 函數儲存模型
    self.save()
    train_writer.close()
```

```
        print("Training complete.")
    def save(self):
        # 儲存模型
        config = self.config
        data = {v.name: v.eval() for v in tf.global_variables()}
        save_path=os.path.join(config.save_dir,str(self.global_step.eval()))
        print((" Saving the model to %s..." % (save_path+".npy")))
        np.save(save_path, data)
        info_file=open(os.path.join(config.save_dir, "config.pickle"), "wb")
        config_ = copy.copy(config) # 使用 copy 模組設定值並使用新的記憶體空間儲存
        config_.global_step = self.global_step.eval()
        joblib.dump(config_, info_file)
        info_file.close()
        print("Model saved.")
```

2. Poetry Generator

訓練函數的實現過程如下：

```
def train(self, n_epochs = 1000):
    print("Training RNN-based generator ...")
    with tf.Session() as session:
        # 初始化 session 後才可以進行訓練
        self._initialize_session(session)
        self.merged=tf.summary.merge([tf.summary.scalar('loss', self.loss)])
        self.summary_writer=tf.summary.FileWriter('./event/', graph=session.graph)
        try:
            for epoch in range(n_epochs):                         # 輪次
                batch_no = 0
                merge_count = 0
                for keywords, contexts, sentences \
                        in batch_train_data(_BATCH_SIZE):         # 批次
                    sys.stdout.write("[Seq2Seq Training] epoch = %d, " \
                            "line %d to %d ..." %
                            (epoch, batch_no * _BATCH_SIZE,
```

```
                    (batch_no + 1) * _BATCH_SIZE))
            sys.stdout.flush()
            self._train_a_batch(session, epoch,
                    keywords, contexts, sentences)
            batch_no += 1
            if 0 == batch_no % 64:
                self.saver.save(session, _model_path)
                self.summary_writer.add_summary(self.summary,
                merge_count)
                merge_count += 1
        #每個 epoch 都進行一次模型的儲存
            self.saver.save(session, _model_path)
        print("Training is done.")
    except KeyboardInterrupt:
        print("Training is interrupted.")
def _train_a_batch(self, session, epoch, keywords, contexts, sentences):
keyword_data, keyword_length = self._fill_np_matrix(keywords)
context_data, context_length = self._fill_np_matrix(contexts)
decoder_inputs, decoder_input_length  = self._fill_np_matrix(
        [start_of_sentence() + sentence[:-1] \
            for sentence in sentences])            #解碼輸入及長度
targets = self._fill_targets(sentences)
feed_dict = {                                       #輸入字典
        self.keyword : keyword_data,
        self.keyword_length : keyword_length,
        self.context : context_data,
        self.context_length : context_length,
        self.decoder_inputs : decoder_inputs,
        self.decoder_input_length : decoder_input_length,
        self.targets : targets
        }
self.summary, loss, learning_rate, _ = session.run(     #參數值輸出
        [self.merged, self.loss, self.learning_rate, self.opt_step],
        feed_dict = feed_dict)
```

```
    print(" loss =  %f, learning_rate = %f" % (loss, learning_rate))
# 對各種向量進行初始化，填充 numpy 陣列
def _fill_np_matrix(self, texts):
    max_time = max(map(len, texts))
    matrix = np.zeros([_BATCH_SIZE, max_time, CHAR_VEC_DIM],
            dtype = np.float32)
    for i in range(_BATCH_SIZE):            # 在批次和長度範圍內
        for j in range(max_time):
            matrix[i, j, :] = self.char2vec.get_vect(end_of_sentence())
    for i, text in enumerate(texts):
        matrix[i, : len(text)] = self.char2vec.get_vects(text)
    seq_length = [len(texts[i]) if i < len(texts) else 0 \
            for i in range(_BATCH_SIZE)]
    return matrix, seq_length
# 將 sentence 中的字元轉化為 char_dict 中的序號
def _fill_targets(self, sentences):
    targets = []
    for sentence in sentences:
        targets.extend(map(self.char_dict.char2int, sentence))
    return targets
```

4.3.7 模型呼叫

建立 Captioner 與 PoetryGenerator 兩類專門負責神經網路模型的載入、Web 使用者輸入的轉發和返回神經網路模型的輸出功能。首先，啟動應用伺服器的同時完成模型載入；其次，處理使用者請求時呼叫 Captioner 與 PoetryGenerator 的函數，完成整個辨識與創作過程；最後，將結果返回 HTML 頁面當中。

1. Captioner

Captioner 類別的定義及相關操作如下。

```
class Captioner:
    def __init__(self):
        #caption_generator 需要將該目錄下的檔案載入到目前的目錄
        # 如果單獨執行該模組，需要修改此處和下面函數尾端處
        os.chdir('./image_caption')
        FLAGS = tf.app.flags.FLAGS
        tf.flags.DEFINE_string('phase', 'test',
                               'The phase can be train, eval or test')
                               # 用敘述控制流程
        tf.flags.DEFINE_boolean('load', True,
                                'Turn on to load a pretrained model from either\
                                the latest checkpoint or a specified file')
        tf.flags.DEFINE_string('model_file', 'models//289999.npy',
                                'If sepcified, load a pretrained model from
                                this file')
        # 終止模型再次訓練
        tf.flags.DEFINE_boolean('load_cnn', True,
                                'Turn on to load a pretrained CNN model')
        tf.flags.DEFINE_string('cnn_model_file', './cnn_models/vgg16_no_fc.npy',
                               'The file containing a pretrained CNN model')
        tf.flags.DEFINE_boolean('train_cnn', True,
                                'Turn on to train both CNN and RNN.
                                Otherwise, only RNN is trained')
        tf.flags.DEFINE_integer('beam_size', 3,
                                'The size of beam search for caption generation')
        self.config = Config()  # 集束搜索設定
        self.config.phase = FLAGS.phase
        self.config.train_cnn = FLAGS.train_cnn
        self.config.beam_size = FLAGS.beam_size
        sess = tf.Session()
        self.model = CaptionGenerator(self.config)
        self.model.load(sess, FLAGS.model_file)
        #tf.get_default_graph().finalize()
        self.caption_sess = sess
```

```
        os.chdir('../')
            def generate_caption(self, img_path):
        #img_path: 目標圖片的相對路徑
        os.chdir('./image_caption')
        # 測試
        data, vocabulary = prepare_test_data(self.config, [img_path])
        caption = self.model.test(self.caption_sess, data, vocabulary)
        os.chdir('../')
        return caption
```

2. PoetryGenerator

PoetryGenerator 類別的定義及相關操作如下。

```
class PoetryGenerator:
    # 載入模型
    def __init__(self):
        os.chdir('image_caption')
        self.planner = Planner()
        self.generator = Generator()
            os.chdir('../')
    # 讀取使用者輸入生成古詩
    def generate_poem(self, hints):
        os.chdir('image_caption')
        keywords = self.planner.plan(hints)
        print('生成的關鍵字：{}'.format(keywords))
        poem = self.generator.generate(keywords)
        os.chdir('../')
        return poem
```

3. Django 視圖及範本建立

Django 視圖建立及相關操作如下。

```
# 建立視圖 (view) 處理 HTTP 請求
def uploadImg(request):
    # 圖片上傳
```

```
    if request.method == 'POST':
        uploaded_img = IMG(
            img=request.FILES.get('img'),
            name=request.FILES.get('img').name
        )
        uploaded_img.save()
        # 進行切片是為了生成器路徑正確讀取
        print(uploaded_img.img.url[1:])
        captions= gl_setting.get_value('CAPTION_GENERATOR').generate_
caption(uploaded_img.img.url[1:])
        print(' 生成的 caption: {}'.format(captions[0]))
            chinese= gl_setting.get_value('TRANSLATOR').baidu_general_
translate(captions[0])
        print(' 翻譯結果：{}'.format(chinese))
            poem= gl_setting.get_value('POEM_GENERATOR').generate_poem(chinese)
        print(' 生成的古詩：')
        for sentence in poem:
            print(sentence)
            content = {
            'img': uploaded_img,
            'poem': poem,
            }
        return render(request, 'app1/uploading.html', content)
    else:
        return render(request, 'app1/uploading.html')
# 建立 HTML 檔案範本，繪製視圖輸出
<!--showing.html-->
<!DOCTYPE html>
<html lang="en">
<head>
    <meta charset="UTF-8">
    <title>Title</title>
</head>
<body>
```

```
    {% for img in imgs %}
        <img src="{{ img.img.url }}" />
    {% endfor %}
</body>
</html>
```

4.4 系統測試

本部分包括訓練準確率、模型效果及整合應用。

4.4.1 訓練準確率

本部分包括 Image-caption 和 Poetry Generator 模型。

1. Image-caption 模型

MS COCO 的 API 介面中提供了多樣模型評判工具，只要在函數中呼叫即可。本專案使用 BLEU、ROUGE、CIDEr 三種指標驗證準確率。

（1）BLEU (Bilingual Evaluation Understudy)，是雙語評估替補，設定值為 0~1，用生成的句子與參考句子進行比對，能符合上的單字越多，其分值越高。

（2）ROUGE(Recall-Oriented Understudy for Gisting Evaluation) 是一種與 BLEU 類似的評判標準，以召回率為基礎的相似度度量方法。但它評判的是最長公共子句，即生成的句子從第一個與參考句子符合上的單字計數，能符合上的單字所組成的子句越長，分值越高。所以 ROUGE 是連續的短句比對，BLEU 是離散的單字比對。

（3）CIDEr(Consensus-based Image Description Evaluation) 把每個句子進行 TF-IDF 向量化處理，用餘弦相似度的方法將生成句子和參考句子的空間距離進行比對，如圖 4-5 所示。

```
Anaconda Prompt
batch: 100%
batch: 100%
batch: 100%
batch: 100%
batch: 100%
batch: 100%
batch: 100%
batch: 100%
                              2532/2532 [2:56:52<00:00,  4.19s/it]
Loading and preparing results...
DONE (t=0.15s)
creating index...
index created!
tokenization...
PTBTokenizer tokenized 2562083 tokens at 1226225.79 tokens per second.
PTBTokenizer tokenized 443337 tokens at 358315.67 tokens per second.
setting up scorers...
computing Bleu score...
{'testlen': 361988, 'reflen': 367302, 'guess': [361988, 321484, 280980, 240476], 'correct': [258328, 133057, 62442, 2938
8]}
ratio: 0.9855323412341861
Bleu_1: 0.703
Bleu_2: 0.536
Bleu_3: 0.398
Bleu_4: 0.295
computing Rouge score...
ROUGE_L: 0.518
computing CIDEr score...
CIDEr: 0.858
Evaluation complete.

(tensorflow-gpu) D:\signal_system_design\image_captioning-master>
```

▲ 圖 4-5 Image-Caption 模型驗證結果

2. Poetry Generator 模型

由於評價古詩需要考慮的因素(如音韻、詩意、通暢性和主題切合度)過多,難以實現自動化,訓練過程中損失值的變化如圖 4-6 所示。

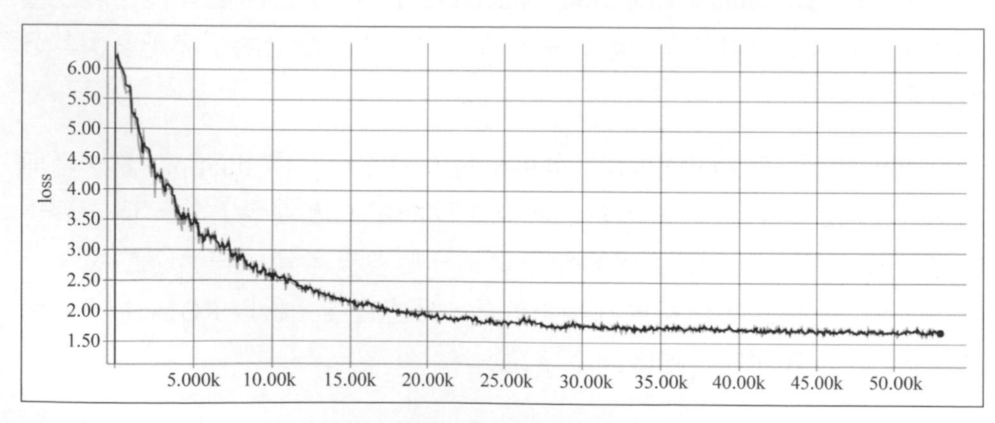

▲ 圖 4-6 損失值變化

4.4.2 模型效果

本部分包括 Image-caption 和 Poetry Generator 模型效果。

1. Image-Caption 模型效果

把測試圖片放在 ./image_caption/test/images 路徑下，呼叫指令便能返回標題結果。用畫圖工具繪製主題結果，效果如圖 4-7 所示。

```
> python image_caption/train_imagecaption.py --phase=test
```

▲ 圖 4-7 Image-caption 模型效果

2. Poetry Generator 模型效果

呼叫以下指令，測試 Poetry Generator 模型效果。輸入一句話，程式就會完成關鍵字的提取，並生成詩句，如圖 4-8 所示。

```
> python image_caption/main_poem.py
```

▲ 圖 4-8 Poetry Generator 模型效果

4.4.3 整合應用

本部分包括應用方式、使用說明和測試結果。

1. 應用方式

切換目錄到 Django 的根目錄，輸入以下指令：

```
> python manage.py runserver localhost:8000
```

待出現以下提示時，表示初始化完畢，可以進行存取：

```
$ System check identified no issues (0 silenced).
$ May 02, 2020 - 17:02:28
$ Django version 3.0, using settings 'image2poem.settings'
$ Starting development server at http://localhost:8000/
$ Quit the server with CTRL-BREAK.
```

點擊「選擇檔案」按鈕，選擇一張圖片後點擊「上傳」按鈕，如圖 4-9 所示。

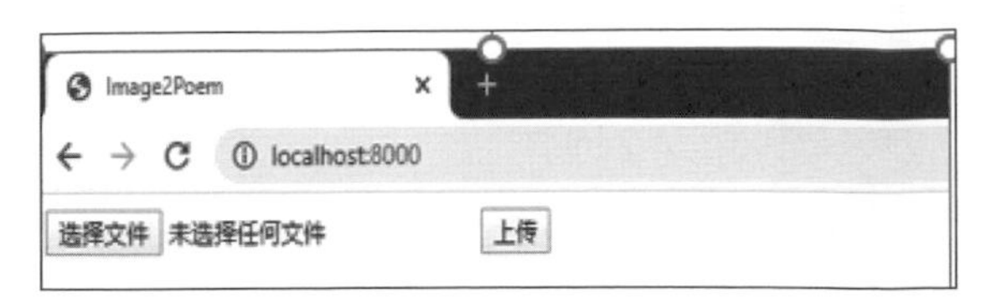

▲ 圖 4-9 Web 初始介面

測試結果（成功）顯示介面如圖 4-10 所示。

▲ 圖 4-10 測試結果顯示介面

2. 使用說明

（1）載入兩個獨立的神經網路模型，在啟動應用之前確保系統記憶體大於 3GB，否則在使用過程中會存在記憶體洩漏並引發系統崩潰的風險。

（2）由於使用百度通用翻譯 API 屬於免費等級，每秒翻譯請求上限數為 1，若超出將被拒絕服務。因此，確保每次只有一個使用者進行測試。

（3）Image-Caption 模組只接收 .jpg 與 .jpeg 格式的圖片，若無法辨識其他格式，則導致應用退出。

（4）圖片路徑不能包含非 ASCII 字元。

（5）應用初始化時間大約為 2min。

3. 測試結果

上傳的圖片和生成的古詩如表 4-2 所示。

表 4-2 測試範例

圖片	古詩
	明舊掀堂一比舞 攜到城人江人天 遠說青雲到向時 手見於中君見朝
	蒼閒事帶行風眼 鄉色壁煙煙水西 海心孤道心行意 一在一鬢在鬢場
	僅鐘曾虜弓裾同 對天一腰複對中 何世何言何山箭 閑閑一厭坐無空

PROJECT

5

歌曲人聲分離

本專案透過 TensorFlow 建構 Bi-LSTM，針對唱歌軟體的基本伴奏資源，使用 STFT（Short Time Fourier TransForm，短時傅立葉轉換）進行處理，實現原曲獲得音訊品質較好的伴奏和純人聲音軌。

5.1 整體設計

本部分包括系統整體結構圖和系統流程圖。

5.1.1 系統整體結構圖

系統整體結構如圖 5-1 所示。

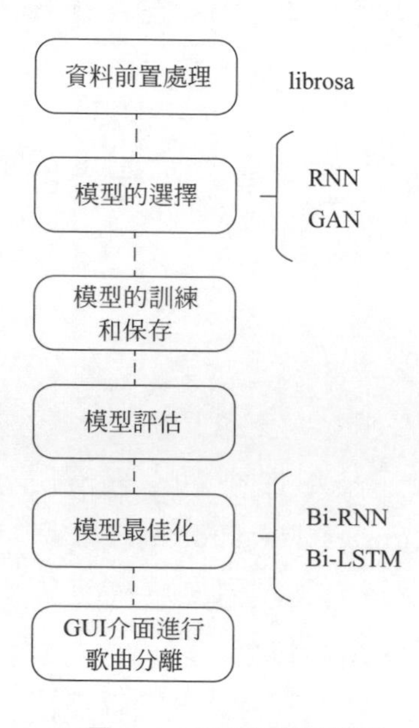

▲ 圖 5-1 系統整體結構圖

5.1.2 系統流程圖

系統流程如圖 5-2 所示。

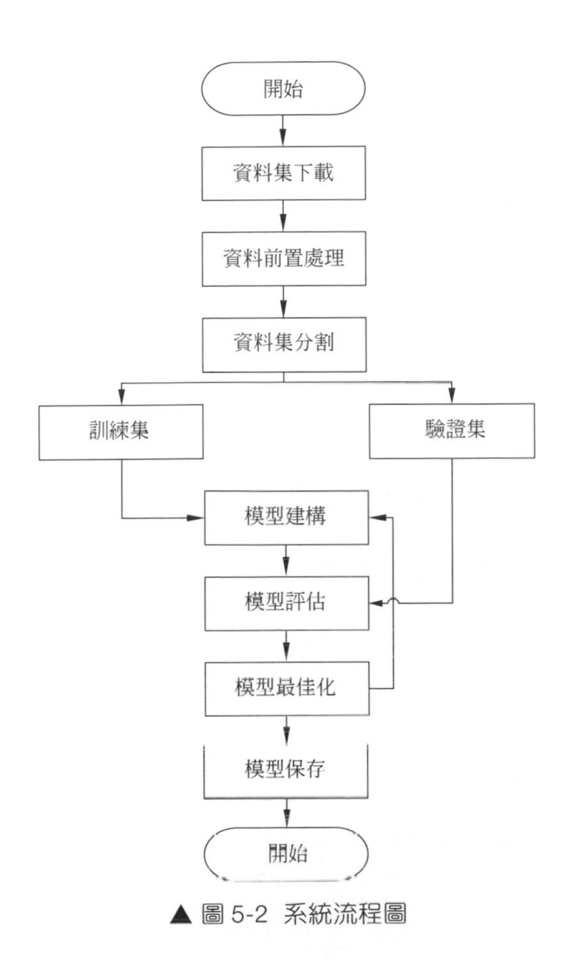

▲ 圖 5-2 系統流程圖

5.2 執行環境

本部分包括 Python 環境、TensorFlow 環境和 Jupyter Notebook 環境。

5.2.1 Python 環境

需要 Python 3.6 及以上設定，在 Windows 環境下推薦下載 Anaconda 完成 Python 所需的設定，下載網址為 https://www.anaconda.com/，預設下載 Python 3.7 版本。開啟 Anaconda Prompt，安裝開放原始碼的音訊處理函

數庫 librosa，輸入命令：

```
pip install librosa
```

安裝完畢。

5.2.2 TensorFlow 環境

（1）建立 Python 3.6 環境，預設 3.7 版本和低版本 TensorFlow 存在不相容問題，所以建立 Python 3.6 版本，輸入命令：

```
conda create -n python36 python=3.6
```

依據列出的相關提示，逐步安裝。

（2）在 Anaconda Prompt 中啟動建立的虛擬環境，輸入命令：

```
activate python36
```

（3）安裝 CPU 版本的 TensorFlow，輸入命令：

```
conda install -upgrade --ignore-installed tensorflow
```

安裝完畢。

5.2.3 Jupyter Notebook 環境

（1）首先開啟 Anaconda Prompt，啟動安裝 TensoFlow 的虛擬環境，輸入命令：

```
activate python36
```

（2）安裝 ipykernel，輸入命令：

```
conda install ipykernel
```

（3）將此環境寫入 Jupyter Notebook 的 Kernel 中，輸入命令：

```
python -m ipykernel install --name python36 --display-name "tensorflow(python36)"
```

（4）開啟 Jupyter Notebook，進入工作目錄後，輸入命令：

```
jupyter notebook
```

安裝完畢。

5.3 模組實現

本專案包括 5 個模組：資料準備、資料前置處理、模型建構、模型訓練及儲存、模型測試，下面分別列出各模組的功能介紹及相關程式，目錄結構如圖 5-3 所示。

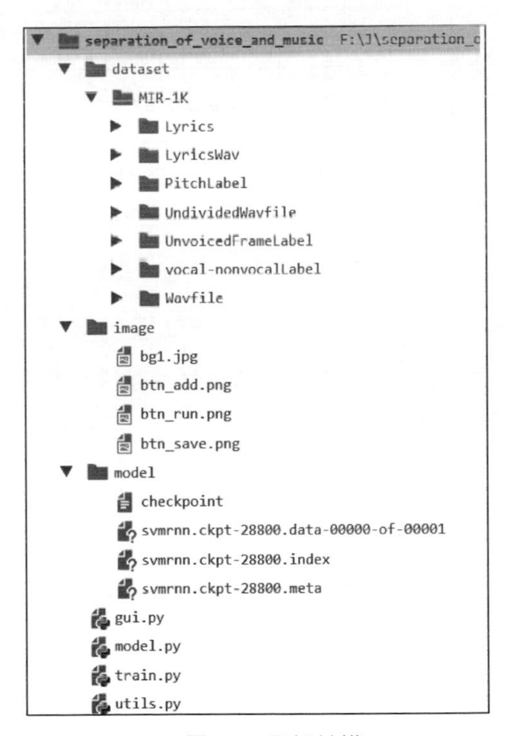

▲ 圖 5-3 目錄結構

（1）dataset：放置訓練資料和驗證資料。
（2）image：放置 GUI 製作所需要的圖片素材。
（3）model：儲存訓練的模型。
（4）gui.py：模型的使用和 GUI 介面。
（5）model.py：建構網路模型。
（6）train.py：訓練檔案，包括資料的前置處理、模型的訓練及儲存。
（7）utils.py：存放需要的工具函數。

5.3.1 資料準備

資料集適用於歌曲旋律提取、歌聲分離、人聲檢測，如圖 5-4 所示。

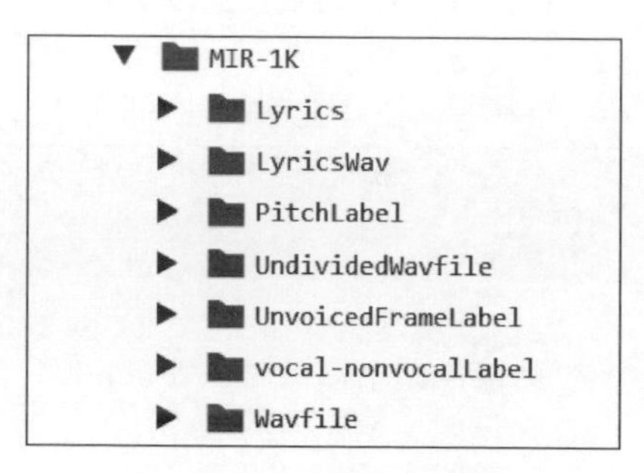

▲ 圖 5-4 資料集結構

Wavfile 資料夾包含 1150 個歌曲檔案，全部採用雙聲道 .wav 格式。左聲道為人聲，右聲道為伴奏。UndividedWavfile 資料夾中包含了 110 個歌曲檔案，檔案格式為單聲道 .wav。

Wavfile 資料夾中的所有資料作為訓練集，UndividedWavfile 資料夾中的所有資料作為驗證集。將 MIR-1K 下載解壓至工作目錄中的 dataset 資料夾中，完成資料集的準備工作。資料集下載網址為 http://mirlab.org/dataset/public/MIR-1K_for_MIREX.rar。

5.3.2 資料前置處理

資料前置處理主要完成以下功能：載入檔案列表；將列表中的 .wav 檔案讀取到記憶體中，並分解為單聲道原曲、單聲道伴奏、單聲道純人聲；把處理好的音訊進行短時傅立葉變化。具體包括載入資料集和驗證集檔案列表、讀取檔案並進行分離、.wav 檔案進行 STFT 變換、處理頻域檔案、相關路徑與參數的設定。

1. 載入資料集和驗證集檔案列表

將 dataset 資料夾中的訓練集和驗證集檔案建立索引，儲存到清單中，進行資料前置處理。

```
# 匯入作業系統模組
import os
# 匯入資料夾中的資料
def load_file(dir):
    file_list = list()
    for filename in os.listdir(dir):
        file_list.append(os.path.join(dir, filename))
    # 將資料夾中的資訊存入 file_list 列表中
        return file_list
# 設定資料集路徑
dataset_train_dir = './dataset/MIR-1K/Wavfile'
dataset_validate_dir = './dataset/MIR-1K/UndividedWavfile'
train_file_list = load_file(dataset_train_dir)
valid_file_list = load_file(dataset_validate_dir)
```

2. 讀取檔案並進行分離

將清單中的檔案讀取到記憶體中，進行音訊的分離操作。原資料集中的音訊檔案都是雙聲道檔案。其中左聲道為純伴奏聲軌，右聲道為純人聲軌，這裡將左右聲道和原文件分別儲存。

```
#匯入音訊處理函數庫
import librosa
#資料集的取樣速率
mir1k_sr = 16000
#將 file_list 中的檔案讀取記憶體
def load_wavs(filenames, sr):
    wavs_mono = list()
    wavs_music = list()
    wavs_voice = list()
    #讀取 .wav 檔案（要求原始檔案是雙聲道的音訊檔案，一個聲道是純伴奏，另一個聲
道是純人聲）
    #將音訊轉換成單聲道，存入 wavs_mono
    #將純伴奏存入 wavs_music，
    #將純人聲存入 wavs_voice
    for filename in filenames:
        #librosa.load 函數：根據輸入的取樣速率將檔案讀取
        wav, _ = librosa.load(filename, sr=sr, mono=False)
        assert(wav.ndim== 2) and (wav.shape[0]==2), '要求 WAV 檔案有兩個聲道！'
        #librosa.to_mono：將雙聲道轉為單聲道
        wav_mono = librosa.to_mono(wav) * 2
        wav_music = wav[0, :]
        wav_voice = wav[1, :]
        wavs_mono.append(wav_mono)
        wavs_music.append(wav_music)
        wavs_voice.append(wav_voice)
    #返回單聲道原歌曲、純伴奏、純人聲
    return wavs_mono, wavs_music, wavs_voice
    #匯入訓練資料集的 .wav 音訊資料
    #wavs_mono_train 存的是單聲道音訊，wavs_music_train 存的是純伴奏 ,wavs_
voice_train 存的是純人聲
    wavs_mono_train, wavs_music_train, wavs_voice_train = load_
wavs(filenames=train_file_list, sr=mir1k_sr)
    #匯入驗證集的 .wav 資料
```

```
    wavs_mono_valid, wavs_music_valid, wavs_voice_valid = load_
wavs(filenames=valid_file_list, sr=mir1k_sr)
```

3. wav 檔案進行 STFT 變換

將讀取的驗證集和訓練集音訊檔案從時域轉化為頻域。呼叫自訂的頻域轉換函數 wavs_to_specs()。但是訓練集的數量較大，如果一次性全部轉換，會導致記憶體佔用過多。因此，每次隨機取出一個 batch_size 大小的檔案進行頻域轉換。

```
# 匯入 numpy 數學函數庫
import numpy
# 透過短時傅立葉轉換將聲音轉到頻域
# 三組資料分別進行轉換
def wavs_to_specs(wavs_mono, wavs_music, wavs_voice, n_fft=1024, hop
length=None):
    stfts_mono = list()
    stfts_music = list()
    stfts_voice = list()
    for wav_mono, wav_music, wav_voice in zip(wavs_mono, wavs_music, wavs_
voice):
    # 在 librosa0.7.1 及以上版本中，單聲道音訊檔案必須為 fortran-array 格式，才能
送入 librosa.stft() 進行處理
    # 使用 numpy.asfortranarray() 函數，對單聲道音訊檔案進行上述格式轉換
        stft_mono = librosa.stft((numpy.asfortranarray(wav_mono)), n_fft=n_
fft, hop_length=hop_length)
        stft_music = librosa.stft((numpy.asfortranarray(wav_music)), n_fft=n_
fft, hop_length=hop_length)
        stft_voice = librosa.stft((numpy.asfortranarray(wav_voice)), n_fft=n_
fft, hop_length=hop_length)
        stfts_mono.append(stft_mono)
        stfts_music.append(stft_music)
        stfts_voice.append(stft_voice)
    return stfts_mono, stfts_music, stfts_voice
```

```
    # 呼叫 wavs_to_specs 函數，轉化驗證集的資料
    stfts_mono_valid, stfts_music_valid, stfts_voice_valid = wavs_to_
specs(wavs_mono=wavs_mono_valid, wavs_music=wavs_music_valid, wavs_voice=wavs_
voice_valid, n_fft=n_fft,hop_length=hop_length)
    # 定義 batch_size 大小
    batch_size = 64
    # 定義 n_fft 大小，STFT 的視窗大小
    n_fft = 1024
    # 定義儲存要轉化訓練集資料的陣列
        wavs_mono_train_cut = list()
    wavs_music_train_cut = list()
    wavs_voice_train_cut = list()
    # 從訓練集中隨機選取 64 個音訊資料
    for seed in range(batch_size):
        index = np.random.randint(0,len(wavs_mono_train))
        wavs_mono_train_cut.append(wavs_mono_train[index])
        wavs_music_train_cut.append(wavs_music_train[index])
        wavs_voice_train_cut.append(wavs_voice_train[index])
    # 短時傅立葉轉換，將選取的音訊資料轉到頻域
    stfts_mono_train_cut, stfts_music_train_cut, stfts_voice_train_cut =
    wavs_to_specs(wavs_mono = wavs_mono_train_cut, wavs_music =
    wavs_music_train_cut, wavs_voice = wavs_voice_train_cut,n_fft =
    n_fft, hop_length = hop_length)
```

4. 處理頻域檔案

頻域檔案中的資料是複數，包含頻率資訊和相位資訊，但是在訓練時只需要考慮頻率資訊，所以將頻率和相位資訊分開，使用 mini_batch 的方法進行訓練資料的輸入。

```
# 獲取頻率
def separate_magnitude_phase(data):
    return np.abs(data), numpy.angle(data)
# mini_batch 進行資料的輸入
```

```
# stfts_mono：單聲道 STFT 頻域資料
# stfts_music：純伴奏 STFT 頻域資料
# stfts_music：純人聲 STFT 頻域資料
# batch_size：batch 的大小
# sample_frames：獲取多少幀資料
def get_next_batch(stfts_mono, stfts_music, stfts_voice, batch_size = 64,
sample_frames = 8):
    stft_mono_batch = list()
    stft_music_batch = list()
    stft_voice_batch = list()
    # 隨機選擇 batch_size 個資料
    collection_size = len(stfts_mono)
    collection_idx = numpy.random.choice(collection_size, batch_size, replace
= True)
    for idx in collection_idx:
            stft_mono = stfts_mono[idx]
            stft_music = stfts_music[idx]
            stft_voice = stfts_voice[idx]
            # 統計有多少幀
            num_frames = stft_mono.shape[1]
            assert  num_frames >= sample_frames
            # 隨機獲取 sample_frames 幀資料
            start = numpy.random.randint(num_frames - sample_frames + 1)
            end = start + sample_frames
            stft_mono_batch.append(stft_mono[:,start:end])
            stft_music_batch.append(stft_music[:,start:end])
            stft_voice_batch.append(stft_voice[:,start:end])
            # 將資料轉成 numpy.array，再對形狀做一些變換
        #Shape: [batch_size, n_frequencies, n_frames]
        stft_mono_batch = numpy.array(stft_mono_batch)
        stft_music_batch = numpy.rray(stft_music_batch)
        stft_voice_batch = numpy.array(stft_voice_batch)
        # 送入 RNN 的形狀要求: [batch_size, n_frames, n_frequencies]
        data_mono_batch = stft_mono_batch.transpose((0, 2, 1))
```

```
        data_music_batch = stft_music_batch.transpose((0, 2, 1))
        data_voice_batch = stft_voice_batch.transpose((0, 2, 1))
        return data_mono_batch, data_music_batch, data_voice_batch
        #呼叫 get_next_batch()
        data_mono_batch, data_music_batch, data_voice_batch = get_next_batch(
    stfts_mono = stfts_mono_train_cut, stfts_music = stfts_music_train_cut,
    stfts_voice = stfts_voice_train_cut,batch_size = batch_size,
    sample_frames = sample_frames)
    #獲取頻率值
    x_mixed_src, _ = separate_magnitude_phase(data=data_mono_batch)
    y_music_src, _ = separate_magnitude_phase(data=data_music_batch)
    y_voice_src, _ = separate_magnitude_phase(data=data_voice_batch)
```

5. 設定相關路徑與參數

```
#可以透過命令設定的參數
#dataset_dir: 資料集路徑
#model_dir：模型儲存的資料夾
#model_filename: 模型儲存的檔案名稱
#dataset_sr: 資料集音訊檔案的取樣速率
#learning_rate：學習率
#batch_size: 小量訓練資料的長度
#sample_frames：每次訓練獲取多少幀資料
#iterations：訓練迭代次數
#dropout_rate：捨棄率
def parse_arguments(argv):
    parser = argparse.ArgumentParser()
    parser.add_argument('--dataset_train_dir', type=str, help='資料集訓練資料
路徑', default='./dataset/MIR-1K/Wavfile')
    parser.add_argument('--dataset_validate_dir', type=str, help='資料集驗證
資料路徑', default='./dataset/MIR-1K/UndividedWavfile')
    parser.add_argument('--model_dir', type=str, help='模型儲存的資料夾',
default='model')
    parser.add_argument('--model_filename', type=str, help='模型儲存的檔案名
稱', default='svmrnn.ckpt')
```

```
    parser.add_argument('--dataset_sr', type=int, help='資料集音訊檔案的取樣速率', default=16000)
    parser.add_argument('--learning_rate', type=float, help='學習率', default=0.0001)
    parser.add_argument('--batch_size', type=int, help='小量訓練資料的長度', default=64)
    parser.add_argument('--sample_frames', type=int, help='每次訓練獲取多少幀資料', default=10)
    parser.add_argument('--iterations', type=int, help='訓練迭代次數', default=30000)
    parser.add_argument('--dropout_rate', type=float, help='dropout率', default=0.95)
    return parser.parse_args(argv)
```

5.3.3 模型建構

將資料載入進模型之後，需要定義結構、最佳化模型和模型實現。

1. 定義結構

定義的架構為 1024 層循環神經網路，每層 RNN 的隱藏神經元個數從 1~1024 遞增。最後是一個輸入 / 輸出的全連接層。在每層 RNN 之後，引入進行捨棄正則化，消除模型的過擬合問題。

模型初始化步驟：按順序建立 1024 層 RNN，每層擁有從 1~1024 遞增的 RNN 神經元個數。原始混合資料透過 RNN 以及捨棄正則化之後，由 ReLU 函數啟動，並利用全連接層輸出音訊特徵值為 513 的純伴奏和純人聲的資料。

為了約束輸出 y_music_src, y_voice_src 的大小，即使輸出的純伴奏資料 y_music_src 和純人聲資料 y_voice_src 與輸入的混合資料 x_mixed_src 大小相同，輸出需要進行以下變換：

$$y_m = \frac{d_m}{d_m + d_v + \alpha} \times x_m$$

$$y_v = \frac{d_v}{d_m + d_v + \alpha} \times x_m$$

$$y_m + y_v = \frac{d_m + d_v}{d_m + d_v + \alpha} \times x_m \approx x_m$$

其中，y_m 是 y_music_src，純伴奏資料；y_v 是 y_voice_src，純人聲資料；d_m 是 y_dense_music_src，全連接層輸出的純伴奏資料；d_v 是 y_dense_voice_src，全連接層輸出的人聲資料；x_m 是 x_mixed_src，人聲和伴奏的混合資料。

在分母上增加一個足夠小的數 α，防止分母為 0。

```
# 儲存傳入的參數
    self.num_features = num_features
    self.num_rnn_layer = len(num_hidden_units)
    self.num_hidden_units = num_hidden_units
    # 設定變數
    # 訓練步數
    self.g_step = tf.Variable(0, dtype=tf.int32, name='g_step')
    # 設定預留位置
    # 學習率
    self.learning_rate = tf.placeholder(tf.float32, shape=[], name='learning_
rate')
    # 混合了伴奏和人聲的資料
    self.x_mixed_src = tf.placeholder(tf.float32, shape=[None, None, num_
features], name='x_mixed_src')
    # 伴奏資料
    self.y_music_src = tf.placeholder(tf.float32, shape=[None, None, num_
features], name='y_music_src')
    # 人聲資料
    self.y_voice_src = tf.placeholder(tf.float32, shape=[None, None, num_
features], name='y_voice_src')
```

```
    # 保持捨棄，用於 RNN 網路
    self.dropout_rate = tf.placeholder(tf.float32)
    # 初始化神經網路
    self.y_pred_music_src, self.y_pred_voice_src = self.network_init(
    # 建立階段
    self.sess = tf.Session()
    # 建構神經網路
    def network_init(self):
    rnn_layer = []
    # 根據 num_hidden_units 的長度來決定建立幾層 RNN，每個 RNN 長度為 size
    for size in self.num_hidden_units:
    # 使用 LSTM 保證巨量資料集情況下的模型準確度
    # 加上捨棄，防止過擬合
        layer_cell = tf.nn.rnn_cell.LSTMCell(size)
        layer_cell = tf.contrib.rnn.DropoutWrapper(layer_cell, input_keep_
prob=self.dropout_rate)
        rnn_layer.append(layer_cell)
    # 建立多層 RNN
    # 為保證訓練時考慮音訊的前後時間關係，使用雙向 RNN
        multi_rnn_cell = tf.nn.rnn_cell.MultiRNNCell(rnn_layer)
        outputs, state = tf.nn.bidirectional_dynamic_rnn(cell_fw = multi_rnn_
cell, cell_bw = multi_rnn_cell,
        inputs = self.x_mixed_src, dtype = tf.float32)
        out = tf.concat(outputs, 2)
    # 全連接層
    # 採用 ReLU 啟動
        y_dense_music_src = tf.layers.dense(
            inputs = out,
            units = self.num_features,
            activation = tf.nn.relu,
            name = 'y_dense_music_src')
        y_dense_voice_src = tf.layers.dense(
            inputs = out,
            units = self.num_features,
```

```
            activation = tf.nn.relu,
            name = 'y_dense_voice_src')
        y_music_src = y_dense_music_src / (y_dense_music_src + y_dense_voice_
src + np.finfo(float).eps) * self.x_mixed_src
        y_voice_src = y_dense_voice_src / (y_dense_music_src + y_dense_voice_
src + np.finfo(float).eps) * self.x_mixed_src
        return y_music_src, y_voice_src
```

2. 最佳化模型

本專案使用的損失函數以 reduce_mean() 為基礎，計算輸出的純伴奏資料 y_music_src 及純人聲資料 y_voice_src 的方差。模型最佳化器選取 Adam 最佳化器，最佳化模型參數。

```
# 損失函數
    def loss_init(self):
        with tf.variable_scope('loss') as scope:
            # 求方差 (reduce_mean 方法 )
            loss = tf.reduce_mean(
                tf.square(self.y_music_src - self.y_pred_music_src)
                + tf.square(self.y_voice_src - self.y_pred_voice_src),
name='loss')
        return loss
    # 最佳化器
    # 採取常用的 Adam 最佳化器
    def optimizer_init(self):
        optimizer = tf.train.AdamOptimizer(learning_rate=self.learning_rate).
minimize(self.loss)
        return optimizer
```

3. 模型實現

建構好模型結構、損失函數及最佳化器之後，定義訓練、測試及儲存的相關函數，便於使用。

```
# 儲存模型
    def save(self, directory, filename, global_step):
    # 如果目錄不存在，則建立
    if not os.path.exists(directory):
        os.makedirs(directory)
    self.saver.save(self.sess, os.path.join(directory, filename), global_
step=global_step)
    return os.path.join(directory, filename)
    # 載入模型，如果沒有，則初始化所有變數
def load(self, file_dir):
    # 初始化變數
    self.sess.run(tf.global_variables_initializer())
    # 如果沒有模型，重新初始化
    kpt = tf.train.latest_checkpoint(file_dir)
    print("kpt:", kpt)
    startepo = 0
    if kpt != None:
        self.saver.restore(self.sess, kpt)
        ind = kpt.find("-")
        startepo = int(kpt[ind + 1:])
    return startepo
    # 開始訓練
def train(self, x_mixed_src, y_music_src, y_voice_src, learning_rate, dropout_
rate):
    # 已經訓練的步數
    #step = self.sess.run(self.g_step)
    _, train_loss = self.sess.run([self.optimizer, self.loss],
    feed_dict = {self.x_mixed_src: x_mixed_src, self.y_music_src: y_music_
src, self.y_voice_src: y_voice_src,
    self.learning_rate:learning_rate,self.dropout_rate: dropout_rate})
    return train_loss
# 驗證
def validate(self, x_mixed_src,y_music_src,y_voice_src, dropout_rate):
y_music_src_pred, y_voice_src_pred, validate_loss = self.sess.run([self.y_
```

```
pred_music_src, self.y_pred_voice_src, self.loss],
    feed_dict = {self.x_mixed_src: x_mixed_src, self.y_music_src: y_music_
src, self.y_voice_src: y_voice_src, self.dropout_rate: dropout_rate})
    return y_music_src_pred, y_voice_src_pred, validate_loss
# 測試
def test(self, x_mixed_src, dropout_rate):
y_music_src_pred, y_voice_src_pred = self.sess.run([self.y_pred_music_src,
self.y_pred_voice_src],
feed_dict = {self.x_mixed_src: x_mixed_src, self.dropout_rate: dropout_rate})
return y_music_src_pred, y_voice_src_pred
```

5.3.4 模型訓練及儲存

本專案使用訓練集和測試集擬合，具體包括模型訓練及模型儲存。

1. 模型訓練

模型訓練具體操作如下：

```
# 初始化模型
    model =  SVMRNN(num_features = n_fft // 2 + 1, num_hidden_units = num_
hidden_units)
    # 載入模型
    # 如果沒有模型，則初始化所有變數
    startepo = model.load(file_dir = model_dir)
    print('startepo:' + str(startepo))
    # 開始訓練
    #index 是切割訓練集位置的識別符號
    index = 0
    for i in (range(iterations)):
    # 從模型中斷處開始訓練
        if i < startepo:
            continue
        wavs_mono_train_cut = list()
```

```
        wavs_music_train_cut = list()
        wavs_voice_train_cut = list()
    # 從訓練集中隨機選取 64 個音訊資料
        for seed in range(batch_size):
            index = np.random.randint(0,len(wavs_mono_train))
            wavs_mono_train_cut.append(wavs_mono_train[index])
            wavs_music_train_cut.append(wavs_music_train[index])
            wavs_voice_train_cut.append(wavs_voice_train[index])
        # 短時傅立葉轉換，將選取的音訊資料轉到頻域
        stfts_mono_train_cut, stfts_music_train_cut, stfts_voice_train_cut = 
wavs_to_specs(
        wavs_mono = wavs_mono_train_cut, wavs_music = wavs_music_train_cut, 
wavs_voice = wavs_voice_train_cut,
        n_fft = n_fft, hop_length = hop_length)
        # 獲取下一批資料
        data_mono_batch, data_music_batch, data_voice_batch = get_next_batch(
stfts_mono = stfts_mono_train_cut, stfts_music = stfts_music_train_cut, stfts_
voice = stfts_voice_train_cut,
        batch_size = batch_size, sample_frames = sample_frames)
        # 獲取頻率值
        x_mixed_src, _ = separate_magnitude_phase(data = data_mono_batch)
        y_music_src, _ = separate_magnitude_phase(data = data_music_batch)
        y_voice_src, _ = separate_magnitude_phase(data = data_voice_batch)
        # 送入神經網路，開始訓練
        train_loss = model.train(x_mixed_src = x_mixed_src, y_music_src = y_
music_src, y_voice_src = y_voice_src,learning_rate = learning_rate, dropout_
rate = dropout_rate)
    # 每 10 步輸出一次訓練結果的損失值
        if i % 10 == 0:
            print('Step: %d Train Loss: %f' %(i, train_loss))
    # 每 200 步輸出一次測試結果
        if i % 200 == 0:
            print('=================================================')
            data_mono_batch, data_music_batch, data_voice_batch = get_next_
```

```
batch(stfts_mono = stfts_mono_valid, stfts_music = stfts_music_valid,stfts_
voice = stfts_voice_valid, batch_size=batch_size, sample_frames = sample_
frames)
        x_mixed_src, _ = separate_magnitude_phase(data = data_mono_batch)
        y_music_src, _ =separate_magnitude_phase(data = data_music_batch)
        y_voice_src, _ =separate_magnitude_phase(data = data_voice_batch)
        y_music_src_pred, y_voice_src_pred, validate_loss = model.validate(x_
mixed_src = x_mixed_src,
        y_music_src = y_music_src, y_voice_src = y_voice_src, dropout_rate =
dropout_rate)
            print('Step: %d Validation Loss: %f' %(i, validate_loss))
            print('==============================================')
```

batch_size 是在一次前向 / 後向傳播過程用到的訓練範例數量，訓練時隨機選取 64 個資料並開始訓練，總共訓練 1110 個資料，迭代 30000 步，如圖 5-5 所示。

```
Step: 3600 Validation Loss: 1.106188
==============================================
Step: 3610 Train Loss: 0.808172
Step: 3620 Train Loss: 1.425123
Step: 3630 Train Loss: 0.829051
Step: 3640 Train Loss: 1.110434
Step: 3650 Train Loss: 1.124288
Step: 3660 Train Loss: 0.998556
Step: 3670 Train Loss: 0.996172
Step: 3680 Train Loss: 1.189133
Step: 3690 Train Loss: 1.257032
Step: 3700 Train Loss: 1.298231
Step: 3710 Train Loss: 1.067620
Step: 3720 Train Loss: 0.947821
Step: 3730 Train Loss: 0.974504
Step: 3740 Train Loss: 0.957819
Step: 3750 Train Loss: 0.742355
Step: 3760 Train Loss: 0.977313
Step: 3770 Train Loss: 0.933429
```

▲ 圖 5-5 訓練結果

2. 模型儲存

模型儲存有兩種作用：一是為了在訓練過程中出現意外而中斷時，能夠在上次儲存的模型處開始；二是為了在應用中直接使用訓練好的模型。

```
# 每 200 步儲存一次模型
if i % 200 == 0:
    model.save(directory = model_dir, filename = model_filename, global_
step=i)
```

5.3.5 模型測試

採用 Python 附帶的 Tkinter 函數庫進行 GUI 設計，GUI 實現以下功能。

1. 批次選取歌曲和儲存路徑

定義 addfile() 和 choose_save_path() 兩個函數，使用 Tkinter 中 filedialog 模組開啟系統路徑。

```
def addfile():
    # 定義全域變數 music path，用於增加音訊檔案
    global music path
    paths = tk.filedialog.askopenfilenames(title=' 選擇要分離的歌曲 ')
    # 儲存選擇的歌曲
    # 遍歷增加
    for path in paths:
        music_path.append(path)
    label_info['text'] = '\n'.join(music_path)
    # 選擇分離結束後儲存的資料夾
def choose_save_path():
    global save_path
    save_path = tk.filedialog.askdirectory(title=' 選擇儲存資料夾 ')
    save_info['text'] = save_path
```

2. 模型匯入及呼叫

定義呼叫模型的函數 separate()。該函數完成以下功能：

（1）將帶轉化的檔案進行列表儲存、資料分割、短時傅立葉轉換，完成資料的前置處理。

```
#載入音訊檔案
wavs_mono = list()
for filename in music_path:
        wav_mono, _ = librosa.load(filename, sr=dataset_sr, mono=True)
        wavs_mono.append(wav_mono)
#短時傅立葉轉換的 fft 點數
#預設情況下，視窗長度 = fft 點數
n_fft = 1024
#容錯度
hop_length = n_fft // 4
#將音訊資料轉換到頻域
stfts_mono = list()
for wav_mono in wavs_mono:
stft_mono=librosa.stft(wav_mono,n_fft=n_fft,hop_length=hop_length)
stfts_mono.append(stft_mono.transpose())
```

（2）資料前置處理後，呼叫訓練好的模型，進行人聲和伴奏的分離。

```
#初始化神經網路
model = SVMRNN(num_features=n_fft // 2 + 1, num_hidden_units=num_hidden_units)
#匯入模型
model.load(file_dir=model_dir)
for wav_filename, wav_mono, stft_mono in zip(music_path, wavs_mono, stfts_
mono):
wav_filename_base = os.path.basename(wav_filename)
#單聲道音訊檔案
wav_mono_filename = wav_filename_base.split('.')[0] + '_mono.wav'
#分離後的純伴奏音訊檔案
wav_music_filename = wav_filename_base.split('.')[0] + '_music.wav'
#分離後的純人聲音訊檔案
wav_voice_filename = wav_filename_base.split('.')[0] + '_voice.wav'
    #要儲存檔案的相對路徑
        wav_mono_filepath = os.path.join(save_path, wav_mono_filename)
        wav_music_hat_filepath=os.path.join(save_path,wav_music_filename)
        wav_voice_hat_filepath=os.path.join(save_path,wav_voice_filename)
```

```
            print('Processing %s ...' % wav_filename_base)
            stft_mono_magnitude, stft_mono_phase = separate_magnitude_
phase(data=stft_mono)
            stft_mono_magnitude = np.array([stft_mono_magnitude])
            y_music_pred, y_voice_pred = model.test(x_mixed_src=stft_mono_
magnitude, dropout_rate=dropout_rate)
```

（3）將處理好的頻率檔案和原本的相位資訊相加，進行傅立葉逆轉換。

```
# 根據振幅和相位，得到複數
# 訊號 s(t) 乘上 e^(j*phases) 表示訊號 s(t) 移動相位 phases
def combine_magnitude_phase(magnitudes, phases):
    return magnitudes * np.exp(1.j * phases)
```

（4）將時域檔案寫成 .wav 格式的歌曲儲存。

```
    # 儲存資料，使用 librosa.output.write_wav() 函數，將檔案儲存成 .wav 格式歌曲
    檔案
librosa.output.write_wav(wav_mono_filepath, wav_mono, dataset_sr)
librosa.output.write_wav(wav_music_hat_filepath,y_music_hat,dataset_sr)
librosa.output.write_wav(wav_voice_hat_filepath,y_voice_hat,dataset_sr)
    # 檢測在儲存資料夾中是否生成了伴奏檔案，若存在則自動開啟該資料夾
    if os.path.exists(wav_music_hat_filepath):
        os.startfile(save_path)
        remind_window.destroy()
```

3. GUI 程式

GUI 相關程式如下：

```
from tkinter import Tk, filedialog
import tkinter as tk
import librosa
import os
import numpy as np
from NewModel import SVMRNN
from NewUtils import separate_magnitude_phase, combine_magnitude_phase
```

```
music_path = []
save_path = str()
wav_music_hat_filepath = str()
def addfile():
    # 定義全域變數 music_path，用於增加音訊檔案
    global music_path
    paths = tk.filedialog.askopenfilenames(title=' 選擇要分離的歌曲 ')
    # 儲存選擇的歌曲
    # 遍歷增加
    for path in paths:
        music_path.append(path)
    label_info['text'] = '\n'.join(music_path)
    # 選擇分離結束後儲存的資料夾
def choose_save_path():
    global save_path
    save_path = tk.filedialog.askdirectory(title=' 選擇儲存資料夾 ')
    save_info['text'] = save_path
    # 彈窗資訊的定義
def pop_window():
    global wav_music_hat_filepath
    def separate():
        dataset_sr = 16000        # 取樣速率
        model_dir = './model'     # 模型儲存資料夾
        dropout_rate = 0.95       # 捨棄率
        # 載入音訊檔案
        wavs_mono = list()
        for filename in music_path:
            wav_mono, _ = librosa.load(filename, sr=dataset_sr, mono=True)
            wavs_mono.append(wav_mono)
        # 短時傅立葉轉換的 fft 點數
        # 預設情況下，視窗長度 = fft 點數
        n_fft = 1024
        # 容錯度
        hop_length = n_fft // 4
```

```
        # 用於建立 RNN 節點數
        num_hidden_units = [1024, 1024, 1024, 1024, 1024]
        # 將音訊資料轉換到頻域
        stfts_mono = list()
        for wav_mono in wavs_mono:
        stft_mono=librosa.stft(wav_mono,n_fft=n_fft,hop_length=hop_length)
        stfts_mono.append(stft_mono.transpose())
        # 初始化神經網路
model=SVMRNN(num_features=n_fft//2+1,num_hidden_units=num_hidden_units)
        # 匯入模型
        model.load(file_dir=model_dir)
        for wav_filename, wav_mono, stft_mono in zip(music_path, wavs_mono,
stfts_mono):
        wav_filename_base = os.path.basename(wav_filename)
        # 單聲道音訊檔案
        wav_mono_filename = wav_filename_base.split('.')[0] + '_mono.wav'
        # 分離後的純伴奏音訊檔案
        wav_music_filename=wav_filename_base.split('.')[0]+'_music.wav'
        # 分離後的純人聲音訊檔案
        wav_voice_filename=wav_filename_base.split('.')[0] + '_voice.wav'
        # 要儲存檔案的相對路徑
        wav_mono_filepath = os.path.join(save_path, wav_mono_filename)
        wav_music_hat_filepath=os.path.join(save_path,wav_music_filename)
        wav_voice_hat_filepath=os.path.join(save_path,wav_voice_filename)
            print('Processing %s ...' % wav_filename_base)
            stft_mono_magnitude, stft_mono_phase = separate_magnitude_
phase(data=stft_mono)
            stft_mono_magnitude = np.array([stft_mono_magnitude])
            y_music_pred, y_voice_pred = model.test(x_mixed_src=stft_mono_
magnitude, dropout_rate=dropout_rate)
            # 根據振幅和相位，轉為複數，用於下面的逆短時傅立葉轉換
            y_music_stft_hat = combine_magnitude_phase(magnitudes=y_music_
pred[0], phases=stft_mono_phase)
            y_voice_stft_hat = combine_magnitude_phase(magnitudes=y_voice_
```

```
pred[0], phases=stft_mono_phase)
            y_music_stft_hat = y_music_stft_hat.transpose()
            y_voice_stft_hat = y_voice_stft_hat.transpose()
            # 透過逆短時傅立葉轉換，將分離好的頻域資料轉為音訊，生成相對應的音訊
            檔案
            y_music_hat=librosa.istft(y_music_stft_hat, hop_length=hop_length)
            y_voice_hat=librosa.istft(y_voice_stft_hat, hop_length=hop_length)
            # 儲存資料
            librosa.output.write_wav(wav_mono_filepath,wav_mono,dataset_sr)
            librosa.output.write_wav(wav_music_hat_filepath,y_music_hat,
dataset_sr)
            librosa.output.write_wav(wav_voice_hat_filepath,y_voice_hat,
dataset_sr)
            if os.path.exists(wav_music_hat_filepath):
                os.startfile(save_path)
                remind_window.destroy()
        remind_window = tk.Toplevel()
        remind_window.title(' 提示 ')
        remind_window.minsize(width=400, height=200)
        tk.Label(remind_window, text=' 載入模型中，請勿關閉軟體 ').place(x=70,
y=60)
        tk.Button(remind_window, text=' 我知道了 ', font=('Fangsong', 14),
command=separate).place(x=150, y=100)
    root = Tk()
    # 視窗標題
    root.title(' 歌曲人聲分離 ')
    # 大小不可調整
    root.resizable(0,0)
    # 建立背景圖片
    canvas=tk.Canvas(root, width=800, height=900, bd=0, highlightthickness=0)
    imgpath = 'image/bg1.jpg'
    img = Image.open(imgpath)
    photo = ImageTk.PhotoImage(img)
    # 設定背景圖片在視窗顯示的偏移量
```

```
    canvas.create_image(750, 400, image=photo)
    canvas.pack()
    # 增加按鈕
    # 增加按鈕的圖片
    btn_add = tk.PhotoImage(file='image/btn_add.png')
    btn_addfile = tk.Button(root, command=addfile, image=btn_add)
    # 將按鈕置放到視窗上
    canvas.create_window(70,70, width=84, height=84, window=btn_addfile)
    # 功能說明文字
    canvas.create_text(70,130, text=' 增加檔案 ', fill='white',
font=('Fangsong', '15', 'bold'))
    # 選擇儲存路徑的按鈕
    pic_save = tk.PhotoImage(file='image/btn_save.png')
    btn_save = tk.Button(root, command=choose_save_path, image=pic_save)
    canvas.create_window(200, 70, width=84, height=84, window=btn_save)
    canvas.create_text(200,130,text=' 選擇儲存路徑 ',fill='white',
font=('Fangsong', '15', 'bold'))
    # 執行按鈕
    pic_run = tk.PhotoImage(file='image/btn_run.png')
    btn_run = tk.Button(root, command=pop_window, image=pic_run)
    canvas.create_window(330, 70, width=84, height=84, window=btn_run)
    canvas.create_text(330, 130, text=' 執行 ', fill='white', font=('Fangsong',
'15', 'bold'))
    # 顯示待分離歌曲
    canvas.create_text(70, 180, text=' 待分離的歌曲 ', fill='white',
font=('Fangsong', '14', 'bold'))
    label_info = tk.Label(root, bg='white', anchor='nw', justify='left')
    canvas.create_window(210, 300, width=400, height=200, window=label_info)
    # 顯示儲存的路徑
    canvas.create_text(48, 430, text=' 儲存路徑 ', fill='white',
font=('Fangsong', '14', 'bold'))
    save_info = tk.Label(root, bg='white', anchor='nw', justify='left')
    canvas.create_window(210, 470, width=400, height=50, window=save_info)
    root.mainloop()
```

5.4 系統測試

本部分包括訓練準確率、測試效果及模型應用。

5.4.1 訓練準確率

訓練迭代到靠後的步數，損失函數的值小於 0.5，這表示這個預測模型訓練比較成功。在整個迭代訓練過程中，隨著 epoch 的增加，模型損失函數的值在逐漸減小，並且在 17000 步以後趨於穩定，如圖 5-6 所示。

```
==============================================
Step: 17200 Validation Loss: 0.420042
==============================================
Step: 17210 Train Loss: 0.507203
Step: 17220 Train Loss: 0.502529
Step: 17230 Train Loss: 0.541619
Step: 17240 Train Loss: 0.580664
Step: 17250 Train Loss: 0.450910
Step: 17260 Train Loss: 0.628350
Step: 17270 Train Loss: 0.479427
Step: 17280 Train Loss: 0.497587
Step: 17290 Train Loss: 0.542923
Step: 17300 Train Loss: 0.432395
Step: 17310 Train Loss: 0.469025
Step: 17320 Train Loss: 0.444656
Step: 17330 Train Loss: 0.449266
```

▲ 圖 5-6 訓練準確率

5.4.2 測試效果

將資料代入模型進行測試，並將分離得到的純伴奏和純人聲波形經過比較以及人耳辨別，得到驗證：模型可以實現歌曲伴奏和人聲分離。如圖 5-7 和圖 5-8 所示。

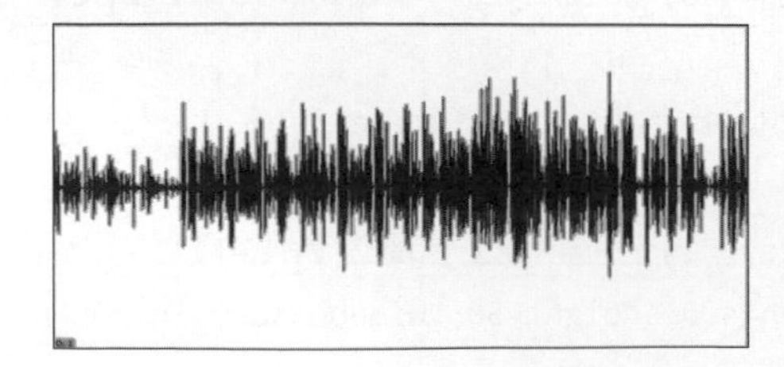

▲ 圖 5-7 分離的純人聲波形

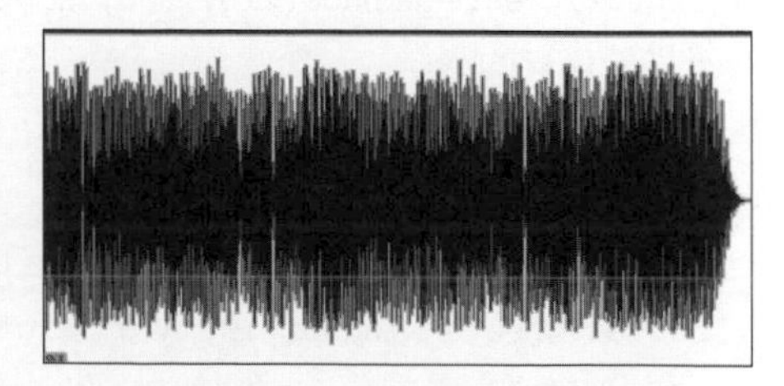

▲ 圖 5-8 分離的純伴奏波形

5.4.3 模型應用

使用說明包括以下 4 部分。

（1）開啟 gui.py 檔案，介面如圖 5-9 所示。

▲ 圖 5-9 主介面

（2）點擊「增加檔案」按鈕，選擇要獲得伴奏的歌曲，在「待分離的歌曲」中顯示增加歌曲的路徑和名稱，如圖 5-10 所示。

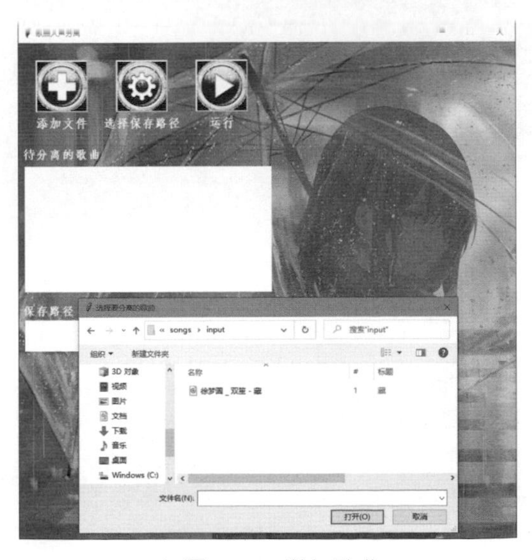

▲ 圖 5-10 增加歌曲

（3）選擇儲存路徑，如圖 5-11 所示。

▲ 圖 5-11 儲存路徑

（4）點擊「執行」按鈕後會彈出提示框，確認後程式開始執行，執行完畢後將自動開啟儲存資料夾，如圖 5-12 所示。

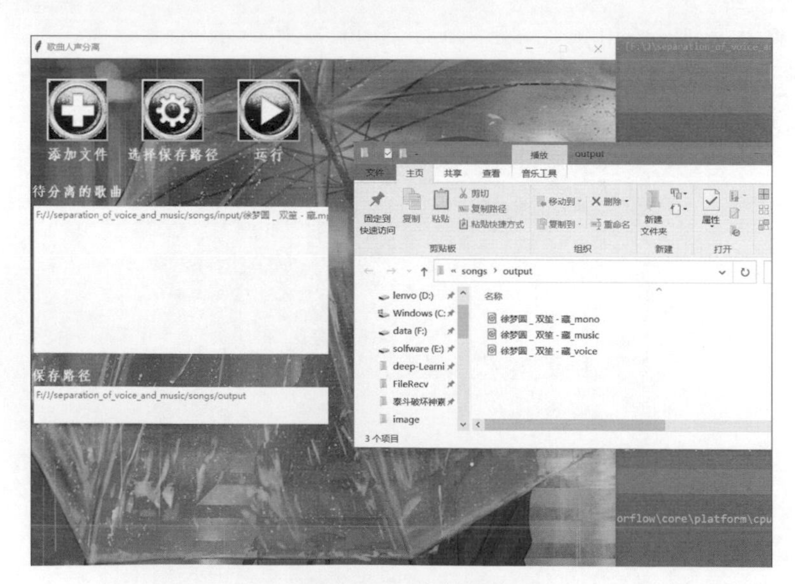

▲ 圖 5-12 執行結果

PROJECT

6

以 Image Caption 為基礎的英文學習

本專案以深度學習為基礎的 CNN 神經網路和 LSTM 循環神經網路，將電腦視覺和機器翻譯技術相互結合，使用 BLEU（Bilingual Evaluation Understudy，雙語評估替代）演算法評估自然語言處理任務生成的文字。透過對圖片描述，建立英文學習和具體生活場景的關聯，實現一款輔助英文學習的應用。

6.1 整體設計

本部分包括系統整體結構圖和系統流程圖。

6.1.1 系統整體結構圖

系統整體結構如圖 6-1 所示。

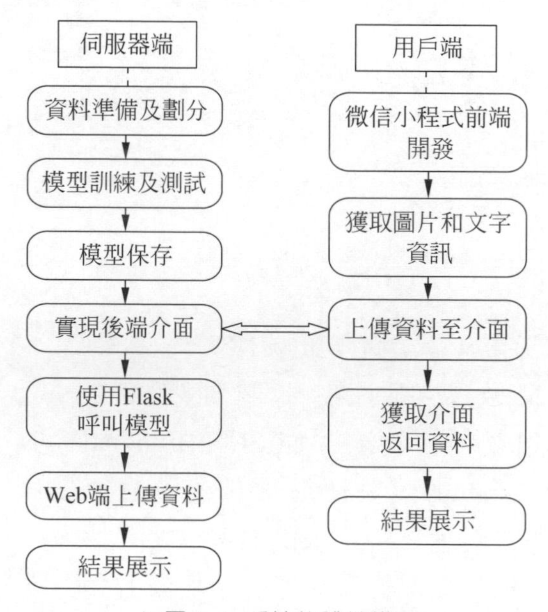

▲ 圖 6-1 系統整體結構圖

6.1.2 系統流程圖

系統流程如圖 6-2 所示。

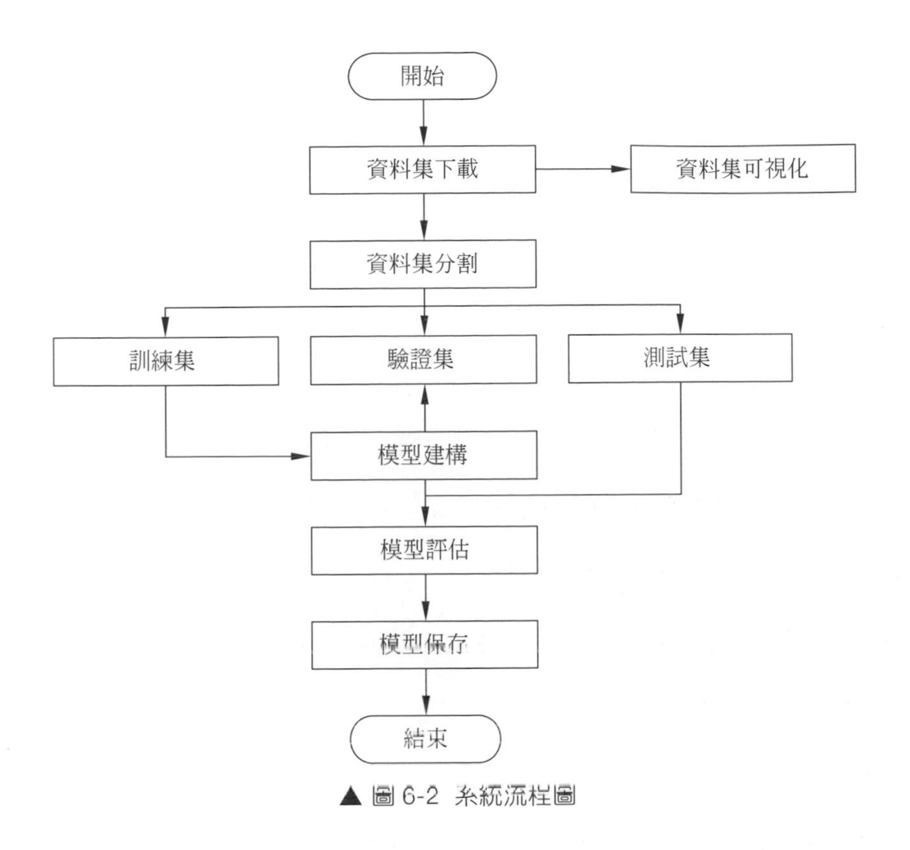

▲ 圖 6-2 系統流程圖

6.2 執行環境

本部分主要包括 Python 環境、TensorFlow 環境和微信開發者工具。

6.2.1 Python 環境

需要 Python 3.6 及以上設定，在 Windows 環境下推薦下載 Anaconda 完成 Python 所需的設定，下載網址為 https://www.anaconda.com/，也可以下載虛擬機器在 Linux 環境下執行程式。在已經安裝 Anaconda 的情況下，透過命令列增加新的 Python 環境，主要用到的函數庫函數及其版本如下：

- 開發環境：Python 3.6；
- Python 函 數 庫：TensorFlow 1.12.0、Flask 1.1.1、nltk 3.4.5、Numpy 1.18.1；
- Python IDE：PyCharm 2019.3。

6.2.2 TensorFlow 環境

建立 Python 3.6 的環境，名稱為 TensorFlow，此時 Python 版本和後面 TensorFlow 的版本有相容性問題，此步選擇 Python 3.6，輸入命令：

```
conda create -n tensorflow python=3.6
```

有需要確認的地方，都輸入 y。

在 Anaconda Prompt 中啟動 TensorFlow 環境，輸入命令：

```
activate tensorflow
```

安裝 CPU 版本的 TensorFlow，輸入命令：

```
pip install –upgrade --ignore-installed tensorflow
```

安裝完畢。

6.2.3 微信開發者工具

微信開發者工具下載網址為 https://developers.weixin.qq.com/miniprogram/dev/devtools/devtools.html。

6.3 模組實現

本專案包括 5 個模組：準備資料、模型建構、模型訓練及儲存、模型呼叫、模型測試。下面分別列出各模組的功能介紹及相關程式。

6.3.1 準備資料

本部分包括資料下載和資料前置處理。

1. 資料下載

獲取圖型下載網址為 http://mscoco.org/。COCO 資料集具有 5 種標籤類型：目標檢測、關鍵點檢測、物體分割、多邊形分割以及圖型描述，這些標注資料以 json 格式儲存。

若使用 Linux 系統，則執行 data 目錄下的 download_and_preprocess_mscoco.sh 獲取資料集和執行資料前置處理程式。

Windows 系統下使用相關軟體執行可以成功下載影像檔，但是解壓時會出現指令稿停止，採取手動進行解壓，標注檔案需要額外下載；也可以自行下載、解壓或使用其他資料集。

Microsoft COCO 資料集下載網址為 http://cocodataset.org/#download。本專案使用 2014 版本的資料集，訓練集下載網址為 http://images.cocodataset.org/zips/train2014.zip；驗證集下載網址為 http://images.cocodataset.org/zips/val2014.zip；測試集下載網址為 http://images.cocodataset.org/zips/test2014.zip；標注下載網址為 http://images.cocodataset.org/annotations/annotations_trainval2014.zip。

部分資料集圖片如圖 6-3 所示。

▲ 圖 6-3 部分資料集

2. 資料前置處理

data 目錄下 build_mscoco_data.py 檔案的主要功能是將訓練集和驗證集合並之後按比例重新劃分訓練集、驗證集、測試集，並產生詞表檔案 (即 word_counts.txt)。前置處理程式的參數設定如下：

```
tf.flags.DEFINE_string("train_image_dir","/tmp/train2014/"," 訓練集目錄(.jpg)")
tf.flags.DEFINE_string("val_image_dir", "/tmp/val2014"," 驗證集目錄 (.jpg)")
tf.flags.DEFINE_string("train_captions_file", "/tmp/captions_train2014.json"," 訓練集 JSON 標注檔案 ")
tf.flags.DEFINE_string("val_captions_file", "/tmp/captions_val2014.json"," 驗證集 JSON 標注檔案 ")
tf.flags.DEFINE_string("output_dir", "/tmp/", " 輸出目錄 ")
tf.flags.DEFINE_integer("train_shards", 256, " 訓練集 TFRecord 區塊檔案數目 ")
tf.flags.DEFINE_integer("val_shards", 4, " 驗證集 TFRecord 區塊檔案數目 ")
tf.flags.DEFINE_integer("test_shards", 8, " 測試集 TFRecord 區塊檔案數目 ")
tf.flags.DEFINE_string("start_word", "<S>"," 開始文字標籤 ")
tf.flags.DEFINE_string("end_word", "</S>"," 結束文字標籤 ")
tf.flags.DEFINE_string("unknown_word", "<UNK>"," 未知文字標籤 ")
tf.flags.DEFINE_integer("min_word_count", 4, " 出現在詞彙表中的單字最小出現次數 ")
tf.flags.DEFINE_string("word_counts_output_file", "/tmp/word_counts.txt"," 詞
```

```
彙表檔案輸出目錄")
tf.flags.DEFINE_integer("num_threads", 8, "執行緒數")
FLAGS = tf.flags.FLAGS
ImageMetadata =namedtuple("ImageMetadata",["image_id","filename","captions"])
```

前置處理程式的 main() 函數，是將原資料集進行重新劃分，使用測試集生成訓練的標準 TFRecord 檔案：

```
def _is_valid_num_shards(num_shards):
    # 如果 num_shards 與 FLAGS.num_threads 相容，則返回 True
    return num_shards < FLAGS.num_threads or not num_shards % FLAGS.num_threads
assert _is_valid_num_shards(FLAGS.train_shards), (
    "Please make the FLAGS.num_threads commensurate with FLAGS.train_shards")
assert _is_valid_num_shards(FLAGS.val_shards), (
    "Please make the FLAGS.num_threads commensurate with FLAGS.val_shards")
assert _is_valid_num_shards(FLAGS.test_shards), (
    "Please make the FLAGS.num_threads commensurate with FLAGS.test_shards")
if not tf.gfile.IsDirectory(FLAGS.output_dir):
    tf.gfile.MakeDirs(FLAGS.output_dir)
# 從標注檔案中載入圖片三元組 metadata 類型的變數
mscoco_train_dataset = _load_and_process_metadata(FLAGS.train_captions_file,
                                                  FLAGS.train_image_dir)
mscoco_val_dataset = _load_and_process_metadata(FLAGS.val_captions_file,
                                                FLAGS.val_image_dir)
# 劃分訓練集、驗證集和測試集
train_cutoff = int(0.85 * len(mscoco_val_dataset))
val_cutoff = int(0.90 * len(mscoco_val_dataset))
train_dataset = mscoco_train_dataset + mscoco_val_dataset[0:train_cutoff]
val_dataset = mscoco_val_dataset[train_cutoff:val_cutoff]
test_dataset = mscoco_val_dataset[val_cutoff:]
# 從訓練集標注中建立字典
train_captions = [c for image in train_dataset for c in image.captions]
vocab = _create_vocab(train_captions)
_process_dataset("train", train_dataset, vocab, FLAGS.train_shards)
```

```
_process_dataset("val", val_dataset, vocab, FLAGS.val_shards)
_process_dataset("test", test_dataset, vocab, FLAGS.test_shards)
```

6.3.2 模型建構

資料載入模型之後，需要定義結構、最佳化模型。

1. 定義結構

NIC 演算法模型結構在訓練時根據圖型特徵和單字向量定義損失函數並計算預測誤差，而預測時根據圖型內容由訓練模型推算出最貼切的描述敘述。因此，網路結構定義在訓練和預測時是不同的，在程式內部實現中可以使用條件判斷敘述定義不同的網路結構。

在 show_and_tell_model.py 檔案中的 build_model() 函數可以看到 LSTM 網路結構的實現程式。網路結構是利用 TensorFlow 當中最為基礎的 LSTM，建立 LSTM cell 物件，以元組形式返回預測結果和狀態值。透過分批資料檔方式訓練，所以使用 lstm_cell.zero_state() 函數建立輸入圖型特徵時的零狀態元組資訊。

```
#LSTM cell 輸出為 new_c * sigmoid(o)
lstm_cell = tf.contrib.rnn.BasicLSTMCell(
    num_units=self.config.num_lstm_units, state_is_tuple=True)
if self.mode == "train":
    lstm_cell = tf.contrib.rnn.DropoutWrapper(
        lstm_cell,
        input_keep_prob=self.config.lstm_dropout_keep_prob,
        output_keep_prob=self.config.lstm_dropout_keep_prob)
with tf.variable_scope("lstm", initializer=self.initializer) as lstm_scope:
    # 使用 image embeddings 圖片嵌入層初始化 LSTM 神經網路
    zero_state = lstm_cell.zero_state(
        batch_size=self.image_embeddings.get_shape()[0], dtype=tf.float32)
    _, initial_state = lstm_cell(self.image_embeddings, zero_state)
```

```
# 允許 LSTM 變數被重複使用
lstm_scope.reuse_variables()
if self.mode == "inference":
    # 使用連接狀態方便回饋和獲取
    tf.concat(axis=1, values=initial_state, name="initial_state")
    # 建立用於回饋一批連接狀態的預留位置
    state_feed = tf.placeholder(dtype=tf.float32,
                                shape=[None, sum(lstm_cell.state_size)],
                                name="state_feed")
    state_tuple = tf.split(value=state_feed, num_or_size_splits=2, axis=1)
    # 執行 LSTM 的一步
    lstm_outputs, state_tuple = lstm_cell(
        inputs=tf.squeeze(self.seq_embeddings, axis=[1]),
        state=state_tuple)
    # 連接結果
    tf.concat(axis=1, values=state_tuple, name="state")
else:
    # 透過 LSTM 訓練一批圖片嵌入層
    sequence_length = tf.reduce_sum(self.input_mask, 1)
    lstm_outputs, _ = tf.nn.dynamic_rnn(cell=lstm_cell,
                                        inputs=self.seq_embeddings,
                                        sequence_length=sequence_length,
                                        initial_state=initial_state,
                                        dtype=tf.float32,
                                        scope=lstm_scope)
# 直接堆疊批次
lstm_outputs = tf.reshape(lstm_outputs, [-1, lstm_cell.output_size])
with tf.variable_scope("logits") as logits_scope:
    logits = tf.contrib.layers.fully_connected(
        inputs=lstm_outputs,
        num_outputs=self.config.vocab_size,
        activation_fn=None,
        weights_initializer=self.initializer,
        scope=logits_scope)
```

2. 最佳化模型

在訓練時，將根據批次資料的所有單字序列預測結果計算損失函數值。因為不同圖型描述敘述長度不同，在具體的計算過程中使用 self.input_mask() 作為有效單字的隱藏矩陣 weights。函數 tf.contrib.losses.add_loss() 將根據批次損失函數估計全域損失函數。

當模型中定義了多個損失函數節點時，使用該函數可以返回一個整體損失函數值。訓練時加入 tf.scalar.summary() 等統計函數有利於 TensorBoard 的視覺化分析，便於驗證模型的有效性。

```
if self.mode == "inference":
    tf.nn.softmax(logits, name="softmax")
else:
    targets = tf.reshape(self.target_seqs, [-1])
    weights = tf.to_float(tf.reshape(self.input_mask, [-1]))
    #計算損失率
    losses = tf.nn.sparse_softmax_cross_entropy_with_logits(labels=targets,
logits=logits)
    batch_loss = tf.div(tf.reduce_sum(tf.multiply(losses, weights)),
                        tf.reduce_sum(weights),
                        name="batch_loss")
    tf.losses.add_loss(batch_loss)
    total_loss = tf.losses.get_total_loss()
    #增加到複習中
    tf.summary.scalar("losses/batch_loss", batch_loss)
    tf.summary.scalar("losses/total_loss", total_loss)
    for var in tf.trainable_variables():
        tf.summary.histogram("parameters/" + var.op.name, var)
    self.total_loss = total_loss
    self.target_cross_entropy_losses = losses            #在驗證過程中使用
    self.target_cross_entropy_loss_weights = weights    #在驗證過程中使用
```

6.3.3 模型訓練及儲存

在定義模型架構和編譯之後，使用訓練集和測試集擬合併儲存模型。以下為 train.py 檔案中的訓練模型程式。參數設定部分：

```
tf.flags.DEFINE_string("input_file_pattern", "",
                       "TFRecord 訓練檔案目錄 ")
tf.flags.DEFINE_string("inception_checkpoint_file", "",
                       " 預訓練的 inception_v3 模型檔案目錄 ")
tf.flags.DEFINE_string("train_dir", "",
                       " 儲存和匯入模型 checkpoint 的目錄 ")
tf.flags.DEFINE_boolean("train_inception", False,
                       " 是否要訓練 inception 子模型 ")
tf.flags.DEFINE_integer("number_of_steps", 1000000, " 訓練步數 ")
tf.flags.DEFINE_integer("log_every_n_steps", 1,
                       " 輸出損失和步數的頻率 ")
```

執行 main() 函數，使用訓練集進行訓練，並且在指定目錄當中儲存模型，以便下次訓練或使用。

```
model_config = configuration.ModelConfig()
model_config.input_file_pattern = FLAGS.input_file_pattern
model_config.inception_checkpoint_file = FLAGS.inception_checkpoint_file
training_config = configuration.TrainingConfig()
# 建立訓練目錄
train_dir = FLAGS.train_dir
if not tf.gfile.IsDirectory(train_dir):
    tf.logging.info(" 建立訓練目錄 : %s", train_dir)
    tf.gfile.MakeDirs(train_dir)
# 建立 TensorFlow 圖形
g = tf.Graph()
with g.as_default():
    # 建立模型
    model = show_and_tell_model.ShowAndTellModel(
        model_config, mode="train", train_inception=FLAGS.train_inception)
```

```
    model.build()
    # 設定訓練速率
    learning_rate_decay_fn = None
    if FLAGS.train_inception:
        learning_rate=tf.constant(training_config.train_inception_learning_rate)
    else:
        learning_rate = tf.constant(training_config.initial_learning_rate)
        # 學習率
        if training_config.learning_rate_decay_factor > 0:  # 學習率衰減
            num_batches_per_epoch = (training_config.num_examples_per_epoch /
                                     model_config.batch_size)
            decay_steps = int(num_batches_per_epoch *
                                     training_config.num_epochs_per_decay)
            def _learning_rate_decay_fn(learning_rate, global_step):
            # 衰減函數
                return tf.train.exponential_decay(
                    learning_rate,
                    global_step,
                    decay_steps=decay_steps,
                    decay_rate=training_config.learning_rate_decay_factor,
                    staircase=True)
            learning_rate_decay_fn = _learning_rate_decay_fn
    # 設定訓練參數
    train_op = tf.contrib.layers.optimize_loss(
            loss=model.total_loss,
            global_step=model.global_step,
            learning_rate=learning_rate,
            optimizer=training_config.optimizer,
            clip_gradients=training_config.clip_gradients,
            learning_rate_decay_fn=learning_rate_decay_fn)
    # 設定儲存和儲存模型 checkpoint
    saver = tf.train.Saver(max_to_keep=training_config.max_checkpoints_to_keep)
    # 開始執行訓練
tf.contrib.slim.learning.train(
```

```
            train_op,
            train_dir,
            log_every_n_steps=FLAGS.log_every_n_steps,
            graph=g,
            global_step=model.global_step,
            number_of_steps=FLAGS.number_of_steps,
            init_fn=model.init_fn,
            saver=saver)
```

當訓練結果完成時，出現 4 個檔案，用於模型後期的執行和應用，考慮到資料集的龐大和運算能力的限制，直接獲取已經訓練好的模型，執行程式。如圖 6-4 所示，已經訓練好的模型包含在程式壓縮檔中。

checkpoint	2018/8/6 16:12	文件	1 KB
model.ckpt-1000000.meta	2018/3/31 15:28	META 文件	146,293 KB
model.ckpt-1000000.data-00000-of-00001	2018/3/31 15:27	DATA-00000-OF...	145,511 KB
model.ckpt 1000000.index	2018/3/31 15:27	INDEX 文件	17 KB

▲ 圖 6-4　訓練好的模型檔案

6.3.4 模型呼叫

本部分包括生成摘要、呼叫生成摘要與評分。

1. 生成摘要

摘要生成部分在 inference_util/caption_generator.py 中，相關程式如下：

```
class Caption(object):
    #一個完成的摘要生成部分
    def __init__(self, sentence, state, logprob, score, metadata=None):
        """
        初始化，參數：
            sentence: 包含單字 ID 的一組列表
            state: 在生成前一個單字後的模型狀態
            logprob: 摘要的對數機率
```

```
            score: 摘要的評分
            metadata: 可選與部分句子連接的中繼資料
        """
        self.sentence = sentence
        self.state = state
        self.logprob = logprob
        self.score = score
        self.metadata = metadata
    def __cmp__(self, other):
        # 使用分數比較摘要
        assert isinstance(other, Caption)
        if self.score == other.score:
            return 0
        elif self.score < other.score:
            return -1
        else:
            return 1
    # 對 Python3 的相容
    def __lt__(self, other):
        assert isinstance(other, Caption)
        return self.score < other.score
    # 同樣是對 Python3 的相容
    def __eq__(self, other):
        assert isinstance(other, Caption)
        return self.score == other.score
class TopN(object):
    # 保持更新集合中的前 n 個元素
    def __init__(self, n):
        self._n = n
        self._data = []
    def size(self):
        assert self._data is not None
        return len(self._data)
    def push(self, x):
```

```
        # 增加新元素
        assert self._data is not None
        if len(self._data) < self._n:
            heapq.heappush(self._data, x)
        else:
            heapq.heappushpop(self._data, x)
    def extract(self, sort=False):
        # 參數 :sort 是否按照降冪返回元素，返回集合中前 n 個元素
        assert self._data is not None
        data = self._data
        self._data = None
        if sort:
            data.sort(reverse=True)
        return data
    def reset(self):
        # 重置，返回空狀態
        self._data = []
class CaptionGenerator(object):
    #img2txt 模型生成摘要
    def __init__(self,
                 model,
                 vocab,
                 beam_size=3,
                 max_caption_length=20,
                 length_normalization_factor=0.0):
        """
        初始化生成器
        參數 :
            model: 壓縮已經訓練好的 image-to-text 模型，必須含有 feed_image() 和
            inference_step() 方法
            vocab: 詞彙表物件
            beam_size: 生成摘要的 beam search 一次處理大小
            max_caption_length: 最大的摘要長度
            length_normalization_factor: 如果不為 0, 參數為 x 則代表摘要的分數為
```

```
        logprob/length^x 而非 logprob，此參數會增加摘要長度對評分的影響
    """
    self.vocab = vocab
    self.model = model
    self.beam_size = beam_size
    self.max_caption_length = max_caption_length
    self.length_normalization_factor = length_normalization_factor
def beam_search(self, sess, encoded_image):
    """
    執行一個圖片的 beam search 生成器
    參數：
    sess: TensorFlow 的 Session 物件
    encoded_image: 解碼後的圖片字串，返回降冪的一組摘要
    """
# 設定初始狀態
initial_state = self.model.feed_image(sess, encoded_image)
initial_beam = Caption(
    sentence=[self.vocab.start_id],
    state=initial_state[0],
    logprob=0.0,
    score=0.0,
    metadata=[""])
partial_captions = TopN(self.beam_size)
partial_captions.push(initial_beam)
complete_captions = TopN(self.beam_size)
# 執行集束搜索
for _ in range(self.max_caption_length - 1):
    partial_captions_list = partial_captions.extract()
    partial_captions.reset()
    input_feed = np.array([c.sentence[-1] for c in partial_captions_list])
    state_feed = np.array([c.state for c in partial_captions_list])
    softmax, new_states, metadata = self.model.inference_step(sess,
                                                               input_feed,
                                                               state_feed)
```

```
    for i, partial_caption in enumerate(partial_captions_list):
        word_probabilities = softmax[i]
        state = new_states[i]
        # 對於生成部分句子求出 beam_size 大小最可能的下一個單字
        words_and_probs = list(enumerate(word_probabilities))
        words_and_probs.sort(key=lambda x: -x[1])
        words_and_probs = words_and_probs[0:self.beam_size]
        # 生成每個單字列出下一可能生成的摘要
        for w, p in words_and_probs:
            if p < 1e-12:
                continue  # 避免 log(0) 的情況出現
        sentence=partial_caption.sentence + [w]
        logprob=partial_caption.logprob + math.log(p)
        score=logprob
        if metadata:
            metadata_list = partial_caption.metadata + [metadata[i]]
        else:
            metadata_list = None
        if w == self.vocab.end_id:
            if self.length_normalization_factor > 0:
                score /= len(sentence)**self.length_normalization_factor
            beam = Caption(sentence, state, logprob, score, metadata_list)
            complete_captions.push(beam)
        else:
            beam = Caption(sentence, state, logprob, score, metadata_list)
            partial_captions.push(beam)
    if partial_captions.size() == 0:
        # 當 beam_size = 1，會耗盡所有的待選文字
        break
if not complete_captions.size():
    complete_captions = partial_captions
return complete_captions.extract(sort=True)
```

2. 呼叫生成摘要與評分

在 run.py 當中，使用訓練好的 checkpoint 和詞彙表 word_counts.txt，將圖形轉換成 TensorFlow 對應的處理形式，呼叫 inference_utils 目錄下的 caption_generator.py 檔案生成評分最高的 3 個摘要。BLEU 評分直接採用 NLTK 函數庫中的 sentence_bleu() 函數。

```
checkpoint_path = 'data' #模型存檔目錄
vocab_file = 'data/word_counts.txt' #引用詞彙表
tf.logging.set_verbosity(tf.logging.INFO)
def compute_bleu(reference, candidate):
    score = sentence_bleu(reference, candidate) #呼叫 NLTK 函數庫的 BLEU 函數
    return score
def runs(input_files=r"../../pic/dog.jpg"):
    #建立引用圖形
    s = []
    sa = []
    g = tf.Graph()
    with g.as_default():
        model = inference_wrapper.InferenceWrapper()
        restore_fn = model.build_graph_from_config(configuration.ModelConfig(),
                                                   checkpoint_path)
    g.finalize()
    #建立詞彙表
    vocab = vocabulary.Vocabulary(vocab_file)
    filenames = []
    for file_pattern in input_files.split(","):
        filenames.extend(tf.gfile.Glob(file_pattern))
    tf.logging.info("Running caption generation on %d files matching %s",
                    len(filenames), input_files)
    with tf.Session(graph=g) as sess:
        #從存檔點匯入模型
        restore_fn(sess)
        #準備摘要的生成，使用預設 beam search 參數，參考 caption_generator.py
```

```
檔案
generator = caption_generator.CaptionGenerator(model, vocab)
for filename in filenames:
    with tf.gfile.GFile(filename, "rb") as f:
        image = f.read()
    captions = generator.beam_search(sess, image)
    # 輸出生成的摘要
    print("Captions for image %s:" % os.path.basename(filename))
    for i, caption in enumerate(captions):
        # 忽略起始和結束標示
        sentence=[vocab.id_to_word(w) for w in caption.sentence[1:-1]]
            sa.append(sentence)
            sentence = " ".join(sentence)
            print("%d)%s(p=%f)"%(i,sentence, math.exp(caption.logprob)))
            s.append(sentence)
return (s,sa)
```

6.3.5 模型測試

本測試主要有後端介面實現、獲取圖片資料、結果展示。實現方式分別如下：一是使用 Python 的 Flask 框架架設後端的請求介面，以便呼叫模型訓練結果並向前端返回對應的結果；二是透過微信小程式呼叫攝影機和相簿以獲取數位圖片；三是將數位圖片轉化為資料，透過介面輸入到 TensorFlow 的模型中，並且獲取輸出。

1. 後端介面實現

後端生成兩個介面，/uploadee 是接收微信小程式上傳的圖片，並返回模型對該圖片列出相似度最高的 3 個描述句子陣列；/getscore 是對應小程式列出使用者輸入的句子相對於機器列出句子的 BLEU 演算法分數。在檔案 web_performence.py 中可以看到，相關程式如下：

```
# 對接小程式前端的圖片上傳介面
@app.route('/uploadee', methods=['POST'])
def uploadee_file():
    f = request.files['Image'] # 獲取上傳的圖片
    filename = secure_filename(f.filename)
    p = os.path.join(app.config['UPLOAD_FOLDER'], filename)
    # 將圖片儲存到本地 UPLOAD_FOLDER 目錄
    f.save(p)
    (s,sa) = run.runs(p) # 執行模型得到結果
    #sc = run.compute_bleu(sa , userS)
    info = {
            'image' : p,
            'sentence' : sa
        }
    print(info)
    return jsonify(info)
# 對接小程式獲取分數介面
@app.route('/getscore', methods=['GET', 'POST'])
def get_score():
    print(' 存取 getscore')
    if request.method == 'POST':
        post_data = request.get_json()
        print(post_data)
        ref = post_data.get('ref') # 獲取對照參考原文
        cand = post_data.get('cand').split() # 獲取分析候選譯文
        print(ref,cand)
        score = run.compute_bleu(ref , cand) # 計算 cand 相對於 ref 的 BLEU 分數
        return jsonify(score)
```

2. 獲取圖片資料

微信小程式當中，設計兩個按鈕分別實現相簿許可權和呼叫攝影機許可權的獲取，獲取到的圖片將顯示在按鈕下方。設計上傳按鈕，點擊觸發將圖片傳至後端介面。

（1）在 enter.wxml 中實現頁面設定，如下所示：

```
<!--pages/enter/enter.wxml-->
<view class="container">
    <view class='userbtn'>
            <button bindtap='bindViewTap'> 選擇圖型 </button>
            <button bindtap="takePhoto"> 相機拍照 </button>
            <button bindtap="upload"> 開始上傳 </button>
    </view>
    <view class='imagesize'>
        <image src='{{tempFilePaths}}' mode="widthFix"></image>
    </view>
</view>
```

按鈕對應的觸發函數分別為 bindViewTap、takePhoto、upload。image 設定 mode 為 widthFix，是在固定圖片顯示寬度後按原圖比例顯示。

（2）在 enter.wxss 中實現對元件的樣式參數設定，如下所示：

```
/*pages/enter/enter.wxss*/
/* 圖片展示樣式 */
.imagesize{
    display:flex;
    width:100%;
    height: 400rpx;
    justify-content: center;
}
.imagesize image {
    width:80%;
}
/* 按鍵樣式 */
.userbtn
{
    display:flex;
    width: 90%;
```

```
    margin-bottom: 30px;
    justify-content: center;
}
.userbtn button
{
    background-color: #70DB93;
    color: black;
    border-radius: 25rpx;
}
```

(3) 在 enter.js 中實現觸發函數，獲取許可權及上傳圖片，相關程式如下：

```
//pages/enter/enter.js
import { $init, $digest } from '../../utils/common.util'
Page({
    // 頁面的初始資料
    data: {
        tempFilePaths: '',
        //image: [],
        text:''
    },
    // 生命週期函數 -- 監聽頁面載入
    onLoad: function (options) {
        $init(this)
    },
    // 從相簿中選擇上傳
    bindViewTap: function() {
        var that = this //!!!!!!!!!"搭橋"
        // 使用 API 從本地讀取一張圖片
        wx.chooseImage({
            count: 1,
            sizeType: ['original', 'compressed'],
            sourceType: ['album', 'camera'],
```

```
                success: function (res) {
                    //var tempFilePaths = res.tempFilePaths
                    // 將讀取的圖片替換之前圖片
                    that.setData(
                        {
                            tempFilePaths: res.tempFilePaths,
                        }
                        )// 透過 that 存取
                        console.log(that.data.tempFilePaths)
                }
            })
        },
        // 相機拍照上傳
        takePhoto() {
            var that = this
            wx.chooseImage({
                count: 1, // 預設 9
                sizeType: ['original', 'compressed'],
                sourceType: ['camera'],
                success: function (res) {
                    //var tempFilePaths = res.tempFilePaths
                    that.setData(
                        {
                            tempFilePaths: res.tempFilePaths,
                        })
                    console.log("res.tempImagePath:" + that.data.tempFilePaths)
                }
            })
        },
    // 上傳照片
            upload: function () {
                var that = this
            wx.uploadFile({
                url: 'http://127.0.0.1:5000/uploadee',
```

```
                //filePath: that.data.img_arr[0],
                filePath: that.data.tempFilePaths[0],
                name: 'Image',
                //formData: adds,
                success: function (res) {
                            var da = JSON.parse(res.data);
                            console.log(da);
                that.setData({
                    text: da.sentence
                })
                console.log(that.data.tempFilePaths)
                if (res) {
                        var sentence = JSON.stringify(that.data.text);
                    wx.navigateTo({
                        url: '../show/show?tempFilePaths='+that.data.tempFil
ePaths[0]+'&text='+sentence,
                    })
                }
            }
        })
        this.setData({
            formdata: ''
        })
    }
})
```

建立兩個初始資料 tempFilePaths 和 text，分別用於儲存圖片路徑和模型生成的文字。在獲取相簿和攝影機許可權時，呼叫 wx.chooseImage() 函數，詳 情 參 見 https://developers.weixin.qq.com/miniprogram/dev/api/media/image/wx.chooseImage.html。上傳圖片資料時，呼叫官方 wx.uploadFile() 函數，其中，url 後端介面位址為 https://developers.weixin.qq.com/miniprogram/dev/api/network/upload/wx.uploadFile.html。收到後端傳回的資料，頁面跳躍

至測試結果展示頁面（即顯示頁面），同時傳遞參數 tempFilePaths 和 text 的值。

3. 測試結果展示

在頁面中展示上傳的照片，並且讓使用者輸入對圖片的英文描述，點擊「分析」按鈕後，文字會上傳至 getscore 介面並返回最後的分數，顯示模型生成的句子以及比較後的評分。

（1）在 show.wxml 中實現了對頁面設定的設計，相關程式如下：

```
<!--pages/show/show.wxml-->
<image src="{{tempFilePaths }}" mode="aspecFill" style="width: 100%; height:
450rpx"/>
<view class="text-input-area">
    <!-- 正文區域 -->
    <view class="weui-cells weui-cells_after-title">
        <view class="weui-cell">
            <view class="weui-cell__bd">
                <!-- 多行輸入框 -->
                <textarea value="{{content}}" class="weui-textarea"
placeholder="請用英文輸入對圖片內容的描述。" maxlength="300" placeholder-
style="color:#b3b3b3;font-size:20px;" style="height: 6rem" bindinput="handleCo
ntentInput"/>
                <!-- 正文輸入字數統計 -->
                <view class="weui-textarea-counter">{{contentCount}}/300
                </view>
            </view>
        </view>
    </view>
</view>
<!-- 評分及顯示 -->
<view>
    <text class="textshow">{{text_show}}</text>
```

```
    <view> 你的得分：<input class="scoreshow" value="{{score}}" style="height:
    6rem" /></view>
</view>
<button bindtap="getscore"> 開始評分 </button>
```

使用多行輸入文字標籤 textarea 元件，並透過 bindinput 處理函數計算當前輸入字數，採用 view 元件顯示在文字標籤下。

（2）在 show.wxss 中實現對元件樣式參數的設計，相關程式如下：

```
/*pages/show/show.wxss*/
/* 文字標籤樣式 */
textarea {
    width: 700rpx;
    height: 500rpx;
    margin-left: 10rpx;
    margin-right: 10rpx;
    margin-top: 10rpx;}
.textarea-bg {
    background-color: #999;
    padding: 10rpx;
    font-size: 32rpx;}
.title-bg {
    font-size: 32rpx;
    margin-left: 10rpx;
    margin-right: 10rpx;
    margin-top: 10rpx;
    color: #43c729;}
```

（3）在 show.js 中實現觸發函數、文字資料的上傳和參數傳遞，相關程式如下：

```
//pages/show/show.js
import { $init, $digest } from '../../utils/common.util'
Page({
```

```
// 頁面的初始資料
data: {
    tempFilePaths: '',
    contentCount: 0, // 正文字數
    content:'',
    text:[],
    score:'',
    text_show:' 這裡顯示輸出的敘述 '
},
// 生命週期函數 -- 監聽頁面載入
onLoad: function (options) {
        console.log(options)
        this.setData({
            tempFilePaths: options.tempFilePaths,
            text: JSON.parse(options.text)
    }),
    $init(this)
},
// 限制輸入字數
handleContentInput(e) {
    const value = e.detail.value
    this.data.content = value
    this.data.contentCount = value.length  // 計算已輸入的正文字數
    $digest(this)
},
// 獲取分數
getscore: function(){
    var that = this
        console.log(' 評價為 ' + that.data.content)
        wx.request({
            url: 'http://127.0.0.1:5000/getscore',
            data:{
                    ref: that.data.text,
                    cand: that.data.content
```

```
                },
                method:'POST',
            success: function (res) {
        console.log(res.data);
        that.setData({
            score: res.data
        })
                if (res) {
                        for(var i=0;i<that.data.text.length;i++){
                            that.data.text[i] = that.data.text[i].join(" ")
                        }
                        that.data.text = that.data.text.join('\n')
                    that.setData({
                        text_show:that.data.text
                    })
                }
            },
            fail: function(res){
                console.log(res.data);
                that.setData({
                    score: 0,
                    text_show:that.data.text
                })
            }
        })
    }
})
```

在 OnLoad() 函數中將上個頁面傳遞的值指定給當前頁面的資料。透過物件深層比較，將頁面的資料進行批次、隨選更新到視圖層 WXML 中的功能。在 getscore() 函數中呼叫了 API，wx.request()，

請求方式為 POST，微信開發文件連結為 https://developers.weixin.qq.com/miniprogram/dev/api/network/request/wx.request.html。

4. 前端完整程式

程式檔案目錄如圖 6-5 所示。

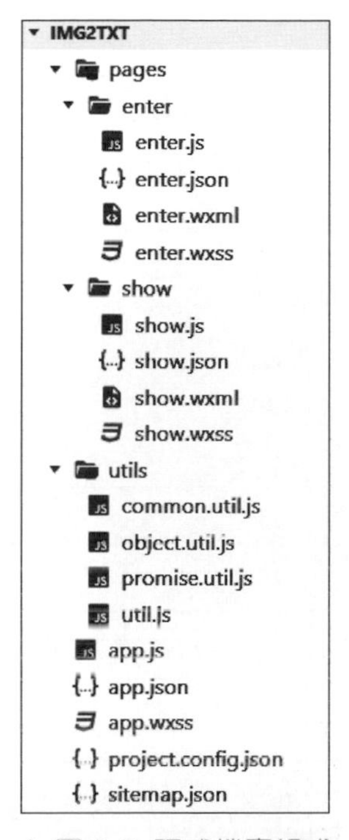

▲ 圖 6-5 程式檔案組成

1) 小程式全域設定 app.json

用於決定分頁檔的路徑、視窗表現、設定網路逾時等，相關程式如下：

```
{
    "pages": [ //展示的頁面情況
        "pages/enter/enter",
        "pages/show/show"
    ],
    "window": { //小程式表單顯示的標題、頂欄等樣式
        "backgroundTextStyle": "light",
        "navigationBarBackgroundColor": "#E9C2A6",
        "navigationBarTitleText": "ImageCaption",
```

```
        "navigationBarTextStyle": "black"
    },
    "sitemapLocation": "sitemap.json"
}
```

2) 小程式工具設定 project.config.json：

在工具上做的任何設定都會寫入此檔案中，相關程式如下：

```
{
    "description": " 專案設定檔 ",
    "packOptions": {
        "ignore": []
    },
    "setting": {
        "urlCheck": false,
        "es6": true,
        "postcss": true,
        "minified": true,
        "newFeature": true,
        "autoAudits": false,
        "checkInvalidKey": true
    },
    "compileType": "miniprogram",
    "libVersion": "2.7.1",
    "appid": "wx5892fca58ff03519",     // 微信小程式 AppID
    "projectname": "IMG2TXT",           // 微信小程式專案名稱
    "debugOptions": {
        "hidedInDevtools": []
    },
    "isGameTourist": false,
    "simulatorType": "wechat",
    "simulatorPluginLibVersion": {},
    "condition": {
        "search": {
```

```
            "current": -1,
            "list": []
        },
        "conversation": {
            "current": -1,
            "list": []
        },
        "plugin": {
            "current": -1,
            "list": []
        },
        "game": {
            "currentL": -1,
            "list": []
        },
        "gamePlugin": {
            "current": -1,
            "list": []
        },
        "miniprogram": { //包含的頁面情況
            "current": -1,
            "list": [
                {
                    "id": 0,
                    "name": "pages/show/show",
                    "pathName": "pages/show/show",
                    "query": "tempFilePaths= http://tmp/wx5892fca58ff03519.
o6zAJszRuevi8nlb8fGe….7I1gt4wbVQV4aa7661bffe46b27f3e2d6964e7af9a6e.
jpg&text=aaaaa",
                    "scene": null
                },
                {
                    "id": -1,
                    "name": "pages/enter/enter",
```

```
                    "pathName": "pages/enter/enter",
                    "query": "tempFilePaths= http://tmp/wx5892fca58ff03519.
o6zAJszRuevi8nlb8fGe….7I1gt4wbVQV4aa7661bffe46b27f3e2d6964e7af9a6e.
jpg&text=aaaaa",
                    "scene": null
                }
            ]
        }
    }
}
```

6.4 系統測試

本部分包括訓練準確率、測試效果及模型應用。

6.4.1 訓練準確率

該模類型資料集內容龐大(原始資料集的大小約為 20GB，經過前置處理後 TFRecord 類型的資料將達到 100GB)，需要在 Linux 系統下進行訓練才能兼顧效率。本文採用訓練好的模型，且模型已經儲存在原始程式碼檔案中，最終損失率大概維持在 2%，準確率在 98%，訓練輸出如圖 6-6 所示。

```
INFO:tensorflow:global step 65: loss = 5.1898 (0.34 sec/step)
INFO:tensorflow:global step 66: loss = 5.1952 (0.27 sec/step)
INFO:tensorflow:global step 67: loss = 5.3461 (0.27 sec/step)
INFO:tensorflow:global step 68: loss = 5.9272 (0.47 sec/step)
INFO:tensorflow:global step 69: loss = 5.4241 (0.33 sec/step)
INFO:tensorflow:global step 70: loss = 5.1671 (0.21 sec/step)
INFO:tensorflow:global step 71: loss = 5.7036 (0.30 sec/step)
INFO:tensorflow:global step 72: loss = 5.4312 (0.36 sec/step)
INFO:tensorflow:global step 73: loss = 5.7431 (0.27 sec/step)
```

▲ 圖 6-6 訓練輸出

6.4.2 測試效果

直接執行 run_inference.py(想要更改測試圖片可以修改參數或以參數啟動)，可以看到輸出相似度最高的三句詞數陣列，PyCharm 執行的輸出結果如圖 6-7 所示。

```
Captions for image dog.jpg:
['a', 'small', 'white', 'dog', 'sitting', 'on', 'a', 'table', '.']
  0) a small white dog sitting on a table . (p=0.000271)
['a', 'small', 'white', 'dog', 'sitting', 'on', 'a', 'chair', '.']
  1) a small white dog sitting on a chair . (p=0.000200)
['a', 'small', 'white', 'dog', 'sitting', 'on', 'a', 'table']
  2) a small white dog sitting on a table (p=0.000134)
```

▲ 圖 6-7 執行輸出結果

6.4.3 模型應用

本部分包括程式執行、應用使用說明和測試結果。

1. 程式執行

本專案使用網站前後端架構實現模型的應用。因此，前後端要分開執行，此外，測試均在本地進行，與伺服器端執行過程相同。

後端使用 Python 的 Flask 框架實現各種介面，確保安裝程式執行要求的函數庫後，直接執行 web_performance.py 檔案，如圖 6-8 所示，表明後端介面已經執行在本地通訊埠 5000。

```
* Debugger is active!
* Debugger PIN: 984-994-515
* Running on http://127.0.0.1:5000/ (Press CTRL+C to quit)
```

▲ 圖 6-8 執行後端輸出結果

前端透過微信開發者工具進行小程式的偵錯測試工作，使用測試 AppID 匯入解壓後的微信小程式碼，最後編譯執行，如圖 6-9 所示。

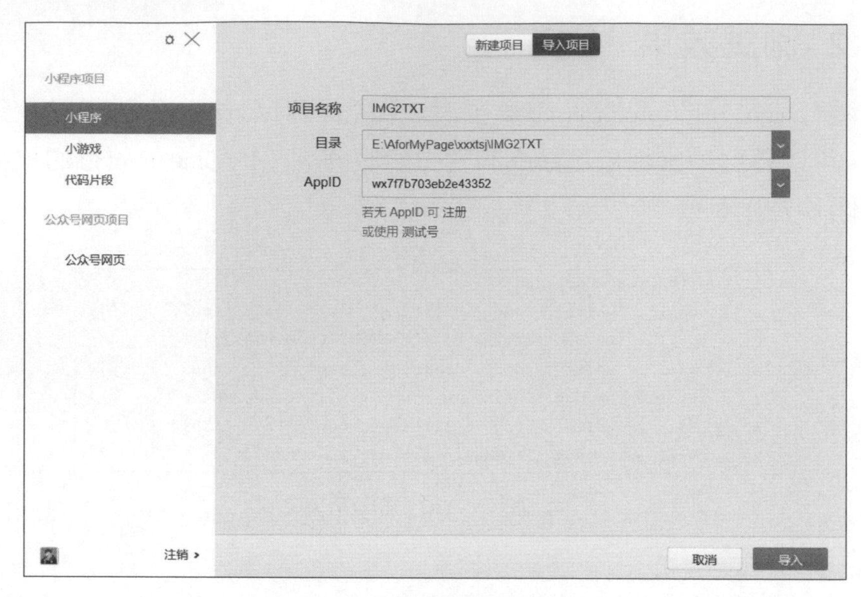

▲ 圖 6-9 微信開發者工具匯入

2. 應用使用說明

微信小程式介面如圖 6-10 所示。

▲ 圖 6-10 微信小程式介面

在首頁透過一張圖片和三個按鈕進行選擇，點擊「選擇圖型」按鈕後透過選取本地圖片上傳得到結果；而「相機拍照」則是呼叫手機攝影機獲得圖片展現在圖片欄中；點擊「開始上傳」按鈕，當選擇的圖片不為空時，圖片資料會上傳至後端介面，並跳躍至結果展示頁面，如圖 6-11 所示。

▲ 圖 6-11 微信小程式提交圖片後的結果展示頁面

進入到展示頁面當中，使用者輸入自己的描述，即可得到對圖片的英文描述和機器列出的英文描述比較 BLEU 得分。

3. 測試結果

行動端測試結果如圖 6-12 所示。

▲ 圖 6-12 行動端測試結果

PROJECT 7

智慧聊天機器人

本專案以微博公開為基礎的資料進行提取，透過注意力機制的 Seq2Seq 機器學習模型訓練，使用 GloVe 建構詞向量，實現智慧聊天機器人。

7.1 整體設計

本部分包括系統整體結構圖和系統流程圖。

7.1.1 系統整體結構圖

系統整體結構如圖 7-1 所示。

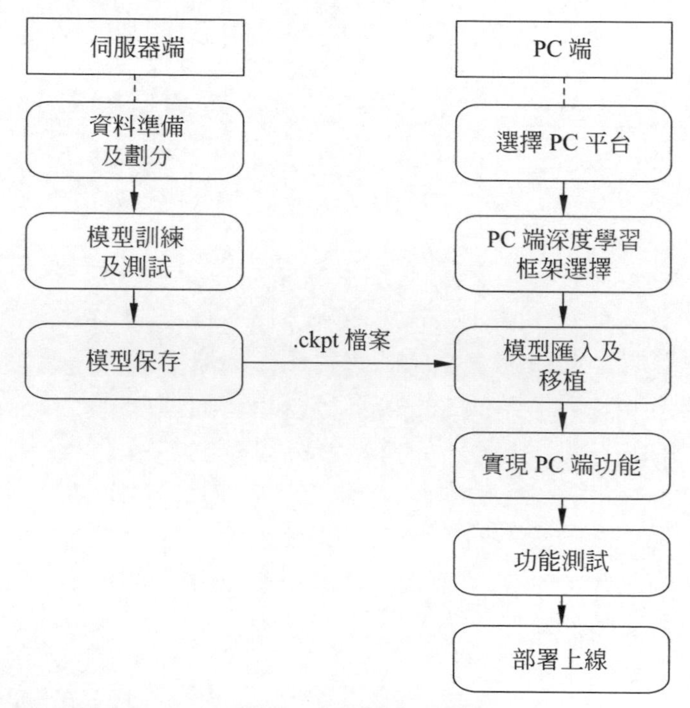

▲ 圖 7-1 系統整體結構圖

7.1.2 系統流程圖

系統流程如圖 7-2 所示。

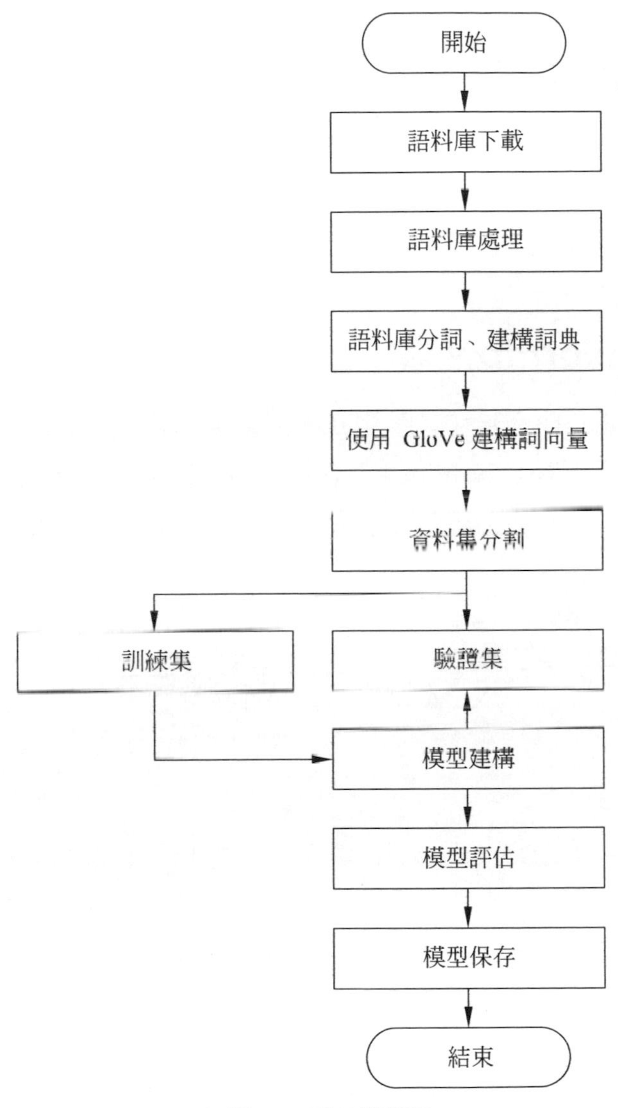

▲ 圖 7-2 系統流程圖

7.2 執行環境

本部分包括 Python 環境和 TensorFlow 環境。

7.2.1 Python 環境

Python 3.7 需要在 Windows 環境下載 Anaconda 完成 Python 所需的設定，下載網址為 https://www.anaconda.com/(註：必須選擇 64 位元，TensorFlow 不支持 32 位元)。

7.2.2 TensorFlow 環境

要求設定 Nvidia 顯示卡且支援 CUDA，查看自己的顯示卡是否符合，如圖 7-3 所示，下載網址為 https://developer.nvidia.com/cuda-gpus。

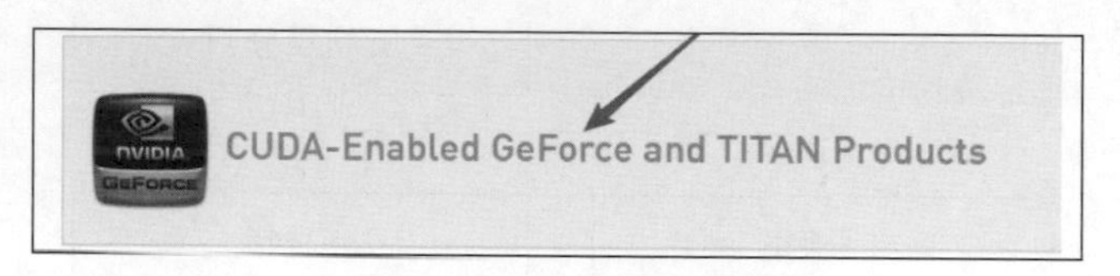

▲ 圖 7-3 顯示卡要求圖

1. CUDA 安裝

CUDA 必須為 CUDA 10.1，下載連結為 https://developer.nvidia.com/cuda-toolkit-archive，下載後進行預設路徑安裝，安裝的過程選擇自訂。如果電腦本身有 Visual Studio Integration，將安裝列表中的 Visual Studio Integration 取消選取，點擊 Driver comonents，Display Driver，前面顯示 CUDA 本身包含的驅動版本是 411.31，如果目前安裝的驅動比附帶的版本編號更高，則取消選取，否則會安裝失敗。環境變數設定如下：

① C:\Program Files\NVIDIA GPU Computing Toolkit\CUDA\v10.1；
② C:\Program Files\NVIDIA GPU Computing Toolkit\CUDA\v10.1\lib\x64；
③ C:\Program Files\NVIDIA GPU Computing Toolkit\CUDA\v10.1\bin；
④ C:\Program Files\NVIDIA GPU Computing Toolkit\CUDA\v10.1\libnvvp。

測試 CUDA 是否安裝成功，開啟 cmd 輸入命令：

```
nvcc -V
```

若輸出 CUDA 10.1 則安裝成功。

2. cuDNN 安裝

cuDNN 下載的版本必須轉換 CUDA 10.1。下載連結為 https://developer.nvidia.com/cudnn，下載後解壓，將 cuDNN 壓縮檔裡面的 bin、clude 和 lib 檔案直接複製到 CUDA 的安裝目錄下，覆蓋安裝即可。

3. TensorFlow 2.1 安裝

在開始選單中開啟 Anaconda Prompt，在命令列輸入 conda create-n tf2.1 python=3.7 以建立虛擬環境。

啟動建立的虛擬環境，使用 conda activate tf 2.1，在命令列輸入命令：

```
pip install tensorflow-gpu
```

這樣會預設下載最新版本，等待安裝完成即可。在虛擬環境下使用 pip，安裝各種需要的套件，至此，TensorFlow 2.1 安裝完成。

7.3 模組實現

本專案包括 3 個模組：資料前置處理、模型建構和模型測試。下面分別列出各模組的功能介紹及相關程式。

7.3.1 資料前置處理

本部分包括語料庫的獲取與處理、中文分詞、建構詞典和建立資料集。

1. 語料庫的獲取與處理

語料庫獲取方式為百度網路硬碟，連結以下 https://pan.baidu.com/s/13k5n-Wl18gOJlpnWCa4X_A，提取碼為 h293。資料集使用微博語料庫處理後的檔案，包含 440 萬筆微博對話，載入語料庫，透過 TensorFlow API 實現，相關程式如下：

```
def load_data(self):
    if not os.path.exists(self.args.sr_word_id_path) or not os.path.
exists(self.args.train_samples_path):
        #讀取檔案
        print("開始讀取資料")
        self.conversations = pd.read_csv(self.args.conv_path,
                                                    nrows =10000,
                                                    names=["first_conv",
"second_conv"],
                                                    sep='\t', header=None)
        self.conversations.first_conv =
self.conversations.first_conv.apply(lambda conv : self.word_tokenizer(conv))
        self.conversations.second_conv =
self.conversations.second_conv.apply(lambda conv : self.word_tokenizer(conv))
        print("資料讀取完畢")
```

2. 中文分詞

本專案採用 jieba 進行分詞，相關程式如下：

```
def word_tokenizer(self, sentence):
    #jieba 分詞
    rerule = '【.+】|#.+#|(.+)|「.+」|[^\u4e00-\u9fa5|，|。|!|？|……]'
    # 刪除語料庫中的英文字母
    sentence = re.sub(rerule, "", sentence)
    words = pseg.cut(sentence, use_paddle=True)
    result = []
    for word, flag in words:
        result.append(word)
    return result
```

3. 建構詞典

不論是 GloVe 模型建構詞向量，還是帶有注意力機制的 Seq2Seq 模型訓練聊天機器人，輸入資料集都必須是數字類型而非字元類型，故需要建構詞典建立詞與數字之間的對應關係，相關程式如下：

```
def build_word_dict(self):
    if not os.path.exists(self.args.sr_word_id_path):
        # 得到 word2id 和 id2word 兩個詞典
        print(" 開始建構詞典 ")
        words = pd.concat([self.conversations.first_conv,
                           self.conversations.second_conv],
                           ignore_index=True)
        words = words.values
        words = list(chain(*words))
        sr_words_count = pd.Series(words).value_counts()
        # 篩選出現次數大於 1 的詞作為詞典
        sr_words_size = np.where(sr_words_count.values > self.args.vacab_
filter)[0].size
        sr_words_index = sr_words_count.index[0:sr_words_size]
```

```
        self.sr_word2id = pd.Series(range(self.numToken, self.numToken + sr_
words_size), index=sr_words_index)#word 到 ID
        self.sr_id2word = pd.Series(sr_words_index, index=range(self.
numToken, self.numToken + sr_words_size))#ID 到 word
        self.sr_word2id[self.padToken] = 0
        self.sr_word2id[self.goToken] = 1
        self.sr_word2id[self.eosToken] = 2
        self.sr_word2id[self.unknownToken] = 3
        self.sr_id2word[0] = self.padToken
        self.sr_id2word[1] = self.goToken
        self.sr_id2word[2] = self.eosToken
        self.sr_id2word[3] = self.unknownToken
        print(" 詞典建構完畢 ")
    with open(os.path.join(self.args.sr_word_id_path),'wb')as handle:
            data = {
                'word2id': self.sr_word2id,
                'id2word': self.sr_id2word,
            }
            pickle.dump(data, handle, -1)
    else:
        print(" 從 {} 載入詞典 ".format(self.args.sr_word_id_path))
        with open(self.args.sr_word_id_path, 'rb') as handle:
            data = pickle.load(handle)
            self.sr_word2id = data['word2id']
            self.sr_id2word = data['id2word']
```

4. 建立資料集

透過字典將語料庫中的每句話映射成一個串列，並根據一定規則篩選出適合作為資料集的資料，相關程式如下：

```
def replace_word_with_id(self, conv):
    conv = list(map(self.get_word_id, conv))  #建構列表
    #temp = list(map(self.get_id_word, conv))
    return conv
```

```
def get_word_id(self, word):     # 根據 word 獲取 ID
    if word in self.sr_word2id:
        return self.sr_word2id[word]
    else:
        return self.sr_word2id[self.unknownToken]
def get_id_word(self, id):     # 根據 ID 獲取 word
    if id in self.sr_id2word:
        return self.sr_id2word[id]
    else:
        return self.unknownToken
def filter_conversations(self, first_conv, second_conv):
# 篩選樣本，將 encoder_input 或 decoder_input 大於 max_length 的階段過濾
    # 將 target 中包含有 UNK 的階段過濾
    valid = True
    valid &= len(first_conv) <= self.args.maxLength
    valid &= len(second_conv) <= self.args.maxLength
    valid &=second_conv.count(self.sr_word2id[self.unknownToken])== 0
    return valid
def generate_conversations(self):
    if not os.path.exists(self.args.train_samples_path):
        # 將 word 替換為 ID
        #self.replace_word_with_id()
        print(" 開始生成訓練樣本 ")
        # 將 ID 與 line 作為字典，方便生成訓練樣本
        for line_id in
tqdm(range(len(self.conversations.first_conv.values)-1), ncols=10):
            first_conv = self.conversations.first_conv[line_id]
            second_conv = self.conversations.second_conv[line_id]
            first_conv = self.replace_word_with_id(first_conv)
            second_conv = self.replace_word_with_id(second_conv)
            valid = self.filter_conversations(first_conv, second_conv)
            if valid :
                temp = [first_conv, second_conv]
                self.train_samples.append(temp)
```

```
        print(" 生成訓練樣本結束 ")
        with open(self.args.train_samples_path, 'wb') as handle:
            data = {
                'train_samples': self.train_samples  # 獲取訓練樣本
            }
            pickle.dump(data, handle, -1)
    else:
        with open(self.args.train_samples_path, 'rb') as handle:
            data = pickle.load(handle)
            self.train_samples = data['train_samples']
        print(" 從 {} 匯入訓練樣本 ".format(self.args.train_samples_path))
        def sen2enco(self, sentence):
    sentence = self.word_tokenizer(sentence)
    enco = [1] + self.replace_word_with_id(sentence) + [2]
return enco
```

7.3.2 模型建構

本部分包括 GloVe 模型和 Seq2Seq 模型。

1. GloVe 模型

將資料集進行前置處理後，定義 GloVe 模型結構、最佳化損失函數，並儲存模型。

1) 前置處理

```
# 讀取語料庫，拼接問答
args = Args()
textData = TextData(args)
inp = np.array(textData.train_samples)[:,0]
targ = np.array(textData.train_samples)[:,1]
dataset = np.concatenate((inp,targ),axis=0)
num_tokens = sum([len(st) for st in dataset])
# 扁平化 list，統計分詞頻數
df=[x for tup in dataset for x in tup]
```

```
counter = Counter(df)
# 二次取樣隨機捨棄
def discard(idx):
    return random.uniform(0, 1) < 1 - math.sqrt(
        1e-4 / counter[idx] * num_tokens)
subsampled_dataset = [[tk for tk in st if not discard(tk)] for st in dataset]
# 隨機視窗滑動產生中心詞和背景詞
def get_centers_and_contexts(dataset, max_window_size):
    centers, contexts, n_contexts = [], [], []
    for st in dataset:
        if len(st) < 2: # 每個句子至少要有 2 個詞才可能組成一對 " 中心詞 - 背景詞 "
            continue
        centers += st
        for center_i in range(len(st)):
            window_size = random.randint(1, max_window_size)
            indices = list(range(max(0, center_i - window_size),
                                 min(len(st), center_i + 1 + window_size)))
            contexts.append([st[idx] for idx in indices])
            indices.remove(center_i)  # 將中心詞排除在背景詞之外
            n_contexts.append([st[idx] for idx in indices])
    #contexts 沒有排除中心詞是為了在共現矩陣計算距離，n_contexts 用於訓練
    return centers, contexts, n_contexts
    all_centers, all_contexts, contexts = get_centers_and_contexts(subsampled_
dataset, 5)
# 初始化共現矩陣
vocab_size = len(textData.sr_word2id)
cooccurrence = np.zeros([vocab_size,vocab_size], dtype="float32")
for i in range(0,len(all_centers)):
    # 中心詞第一次出現在句中的位置
    aim = all_contexts[i].index(all_centers[i])
    for j in range(0,len(all_contexts[i])):
        if j != aim:
            x = all_centers[i]
            y = all_contexts[i][j]
```

```
                # 用背景詞和中心詞距離的倒數代替頻數
                cooccurrence[x][y] += 1/abs(j-aim)
# 統一 contexts 列表大小，不足時尾端補零
contexts = keras.preprocessing.sequence.pad_sequences(contexts,
padding='post')
# 將 all_centers 轉化為張量，並調大小
centers = tf.convert_to_tensor(all_centers)
centers = tf.reshape(centers,[-1,1])
# 根據共現矩陣，建構標籤
labels = np.zeros([centers.shape[0],contexts.shape[1]],dtype="float32")
for i in range(0, centers.shape[0]):
        center = centers[i]
        context = contexts[i]
        for j in range(0,context.shape[0]):
            labels[i][j] = cooccurrence[int(context[j])][int(center)]
labels = tf.convert_to_tensor(labels)
# 訓練大小和詞向量維度
BATCH_SIZE = 1024
units = 64
    dataset = tf.data.Dataset.from_tensor_slices((centers,contexts,labels))
dataset = dataset.batch(BATCH_SIZE, drop_remainder=True)
```

2) 定義 GloVe 模型結構

```
class Glove(keras.Model):
    def __init__(self, vocab_size, embedding_dim):
        super(Glove, self).__init__()
        #Embedding( 嵌入層 ) 將正整數 ( 索引 ) 轉為具有固定大小的向量，此處 vocab_
size 為詞大小，embedding_dim 為全連接嵌入的維度，ev 為該詞作為中心詞的向量表示
        self.ev = keras.layers.Embedding(vocab_size, embedding_dim)
        #eu 為該詞作為背景詞時的向量表示
        self.eu = keras.layers.Embedding(vocab_size, embedding_dim)
        # 中心詞向量偏置
        self.b = keras.layers.Embedding(vocab_size, 1)
        # 背景詞向量偏置
```

```
        self.c = keras.layers.Embedding(vocab_size, 1)
    def call(self, centers, contexts):
        # 將 self.ev(centers) 進行轉置，並且以 [0,2,1] 重新排列，為下面的矩陣相
乘做準備
        v = tf.transpose(self.ev(centers),[0,2,1])
        u = self.eu(contexts)
        res = u@v
        bb = self.b(centers)
        bc = self.c(contexts)
        res = res + bb + bc
        return res
    # 返回最終的詞向量權重
    def get_uaddv_weights(self):
        self.ev(tf.zeros(0,dtype="int32"))
        self.eu(tf.zeros(0,dtype="int32"))
        return [self.ev.weights[0]+self.eu.weights[0]]
```

3) 最佳化損失函數

Glove 損失函數如下：

$$J=\sum_{i,j=1}^{n} f(x_{ij})(w_i^T\tilde{w}_j+b_i+\tilde{b}_j-\log(X_{ij}))^2$$

在一個語料庫中，存在很多單字，這些單字的權重比那些很少在一起出現的單字要大，所以這個函數應該是非遞減函數；但也不希望權重過大，當到達一定程度之後應該不再增加；如果兩個單字沒有一起出現，那麼應該不參與到損失函數的計算當中，也就是 f(x) 要滿足 f(0)=0。

```
class Glove(keras.Model):
    def __init__(self, vocab_size, embedding_dim):
        super(Glove, self).__init__()
        """
        Embedding( 嵌入層 ) 將正整數 ( 索引 ) 轉為具有固定大小的向量，
        vocab_size 為詞大小，embedding_dim 為全連接嵌入的維度
```

```
        ev 為該詞作為中心詞的向量表示
        """
        self.ev = keras.layers.Embedding(vocab_size, embedding_dim)
        #eu 為該詞作為背景詞時的向量表示
        self.eu = keras.layers.Embedding(vocab_size, embedding_dim)
        # 中心詞向量偏置
        self.b = keras.layers.Embedding(vocab_size, 1)
        # 背景詞向量偏置
        self.c = keras.layers.Embedding(vocab_size, 1)
    def call(self, centers, contexts):
        # 將 self.ev(centers) 進行轉置，並且以 [0,2,1] 重新排列輸出維度，為矩陣
相乘做準備
        v = tf.transpose(self.ev(centers),[0,2,1])
        u = self.eu(contexts)
        res = u@v
        bb = self.b(centers)
        bc = self.c(contexts)
        res = res + bb + bc
        return res
    # 返回最終的詞向量權重
    def get_uaddv_weights(self):
        self.ev(tf.zeros(0,dtype="int32"))
        self.eu(tf.zeros(0,dtype="int32"))
        return [self.ev.weights[0]+self.eu.weights[0]]
def loss_function(res, labels):
    labels = tf.reshape(lables,[res.shape[0],res.shape[1],1])
    # 權重函數 c 取 100
    h = tf.math.pow(labels/100,0.75)
    h = tf.clip_by_value(h,0,1)
    res -= tf.math.log1p(labels)
    res = tf.math.pow(res,2)
    res *= h
    loss_ = tf.reduce_mean(res)
    return loss_
```

Adam 是常用的梯度下降方法，使用它來最佳化模型參數。

4) 模型訓練及儲存

本部分實現 GloVe 模型的訓練及儲存。

```
@tf.function
def train_step(centers, contexts, lables):
    loss = 0
    #GradientTape 是 eager 模式下計算梯度
    with tf.GradientTape() as tape:
        res = glove(centers, contexts)
        loss += loss_function(res,lables)
    # 批損失
    batch_loss = float(loss)
    variables = glove.trainable_variables
    gradients = tape.gradient(loss, variables)
    # 更新 gradients, variables 的梯度，同時不在裡面的變數梯度不變
    optimizer.apply_gradients(zip(gradients, variables))
    return batch_loss
# 訓練輪數
EPOCHS = 20
for epoch in range(EPOCHS):
    start = time.time()
    total_loss = 0
    for (batch, (centers, contexts, labels)) in enumerate(dataset):
        batch_loss = train_step(centers, contexts, labels)
        total_loss += batch_loss
            if batch % 100 == 0:
            print('Epoch {} Batch {} Loss {:.8f}'.format(epoch + 1,
                                                        batch,
                                                        batch_loss.numpy()))
            print('Epoch {} Loss {:.8f}'.format(epoch + 1,
                                                        total_loss / batch))
    print('Time taken for 1 epoch {} sec\n'.format(time.time() - start))
```

```
#模型權重儲存
checkpoint = tf.train.Checkpoint(glove=glove)
checkpoint.save('./save_model/glove/glove.ckpt')
```

2. Seq2Seq 模型

本部分包括定義模型結構、最佳化損失函數、模型訓練及儲存。

1) 定義模型結構

相關程式如下。

```
class Encoder(keras.Model):
    def __init__(self, vocab_size, embedding_dim, enc_units, batch_sz):
        super(Encoder, self).__init__()
        self.batch_sz = batch_sz
        self.enc_units = enc_units
        self.embedding = tf.keras.layers.Embedding(vocab_size, embedding_dim)
        self.gru = tf.keras.layers.GRU(self.enc_units,
                                       return_sequences=True,
                                       return_state=True,
                                       recurrent_initializer='glorot_uniform')
        def call(self, x, hidden):
        x = self.embedding(x)
        output, state = self.gru(x, initial_state = hidden)
        return output, state
        def initialize_hidden_state(self):
        return tf.zeros((self.batch_sz, self.enc_units))
class BahdanauAttention(keras.layers.Layer):
    def __init__(self, units):
        super(BahdanauAttention, self).__init__()
        self.W1 = tf.keras.layers.Dense(units)
        self.W2 = tf.keras.layers.Dense(units)
        self.V = tf.keras.layers.Dense(1)
        def call(self, query, values):
        #隱藏層的形狀 == (批大小，隱藏層大小)
```

```
        #hidden_with_time_axis 的形狀 == （批大小，1，隱藏層大小）
        # 這樣做是為了執行加法以計算分數
        hidden_with_time_axis = tf.expand_dims(query, 1)
        # 分數的形狀 == （批大小，最大長度，1)
        # 在最後一個軸上得到 1，因為把分數應用於 self.V
        # 在應用 self.V 之前，張量的形狀是（批大小，最大長度，單位）
        score = self.V(tf.nn.tanh(
            self.W1(values) + self.W2(hidden_with_time_axis)))
            # 注意力權重 (attention_weights) 的形狀 == （批大小，最大長度，1)
        attention_weights = tf.nn.softmax(score, axis=1)
            # 上下文向量 (context_vector) 求和之後的形狀 == （批大小，隱藏層大小）
        context_vector = attention_weights * values
        context_vector = tf.reduce_sum(context_vector, axis=1)
            return context_vector, attention_weights
class Decoder(keras.Model):  # 解碼
    def __init__(self, vocab_size, embedding_dim, dec_units, batch_sz):
        super(Decoder, self).__init__()
        self.batch_sz = batch_sz
        self.dec_units = dec_units
        self.embedding = tf.keras.layers.Embedding(vocab_size, embedding_dim)
        self.gru = tf.keras.layers.GRU(self.dec_units,
                                       return_sequences=True,
                                       return_state=True,
                                       recurrent_initializer='glorot_uniform')
        self.fc = tf.keras.layers.Dense(vocab_size)
        # 用於注意力
        self.attention = BahdanauAttention(self.dec_units)
        def call(self, x, hidden, enc_output):
        # 編碼器輸出 (enc_output) 的形狀 =( 批大小，最大長度，隱藏層大小）
        context_vector, attention_weights = self.attention(hidden, enc_output)
        #x 在透過嵌入層後的形狀 ==( 批大小，1，嵌入維度）
        x = self.embedding(x)
        #x 在拼接 (concatenation) 後的形狀 =( 批大小，1，嵌入維度 + 隱藏層大小）
        x = tf.concat([tf.expand_dims(context_vector, 1), x], axis=-1)
```

```
        # 將合併後的向量傳送到 GRU
        output, state = self.gru(x)
        # 輸出的形狀 =( 批大小 * 1，隱藏層大小 )
        output = tf.reshape(output, (-1, output.shape[2]))
        # 輸出的形狀 =( 批大小，vocab)
        x = self.fc(output)
        return x, state, attention_weights
```

2) 最佳化損失函數

確定模型架構之後進行編譯，這是多類別的分類問題，因此，使用交叉熵作為損失函數。由於所有的標籤都帶有相似的權重，經常使用精確度作為性能指標。Adam 是常用的梯度下降方法，使用它來最佳化模型參數。

3) 模型訓練及儲存

本部分實現 Seq2Seq 模型的訓練及儲存。

```
@tf.function
def train_step(inp, targ, enc_hidden): # 訓練步進值
    loss = 0
        with tf.GradientTape() as tape:
        enc_output, enc_hidden = encoder(inp, enc_hidden)
        dec_hidden = enc_hidden
        dec_input = tf.expand_dims([1] * BATCH_SIZE, 1)
        # 將目標詞作為下一個輸入
        for t in range(1, targ.shape[1]):
        # 將編碼器輸出傳送至解碼器
        predictions, dec_hidden, _ = decoder(dec_input, dec_hidden, enc_output)
        loss += loss_function(targ[:, t], predictions)
        dec_input = tf.expand_dims(targ[:, t], 1)
        batch_loss = (loss / int(targ.shape[1]))
        variables = encoder.trainable_variables + decoder.trainable_variables
    gradients = tape.gradient(loss, variables)
```

```
    optimizer.apply_gradients(zip(gradients, variables))
        return batch_loss
# 載入 glove 詞向量作為編碼和解碼嵌入層預訓練
glove = Glove(vocab_size, embedding_dim)
checkpoint = tf.train.Checkpoint(glove=glove)
checkpoint.restore(tf.train.latest_checkpoint("./save_model/glove"))
embedding_weights = glove.get_uaddv_weights()
encoder.embedding(tf.zeros(0,dtype="int32"))
decoder.embedding(tf.zeros(0,dtype="int32"))
encoder.embedding.set_weights(embedding_weights)
decoder.embedding.set_weights(embedding_weights)
optimizer = tf.keras.optimizers.Adam()
loss_object = tf.keras.losses.SparseCategoricalCrossentropy(
    from_logits=True, reduction='none')
# 儲存模型
checkpoint = tf.train.Checkpoint(optimizer=optimizer,
                                 encoder=encoder,
                                 decoder=decoder)
EPOCHS = 100
for epoch in range(EPOCHS):  # 按照輪次
    start = time.time()
        enc_hidden = encoder.initialize_hidden_state()
    total_loss = 0
        for (batch, (inp, targ)) in enumerate(dataset):
        batch_loss = train_step(inp, targ, enc_hidden)
        total_loss += batch_loss   # 計算損失
            if batch % 100 == 0:
        print('Epoch {} Batch {} Loss {:.4f}'.format(epoch + 1,
                                                     batch,
                                                     batch_loss.numpy()))
    print('Epoch {} Loss {:.4f}'.format(epoch + 1,
                                                     total_loss / batch))
print('Time taken for 1 epoch {} sec\n'.format(time.time() - start))
checkpoint.save('./save_model/seq2seq/seq2seq.ckpt')
```

7.3.3 模型測試

具體應用 Python 的 GUI 工具實現 wxPython，在圖形介面的對話方塊輸入聊天內容，經過序列化，呼叫 TensorFlow 模型，獲取對話輸出，最終顯示在圖形介面。主要包括 GUI 設定、模型匯入及呼叫。

1. GUI 設定

```
#控制項事件
self.tc2.Bind(wx.EVT_TEXT_ENTER, self.EVT_TEXT_ENTER)
```

其中，wx.StaticText() 設定的標籤內容、位置大小、排列靠左；wx.TextCtrl() 設定對話方塊位置、大小、顯示僅讀取、排列靠左；self.tc2.Bind() 綁定對話方塊輸入確認時觸發事件。

2. 模型匯入及呼叫

將模型測試程式寫入 test.py，使用 checkpoint 載入 Seq2Seq 模型，定義封裝的評估函數。函數功能包括序列化字串類型輸入，呼叫模型，返回反序列化的字串。在 GUI 檔案中實現呼叫。

7.4 系統測試

本部分包括訓練損失、測試效果及模型應用。

7.4.1 訓練損失

本部分包括 Glove 詞向量訓練損失和 Seq2Seq 訓練損失。

1. Glove 詞向量訓練損失

橫軸表示步驟數，縱軸表示損失，詞向量維度為 64，如圖 7-4 所示，詞向量維度為 256 時如圖 7-5 所示。

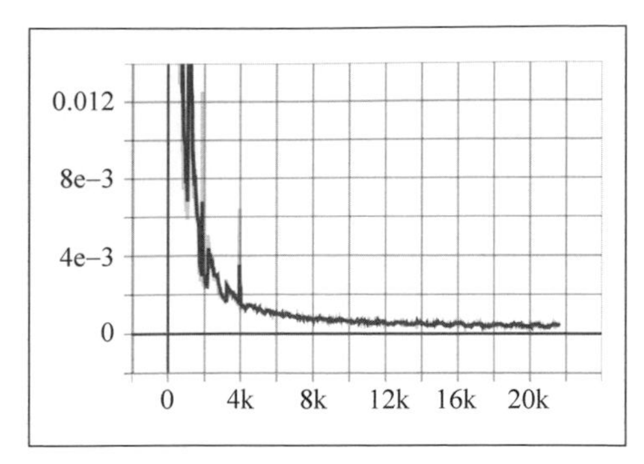

▲ 圖 7-4 橫軸步驟數，縱軸損失維度 64 示意圖

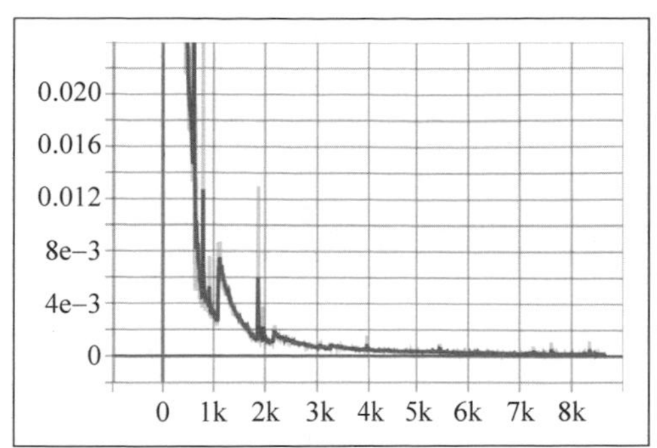

▲ 圖 7-5 橫軸步驟數，縱軸損失維度 256 示意圖

2. Seq2Seq 訓練損失

橫軸表示訓練輪數，縱軸表示損失，詞向量維度為 64 時如圖 7-6 所示，詞向量維度為 256 時如圖 7-7 所示。

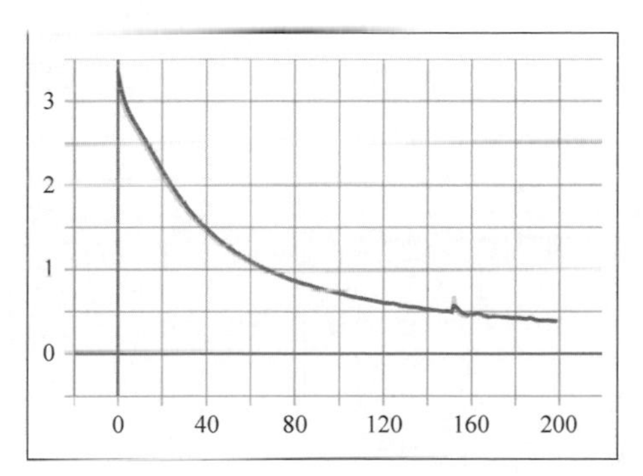

▲ 圖 7-6 橫軸輪數，縱軸損失維度 64 示意圖

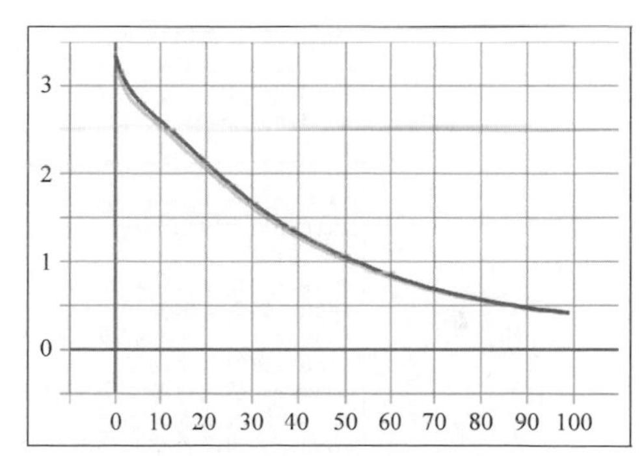

▲ 圖 7-7 橫軸輪數，縱軸損失維度 256 示意圖

7.4.2 測試效果

手動輸入對話命令列測試，詞向量維度 64，訓練 100 輪次，如圖 7-8 所示；詞向量維度 64，訓練 200 輪次，如圖 7-9 所示；詞向量維度 256，訓練 100 輪次，如圖 7-10 所示。

```
input:你是谁
Building prefix dict from the default dictionary .
Dumping model to file cache /tmp/jieba.cache
Loading model cost 0.743 seconds.
Prefix dict has been built successfully.
2020-04-13 17:23:52.519391: I tensorflow/stream_ex
.so.7
2020-04-13 17:23:54.982916: I tensorflow/stream_ex
s.so.10
转发的，这老婆是谁？
input:你喜欢什么
哟，快来一系列的电影
input:我帅吗
我想要个什么？！我也很给力的
input:我很厉害
好恐怖。高手在一起
input:我会讲冷笑话
我卄。我卄，最后的手不要动。

我想知道为什么是为了掩盖改革。
input:我喜欢你
最近爱你，我喜欢你
input:你喜欢熊猫吗
喜欢喜欢，但我也想要！
```

▲ 圖 7-8 詞向量維度 64，訓練 100 輪次示意圖

```
input:你好聪明
Building prefix dict from the default dictionary ...
Loading model from cache /tmp/jieba.cache
Loading model cost 0.707 seconds.
Prefix dict has been built successfully.
2020-04-15 14:21:56.941233: I tensorflow/stream_execu
.so.7
2020-04-15 14:21:58.788193: I tensorflow/stream_execu
s.so.10
answer: 你好工作，楼下一个人！
input:你喜欢熊猫吗
answer: 好看是！有很多抵抗力
input:你的名字是
answer: 聊天包装中中中中中笑点
input:梅西是我兄弟
answer: 叫高警察和男篮的身体啊
input:名
answer: 街道未免也太残忍了。
input:明天会下雨吗
answer: 加油啊，大美人活那么你
input:我好累
answer: 搞得真好！求真相
input:我会讲冷笑话
answer: 怎么知道这个赛季好几天啊
input:今天天气很好
answer: 你们又是怎样的，参加着歌呢？
input:你喜欢唱歌吗
answer: 呵呵，我不喜欢这部电影么？
input:你喜欢看电影吗
answer: 你看恐怖片待我的脸，我是我的漫画都杯具了
input:我喜欢海贼王
answer: 喜欢第一件还是牛逼的生物
```

▲ 圖 7-9 詞向量維度 64，訓練 200 輪次示意圖

```
input:你是谁
answer: 应该是吧！不要打的，，，，，，，，，，，，
input:你喜欢熊猫吗
answer: 这是一个小的是一样么？
input:今天天气真好
answer: 支持一下。为嘛就很有范儿
input:你喜欢吃冰棍吗
answer: 烤地瓜吃的啊，好可爱的吗？木有木有味道啊！
input:明天会下雨吗
answer: 老师还能见到你的地方吗
```

▲ 圖 7-10 詞向量維度 256，訓練 100 輪次示意圖

7.4.3 模型應用

程式執行 python window.py，初始介面如圖 7-11 所示。

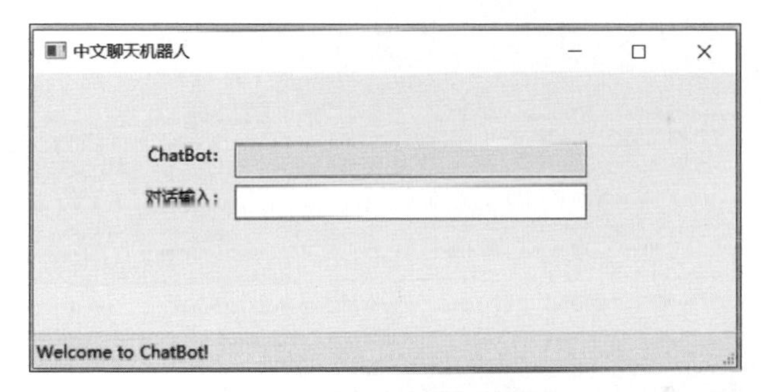

▲ 圖 7-11 初始介面

介面由 2 組標籤和文字標籤組成，ChatBot 一欄對話方塊不可輸入，對話輸入一欄選中輸入句子，按確認鍵顯示結果，如圖 7-12 所示。

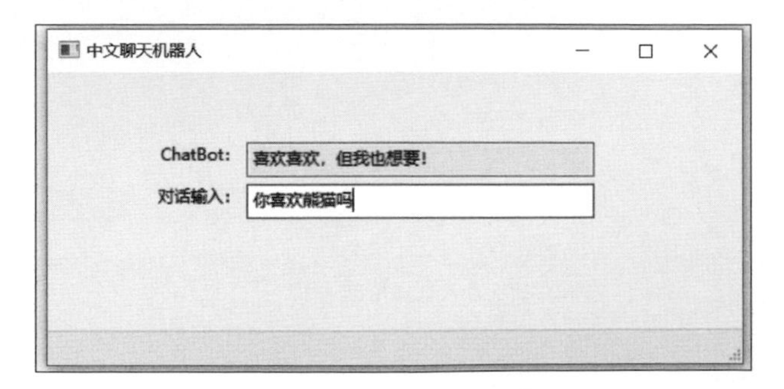

▲ 圖 7-12 顯示結果

說唱歌詞創作應用

本專案透過機器學習生成押韻且合理的中文說唱歌詞，訓練 NMT(Neural Machine Translation，神經機器翻譯)的 Seq2Seq 模型，並對預測部分進行改進，實現貼合主題的說唱歌詞。

8.1 整體設計

本部分包括系統整體結構圖、系統流程圖和前端流程圖。

8.1.1 系統整體結構圖

系統整體結構如圖 8-1 所示。

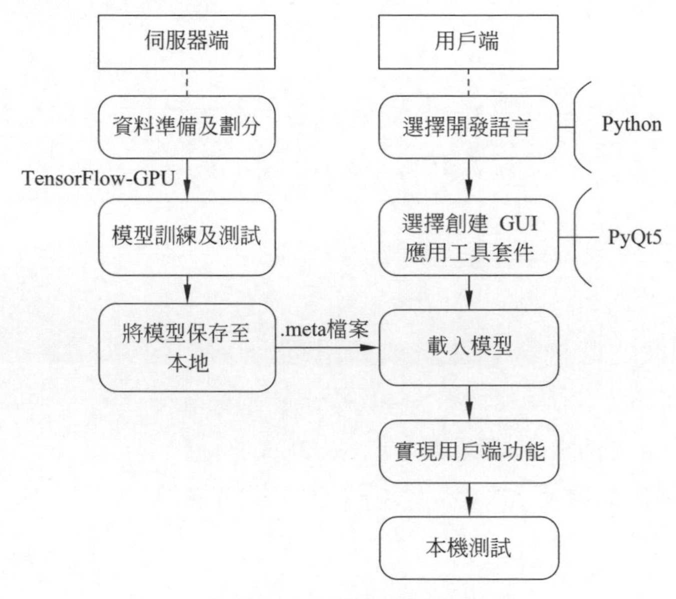

▲ 圖 8-1 系統整體結構圖

8.1.2 系統流程圖和前端流程圖

系統流程如圖 8-2 所示，前端流程如圖 8-3 所示。

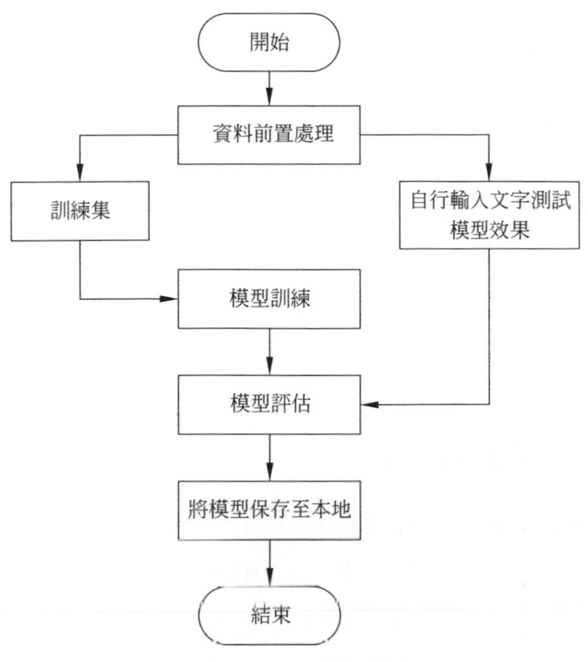

▲ 圖 8-2 系統流程圖

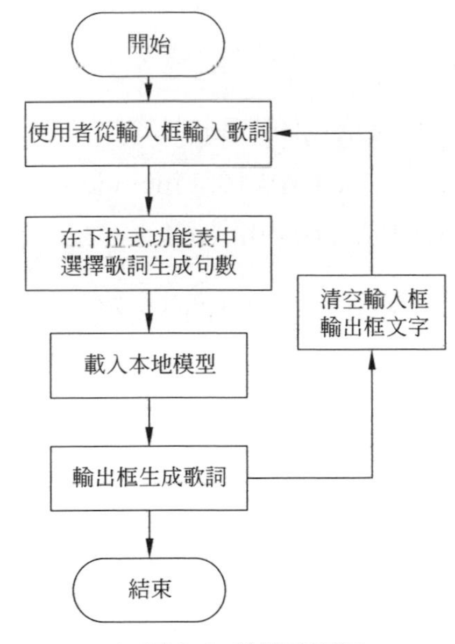

▲ 圖 8-3 前端流程圖

8.2 執行環境

本部分包括 Python 環境、TensorFlow 環境和其他環境。

8.2.1 Python 環境

需要 Python 3.6 及以上設定，在 Windows 環境下推薦下載 Anaconda 完成 Python 所需的設定，下載網址為 https://www.anaconda.com/。

8.2.2 TensorFlow 環境

模型訓練以 TensorFlow-GPU 為基礎，版本為 1.11。在安裝 TensorFlow-GPU 之前，需要確認 GPU 是否支持 CUDA，本專案所需為 CUDA 9.0 版本，下載網址為 https://developer.nvidia.com/cuda-toolkit-archive。

完成 cuDNN 的安裝，對應 CUDA 9.0 的 cuDNN 版本為 7.0，下載網址為 https://developer.nvidia.com/rdp/cuDNN-download，下載後複製、貼上 cuDNN 路徑下三個檔案到 CUDA 的對應名稱相同檔案下：

① cuDNN\cuda\bin => CUDA\v10.0\bin；

② cuDNN\cuda\include => CUDA\v10.0\include；

③ cuDNN\lib\x64 => CUDA\v10.0\lib\x64。

完成 TensorFlow-GPU 的安裝，輸入 Win+R 後，輸入 cmd 以開啟命令提示符號，輸入以下命令：

```
pip install TensorFlow-GPU==1.11
```

安裝完畢。

8.2.3 其他環境

（1）PyQt5 安裝：開啟 Windows 命令提示符號，輸入命令：

```
pip install PyQt5
pip install PyQt5-tools
```

（2）jieba 分詞庫安裝：開啟 Windows 命令提示符號，輸入命令：

```
pip install jieba
```

安裝完畢。

8.3 模組實現

本專案包括 4 個模組：資料前置處理與載入、模型建構、模型訓練及儲存、模型測試。下面分別列出各模組的功能介紹及相關程式。

8.3.1 資料前置處理與載入

資料下載連結為 https://drive.google.com/drive/folders/1QrO0JAti3A3vlZlUcmouOW7jC3K5dFZr。資料集共包含 10 萬筆說唱歌詞，使用 jieba 分詞庫進行分詞，單句長度集中在 8~10 詞。

1. 資料前置處理

在建立模型並訓練之前進行資料前置處理，包括以下 4 步。

1) 劃分訓練集、驗證集、測試集

劃分訓練集、驗證集、測試集的操作如下：

```
import pandas as pd
src_df = pd.read_csv("x.txt", header=None, names=["src"])
tgt_df = pd.read_csv("y.txt", header=None, names=["tgt"])
```

```
pair_df = pd.concat([src_df, tgt_df], axis=1)
pair_df = pair_df.sample(frac=1).reset_index(drop=True)
# 第 1 行至倒數第 200 行劃為訓練集
train_df = pair_df.iloc[:-200, :]
# 倒數第 200 行至倒數第 100 行劃為驗證集
dev_df = pair_df.iloc[-200: -100, :]
# 倒數第 100 行至最後一行劃為測試集
test_df = pair_df.iloc[-100:, :]
```

2) 建構 x-y pair，使用上一句預測下一句，分割資料集

相關程式如下：

```
# 訓練集：建構來源歌詞集 - 目標歌詞集
train_df["src"].to_csv("train.src", encoding='utf-8', header=False,
index=False)
train_df["tgt"].to_csv("train.tgt", encoding='utf-8', header=False,
index=False)
# 驗證集：建構來源歌詞集 - 目標歌詞集
dev_df["src"].to_csv("dev.src", encoding='utf-8', header=False, index=False)
dev_df["tgt"].to_csv("dev.tgt", encoding='utf-8', header=False, index=False)
# 測試集：建構來源歌詞集 - 目標歌詞集
test_df["src"].to_csv("test.src", encoding='utf-8', header=False, index=False)
test_df["tgt"].to_csv("test.tgt", encoding='utf-8', header=False, index=False)
```

3) 歌詞順序顛倒

實現押韻效果需要知道生成歌詞的結尾，即在哪個詞押韻。本專案採取將輸入模型的歌詞倒過來，這樣可確定對第一個詞押韻，生成歌詞後再將歌詞反轉，得到正常順序的歌詞。

```
# 單句歌詞順序顛倒函數
def reverse_str(s):
    s_list = s.split()
    s_list.reverse()
    return " ".join(s_list)
```

```
def reverse_data(raw_path, reverse_path):
    # 讀取檔案
    df = pd.read_csv(raw_path, header=None, encoding="utf-8", names=["raw"])
    df["reverse"] = df.raw.map(lambda x: reverse_str(x))
    # 儲存顛倒後的歌詞
    df["reverse"].to_csv(reverse_path, encoding="utf-8", header=False,
index=False)
# 執行函數
if __name__ == "__main__":
    reverse_data("v2/train.src", "v3/train.src")
    reverse_data("v2/train.tgt", "v3/train.tgt")
    reverse_data("v2/dev.src", "v3/dev.src")
    reverse_data("v2/dev.tgt", "v3/dev.tgt")
    reverse_data("v2/test.src", "v3/test.src")
    reverse_data("v2/test.tgt", "v3/test.tgt")
```

4) 建構 word2idex 字典

處理自然語言問題時，使用深度學習方法架設神經網路，需要將文字中的詞或字映射成數字 ID。本專案使用 TensorFlow 中的 Tokenizer 建構 word2idex 字典，獲得詞彙表。

```
# 函數：建構字詞表
def build_vocab(in_path, out_path, max_size=None, min_freq=1,
specials=Specials, tokenizer=None):
    # 判斷輸出路徑是否存在
    if not tf.gfile.Exists(out_path):
        print("Creating vocabulary {} from data {}".format(out_path, in_path))
        vocab = collections.Counter()
        # 讀取檔案
        with tf.gfile.GFile(in_path, mode='r') as f:
            # 逐行讀取歌詞並分詞，存入容器
            for line in f:
                tokens = tokenizer(line) if tokenizer else naive_tokenizer(line)
                vocab.update(tokens)
```

```
            # 將 collections 容器中的詞排序，並一個一個增加至列表 itos 中
            sorted_vocab = sorted(vocab.items(), key=lambda x: x[0])
            sorted_vocab.sort(key=lambda x: x[1], reverse=True)
            itos = list(specials)
            for word, freq in sorted_vocab:
                if freq < min_freq or len(itos) == max_size:
                    break
                itos.append(word)
            # 將詞彙表寫入輸出檔案
            with codecs.getwriter('utf-8')(tf.gfile.GFile(out_path,
mode='wb')) as fw:
                for word in itos:
                    fw.write(str(word) + '\n')
# 構造詞到索引的映射表
def create_vocab_tables(src_vocab_file, tgt_vocab_file, share_vocab=True):
    # 建構詞到索引的映射
    src_vocab_table = lookup_ops.index_table_from_file(
        src_vocab_file, default_value=UNK_ID)
    if share_vocab:
        tgt_vocab_table = src_vocab_table
    else:
        tgt_vocab_table = lookup_ops.index_table_from_file(
            tgt_vocab_file, default_value=UNK_ID)
    return src_vocab_table, tgt_vocab_table
```

2. 資料載入

資料前置處理完成後載入模型，為訓練做準備。首先，對資料的長度進行修正，限制來源資料及目標資料的最大長度；其次，根據已經生成的 word2idex 字典，將字元轉為數字 ID，獲得索引序列，再分別為來源序列增加尾碼 <eos>，為目標序列增加字首 <sos> 和尾碼 <eos>，用於表示資料的開始和結束。

```
# 載入訓練資料到訓練模型
if not output_buffer_size:
```

```
    output_buffer_size = batch_size * 1000
# 來源資料和目標資料，每行使用 sos 和 eos 兩個標記代表資料開始和結束，表示成 int32
類型整數
src_eos_id = tf.cast(src_vocab_table.lookup(tf.constant(eos)), tf.int32)
tgt_sos_id = tf.cast(tgt_vocab_table.lookup(tf.constant(sos)), tf.int32)
tgt_eos_id = tf.cast(tgt_vocab_table.lookup(tf.constant(eos)), tf.int32)
# 透過 zip 操作將來源資料集和目標資料集合並在一起
src_tgt_dataset = tf.data.Dataset.zip((src_dataset, tgt_dataset))
if skip_count is not None:
    src_tgt_dataset = src_tgt_dataset.skip(skip_count)
# 隨機打亂資料，切斷相鄰資料之間的關聯
src_tgt_dataset = src_tgt_dataset.shuffle(
    output_buffer_size, random_seed, reshuffle_each_iteration)
src_tgt_dataset = src_tgt_dataset.map(
    lambda src, tgt: (
        tf.string_split([src]).values, tf.string_split([tgt]).values),
    num_parallel_calls=num_parallel_calls).prefetch(output_buffer_size)
# 過濾零長度序列
src_tgt_dataset = src_tgt_dataset.filter(
    lambda src, tgt: tf.logical_and(tf.size(src) > 0, tf.size(tgt) > 0))
# 限制來源資料最大長度
if src_max_len:
    src_tgt_dataset = src_tgt_dataset.map(
        lambda src, tgt: (src[:src_max_len], tgt),        num_parallel_
calls=num_parallel_calls).prefetch(output_buffer_size)
# 限制目標資料的最大長度
if tgt_max_len:
    src_tgt_dataset = src_tgt_dataset.map(
        lambda src, tgt: (src, tgt[:tgt_max_len]),        num_parallel_
calls=num_parallel_calls).prefetch(output_buffer_size)
# 將字串轉為數字 ID
src_tgt_dataset = src_tgt_dataset.map(
    lambda src, tgt: (tf.cast(src_vocab_table.lookup(src), tf.int32),
                      tf.cast(tgt_vocab_table.lookup(tgt), tf.int32)),
```

```
    num_parallel_calls=num_parallel_calls).prefetch(output_buffer_size)
#為目標資料增加字首 <sos> 和尾碼 <eos>
src_tgt_dataset = src_tgt_dataset.map(
    lambda src, tgt: (src,
                      tf.concat(([tgt_sos_id], tgt), 0),
                      tf.concat((tgt, [tgt_eos_id]), 0)),
    num_parallel_calls=num_parallel_calls).prefetch(output_buffer_size)
#增加序列長度資訊
src_tgt_dataset = src_tgt_dataset.map(
    lambda src, tgt_in, tgt_out: (
    src, tgt_in, tgt_out, tf.size(src), tf.size(tgt_in)),
num_parallel_calls=num_parallel_calls).prefetch(output_buffer_size)
```

由於每行資料的長度不同，需要很大的運算量，因此，做資料對齊處理，對齊的同時，將資料集按照 batch_size 完成分批，最後載入資料進行訓練，透過 make_initializable_iterator() 迭代器實現，TensorFlow 提供 API。

```
#資料對齊
def batching_func(x):
    #呼叫 dataset 的 padded_batch 方法，對齊的同時，也對資料集進行分批
    return x.padded_batch(
        batch_size,
        #對齊資料的形狀
        padded_shapes=(
            tf.TensorShape([None]),    #來源資料
            tf.TensorShape([None]),    #目標輸入
            tf.TensorShape([None]),    #目標輸出
            tf.TensorShape([]),        #來源長度
            tf.TensorShape([])),       #目標長度
                                       #對齊資料的值
        padding_values=(
            src_eos_id,                #來源標記
            tgt_eos_id,                #目標輸入標記
```

```
            tgt_eos_id,                 # 目標輸出標記
            0,
            0))
# 將長度相近的資料放入相同儲存單元 bucket 中，提高計算效率
# 長度在 [0,bucket_width) 範圍內的歸為 bucket0
# 長度在 [bucket_width, 2 * bucket_width) 範圍內的歸為 bucket1
if num_buckets > 1:
    def key_func(unused_1, unused_2, unused_3, src_len, tgt_len):
        # 計算一個 bucket 的寬度 bucket_width
        if src_max_len:
            bucket_width = (src_max_len + num_buckets - 1) // num_buckets
        else:
            bucket_width = 10
        # 按來源歌詞和目標歌詞中的最大長度劃分儲存單元
        bucket_id = tf.maximum(src_len // bucket_width, tgt_len // bucket_width)
        return tf.to_int64(tf.minimum(num_buckets, bucket_id))
    def reduce_func(unused_key, windowed_data):
        return batching_func(windowed_data)  # 分批資料集
    batched_dataset = src_tgt_dataset.apply(
        tf.contrib.data.group_by_window(
            key_func=key_func, reduce_func=reduce_func, window_size=batch_size))
else:
    batched_dataset = batching_func(src_tgt_dataset)
# 透過迭代器分批獲取資料
batched_iter = batched_dataset.make_initializable_iterator()
(src_ids, tgt_input_ids, tgt_output_ids, src_seq_len,
 tgt_seq_len) = (batched_iter.get_next())
return BatchedInput(                              # 返回分批輸入資料
    initializer=batched_iter.initializer,
    source=src_ids,
    target_input=tgt_input_ids,
    target_output=tgt_output_ids,
    source_sequence_length=src_seq_len,
    target_sequence_length=tgt_seq_len)
```

8.3.2 模型建構

將資料載入進模型之後，需要定義模型結構，最佳化損失函數和設定押韻規則。

1. 定義模型結構

定義的架構為雙向 RNN 結構，每個 RNN 單元選擇長短期記憶和 LSTM 網路，整體組成雙向 LSTM 網路。

在單向 RNN 中只考慮了上下文中的「上文」，並未考慮後面的內容。可能會錯過一些重要資訊，使得預測的內容不夠準確。雙向 RNN 不僅從之前的時間步驟中學習，也從未來的時間步驟中學習，從而更進一步地瞭解上下文環境並消除問題。雙向 RNN 的結構和連接如圖 8-4 所示，包括前向傳播和後向傳播。

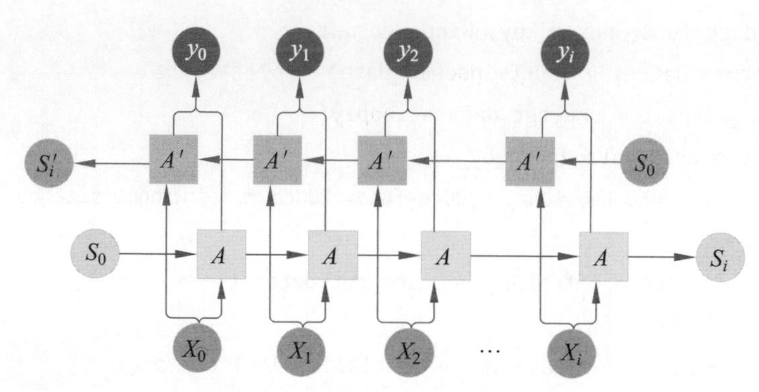

▲ 圖 8-4 雙向 RNN 結構和連接圖

（1）前向傳播：從左向右移動，從初始時間步驟開始計算值，一直持續到達最終時間步驟為止；

（2）後向傳播：從右向左移動，從最後一個時間步驟開始計算值，一直持續到最終時間步驟。

用公式表示雙向 RNN 過程如下：

從前向後： $h_i^1 = f(U^1 * X_i + W^1 * h_{i-1})$

從後向前： $h_i^2 = f(U^2 * X_i + W^2 * h_{i-1})$

輸出： $y_i = \text{softmax}(V * [h_i^1 ; h_i^2])$

LSTM 是一種特殊的 RNN 網路，具有記憶單元，可以不斷遺忘一些知識記憶，實現每一步的輸出都考慮到之前所有的輸入。雙向 RNN 與 LSTM 模組相結合可以提高性能，提升歌詞創作的準確性與合理性。在模型中引入捨棄進行正則化，用以消除過擬合問題。

```
# 建立單層 RNN 單元：LSTM
def _build_single_cell(self, device_str=None):
    dropout = self.dropout if self.mode == tf.contrib.learn.ModeKeys.TRAIN else 0.0
    #RNN 單元種類：LSTM
    utils.print_out("  LSTM, forget_bias=%g" % self.forget_bias, new_line=False)
    single_cell = tf.contrib.rnn.BasicLSTMCell(
        self.num_units,
        forget_bias=self.forget_bias)
    # 設定捨棄，緩解過擬合
    if dropout > 0.0:
        single_cell = tf.contrib.rnn.DropoutWrapper(
            cell=single_cell, input_keep_prob=(1.0 - dropout))
        utils.print_out(" %s, dropout=%g " % (type(single_cell).__name__, dropout),
                        new_line=False)
    # 確保這個單元在指定的裝置上執行
    if device_str:
        single_cell = tf.contrib.rnn.DeviceWrapper(single_cell, device_str)
        utils.print_out(" %s, device=%s" %
                        (type(single_cell).__name__, device_str), new_line=False)
    return single_cell
# 建立多層 RNN 單元
def _build_rnn_cell(self, num_layers):
```

```
        cell_list = []
        for i in range(num_layers):
            utils.print_out("  cell %d" % i, new_line=False)
            # 呼叫單層 RNN 單元建立函數
            single_cell = self._build_single_cell(self.get_device_str(i +
self.base_gpu, self.num_gpus))
            utils.print_out("")
            cell_list.append(single_cell)
        # 單層
        if len(cell_list) == 1:  #Single layer.
            return cell_list[0]
        # 多層，呼叫 API 將多個 BasicLSTMCell 單元整理為一個
        else:  #Multi layers
            return tf.contrib.rnn.MultiRNNCell(cell_list)
    # 建立編碼器單元
    def _build_Encoder_cell(self, num_layers):
        return self._build_rnn_cell(num_layers)
    # 建立編碼器 Encoder
    def build_Encoder(self):
        num_layers = self.num_Encoder_layers
        with tf.variable_scope("Encoder") as scope:
            dtype = scope.dtype
            # 編碼器詞嵌入矩陣輸入
            self.Encoder_inputs_embedded = tf.nn.embedding_lookup(self.
embedding_Encoder, self.Encoder_inputs)
            # 建立一個雙向層 LSTM
            num_bi_layers = int(num_layers / 2)
            utils.print_out("  num_bi_layers = %d" % num_bi_layers)
            # 前向傳播的 RNN
            fw_cell = self._build_Encoder_cell(num_bi_layers)
            # 反向傳播的 RNN
            bw_cell = self._build_Encoder_cell(num_bi_layers)
            # 將兩個單元作為參數傳入雙向動態 RNN 函數
            bi_outputs, bi_state = tf.nn.bidirectional_dynamic_rnn(
```

```
                fw_cell,
                bw_cell,
                self.Encoder_inputs_embedded,
                dtype=dtype,
                sequence_length=self.Encoder_inputs_length,
                time_major=False,
                swap_memory=True)
            self.Encoder_outputs, bi_Encoder_state = tf.concat(bi_outputs,
-1), bi_state
            # 儲存前後向 RNN 最後的隱藏狀態
            if num_bi_layers == 1:
                self.Encoder_state = bi_Encoder_state
            else:
                self.Encoder_state = []
                for layer_id in range(num_bi_layers):
                    self.Encoder_state.append(bi_Encoder_state[0][layer_id])
#forward
                    self.Encoder_state.append(bi_Encoder_state[1][layer_id])
#backward
                    self.Encoder_state = tuple(self.Encoder_state)
    # 建立解碼器單元
    def _build_Decoder_cell(self, Encoder_state):
        cell = self._build_rnn_cell(self.num_Decoder_layers)
        # 集束搜索
        if self.mode == tf.contrib.learn.ModeKeys.INFER and self.beam_width:
            Decoder_initial_state = tf.contrib.Seq2Seq.tile_batch(
                Encoder_state, multiplier=self.beam_width)
        else:
            Decoder_initial_state = Encoder_state
        return cell, Decoder_initial_state
```

2. 最佳化損失函數

確定模型架構之後進行編譯，使用交叉熵作為損失函數。本專案使用梯度下降 Adam 演算法，最佳化模型參數。在驗證集和測試集上測試時，採用困惑度作為指標。

```
# 損失函數
def _compute_loss(self, logits):
    Decoder_outputs = self.Decoder_outputs  # 解碼輸出
    max_time = tf.shape(Decoder_outputs)[1]
        crossent = tf.nn.sparse_softmax_cross_entropy_with_logits(
            labels=Decoder_outputs, logits=logits)   # 交叉熵
        target_weights = tf.sequence_mask(
            self.Decoder_inputs_length, max_time, dtype=logits.dtype)
        loss = tf.reduce_sum(
            crossent * target_weights) / tf.to_float(self.batch_size)
        return loss
# 最佳化器使用 Adam 演算法進行訓練模型的梯度更新
def build_optimizer(self):
    utils.print_out("#setting optimizer ...")
    params = tf.trainable_variables()
    opt = tf.train.AdamOptimizer(self.learning_rate)
    # 梯度計算及更新
    gradients = tf.gradients(self.loss, params)
    clipped_grads, _ = tf.clip_by_global_norm(gradients, self.max_gradient_
norm)
    self.update = opt.apply_gradients(
        zip(clipped_grads, params), global_step=self.global_step)
# 測試模型在驗證集和測試集時的困惑度
def run_internal_eval(model, global_step, sess, iterator, summary_writer,
name):
    sess.run(iterator.initializer)
    total_loss = 0
    total_predict_count = 0
```

```
    start_time = time.time()
    while True:
        try:
            Encoder_inputs, Encoder_inputs_length, Decoder_inputs, Decoder_
outputs, Decoder_inputs_length = \    #編碼輸入，解碼輸出
                sess.run([
                    iterator.source,
                    iterator.source_sequence_length,
                    iterator.target_input,
                    iterator.target_output,
                    iterator.target_sequence_length])
            model.mode = "eval"
            loss, predict_count, batch_size = model.eval(sess, Encoder_
inputs, Encoder_inputs_length,
                    Decoder_inputs, Decoder_inputs_length, Decoder outputs)
            total_loss += loss * batch_size    #整體損失
            total_predict_count += predict_count
        except tf.errors.OutOfRangeError:
            break
    perplexity = utils.safe_exp(total_loss / total_predict_count) #困惑度
    utils.print_time(" eval %s: perplexity %.2f" % (name, perplexity),
                            start_time)
    utils.add_summary(summary_writer, global_step, "%s_ppl" % name,
perplexity)
    result_summary = "%s_ppl %.2f" % (name, perplexity)
    #返回困惑度
    return result_summary, perplexity
```

3. 設定押韻規則

說唱歌詞的基本特點是句與句之間押韻，每句歌詞最後一個字的單押效果。押韻方法是以規則為基礎來實現，即獲取輸入歌詞的最後一個詞，分析韻腳，目標詞只在相同韻腳的詞中根據機率分佈取樣。

以輸入歌詞「你真美麗」為例，分詞後，得到「你」、「真」、「美麗」，句尾詞是「美麗」，模型分析出韻腳為 i，根據 i 的韻腳建構一個向量。在目標詞中，將與「美麗」押韻的字詞機率置為 1，非押韻的字詞機率置為 0，得到押韻的機率分佈。將該向量與原字詞分佈機率相乘，得到的分佈 Distribution After Vector 便符合押韻的要求，同時保留了字詞原來的分佈機率。如圖 8-5 所示，最終取樣結果為「春泥」。

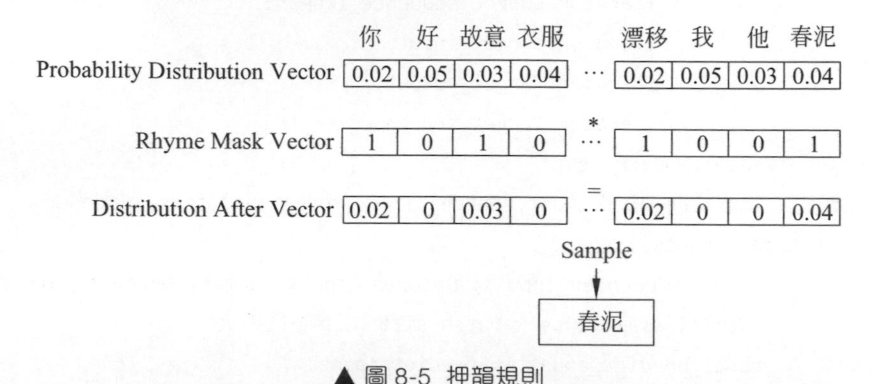

▲ 圖 8-5 押韻規則

```
# 押韻
def first_token_issue(self):
    # 使用 sos 和 eos 兩個標記代表目標資料的開始和結束，並表示成 int32 類型整數
    tgt_sos_id= tf.cast(self.target_vocab_table.lookup(tf.constant(self.
sos)), tf.int32)
    tgt_eos_id = tf.cast(self.target_vocab_table.lookup(tf.constant(self.
eos)), tf.int32)
    # 設定最大解碼長度
    maximum_iterations = self._get_infer_maximum_iterations(self.Encoder_
inputs_length)
    # 設定預測歌詞和來源歌詞押韻
    # 獲取輸入的最後一個詞
    to_be_rhymed = self.Encoder_inputs[:, 0]
    to_be_rhymed = tf.expand_dims(to_be_rhymed, axis=1)
    # 執行一個掩膜操作，透過切片獲得和輸入押韻的目標詞索引範圍
    rhyme_range = tf.gather_nd(self.table, to_be_rhymed)
```

```
rhyme_range = tf.cast(rhyme_range, dtype=tf.int32)
left = tf.slice(rhyme_range, [0, 0], [1, 1])
left = tf.reshape(left, shape=[self.infer_batch_size])
right = tf.slice(rhyme_range, [0, 1], [1, 1])
right = tf.reshape(right, shape=[self.infer_batch_size])
mask = magic_slice(left, right, self.tgt_vocab_size)
mask = tf.cast(mask, dtype=tf.float32)
#根據掩膜之後的機率分佈進行取樣
first_inputs = tf.nn.embedding_lookup(
    self.embedding_Decoder,
    tf.fill([self.batch_size], tgt_sos_id))
first_outputs, first_states = self.Decoder_cell(
    first_inputs, self.Decoder_initial_state)
first_predictions = self.output_layer(first_outputs)
first_logits = tf.multiply(first_predictions, mask)
start_tokens = tf.argmax(first_logits, axis=1)
start_tokens = tf.cast(start_tokens, dtype=tf.int32)
end_token = tgt_eos_id
return maximum_iterations, start_tokens, end_token
```

8.3.3 模型訓練及儲存

在定義模型架構和編譯之後，使用訓練集訓練模型，使模型根據輸入歌詞預測幾句說唱歌詞，並滿足押韻要求。這裡使用訓練集和驗證集擬合併儲存模型。

1. 模型訓練

模型訓練的相關程式如下：

```
#模型訓練
def train():
    #訓練/驗證/測試資料
    train_src_file = FLAGS.source_train_data
```

```
    train_tgt_file = FLAGS.target_train_data
    dev_src_file = FLAGS.source_dev_data
    dev_tgt_file = FLAGS.target_dev_data
    # 詞彙表
    src_vocab_file = FLAGS.src_vocab_file
    tgt_vocab_file = FLAGS.tgt_vocab_file
    # 日誌
    log_file = os.path.join(FLAGS.out_dir, "log_%d" % time.time())
    log_f = tf.gfile.GFile(log_file, mode="a")
    utils.print_out("#log_file=%s" % log_file, log_f)
    config_proto = utils.get_config_proto(
        log_device_placement=FLAGS.log_device_placement,
        num_intra_threads=FLAGS.num_intra_threads,
        num_inter_threads=FLAGS.num_inter_threads)
    # 建立階段
    with tf.Session(config=config_proto) as train_sess:
        # 構造詞到索引的映射表
        src_vocab_table, tgt_vocab_table = vocab_utils.create_vocab_tables(
            src_vocab_file, tgt_vocab_file, share_vocab=FLAGS.share_vocab)
        # 載入訓練 / 驗證資料
        train_iterator = load_data(train_src_file, train_tgt_file, src_vocab_
table, tgt_vocab_table)
        dev_iterator = load_data(dev_src_file, dev_tgt_file, src_vocab_table,
tgt_vocab_table)
        # 訓練模型
        model = hip_hop_model.Model(
            FLAGS,
            mode=tf.contrib.learn.ModeKeys.TRAIN,
            source_vocab_table=src_vocab_table,
            target_vocab_table=tgt_vocab_table,
            scope=None)
        loaded_train_model, global_step = model_helper.create_or_load_model(
                model, FLAGS.out_dir, train_sess, "train")
        # 儲存訓練過程資料
```

```
        summary_writer = tf.summary.FileWriter(os.path.join(FLAGS.out_dir,
"train_log"))
        # 訓練處理程序資訊
        stats = init_stats()
        info = {"train_ppl": 0.0, "speed": 0.0, "avg_step_time": 0.0}
        # 為了計量每輪訓練時間，初始化一個時間
        start_train_time = time.time()
        utils.print_out("#Start step %d, %s" %
                        (global_step, time.ctime()), log_f)
        # 開始訓練
        utils.print_out("#Init train iterator.")
        train_sess.run(train_iterator.initializer)
        # 訓練循環：循環訓練 60 輪，每輪訓練 1000 次，每次隨機抓取 105 筆歌詞
        epoch_idx = 0
        while epoch_idx < FLAGS.num_train_epochs:
            start_time = time.time()
            try:
                Encoder_inputs, Encoder_inputs_length, Decoder_inputs,
Decoder_outputs, Decoder_inputs_length = \
                train_sess.run([
                        train_iterator.source,
                        train_iterator.source_sequence_length,
                        train_iterator.target_input,
                        train_iterator.target_output,
                        train_iterator.target_sequence_length])
                loaded_train_model.mode = "train"
                step_result = loaded_train_model.train(train_sess, Encoder_
inputs, Encoder_inputs_length,
                    Decoder_inputs, Decoder_inputs_length, Decoder_outputs)
                FLAGS.epoch_step += 1
            except tf.errors.OutOfRangeError:
                FLAGS.epoch_step = 0
                epoch_idx += 1
                utils.print_out(
```

```
                    #Finished epoch %d, step %d. % (epoch_idx, global_step))
                train_sess.run(train_iterator.initializer)
                continue
            # 儲存每一步的訓練結果、日誌等資訊
            global_step, step_summary = update_stats(
                stats, start_time, step_result)
            summary_writer.add_summary(step_summary, global_step)
            # 列印訓練處理程序資訊
            if global_step % FLAGS.steps_per_stats == 0:
                process_stats(stats, info, FLAGS.steps_per_stats)
                print_step_info("  ", global_step, info, log_f)
                stats = init_stats()
        # 訓練結束
        loaded_train_model.saver.save(
            train_sess,
            os.path.join(FLAGS.out_dir, "translate.ckpt"),
            global_step=global_step)
        # 列印模型在驗證集上的表現
        result_summary, ppl = run_internal_eval(
                    loaded_train_model, global_step, train_sess, dev_
iterator, summary_writer, "dev")
        print_step_info("#Final, ", global_step, info, log_f, result_summary)
        utils.print_time("#Done training!", start_train_time)
        summary_writer.close()
```

模型共訓練 60Epoches，batch_size 取 105，即一次前向 / 後向傳播過程隨機抓取 105 筆歌詞進行訓練，如圖 8-6 所示。

```
  step 67300 step-time 0.24s wps 6.68K ppl 1.78, Thu Apr 16 18:37:57 2020
  step 67400 step-time 0.24s wps 6.53K ppl 1.72, Thu Apr 16 18:38:20 2020
# Finished epoch 18, step 67456.
  step 67500 step-time 0.27s wps 5.73K ppl 1.71, Thu Apr 16 18:38:47 2020
  step 67600 step-time 0.23s wps 6.70K ppl 1.61, Thu Apr 16 18:39:11 2020
  step 67700 step-time 0.23s wps 6.79K ppl 1.61, Thu Apr 16 18:39:34 2020
  step 67800 step-time 0.23s wps 6.78K ppl 1.64, Thu Apr 16 18:39:56 2020
  step 67900 step-time 0.23s wps 6.75K ppl 1.73, Thu Apr 16 18:40:20 2020
  step 68000 step-time 0.23s wps 6.68K ppl 1.67, Thu Apr 16 18:40:43 2020
  step 68100 step-time 0.23s wps 6.73K ppl 1.70, Thu Apr 16 18:41:07 2020
  step 68200 step-time 0.23s wps 6.74K ppl 1.76, Thu Apr 16 18:41:31 2020
  step 68300 step-time 0.23s wps 6.78K ppl 1.72, Thu Apr 16 18:41:54 2020
# Finished epoch 19, step 68308.
  step 68400 step-time 0.28s wps 5.51K ppl 1.63, Thu Apr 16 18:42:22 2020
  step 68500 step-time 0.23s wps 6.91K ppl 1.60, Thu Apr 16 18:42:44 2020
  step 68600 step-time 0.23s wps 6.84K ppl 1.60, Thu Apr 16 18:43:07 2020
  step 68700 step-time 0.23s wps 6.84K ppl 1.71, Thu Apr 16 18:43:30 2020
  step 68800 step-time 0.23s wps 6.79K ppl 1.66, Thu Apr 16 18:43:53 2020
  step 68900 step-time 0.23s wps 6.80K ppl 1.67, Thu Apr 16 18:44:16 2020
  step 69000 step-time 0.23s wps 6.84K ppl 1.75, Thu Apr 16 18:44:39 2020
  step 69100 step-time 0.23s wps 6.81K ppl 1.69, Thu Apr 16 18:45:03 2020
# Finished epoch 20, step 69160.
  step 69200 step-time 0.27s wps 5.82K ppl 1.70, Thu Apr 16 18:45:29 2020
```

▲ 圖 8-6 訓練結果

2. 模型儲存

為了能夠隨時讀取模型，實現說唱歌詞創作，用於前端程式讀取利用 TensorFlow 中的 tf.train.Saver() 模組進行模型的儲存。

```
#呼叫模組
self.saver = tf.train.Saver(
    tf.global_variables(), max_to_keep=flags.num_keep_ckpts)
#儲存訓練模型
if global_step % FLAGS.steps_per_save == 0:
    loaded_train_model.saver.save(
        train_sess,
        os.path.join(FLAGS.out_dir, "translate.ckpt"),
        global_step=global_step)
```

模型儲存後，可以被重用，也可以移植到其他環境中使用。

8.3.4 模型測試

模型測試主要表現在前後端之間的資料互動，在歌詞創作器輸入一句説唱歌詞，後端接收和將歌詞輸入到以 TensorFlow 為基礎的雙向 RNN 模型中，進行歌詞創作，回饋到前端。具體包括前後端資料互動、模型預測和 GUI 設計。

1. 前後端資料互動

本部分主要包括 GUI 主函數部分載入模型、定義文字獲取函數、按鍵與文字獲取槽函數連結。

（1）在 GUI 主函數部分載入模型操作如下。

```
if __name__ == "__main__":
    from PyQt5 import QtCore
    sess = tf.Session(config=utils.get_config_proto())
    loaded_model = inference.load_model(sess)
```

（2）定義文字獲取函數操作如下。

```
def getText(self):
text = self.lineEdit.text()
value = self.qj
output = inference.inference_n(loaded_model, sess, [text], int(value))
self.textEdit.setPlainText(output) #將文字顯示在輸出框
```

（3）將按鍵與文字獲取槽函數連結操作如下。

```
self.pushButton.clicked.connect(self.getText)
```

2. 模型預測

在模型預測部分，進行了演算法的創新，捨棄原演算法中的貪婪搜索，採用集束搜索的方法實現歌詞創作。

集束搜索在每個時間步都選擇機率最大的前 k 個序列，得到一個候選輸出序列的集合，再根據對應的函數選擇最佳解。集束搜索是一種啟發式搜索演算法，減少了搜索所佔用的空間和時間，以較少的代價在相對受限的搜索空間中找出最佳解。

1) 集束搜索演算法

```
#解碼器單元
def _build_Decoder_cell(self, Encoder_state):
    cell = self._build_rnn_cell(self.num_Decoder_layers)
    #預測階段使用集束搜索
    if self.mode == tf.contrib.learn.ModeKeys.INFER and self.beam_width:
        Decoder_initial_state = tf.contrib.Seq2Seq.tile_batch(
            Encoder_state, multiplier=self.beam_width)
    else:
        Decoder_initial_state = Encoder_state
    return cell, Decoder_initial_state
#預測階段模型及演算法
def helper_and_dynamic_decoding(self, maximum_iterations, start_tokens, end_
token, Decoder_scope):
    #集束搜索以獲得更好的準確性
    inference_Decoder = tf.contrib.Seq2Seq.BeamSearchDecoder(
        cell=self.Decoder_cell,
        embedding=self.embedding_Decoder,
        start_tokens=start_tokens,
        end_token=end_token,
        initial_state=self.Decoder_initial_state,
        beam_width=self.beam_width,
        output_layer=self.output_layer)
    #動態解碼，接收 inference_Decoder 類別，依據編碼進行解碼，實現序列的生成
    outputs, final_context_state, _ = tf.contrib.Seq2Seq.dynamic_decode(
        Decoder=inference_Decoder,
        maximum_iterations=maximum_iterations,
        output_time_major=False,
```

```
            swap_memory=True,
            scope=Decoder_scope)
    return outputs
```

2) 歌詞預測

```
# 刪除行中的中文字間距
def del_chs_space(line):
    """delete space between Chinese characters in line."""
    pattern = u"((?<=[\u4e00-\u9fa5])\s+(?=[\u4e00-\u9fa5])|^\s+|\s+$)"
    res = re.sub(pattern, '', line)
    return res
# 呼叫 jieba 函數庫分詞
def tokenizer(line):
    return " ".join(jieba.cut(line))
def naive_tokenizer(line):
    return line.strip().split()
# 將輸入歌詞順序顛倒
def reverse_str(line):
    res=line.split(" ")
    res.reverse()
    return " ".join(res)
# 將字串轉為數字 ID
def convert_to_infer_data(line, src_vocab_table):
    src = [line]
    src = tf.convert_to_tensor(src)
    src = tf.string_split(src).values
    # 使用 word2idex 字典實現字元到 ID 的映射
    src = tf.cast(src_vocab_table.lookup(src), tf.int32)
    src = tf.expand_dims(src, 0)
    src_length = tf.size(src)
    src_length = tf.expand_dims(src_length, 0)
    return src, src_length
# 載入預測模型
def load_model(session, name="infer"):
```

```
    start_time = time.time()
    # 載入已儲存的訓練模型
    ckpt = tf.train.latest_checkpoint(FLAGS.out_dir)
    # 詞彙表
    src_vocab_table, tgt_vocab_table = vocab_utils.create_vocab_tables(
        FLAGS.src_vocab_file, FLAGS.tgt_vocab_file, FLAGS.share_vocab)
    reverse_tgt_vocab_table= tf.contrib.lookup.index_to_string_table_from_
file(
        FLAGS.tgt_vocab_file, default_value=vocab_utils.UNK)
    model = hip_hop_model.Model(
        FLAGS,
        mode=tf.contrib.learn.ModeKeys.INFER,
        source_vocab_table=src_vocab_table,
        target_vocab_table=tgt_vocab_table,
        reverse_target_vocab_table=reverse_tgt_vocab_table,
        scope=None)
    model.saver.restore(session, ckpt)
    # 初始化所有表
    session.run(tf.tables_initializer())
    utils.print_out(
            "loaded %s model parameters from %s, time %.2fs" %
            (name, ckpt, time.time() - start_time))
    return model
# 解碼器輸出轉換成文字
def get_translation(NMT_outputs, tgt_eos):
    if tgt_eos:  tgt_eos = tgt_eos.encode("utf-8")
    output = NMT_outputs[0, :].tolist()
    # 辨識結束符號
    if tgt_eos and tgt_eos in output:
        output = output[:output.index(tgt_eos)]
    translation = utils.format_text(output)
    return translation
# 歌詞預測函數，n 表示預測次數
def _inference(model, session, line, n):
```

```
    num_translations_per_input = max(min(FLAGS.num_translations_per_input,
FLAGS.beam_width), 1)
    # 獲取輸入的歌詞
    start_token = line.split()[0]
    # 輸入歌詞順序顛倒
    line = reverse_str(line)
    results = []
    # 將文字轉為 ID，用於模型預測
    source, source_sequence_length = convert_to_infer_data(line, model.
source_vocab_table)
    # 呼叫預測模型開始創作歌詞
    for i in range(n - 1):
        Encoder_inputs, Encoder_inputs_length = session.run([source, source_
sequence_length])          # 輸入
        NMT_outputs = model.infer(session, Encoder_inputs, Encoder_inputs_
length)                    # 輸出
        for beam_id in range(num_translations_per_input):
            translation = get_translation(NMT_outputs[beam_id], tgt_
eos=FLAGS.eos)                        # 翻譯
            translation = translation.decode("utf-8")  # 翻譯解碼
            new_line = translation
            res = reverse_str(new_line)
            results.append(res)
            source, source_sequence_length = convert_to_infer_data(new_line,
model.source_vocab_table)
        return results
```

3. GUI 設計

GUI 設計的相關程式如下。

```
from PyQt5 import QtCore, QtGui, QtWidgets
from PyQt5.QtWidgets import *
from PyQt5.QtGui import QIcon,QFont,QPalette
from PyQt5.QtCore import Qt
```

```
import  sys
import tensorflow as tf
import misc_utils as utils
import inference
# 定義主視窗類別
class Ui_MainWindow(object):
    def setupUi(self, MainWindow):                    # 設定視窗
        MainWindow.setObjectName("MainWindow")
        MainWindow.resize(400, 300)
        self.centralwidget = QtWidgets.QWidget(MainWindow)
        self.centralwidget.setObjectName("centralwidget")
        self.frame = QtWidgets.QFrame(self.centralwidget)
        self.frame.setGeometry(QtCore.QRect(120, 20, 241, 91))
        self.frame.setFrameShape(QtWidgets.QFrame.StyledPanel)
        self.frame.setFrameShadow(QtWidgets.QFrame.Raised)
        self.frame.setObjectName("frame")
        self.horizontalLayout = QtWidgets.QHBoxLayout(self.frame)
        self.horizontalLayout.setObjectName("horizontalLayout")
        self.lineEdit = QtWidgets.QLineEdit(self.frame)
        self.lineEdit.setObjectName("edit1")
        self.horizontalLayout.addWidget(self.lineEdit)
        self.pushButton = QtWidgets.QPushButton(self.frame)
        self.pushButton.setObjectName("btn1")
        self.horizontalLayout.addWidget(self.pushButton)
        MainWindow.setCentralWidget(self.centralwidget)
        self.menubar = QtWidgets.QMenuBar(MainWindow)
        self.menubar.setGeometry(QtCore.QRect(0, 0, 364, 18))
        self.menubar.setObjectName("menubar")
        MainWindow.setMenuBar(self.menubar)
        self.statusbar = QtWidgets.QStatusBar(MainWindow)
        self.statusbar.setObjectName("statusbar")
        MainWindow.setStatusBar(self.statusbar)
        self.retranslateUi(MainWindow)
        QtCore.QMetaObject.connectSlotsByName(MainWindow)
```

```
#歸零按鈕
btn = QPushButton(MainWindow)
btn.setText(" 一鍵清空 ")
btn.move(298,80)
btn.resize(56,17)
btn.clicked.connect(self.clear)
#輸入按鍵關聯函數
self.pushButton.clicked.connect(self.getText)
#為按鈕增加提示訊息
QToolTip.setFont(QFont('SansSerif',10))
self.pushButton.setToolTip(' 點擊完成 rap 詞輸入 ')
#設定標籤
label1 = QLabel(MainWindow)
label1.setText("<font color = black> 輸入 rap 詞 :</font>")
label1.resize(50,20)
label1.move(75,57)
label1.setAutoFillBackground(True)
patette = QPalette()
label1.setPalette(patette)
label1.setAlignment(Qt.AlignCenter)
box = QHBoxLayout()
box.addWidget(label1)
label2 = QLabel(MainWindow)
label2.setText("<font color = black> 選擇生成 rap 詞的行數 :</font>")
label2.resize(100, 20)
label2.move(77, 80)
#顯示輸出內容框
self.textEdit = QTextEdit(MainWindow)
self.textEdit.move(120,100)
self.textEdit.resize(200,100)
#設定下拉選項框
self.cb = QComboBox(MainWindow)
self.cb.move(170,81)
self.cb.resize(50,15)
```

```
        self.cb.addItems(['1','2','3','4','5','6','7','8'])
        #設定選項框訊號傳遞
        self.cb.currentIndexChanged[str].connect(self.value)
        self.qj = 1
        self.flag = 0
    def value(self,i):                            #編號
        self.qj = i
    def getText(self):                            #獲取文字
        text = self.lineEdit.text()
        value = self.qj
        output = inference.inference_n(loaded_model, sess, [text], int(value))
        self.textEdit.setPlainText(output)
    def retranslateUi(self, MainWindow):        #介面更新
        _translate = QtCore.QCoreApplication.translate
        #設定視窗標題
        MainWindow.setWindowTitle(_translate("MainWindow", "rap 詞生成器 "))
        self.pushButton.setText(_translate("MainWindow", " 輸入 "))
        self.status = MainWindow.statusBar()
        #下方訊息欄顯示 5s
        self.status.showMessage(' 歡迎使用本程式 ',5000)
        #按鈕點擊事件，退出程式
    def clear(self):
        self.lineEdit.clear()
        self.textEdit.clear()
    if __name__ == "__main__":                    #主程式
        from PyQt5 import QtCore
        sess = tf.Session(config=utils.get_config_proto())
        loaded_model = inference.load_model(sess)
        QtCore.QCoreApplication.setAttribute(QtCore.Qt.
        AA_EnableHighDpiScaling)
        #建立一個 QApplication，也就是要開發的 App 軟體
        app = QtWidgets.QApplication(sys.argv)
        app.setWindowIcon(QIcon('./rap.png'))
        #建立一個 QMainWindow，用來載入需要的各種元件、控制項
```

```
MainWindow = QtWidgets.QMainWindow()
#ui 是 Ui_MainWindow() 類別的實例化物件
ui = Ui_MainWindow()
# 執行類別中的 setupUi 方法，方法的參數是第二步中建立的 QMainWindow
ui.setupUi(MainWindow)
# 執行 QMainWindow 的 show() 方法，顯示這個 QMainWindow
MainWindow.show()
# 使用 exit() 或點擊關閉按鈕退出 QApplication
sys.exit(app.exec_())
```

8.4 系統測試

本部分包括模型困惑度和模型應用。

8.4.1 模型困惑度

對於語言模型，一般使用困惑度指標來衡量模型的優劣。困惑度越接近 1，表明在預測中真實的下一個字元被成功預測的機率越大，語言模型就越好。根據訓練日誌，隨著訓練次數的增加，困惑度在不斷下降，最終穩定在 1.25 左右，如圖 8-7 所示，表明模型訓練效果較好。

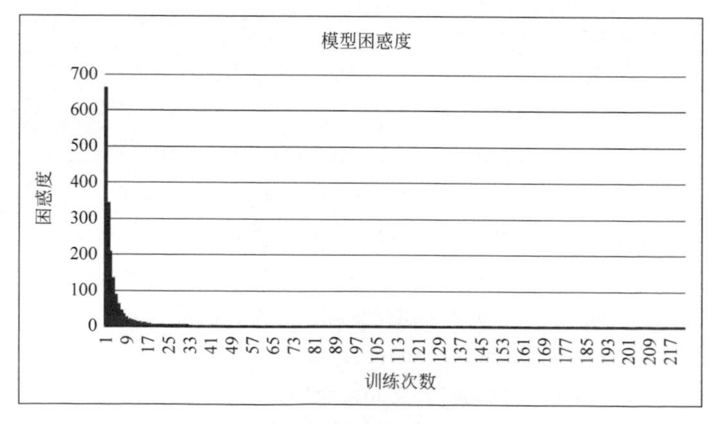

▲ 圖 8-7 模型困惑度

8.4.2 模型應用

本部分包括應用使用說明和應用範例。

1. 應用使用說明

執行程式後自動載入本地已訓練好的模型，使用者可在輸入框中輸入一句預想好的歌詞，並用空格對一句歌詞完成劃分。在下拉清單中選擇 AI 生成說唱歌詞的行數，點擊「輸入」按鍵可在下方的輸出框獲得歌詞結果。點擊「一鍵清空」按鈕可以將輸入與輸出框中的文字清空。

2. 應用範例

輸入一句歌詞「你曾感受冰冷的風」後，如圖 8-8 所示。

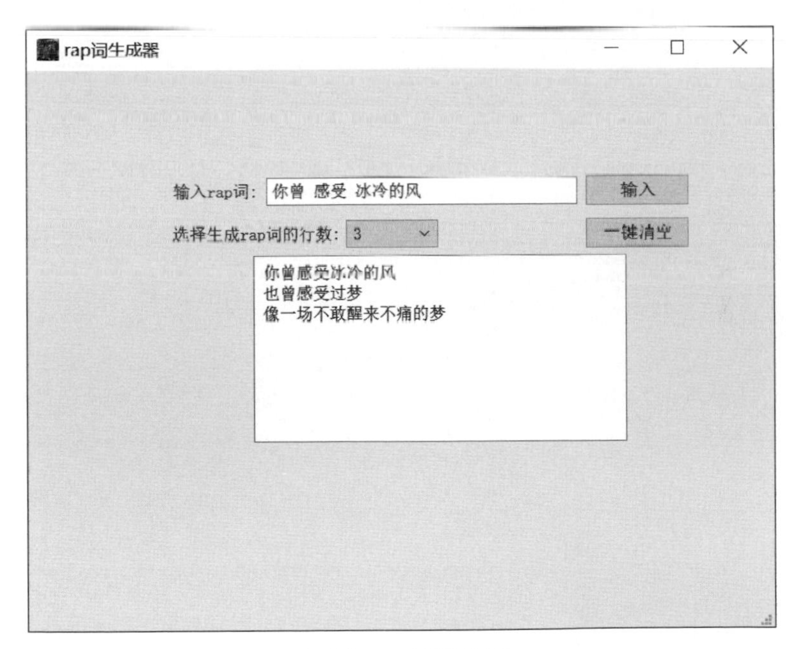

▲ 圖 8-8 測試效果

以 LSTM 為基礎的語音 / 文字 / 情感辨識系統

本專案使用 Google 公司的 Word2Vec 模型將單字轉化為向量，並透過 LSTM 以及百度 API 的呼叫，完成機器的訓練與學習，實現從語音到文字以及情感分析的綜合功能。

9.1 整體設計

本部分包括系統整體結構圖、系統流程圖和網頁端設定流程圖。

9.1.1 系統整體結構圖

系統整體結構如圖 9-1 所示。

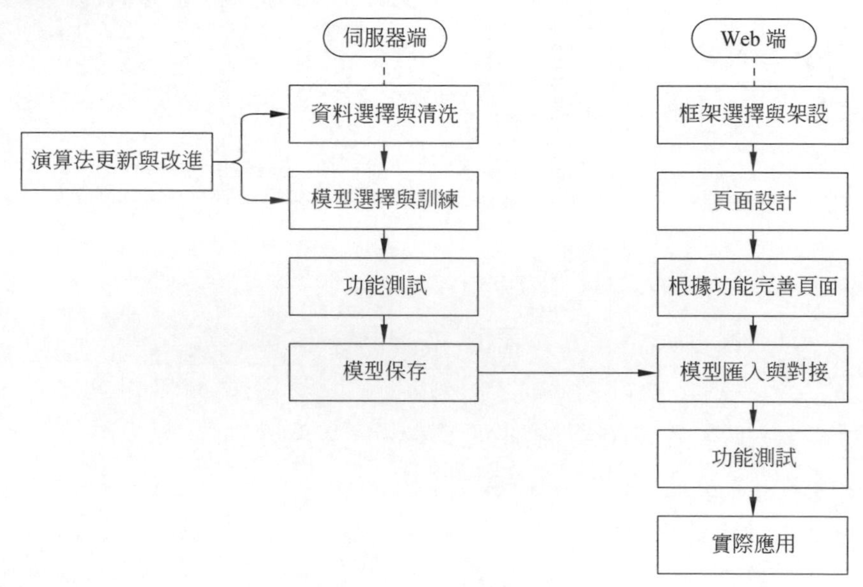

▲ 圖 9-1 系統整體結構圖

9.1.2 系統流程圖

系統流程如圖 9-2 所示。

9.1.3 網頁端設定流程圖

網頁端設定流程如圖 9-3 所示。

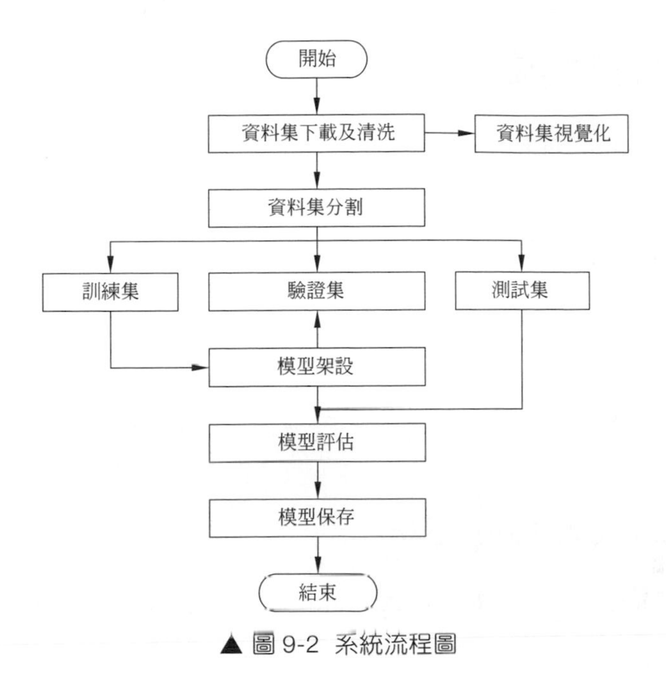

▲ 圖 9-2 系統流程圖

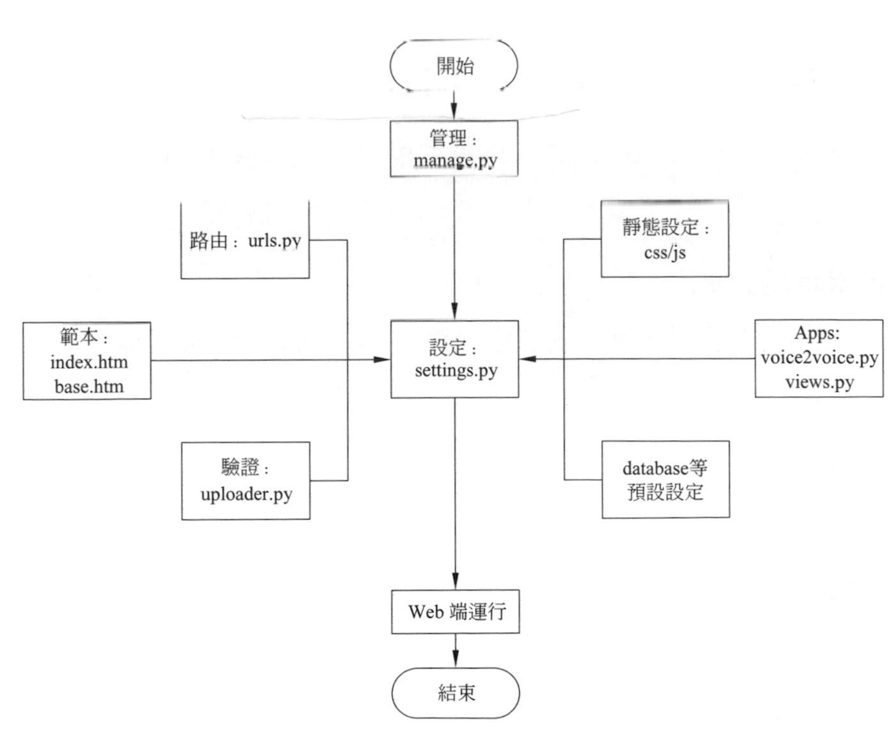

▲ 圖 9-3 網頁端設定流程圖

9.2 執行環境

本部分包括 Python 環境、TensorFlow 環境和網頁端環境（Django）。

9.2.1 Python 環境

本專案需要 Python 3.5 及以上設定完成 TensorFlow 的環境。有三種主要方法：一是透過 Anaconda 直接完成設定；二是在本地建立映像檔來源透過主控台完成設定；三是透過 Linux 虛擬機器完成設定。

9.2.2 TensorFlow 環境

使用 TensorFlow 1.1.0 版本，輸入 conda install tensorflow=1.1.0 命令進行安裝。

9.2.3 網頁端環境框架——Django

主要有兩種途徑：一是先安裝虛擬環境後設定；二是在 Anaconda 下直接設定。

1. 虛擬環境設定

安裝虛擬環境並啟動，進入安裝環境目錄，在 cmd 命令列下輸入：

```
pip install virtualenv
```

建立命令：

```
python -m venv xxx
```

執行 script 目錄下的 activate.bat 檔案啟動虛擬環境，再安裝 Django，輸入命令：

```
pip install Django
```

在哪個目錄下執行這句命令，就會安裝在哪個目錄下。

2. Anaconda 設定

建立虛擬環境 TensorFlow，輸入命令：

```
conda create --name "tensorflow" python=3.5
```

建立 Python 版本 3.5 的虛擬環境，啟動虛擬環境，輸入命令：

```
conda activate tensorflow
```

啟動對應的虛擬環境。

9.3 模組實現 (伺服器端)

本部分包括 4 個模組：資料處理、呼叫 API、模型建構、模型訓練及儲存。下面分別列出各模組的功能介紹及相關程式。

9.3.1 資料處理

情感分析資料集下載網址為 http://ai.stanford.edu/~amaas/data/sentiment/。本部分包括音訊處理、文字處理和資料處理。

1. 音訊處理

資料主要是音訊檔案，受百度 API 的限制，需要將輸入檔案轉換成 .wav 格式，此處使用 ffmpeg 進行格式轉換。

ffmpeg 可以記錄、轉換數位音訊、視訊，並將其轉化為串流的開放原始碼電腦程式。相關程式如下：

```
ffmpeg -i [input] [output.wav]
```

2. 文字處理

句子輸入神經網路需要先將單字轉為詞向量，使用 Google 公司的 word2vec 模型。相關程式如下：

```
import numpy as np
wordsList = np.load('wordsList.npy')
print('Loaded the word list!')
wordsList = wordsList.tolist()
wordsList = [word.decode('UTF-8') for word in wordsList]
#將所有單字轉化為詞向量
wordVectors = np.load('wordVectors.npy')
```

3. 資料處理

訓練使用 imdb 資料集，其中有 25000 筆正向和 25000 筆負向的評價，需要對這些句子去除標點符號、空格等。

```
import re
strip_special_chars = re.compile("[^A-Za-z0-9 ]+")
def cleanSentences(string):
    string = string.lower().replace("<br />", " ")
    return re.sub(strip_special_chars, "", string.lower())
```

9.3.2 呼叫 API

本部分包括申請網路金鑰和呼叫 API。

1. 申請網路金鑰

在百度 AI 平台中申請子句音辨識業務和翻譯業務，選擇英文語音辨識業務和英文轉中文的翻譯業務，申請成功後獲得對應的金鑰。

2. 呼叫 API

百度語音辨識使用 http://vop.baidu.com/server_api 和金鑰進行呼叫。

（1）語音轉文字相關程式如下：

```
#需要辨識的檔案
AUDIO_FILE = dir                #只支援 pcm/wav/amr 格式，極速版額外支援 m4a 格式
#檔案格式
FORMAT = AUDIO_FILE[-3:]        #檔案尾碼只支持 pcm/wav/amr
CUID = '123456PYTHON'
#取樣速率
RATE = 16000#固定值
#普通版
DEV_PID=1737                        #根據文件填寫 PID，選擇語言及辨識模型
ASR_URL = 'http://vop.baidu.com/server_api'         # API 呼叫位址
SCOPE = 'audio_voice_assistant_get'                 #有語音辨識能力
```

（2）英文轉中文相關程式如下：

```
httpClient = None
myurl = '/api/trans/vip/translate'#API 呼叫位址
fromLang = 'auto'                                   #原文語種
toLang = 'zh'                                       #譯文語種
salt = random.randint(32768, 65536)
q = text
sign = appid + q + str(salt) + secretKey
sign = hashlib.md5(sign.encode()).hexdigest()       #驗證編碼
myurl = myurl + '?appid=' + appid + '&q=' + urllib.parse.quote(q) + '&from=' +
fromLang + '&to=' + toLang + '&salt=' + str(salt) + '&sign=' + sign
```

9.3.3 模型建構

本部分包括訓練資料匯入、訓練資料向量化和模型建構。

1. 訓練資料匯入

訓練使用 imdb 資料集，包括 25000 筆正向和 25000 筆負向的評價。

```
from os import listdir
from os.path import isfile, join
#匯入積極情感資料集
positiveFiles= ['positiveReviews/' + f for f in listdir('positiveReviews/') if
isfile(join('positiveReviews/', f))]
#匯入消極情感資料集
negativeFiles= ['negativeReviews/' + f for f in listdir('negativeReviews/') if
isfile(join('negativeReviews/', f))]
numWords = []
for pf in positiveFiles:
    with open(pf, "r", encoding='utf-8') as f:
        line=f.readline()
        counter = len(line.split())
        numWords.append(counter)
print('Positive files finished')        #正向資料
for nf in negativeFiles:
    with open(nf, "r", encoding='utf-8') as f:
        line=f.readline()
        counter = len(line.split())
        numWords.append(counter)
print('Negative files finished')            #反向資料
#查看資料集大小
numFiles = len(numWords)
print('The total number of files is', numFiles)
print('The total number of words in the files is', sum(numWords))
print('The average number of words in the files is',
sum(numWords)/len(numWords))
```

2. 訓練資料向量化

訓練資料向量化相關程式如下：

```
ids = np.zeros((numFiles, maxSeqLength), dtype='int32')
fileCounter = 0
#將積極情緒資料集全部向量化
```

```
for pf in positiveFiles:
    with open(pf, "r") as f:
        indexCounter = 0
        line=f.readline()
        cleanedLine = cleanSentences(line)
        split = cleanedLine.split()
        for word in split:
            try:
                ids[fileCounter][indexCounter] = wordsList.index(word)
            except ValueError:
        ids[fileCounter][indexCounter] = 399999# 未知詞向量
            indexCounter = indexCounter + 1
            if indexCounter >= maxSeqLength:
                break
        fileCounter = fileCounter + 1
# 將消極情緒資料集全部向量化
for nf in negativeFiles:
    with open(nf, "r") as f:
        indexCounter = 0
        line=f.readline()
        cleanedLine = cleanSentences(line)
        split = cleanedLine.split()
        for word in split:
            try:
                ids[fileCounter][indexCounter] = wordsList.index(word)
            except ValueError:
                ids[fileCounter][indexCounter]=399999 # 未知詞向量
            indexCounter = indexCounter + 1
            if indexCounter >= maxSeqLength:
                break
        fileCounter = fileCounter + 1
# 儲存處理後的矩陣
np.save('idsMatrix', ids)
```

3. 模型建構

將帶有 LSTM 單元的 RNN 網路進行訓練，RNN 模型在處理上下文有連結的情況時效果良好。

```
# 設定超參數
batchSize = 24
lstmUnits = 64
numClasses = 2
iterations = 100000
import tensorflow as tf
tf.reset_default_graph()
# 設定節點
labels = tf.placeholder(tf.float32, [batchSize, numClasses])
input_data = tf.placeholder(tf.int32, [batchSize, maxSeqLength])
data=tf.Variable(tf.zeros([batchSize,maxSeqLength, numDimensions]),dtype=tf.
float32)
data = tf.nn.embedding_lookup(wordVectors,input_data)
# 引入 LSTM 單元
lstmCell = tf.contrib.rnn.BasicLSTMCell(lstmUnits)
lstmCell=tf.contrib.rnn.DropoutWrapper(cell=lstmCell, output_keep_prob=0.75)
value, _ = tf.nn.dynamic_rnn(lstmCell, data, dtype=tf.float32)
# 初始化
weight = tf.Variable(tf.truncated_normal([lstmUnits, numClasses]))
bias = tf.Variable(tf.constant(0.1, shape=[numClasses]))
value = tf.transpose(value, [1, 0, 2])
last = tf.gather(value, int(value.get_shape()[0]) - 1)
prediction = (tf.matmul(last, weight) + bias)
correctPred = tf.equal(tf.argmax(prediction,1), tf.argmax(labels,1))
accuracy = tf.reduce_mean(tf.cast(correctPred, tf.float32))
# 測試準確率
loss=tf.reduce_mean(tf.nn.softmax_cross_entropy_with_logits(logits=prediction,
labels=labels))
optimizer = tf.train.AdamOptimizer().minimize(loss)
import datetime
```

```
tf.summary.scalar('Loss', loss)
tf.summary.scalar('Accuracy', accuracy)
merged = tf.summary.merge_all()
logdir= "tensorboard/" + datetime.datetime.now().strftime("%Y%m%d-%H%M%S") +
"/"
writer = tf.summary.FileWriter(logdir, sess.graph)
```

9.3.4 模型訓練及儲存

本部分包括模型訓練及模型儲存。

1. 模型訓練

模型訓練相關程式如下：

```
sess = tf.InteractiveSession()  #互動階段
saver = tf.train.Saver()
sess.run(tf.global_variables_initializer())
for i in range(iterations):
    #下一批次
    nextBatch, nextBatchLabels = getTrainBatch();
    sess.run(optimizer,{input_data:nextBatch,labels: nextBatchLabels})
    #將複習寫入 Tensorboard
    if (i % 50 == 0):
        summary = sess.run(merged, {input_data: nextBatch, labels:
nextBatchLabels})
        writer.add_summary(summary, i)
    if (i % 10000 == 0 and i != 0):
        save_path = saver.save(sess, "models/pretrained_lstm.ckpt", global_
step=i)
        print("saved to %s" % save_path)
writer.close()
```

2. 模型儲存

模型儲存相關程式如下：

```
sess = tf.InteractiveSession()
saver = tf.train.Saver()
saver.restore(sess, tf.train.latest_checkpoint('models'))
```

9.4 網頁實現 (前端)

本部分包括 Django 的管理指令稿、Django 的核心指令稿、網頁端範本的組成、Django 的介面驗證指令稿、Django 中 URL 範本的連接器、Django 中 URL 設定。

9.4.1 Django 的管理指令稿

不論是在何種環境下執行 Django 模式下的 Web 伺服器，執行的命令一定為 python manage.py runserver，即透過執行 manage.py 實現其他所有設定與功能。相關程式如下：

```
import os
import sys
def main():
os.environ.setdefault('DJANGO_SETTINGS_MODULE', 'aitrans.settings')
# 透過執行 manage.py 完成 settings.py 中所有設定的執行
    try:# 異常捕捉
        from django.core.management import execute_from_command_line
    except ImportError as exc:
        raise ImportError(
            "Couldn't import Django.  Are you sure it's installed and "
            "available on your PYTHONPATH environment variable? Did you "
            "forget to activate a virtual environment?"
        ) from exc
```

```
    execute_from_command_line(sys.argv)
if __name__ == '__main__':# 主函數
    main()
```

9.4.2 Django 的核心指令稿

以 Django 為基礎的 Web 端框架依靠於 settings.py 實現所有的設定，介面 (巢狀結構) 最終都要以某種方式出現在 settings.py 中，只有這樣才能被 manage.py 呼叫並執行，預設的有 database(資料庫)、views(視圖)、urls(路由) 等，除預設設定外，需要增加的都在 settings.py 中寫明。相關程式如下：

```
import os , sys
BASE_DIR = '.'
# 快速開發設定
# 參見 https://docs.djangoproject.com/en/3.0/howto/deployment/checklist/
# 安全秘鑰
SECRET_KEY = 'yzhdg*0532@fz4$4i%x^($pqf+ec9vt!ot4kpyudjv2jryj^6#'
DEBUG = True
ALLOWED_HOSTS = ['*']
# 應用定義，核心程式放在 apps(voice2voice)
sys.path.insert(0,os.path.join(BASE_DIR,'apps'))
INSTALLED_AppS = [
    'django.contrib.admin',
    'django.contrib.auth',
    'django.contrib.contenttypes',
    'django.contrib.sessions',
    'django.contrib.messages',
    'django.contrib.staticfiles',
    'voice2voice'
]
# 系統預設
MIDDLEWARE = [
```

```
    'django.middleware.security.SecurityMiddleware',
    'django.contrib.sessions.middleware.SessionMiddleware',
    'django.middleware.common.CommonMiddleware',
    #'django.middleware.csrf.CsrfViewMiddleware',
    'django.contrib.auth.middleware.AuthenticationMiddleware',
    'django.contrib.messages.middleware.MessageMiddleware',
    'django.middleware.clickjacking.XFrameOptionsMiddleware',
]
# 指定 urls.py( 路由 ) 的路徑，呼叫 v2vservice 中的類別模組
ROOT_URLCONF = 'aitrans.urls'
# 範本部分，除特殊說明外，本區塊程式也為系統預設
TEMPLATES = [
    {
        'BACKEND': 'django.template.backends.django.DjangoTemplates',
        'DIRS': [os.path.join(BASE_DIR,'templates')],
        # 指向範本存放的路徑——templates 資料夾，方便呼叫 index.htm 以及更高設定
的 base.htm
        'App_DIRS': True,
        'OPTIONS': {
            'context_processors': [
                'django.template.context_processors.debug',
                'django.template.context_processors.request',
                'django.contrib.auth.context_processors.auth',
                'django.contrib.messages.context_processors.messages',
                'django.template.context_processors.media',
            ],
            'builtins':['django.templatetags.static'], #import static tag
        },
    },
]
WSGI_AppLICATION = 'aitrans.wsgi.application'
#Database，系統預設分配的資料庫部分
DATABASES = {
    'default': {
```

```
        'ENGINE': 'django.db.backends.sqlite3',
        'NAME': os.path.join(BASE_DIR, 'db.sqlite3'),
    }
}
#Password validation，系統預設分配的登入系統
AUTH_PASSWORD_VALIDATORS = [
    {
        'NAME': 'django.contrib.auth.password_validation.UserAttributeSimilar
ityValidator',
    },
    {
        'NAME': 'django.contrib.auth.password_validation.
MinimumLengthValidator',
    },
    {
        'NAME': 'django.contrib.auth.password_validation.
CommonPasswordValidator',
    },
    {
        'NAME': 'django.contrib.auth.password_validation.
NumericPasswordValidator',
    },
]
# 國際化，系統預設
LANGUAGE_CODE = 'zh-hans'      # 設定中文，預設語音
TIME_ZONE = 'Asia/Shanghai'    # 時區
USE_I18N = True                # 多語言
USE_L10N = True                # 多語言，兩種標準
USE_TZ = True                  # 時區使用
#Static files (CSS, JavaScript, Images)，網頁靜態的進階設定
# 位於 aitrans 外面的 static 目錄，存放 index.html 呼叫的 .css 檔案和 .js 檔案
# 從用戶端呼叫的路徑，可以指向不同位置（一對多的存放路徑）
STATIC_URL = '/static/'
# 專案的特定路徑，具體指向需要呼叫檔案的目錄
```

```
STATICFILES_DIRS =[
    os.path.join('/Users/bondsam/Downloads/workspace','static/'),
    os.path.join(BASE_DIR, 'js'),
]
#上傳圖片和檔案路徑
MEDIA_URL = '/media/' #uploader.py 中比對，上傳完成後顯示的網址（雲端）
MEDIA_ROOT = os.path.join(BASE_DIR,'media')
#uploader.py 中比對，所以把檔案儲存到 BASE_DIR 和 media 的拼接路徑目錄下（本地）
```

9.4.3 網頁端範本的組成

index.htm 和 base.htm 是網頁端範本的基本組成。index.htm 承載著出現給所有使用者顯示介面的基本框架（範本），即開發者預先設計好所有的基本顯示，使用 HTML 語言進行編寫。base.htm 呼叫專案外部 static 目錄中存放 Web 端更進階的 css、js 等設定，完成 index.htm 中基本顯示的組合與巢狀結構。相關程式如下：

index.htm:

```
    {% extends "home/base.htm" %}          <!--引用 base.htm-->
    {% block title %}{{ model.verbose_name }}{% endblock %}    <!--如果需要，
可填入實際名稱替換 base.htm 中相同位置的名稱 -->
    {% block content %}      <!--區塊級 -->
    <div class="invoice p-3 mb-3 no-border invoice-rev">
        <!-- 主標題層設定 --><!-- i 為圖示，可選擇 -->
        <div class="row">
            <div class="col-12" >
                <h4>
                    <i class="fa fa-assistive-listening-systems"
style="color:cornflowerblue;"></i> Voice2Voice App
                </h4>
            </div>
            <!-- /.col -->
        </div>
```

```
    <!-- 副標題層設定 --><!-- i 為圖示，可選擇 -->
    <div class="row">
        <div class="col-12" style="margin-top:10px;">
            <h6><i class="fa fa-angle-down bg-gray"></i> 說明 :</h6>
            <!--ul/ol 為列表 -->
            <ul >
                <ol class="list-unstyled" style="margin-top: 10px;">
                    <li>1. 上傳英文語音音訊檔案，檔案類型，大小，</li>
                    <li>2. 語音轉文字 </li>
                    <li>3. 文字情感分析 </li>
                    <li>4. 文字線上翻譯為中文 </li>
                    <li>5. 中文文字輸出音訊 </li>
                </ol>
            </ul>
        </div>
        <!-- /.col -->
    </div>
    <!-- 功能按鍵層設定 -->
    <div class="card">
        <div class="card-header d-flex p-0">
            <h3 class="card-title p-3">Tabs</h3>
            <ul class="nav nav-pills ml-auto p-2">
                <li class="nav-item"><a class="nav-link active" href =
"#tab_1" data-toggle="tab"> 上傳檔案 >> </a></li>
                <li class="nav-item"><a class="nav-link" href = "#tab_2" data-
toggle="tab"> 解析文字 >> </a></li>
                <li class="nav-item"><a class="nav-link" href = "#tab_3" data-
toggle="tab"> 翻譯與輸出 >> </a></li>
            </ul>
        </div><!-- 功能實現框設定 -->
        <div class="card-body">
            <div class="tab-content">
                <div class="tab-pane active" id="tab_1">
                    <div class="col-12">
```

```
                    <div class="input-group rounded-0">
                      <!-- 上傳檔案：輸入框顯示了上傳之後的路徑名稱 -->
                          <input type="text" name="audiopath" class="form-
control" value=""
                          placeholder=" 上傳音訊檔案小於 1MB, 檔案格式為 WAV"
id="audiopath" />
                       <div class="input-group-append">
                       <label class="btn btn-default btn-flat"
for="uploadfield_btn">
                          <i class="fa fa-upload"></i>
                          <!-- 上傳控制輸入框 -->
                       <input hidden type="file" name="file"
id="uploadfield_btn">
                    </label>
                 </div>
              </div>
           </div>
        {% csrf_token %} <!-- 使用自動生成的 token 防止被 csrf 攻擊 -->
           </div>
           <!-- /.tab-pane -->
           <div class="tab-pane" id="tab_2">
              <div class="row"  style="padding-bottom: 10px;">
                 <div class="col-12 form-group">
                    <!-- 解析後文字標籤 -->
                    <textarea name="parse_text" class="form-control form-
control-rev"></textarea>
                 </div>
              </div>
              <div class="row" style="padding-bottom: 10px;">
                 <div class="col-12">
                    <!-- 情感分析輸入框 -->
                    <input class="form-control form-control-rev"
name="sentiment" value="" readonly />
                 </div>
```

```
                <div class="col-12" style="margin-top: 10px;">
                  <button type="button" class="btn btn-sm btn-primary btn-
flat" id="parse_text_btn">解析</button>
                  <button type="button" class="btn btn-sm btn-primary btn-
flat pull-right" id="sentiment_btn">情感分析</button>
                </div>
                  </div>
                </div>
                <div class="tab-pane" id="tab_3">
                  <div class="row" style="padding-bottom: 10px;">
                  <div class="col-12" >
                    <h6>
                  <i class="fa fa-angle-down bg-gray"></i>中文文字:
                    </h6>
                  </div>
                  <div class="col-12">
                    <!-- 翻譯後文字標籤 -->
                    <textarea class="form-control form-control-rev"
name="trans_text" ></textarea>
                  </div>
                  <div class="col-12" style="margin-top:10px;">
                    <!-- h5 音訊播放機 -->
                    <audio preload="auto" controls="controls" src=""
id="audio-src" >
                      </audio>
                    </div>
                    <div class="col-12" style="margin-top: 10px;">
                      <button type="button" class="btn btn-sm btn-
primary btn-flat pull-right" id="read_text_btn">語音</button>
                      <button type="button" class="btn btn-sm btn-
primary btn-flat" id="trans_btn">翻譯</button>
                  </div>
                    </div>
                  </div>
```

```
                <div class="tab-pane" id="tab_4s">
                </div>
                <!-- /.tab-pane -->
              </div>
              <!-- /.tab-content -->
            </div><!-- /.card-body -->
          </div>
        </div>
{% endblock %}
{% block attach_script %}
<script src="{% static 'app.js' %}"></script>
<script src="{% static 'validate.js' %}"></script>
<script>
  $(function () {
    //jquery 框架透過 ID 名實現功能
    // 上傳檔案按鈕點擊後可能出現的事件
    $("#uploadfield_btn").change(function(){
      var file = $(this)[0].files[0];
      if(! Validator.check_audioupload(file) ){
        return false;
      }
      // 查到 csrftoken 並放在標頭，便於辨識
      var csrftoken= $('input[name="csrfmiddlewaretoken"]').val();
GLOBALS.audioupload(file,csrftoken,GLOBALS.audiouploadcallback);
      });
      // 解析按鈕點擊後可能出現的事件
      $("#parse_text_btn").click(function(){
        var audiopath = $.trim($("#audiopath").val());
        if(audiopath !='' ){
          // 查到 csrftoken 並放在標頭，便於辨識
          var csrftoken= $('input[name="csrfmiddlewaretoken"]').val();
          // 載入文字
$Ajax({method:"POST",url:'/v2v/parse/',formdata:{"uploadpath":
audiopath},csrftoken:csrftoken,callback:GLOBALS.parsecallback})
```

```
            }else{
                alert(" 請先指定上傳檔案路徑 ");
            }
        });
        // 情感分析按鈕點擊後可能出現的事件
        $("#sentiment_btn").click(function(){
            var parse_text = $.trim($("textarea[name='parse_text']").val());
            if( parse_text =='' ){
                alert(" 解析文字內容不能為空 !");
                return false;
            }
                // 查到 csrftoken 並放在標頭，便於辨識
                var csrftoken= $('input[name="csrfmiddlewaretoken"]').val();
                // 載入文字
$Ajax({method:"POST",url:'/v2v/senti/',formdata:{"parse_text":parse_text},
csrftoken:csrftoken,callback:GLOBALS.senticallback})
        });
        // 翻譯按鈕點擊後可能出現的事件
        $("#trans_btn").click(function(){
            var parse_text =$.trim( $("textarea[name='parse_text']").val());
            if( parse_text =='' ){
                alert(" 解析文字內容不能為空 !");
                return false;
            }
                // 查到 csrftoken 並放在標頭，便於辨識
                var csrftoken= $('input[name="csrfmiddlewaretoken"]').val();
                // 載入文字
$Ajax({method:"POST",url:'/v2v/trans/',formdata:{"parse_text":parse_text},csrf
token:csrftoken,callback:GLOBALS.transcallback})
        });
        // 點擊語音按鈕後可能出現的事件
        $("#read_text_btn").click(function(){
            var text = $.trim( $("textarea[name='trans_text']").val());
            if(text =='' ){
```

```
                alert(" 翻譯文字內容不能為空 ")
                return false;
            }
                // 查到 csrftoken 並放在標頭，便於辨識
                var csrftoken= $('input[name="csrfmiddlewaretoken"]').val();
                // 載入文字
$Ajax({method:"POST",url:'/v2v/read/',formdata:{"trans_text":text},csrftoken:c
srftoken,callback:GLOBALS.readcallback});
            });
        });
    </script>
{% endblock %}     <!-- 區塊結束 -->
```

base.htm:

```
    <!DOCTYPE html>   <!-- 辨識為 html-->
    <html>
    <head>
        <meta charset="utf-8">
        <meta http-equiv="X-UA-Compatible" content="IE=edge">
        <title>{% block title %}Home 範本 {% endblock %}</title>
        <!-- Tell the browser to be responsive to screen width -->
        <meta content="width=device-width, initial-scale=1, maximum-scale=1,
user-scalable=no" name="viewport">
        <!-- Font Awesome-->
        <link rel="stylesheet" href="{% static  'plugins/font-awesome/css/
font-awesome.min.css' %}">
        <!-- Ionicons -->
        <link rel="stylesheet" href="{% static  'plugins/Ionicons/css/
ionicons.min.css' %}">
        <!-- Bootstrap 4 -->
        <link rel="stylesheet" href="{% static  'plugins/tempusdominus-
bootstrap-4/css/tempusdominus-bootstrap-4.min.css' %}">
        <!-- AdminLTE Skins. Choose a skin from the css/skins  folder
instead of downloading all of them to reduce the load. -->
        <link rel="stylesheet" href="{% static  'plugins/daterangepicker/
```

```
daterangepicker.css' %}">
        <!-- bootstrap-table -->
        <link rel="stylesheet" href="{% static  'plugins/bootstrap-table/
dist/bootstrap-table.min.css' %}">
        <link rel="stylesheet" href="{% static  'plugins/jquery-ui/jquery-
ui.min.css' %}">
        <!-- Theme style -->
        <link rel="stylesheet" href="{% static  'dist/css/adminlte.min.css' %}">
        <link rel="stylesheet" href="{% static  'dist/css/style.css' %}">
        <link rel="shortcut icon" href="{% static "favicon.ico" %}" />
          {% block attach_css %}  {% endblock %}
          <link href="https://fonts.googleapis.com/css?family=Source+Sans+P
ro:300,400,400i,700" rel="stylesheet">
        <![endif]-->
      </head>
      <!-- ADD THE CLASS sidebar-collapse TO HIDE THE SIDEBAR PRIOR TO
LOADING THE SITE -->
      <body class="hold-transition sidebar-mini layout-fixed sidebar-collapse">
      <!-- 包裝器開始 -->
      <div class="wrapper">
        {% include "home/navbar.htm" %}
        <!-- 左邊欄開始 .  sidebar-dark-primary  -->
        <aside class="main-sidebar elevation-4 sidebar-light-cyan">
          <!-- website logo  -->
          <a href="/" class="brand-link navbar-cyan">
          <img src="{% static 'dist/img/AdminLTELogo.png' %}"
alt="NLPStudio Logo" class="brand-image img-circle elevation-3"
            style="opacity: .8">
          <span class="brand-text font-weight-light">ChatBot</span>
        </a>
          <div class="sidebar">
          <!-- user info  -->
          <a href="#">
            <div class="user-panel mt-3 pb-3 mb-3 d-flex">
```

```
                    <div class="pull-left image">
                        <img src="{% static 'img/avatar04.png' %}" class="img-
circle" alt="User Image">
                    </div>
                    <div class="pull-left info">
                        <p> 測試使用者 </p>
                        <i class="fa fa-circle text-success"></i> 線上 <!-- 離
線 ...-->
                    </div>
                </div>
            </a>
        <!-- 側邊欄選單 : : style can be found in sidebar.less -->
            {% include "home/sidebarMenu.htm" %}
        </div>
    </aside>
  <!—表頭內容 (Page header) -->
  <div class="content-wrapper">
  {% block content-header %}
  <section class="content-header">
    <div class="container-fluid">
        <div class="row">
            <div class="col-6">
                {% block module-title %}{% endblock %}
            </div>
                <!-- 麵包屑導覽 -->
            <div class="col-6">
                <ol class="breadcrumb float-sm-right">
                    {% block breadcrumb %}{% endblock %}
                </ol>
            </div>
        </div>
    </div>
  </section>
  <!-- 主內容 -->
```

```
{% endblock %}
{% block content-body %}
<section class="content">
<div class="container-fluid">
    <div class="row" style="flex-wrap: nowrap">  {# 設定不折行 #}
        <div class="col-9 nowrap border-top">
            <div class="row" style="flex-wrap: nowrap">  {# 設定不折行 #}
                <div class="col nowrap" id="ui-layout-center">
                    {% block content %}{% endblock %}
                </div>
                    {# 顯示和隱藏右邊欄佈局 #}
                <div class="col-3 nowrap" style="display:none;" id="ui-layout-
east">
                        {% block rightbar %}{% endblock %}
                </div>
            </div>
        </div>
    </div>
</div>
</section>
{% endblock %}
</div>
{% block content-footer %}
    <footer class="main-footer">
        <strong>Copyright &copy; 2019-2022 <a href="#">Voice2Voice Studio
</a>.</strong>
        All rights reserved.
        <div class="float-right d-none d-sm-inline-block">
            <b>Version</b> 1.0.1
        </div>
    </footer>
<!-- 側邊欄背景 .  此 DIV 必須立即放置在控制器側邊欄之後 -->
<aside class="control-sidebar control-sidebar-dark">
    <!-- Control sidebar content goes here -->
```

```
    </aside>
</div>
{% endblock %}
<!-- ./ 包裝器結束 -->
</body>
</html>
    <script src="{% static 'plugins/jquery/jquery.min.js' %}"></script>
    <script src="{% static 'plugins/jquery-ui/jquery-ui.min.js' %}"></script>
    <script src="{% static 'plugins/bootstrap/js/bootstrap.bundle.min.js' %}">
</script>
    <script src="{% static 'plugins/moment/moment.min.js' %}"></script>
    <script src="{% static 'plugins/daterangepicker/daterangepicker.js' %}">
</script>
    <script src="{% static 'plugins/tempusdominus-bootstrap-4/js/tempusdominus-
bootstrap-4.min.js' %}"></script>
    <script src="{% static 'plugins/bootstrap-table/dist/bootstrap-table.min.
js' %}"></script>
    <script src="{% static 'plugins/bootstrap-table/dist/locale/bootstrap-
table-zh-CN.min.js' %}"></script>
    <script src="{% static 'dist/js/adminlte.min.js' %}"></script>
{% block attach_script %}
{% endblock %}<!-- 區塊結束 -->
```

9.4.4 Django 的介面驗證指令稿

uploader.py 檔案是介面驗證指令稿，正常情況下，要執行某一特定功能時，應事先判斷是否滿足執行此功能的最基本要求，即剔除那些不滿足條件的物件並節省資源。將音訊檔案上傳到服務端，需要介面驗證指令稿避免錯誤的輸入。相關程式如下：

```
import os,sys
from django.conf import settings
class AudioUploader(object):
```

```
    def __init__(self):
    self.allowtypes =["audio/wav"]      #類型
    self.allowsize = 1024*1024          #大小
    self.filename = ""                  #名稱
    self.savepath = os.path.join( settings.MEDIA_ROOT,"uploads")
#和 settings.py 建立關聯
    self.urlpath = os.path.join(settings.MEDIA_URL,"uploads/");
#和 settings.py 建立關聯
#檢測檔案類型
    def check_filetype(self,filetype):
        return filetype in self.allowtypes
    #檢測檔案大小
    def check_filesize(self,filesize):
        if(filesize > self.allowsize):
            return False
        else:
            return True
    #儲存檔案
    def savefile(self,file):
        savepath = os.path.join(self.savepath , file.name);
        with open(savepath,"wb") as fp:
            for chunk in file.chunks():
                fp.write(chunk)
```

9.4.5 Django 中 URL 範本的連接器

views.py 是 Django 中 URL 範本的連接器，在 Django 中，視圖的作用相當於 URL 和範本的連接器，在瀏覽器中輸入 URL 後，Django 透過視圖找到對應的範本，然後返回瀏覽器並最終顯示到伺服器端。

執行過程：執行 manage.py，找到 settings.py，透過 ROOT_URLCONF 找到專案中 url.py 的設定和對應的視圖函數，即 views.py 中與後端演算法對接的功能函數，根據 views.py 的設定輸出到伺服器端。

9.4.6 Django 中 URL 設定

urls.py 為 Django 中 URL 的設定。URL，即統一資源定位器，提供一個位址，讓編寫好的網頁在網頁端執行並接收存取。相關程式如下：

```
from django.contrib import admin
from django.urls import path,re_path
from django.views.static import serve
from django.views.generic import TemplateView,RedirectView
from .settings import MEDIA_ROOT
from voice2voice.views import *            #匯入專案視圖模組中系統輸出的部分
urlpatterns = [
    path('admin/', admin.site.urls),
    re_path(r'^$', TemplateView.as_view(template_name="index.htm"),
name="index"),        #直接呼叫本系統線上範本，即 index.htm, 在 templates 裡
    re_path('^media/(?P<path>.*)',serve,{"document_root":MEDIA_ROOT}),
    re_path(r'^v2v/upload/$',UploadSrcView.as_view(),
    name="upload_list"), #呼叫 views.py 中前後端以及與 URL 對接的功能函數
    re_path(r'^v2v/parse/$',ParseTextView.as_view(),name="parsetext_list"),
    re_path(r'^v2v/senti/$',SentimentView.as_view(),name="sentiment_list"),
    re_path(r'^v2v/trans/$',TranslateView.as_view(), name="trans_list"),
    re_path(r'^v2v/read/$',ReadView.as_view(), name="read_list"),
]
```

9.5 系統測試

本部分包括訓練準確率和效果展示。

9.5.1 訓練準確率

相關程式如下：

```
iterations = 10
for i in range(iterations):
```

```
    nextBatch, nextBatchLabels = getTestBatch();
    print("Accuracy for this batch:", (sess.run(accuracy, {input_data: 
nextBatch, labels: nextBatchLabels})) * 100)
```

模型訓練準確率的結果如下：

```
Accuracy for this batch: 87.5
Accuracy for this batch: 87.5
Accuracy for this batch: 83.3333313465
Accuracy for this batch: 83.3333313465
Accuracy for this batch: 75.0
Accuracy for this batch: 83.3333313465
Accuracy for this batch: 75.0
Accuracy for this batch: 95.8333313465
Accuracy for this batch: 79.1666686535
Accuracy for this batch: 83.3333313465
```

9.5.2 效果展示

上傳檔案介面如圖 9-4 所示，語音辨識及情感分析介面如圖 9-5 所示，翻譯及語音輸出介面如圖 9-6 所示。

▲ 圖 9-4 上傳檔案介面

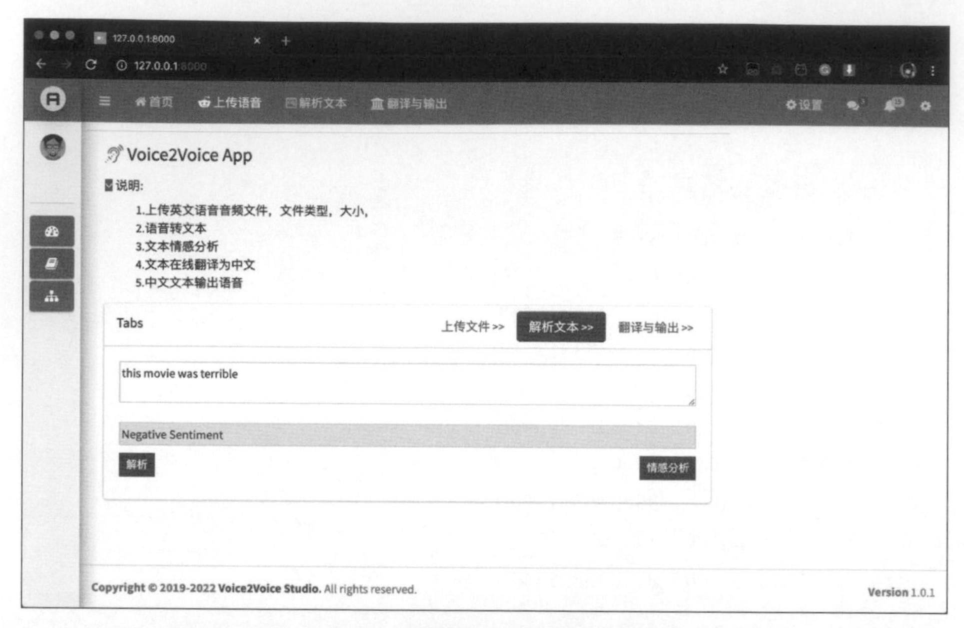

▲ 圖 9-5 語音辨識及情感分析介面

▲ 圖 9-6 翻譯及語音輸出介面

PROJECT

10

以人臉檢測為基礎的表情包自動生成器

本專案以 OpenCV 電腦視覺函數庫下為基礎的 Haar 串聯分類器演算法做人臉檢測，透過 TensorFlow 的三層卷積神經網路做人臉朝向預測，實現能夠適應多種環境下自動生成每個人專屬表情包的娛樂性應用。

10.1 整體設計

本部分包括系統整體結構圖、系統流程圖和檔案結構。

10.1.1 系統整體結構圖

系統整體結構如圖 10-1 所示。

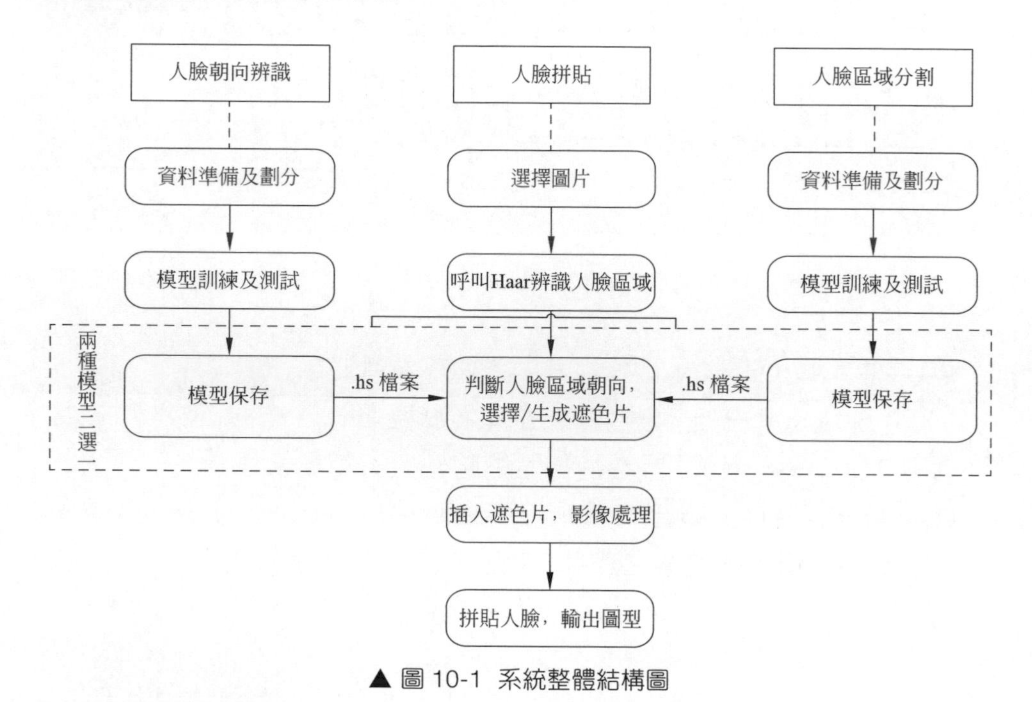

▲ 圖 10-1 系統整體結構圖

10.1.2 系統流程圖

系統流程如圖 10-2 所示。

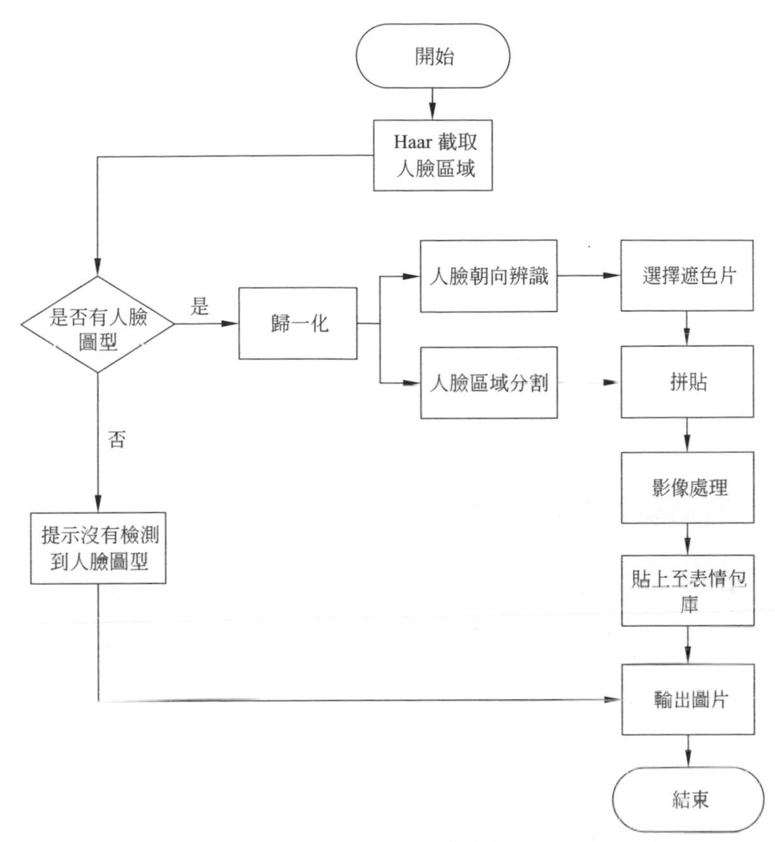

▲ 圖 10-2 系統流程

10.1.3 檔案結構

本專案所在資料夾結構如下。

```
AutoEmoticons
 ├── data( 存放 opencv 人臉圖型分類器，訓練好的人臉朝向模型 )
 ├── materials( 存放表情背景和錯誤訊息照片 )
 │   ├── background( 存放背景照片，可進行使用者訂製 )
 │   └── mask( 存放遮色片 )
 ├── save( 存放使用者儲存的照片 )
 └── (temp)( 暫存檔案夾，關閉程式、開啟新照片將刪除或更新 )
     ├── (emoticons)( 暫存檔案夾，存放臨時生成表情檔案 )
     └── (faces)( 暫存檔案夾，存放截取的人臉影像檔 )
```

10.2 執行環境

本部分包括 Python 環境、TensorFlow 環境、OpenCV 環境和 Pillow 環境。

10.2.1 Python 環境

Python 3.7 及以上設定，在 Windows 環境下推薦下載 Anaconda 完成 Python 所需的設定，下載網址為 https://www.anaconda.com/。

10.2.2 TensorFlow 環境

建立 Python 3.7 的環境，名稱為 tf 1.14.0，此時 Python 版本和 TensorFlow 的版本有相容性問題，此步選擇 Python 3.7，輸入命令：

```
conda create -n tf 1.14.0 python=3.7
```

有需要確認的地方，都輸入 y。

在 Anaconda Prompt 中啟動 TensorFlow 環境，輸入命令：

```
activate tf 1.14.0
```

安裝 CPU 版本的 TensorFlow，輸入命令：

```
pip install -upgrade --ignore-installed tensorflow==1.14.0
```

安裝完畢。

10.2.3 OpenCV 環境

需要安裝 OpenCV 3.4.2 環境，使用 Anaconda 進行安裝，輸入命令：

```
conda install opencv-python
```

10.2.4 Pillow 環境

需要安裝 Pillow 6.1.0 環境，使用 Anaconda 進行安裝，輸入命令：

conda install Pillow

10.3 模組實現

本專案包括 4 個模組：圖形化使用者介面、人臉檢測與標注、人臉朝向辨識、人臉處理與表情包合成。下面分別列出各模組的功能介紹及相關程式。

10.3.1 圖形化使用者介面

該模組能夠實現系統在圖片模式和攝影機模式下進行相互切換，支持在圖形化使用者介面上輸出即時視訊。

1. 定義主框架類別

定義一個主框架用於載入基礎圖形介面，並初始化變數與路徑，控制介面主循環。

```
class Application():
    #主視窗框架，控制介面主循環
    global rootPath, testMode
    def __init__(self):
        self.root = Tk()
        self.root.rootPath = rootPath
        print(self.root.rootPath)
        self.root.title("Auto Emoticons")
        self.root.geometry('780x370+600+300')
        self.root.maxsize(780, 370)
        self.root.minsize(780, 370)
```

```
        #變數
        self.root.testMode = testMode           #測試模式
        self.root.picAddr = StringVar()         # picAddr.get()為匯入圖型位址
        self.root.page = 0                      #當前展示的表情位於列表中的位置
        self.root.selectModel = self.reloadModel()      #載入圖型
        self.root.continueVideo = IntVar()              #持續開啟攝影機循環
        self.root.continueVideo.set(1)
        #路徑
        self.root.tempPath = os.path.join(
            self.root.rootPath, 'temp')                 #暫存檔案儲存路徑
        self.root.emoticonPath = os.path.join(
            self.root.tempPath, 'emoticons')            #臨時生成表情儲存路徑
        self.root.bgPath = os.path.join(
            self.root.rootPath, 'materials', 'background') #表情背景儲存路徑
        self.root.maskPath = os.path.join(
            self.root.rootPath, 'materials', 'mask')   #遮色片儲存路徑
        # 表情背景圖片數目(-1是因為從0開始編號)
        self.root.bgsize = len(os.listdir(self.root.bgPath))-1
        picMode(self.root)
def reloadModel(self, model_name='./data/CovNet_0.945.h5'):
        #匯入模型(提前載入模型,可免去每次匯入圖片都重新載入,大幅加快處理速度)
        model = load_model(model_name)
        if self.root.testMode:
                model.summary()
        return model
    def run(self):
        self.root.mainloop()
```

2. 定義照片模式類別

繼承主框架類別：針對圖片模式的功能特點定義照片模式類別，要求能夠實現開啟圖片傳入辨識演算法、檢測圖片中的人臉、辨識與處理人臉、生成表情包、表情和圖片展示的翻頁功能、儲存表情、切換至攝影機模式。

3. 定義攝影機模式類別

繼承主框架類別，根據攝影機模式的功能特點，定義攝影機模式類別，實現即時讀取資料、檢測人臉、製作表情包、攝影機循環、儲存表情以及切換至照片模式。

10.3.2 人臉檢測與標注

架設圖形介面框架，實現各功能部件、照片或視訊中的人臉檢測與標注。人臉檢測模組以 OpenCV 函數庫為基礎的 Haar 串聯正臉分類演算法，透過載入已訓練好的人臉檢測器 haarcascade_frontalface_alt.xml，直接呼叫串聯演算法，便可檢測傳入的演算法圖型中是否有該人臉圖型，若有則用方框標記出來，便於系統進行下一步的人臉影像處理。該模組可應用於照片和攝影機模式，具體輸入參數與檢測到人臉圖型後的處理方式因模式的要求不同而略有差異。

```
def detect(self, image_path, picType):
        # OpenCV 檢測是否有人臉圖型
        data = './data/haarcascade_frontalface_alt.xml'  #人臉圖型檢測器
        face_cascade = cv2.CascadeClassifier(data)#獲取訓練好的人臉圖型參數資料
        image = cv2.imread(image_path)                   #讀取圖片
        gray = cv2.cvtColor(image, cv2.COLOR_BGR2GRAY) #灰階處理
        #探測圖片中的人臉圖型
        faces = face_cascade.detectMultiScale(
            gray, scaleFactor=1.15, minNeighbors=5, minSize=(5, 5),
flags=cv2.CASCADE_SCALE_IMAGE)
        picNum = 0
        os.mkdir(os.path.join(self.master.rootPath, 'temp', 'faces'))
        for (x, y, w, h) in faces:              # faces 中可能包含多張人臉圖型
            a, b, c, d = int(x), int(y), int(w), int(
                h)  #將 int32 轉化為 int 類型，便於用清單裁剪圖片
            face = image[b:b + d, a:a + c]      #按辨識框裁剪人臉圖片
```

```
        save = os.path.join(self.master.rootPath, 'temp',
        'faces', 'tempPicFace'+str(picNum)+'.png')
        cv2.imwrite(save, face, None)              # 儲存裁剪後的人臉圖型
        picNum += 1
    for (x, y, w, h) in faces:
    # 儲存帶辨識框的圖型(兩次 for 循環是為了先儲存不帶辨識框的人臉圖型)
        cv2.rectangle(image, pt1=(x, y), pt2=(x + w, y + h),
                      color=(255, 150, 0), thickness=5) # 加入辨識框
        cv2.imwrite(image_path, image)
    return picNum
```

人臉圖型檢測與標注結果如圖 10-3 所示。

▲ 圖 10-3 人臉檢測與標注

10.3.3 人臉朝向辨識

檢測與裁剪人臉之後，需要人臉朝向辨識模組做朝向預測。

1. 製作人臉朝向資料集

本專案爬取了近 300 張公眾人物照片作為資料集，透過 Haar 串聯分類器檢測與裁剪人臉，再經人工篩查分類對資料做正向、朝左及朝右三類的劃分製作了人臉朝向資料集，如圖 10-4~ 圖 10-6 所示。

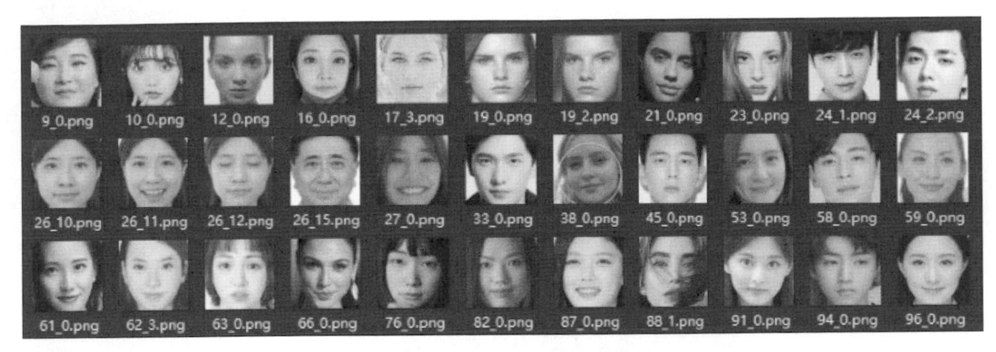

▲ 圖 10-4 正向人臉資料

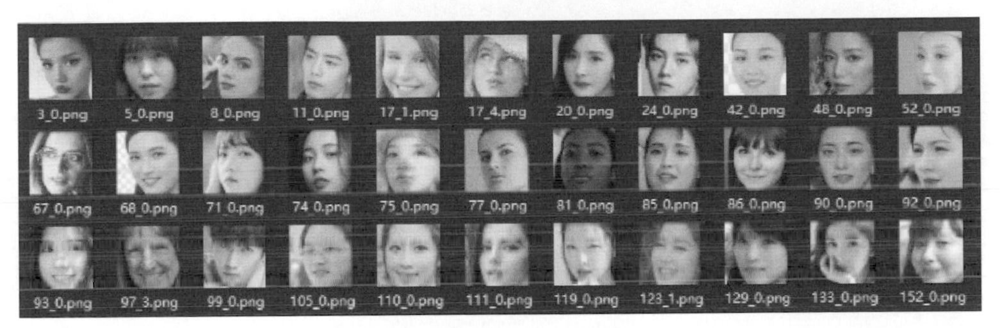

▲ 圖 10-5 朝左人臉資料

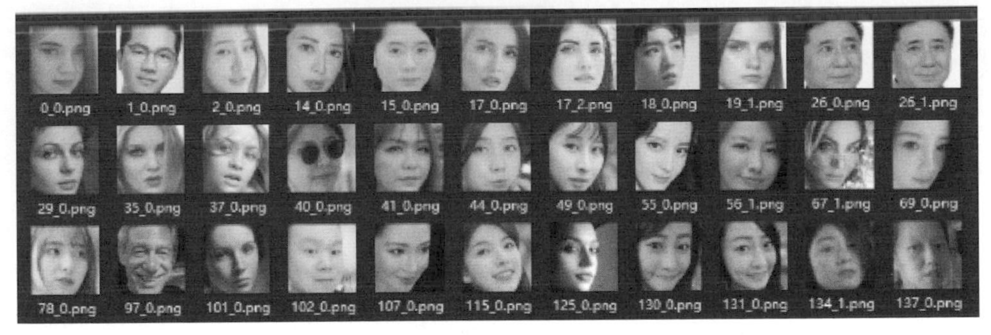

▲ 圖 10-6 朝右人臉資料

2. 資料前置處理

在模型訓練之前，先劃分訓練集和驗證集，將影像處理為統一標準後輸入神經網路。相關程式如下：

```
from tensorflow.keras.preprocessing.image import ImageDataGenerator
#路徑
base_dir = './google_faces_train_val'
train_dir = os.path.join(base_dir, 'train')
val_dir = os.path.join(base_dir, 'val')
train_1_dir = os.path.join(train_dir, '1')
train_2_dir = os.path.join(train_dir, '2')
train_3_dir = os.path.join(train_dir, '3')
val_1_dir = os.path.join(val_dir, '1')
val_2_dir = os.path.join(val_dir, '2')
val_3_dir = os.path.join(val_dir, '3')
train_1_fnames = os.listdir(train_1_dir)
train_2_fnames = os.listdir(train_2_dir)
train_3_fnames = os.listdir(train_3_dir)
#統一圖型大小
#圖片縮放 1./255
train_datagen = ImageDataGenerator(rescale=1./255)
val_datagen = ImageDataGenerator(rescale=1./255)
#分批讀取訓練資料與驗證資料
#使用 train_datagen 生成器按 20 個批次訓練圖型
train_generator = train_datagen.flow_from_directory(
    train_dir,  #這是訓練圖型的原始目錄
    target_size=(150, 150),  #所有圖型將調整為 150*150
    batch_size=20,
    #如果使用 binary_crossentropy 損失，需要二進位標籤
    #class_mode='binary',
)
#使用 val_datagen 生成器按 20 個批次驗證圖型
validation_generator = val_datagen.flow_from_directory(
    val_dir,
```

```
    target_size=(150, 150),
    batch_size=20,
    #class_mode='binary',
)
```

3. 網路結構定義

為實現人臉朝向分類，且要求網路結構簡單，判別高效，透過對兩個目標做權衡，在比較不同網路後，本專案選擇了對比值更高的三層卷積神經網路，相關程式如下：

```
def cnn(input_shape=(150, 150, 3), classes=3):
    # 輸入 150*150 像素的三通道 RGB 圖型
    img_input = layers.Input(shape=input_shape)
    # 第一層卷積
    x = layers.Conv2D(16, 3, activation='relu')(img_input)
    x = layers.MaxPooling2D(2)(x)
    # 第二層卷積
    x = layers.Conv2D(32, 3, activation='relu')(x)
    x = layers.MaxPooling2D(2)(x)
    # 第三層卷積
    x = layers.Convolution2D(64, 3, activation='relu')(x)
    x = layers.MaxPooling2D(2)(x)
    # 展開圖型成一維張量
    x = layers.Flatten()(x)
    # 全連接層
    x = layers.Dense(512, activation='relu')(x)
    #0.5 是圖 10-9 的隨機損失率
    x = layers.Dropout(0.5)(x)
    # 單節點輸出層
    output = layers.Dense(classes, activation='softmax')(x)
    # 定義與編譯模型
    model = Model(img_input, output)
    return model
```

卷積神經網路結構如圖 10-7 所示。

Layer (type)	Output Shape	Param #
input_9 (InputLayer)	[(None, 150, 150, 3)]	0
conv2d_24 (Conv2D)	(None, 148, 148, 16)	448
max_pooling2d_24 (MaxPooling	(None, 74, 74, 16)	0
conv2d_25 (Conv2D)	(None, 72, 72, 32)	4640
max_pooling2d_25 (MaxPooling	(None, 36, 36, 32)	0
conv2d_26 (Conv2D)	(None, 34, 34, 64)	18496
max_pooling2d_26 (MaxPooling	(None, 17, 17, 64)	0
flatten_8 (Flatten)	(None, 18496)	0
dense_16 (Dense)	(None, 512)	9470464
dropout_8 (Dropout)	(None, 512)	0
dense_17 (Dense)	(None, 3)	1539

▲ 圖 10-7 卷積神經網路結構

4. 模型訓練

前置處理資料集並定義好網路結構以後，將資料集輸入神經網路中進行訓練獲得模型。模型訓練輸出結果如圖 10-8 所示，相關程式如下：

```
checkpoint = ModelCheckpoint(# 檢查點
    filepath='./tmp/direction_cnn_{epoch:03d}_{val_acc:.5f}.h5',
monitor='val_acc', mode='auto', save_best_only='True')   # 檔案路徑
callbacks = [checkpoint]
model = cnn()
model.compile(loss='binary_crossentropy',
              optimizer=RMSprop(lr=0.0001),
              metrics=['acc'])
history = model.fit_generator(# 參數
    train_generator,
    steps_per_epoch=20,
    epochs=100,
```

```
    callbacks=callbacks,
    validation_data=validation_generator,
    validation_steps=10)
```

```
20/20 [==============================] - 9s 470ms/step - loss: 0.6001 - acc: 0.6733 - val_loss: 0.5726 - val_acc: 0.7300
Epoch 2/100
20/20 [==============================] - 7s 373ms/step - loss: 0.4939 - acc: 0.7583 - val_loss: 0.4622 - val_acc: 0.7616
Epoch 3/100
20/20 [==============================] - 8s 402ms/step - loss: 0.3680 - acc: 0.8575 - val_loss: 0.3399 - val_acc: 0.8481
Epoch 4/100
20/20 [==============================] - 8s 378ms/step - loss: 0.2819 - acc: 0.9058 - val_loss: 0.3057 - val_acc: 0.8650
Epoch 5/100
20/20 [==============================] - 8s 422ms/step - loss: 0.2309 - acc: 0.9275 - val_loss: 0.2549 - val_acc: 0.9051
```

▲ 圖 10-8 模型訓練輸出結果

5. 模型評估與儲存

透過評估模型得知，在測試集上的精度可達到 94.5%，Acc-Loss 圖型如圖 10-9 所示。

```
model.evaluate(validation_generator, verbose=2)
acc = history.history['acc']
val_acc = history.history['val_acc']
# 為每一輪設定損失
loss = history.history['loss']
val_loss = history.history['val_loss']
# 獲得訓練輪次
epochs = range(len(acc))
# 每輪輸出一次正確率圖型
plt.plot(epochs, acc, label='acc')
plt.plot(epochs, val_acc, label='val_acc')
plt.legend()
plt.title('Training and validation accuracy')
plt.figure()
# 每輪輸出一次損失圖型
plt.plot(epochs, loss, label='loss')
plt.plot(epochs, val_loss, label='val_loss')
plt.legend()
plt.title('Training and validation loss')
```

```
plt.figure()
# 輸出準確率 - 損失圖型
plt.plot(epochs,acc,label='acc')
plt.plot(epochs,loss,label='loss')
plt.legend()
plt.title('Acc-Loss')
```

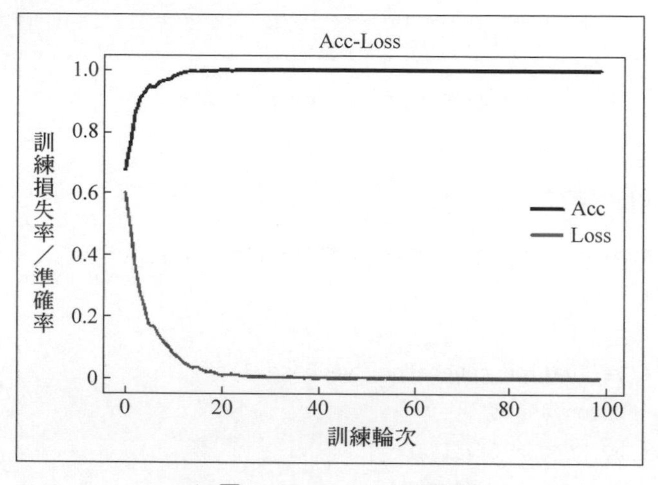

▲ 圖 10-9 Acc-Loss 圖型

10.3.4 人臉處理與表情包合成

得到裁剪人臉圖型和朝向分類器後對其做不同的處理。

1. 人臉朝向檢測

載入訓練好的人臉朝向分類器，傳入人臉圖型做朝向判斷，並回傳判斷結果：

```
def recognizeDirection(pic_path, model):
    # 辨識人臉朝向
    classes = {1: 'straght', 2: 'left', 3: 'right'}
    image_path = pic_path
    img = Image.open(image_path)
```

```
        img = img.resize((150, 150))
        img = np.expand_dims(img, axis=0)
        result = model.predict(img, batch_size=1)
        #print(result)
        result = result.tolist()
        mostLike = result[0].index(max(result[0]))+1
        mostLikeInterpret = classes[mostLike]
        #print(mostLike)
    return mostLike, mostLikeInterpret
```

2. 表情包合成

以人臉朝向辨識步驟為基礎，選擇合適的人臉遮色片遮蓋臉外輪廓，再結合不同的光源環境選擇不同的人臉五官處理方案以達到最佳效果：

```
def draw(img, blur=25, alpha=1.0):
    # 人臉圖型明暗均衡處理
    #img1 = img.convert('L')
    img1 = img
    img2 = img1.copy()
    img2 = ImageOps.invert(img2)
    for i in range(blur):
        img2 = img2.filter(ImageFilter.BLUR)
    #img2 = img2.filter(MyGaussianBlur(radius=1))  # 高斯模糊
    width, height = img1.size
    for x in range(width):
        for y in range(height):
            a = img1.getpixel((x, y))
            b = img2.getpixel((x, y))
            img1.putpixel((x, y), min(int(a*255/(256-b*alpha)), 255))
    return img1
def emoticoning(self, filepath):
        # 生成表情
        # global testMode
        os.mkdir(self.master.emoticonPath)
```

```
        face_path = os.path.join(self.master.rootPath,
                                 'temp', 'faces')   # 截取的人臉圖片路徑
        i = 0
        for image_name in os.listdir(face_path):
            image_path = os.path.join(face_path, image_name)
            # 傳入辨識演算法
            maskNum, maskType = recognizeDirection(
                image_path, self.master.selectModel)
            scheme = 4# 人臉圖型五官提取方案選擇
            if self.master.testMode:
                print(maskType)
            maskPath = os.path.join(
                    self.master.rootPath, 'materials', 'mask', 'maskTest{}.
png'.format(maskNum))
        else:
            maskPath = os.path.join(
                self.master.rootPath, 'materials', 'mask', 'mask{}.png'.
format(maskNum))
        image = Image.open(image_path).convert('L')            # 灰階圖讀取
        # 人臉圖型五官提取方案
        if scheme == 1:
            image = image.filter(MyGaussianBlur(radius=0.5))   # 高斯模糊
            image = image.filter(ImageFilter.CONTOUR)          # 輪廓檢測
            image = image.filter(MyGaussianBlur(radius=1))     # 高斯模糊
            image = ImageEnhance.Contrast(image).enhance(10.0) # 圖型增強
        elif scheme == 2:
            image = image.filter(MyGaussianBlur(radius=0.7))   # 高斯模糊
            image = image.filter(ImageFilter.CONTOUR)          # 輪廓檢測
            image = image.filter(MyGaussianBlur(radius=0.5))   # 高斯模糊
            image = ImageEnhance.Contrast(image).enhance(15.0) # 圖型增強
            image = image.filter(MyGaussianBlur(radius=0.5))   # 高斯模糊
        elif scheme == 3:
            image = image.filter(MyGaussianBlur(radius=0.7))   # 高斯模糊
            image = image.filter(ImageFilter.EDGE_ENHANCE)     # 輪廓檢測
```

```
            image = image.filter(MyGaussianBlur(radius=0.5))     #高斯模糊
            image = ImageEnhance.Contrast(image).enhance(15.0)  #圖型增強
            image = image.filter(MyGaussianBlur(radius=0.5))     #高斯模糊
        elif scheme == 4:
            image = draw(image)                                   #明暗均衡處理
        image = image.resize((90, 90)).crop(
            (15, 20, 75, 80)) #二次調整人臉大小及位置(可依據人臉方向進行偏向性
調整)
        if maskPath:                                        #增加人臉邊緣遮色片
            image = image.convert('RGBA')
            mask = Image.open(maskPath).convert('RGBA')
            image.paste(mask, (0, 0, 60, 60), mask)
        #bg = random.randint(0, self.master.bgsize)         #隨機選擇表情背景
        bg = 25
        back_ground = Image.open(os.path.join(
            self.master.bgPath, str(bg)+'.jpg'))
        back_ground.paste(image, (80, 60, 140, 120))
        save = os.path.join(self.master.emoticonPath,
                            'emoticon{}.png'.format(i)) #裁剪後圖片路徑
        back_ground.save(save)
        i += 1
```

不同光源下的人臉五官特徵處理方案比較如圖 10-10 所示，在不同光源環境下，處理方案對五官輪廓的強度不同，各具優勢。較暗的光線環境下，方案 1 和方案 2 無法呈現清晰的五官輪廓；而在較亮的環境下，方案 3 也遺失過多五官資訊；並且在輸入圖型尺寸不同時，由於人臉清晰度不同，標注並裁剪下來的圖型品質不一，在處理品質低的小圖型時，方案 2 更佔優勢。綜合看，方案 4 對圖型做了明暗均衡處理，雖然在耗時上比前三個方案更長，但是其對應用場景的普適性更強。

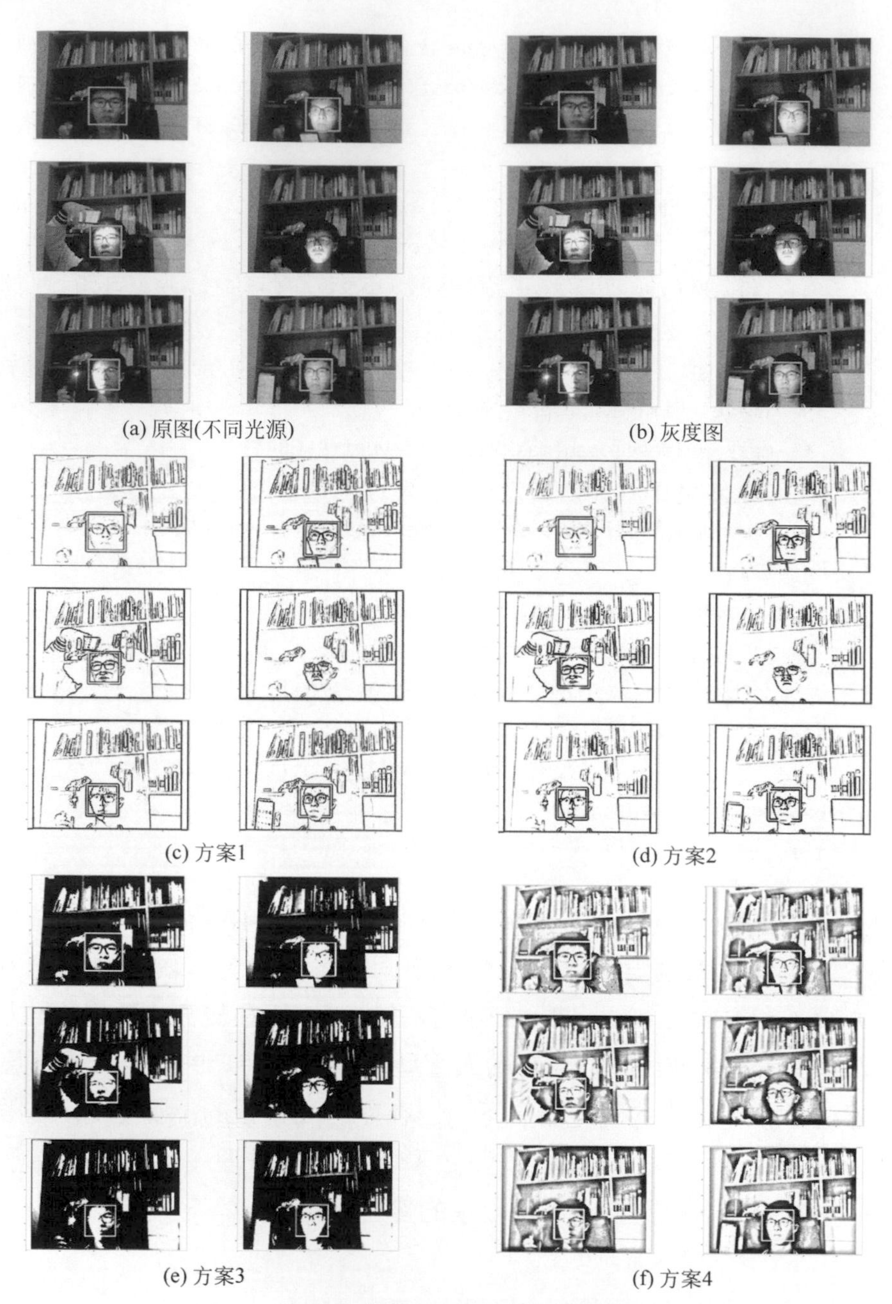

▲ 圖 10-10 不同光源下人臉五官特徵處理方案比較

10.4 系統測試

將圖型輸入系統中，開啟測試模式，辨識人臉位置並判斷人臉朝向，選擇合適的遮色片，系統效果演示如圖 10-11 所示。

(a) 原圖

(b) 放大圖

(c) 選擇遮色片

▲ 圖 10-11　系統效果演示

10.4.1 確定執行環境符合要求

在執行本系統時，應滿足一定的環境才能順利執行：

- Windows 10；
- Python 3.7.x；
- OpenCV 3.4.2；
- Pillow 6.1.0；
- Numpy 1.16.4；
- Tensorflow 1.14.0；
- Keras 2.3.1；
- Tkinter 8.6.8。

若需使用攝影機模式，則需在帶有攝影機的裝置上執行本程式。

10.4.2 應用使用說明

開啟 App，初始介面如圖 10-12 所示，預設開啟為照片模式。

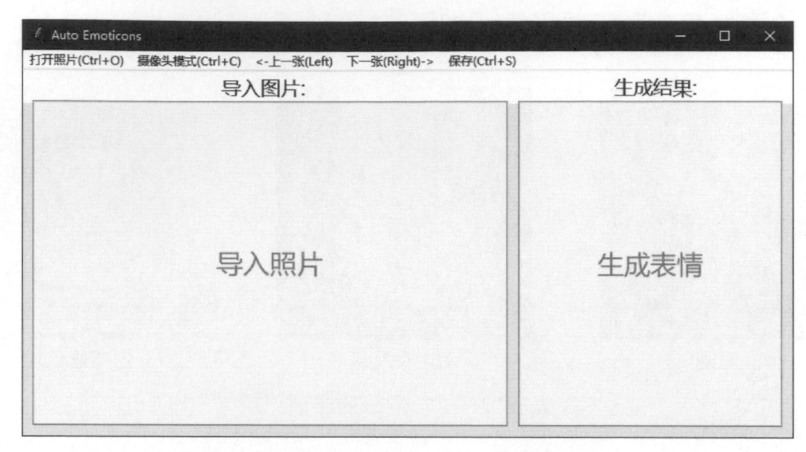

▲ 圖 10-12 初始介面（照片模式）

介面功能表列按鈕依次為開啟照片、攝影機模式、上一張、下一張、儲存，並且配備鍵盤快速鍵。

點擊開啟照片進行表情包製作，開啟的照片在左下方匯入照片處展示，生成的表情在右側展示，如圖 10-13 所示。

▲ 圖 10-13 開啟照片

若一張照片中包含多個人臉，點擊上一張和下一張可以切換展示不同人臉生成的表情，如圖 10-14 所示，辨識出的人臉依圖型清晰度與人臉密集程度展現出品質差異。

▲ 圖 10-14 多人臉的切換展示

儲存表情提示訊息如圖 10-15 所示。

▲ 圖 10-15 儲存表情提示訊息

點擊攝影機模式可以切換至使用攝影機生成即時表情，如圖 10-16 所示。

▲ 圖 10-16 攝影機模式

PROJECT

11

AI 作曲

本專案以 TensorFlow 開發環境為基礎使用 LSTM 模型，透過搜集 MIDI 檔案，進行特徵篩選和提取，訓練生成合適的機器學習模型，實現 Magenta 原理，從而進行人工智慧作曲。

11.1 整體設計

本部分包括系統整體結構圖和系統流程圖。

11.1.1 系統整體結構圖

系統整體結構如圖 11-1 所示。

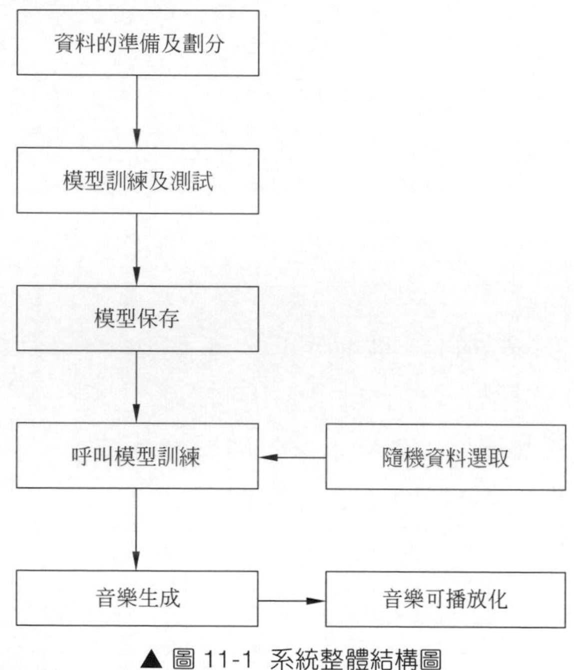

▲ 圖 11-1 系統整體結構圖

11.1.2 系統流程圖

系統流程如圖 11-2 所示。

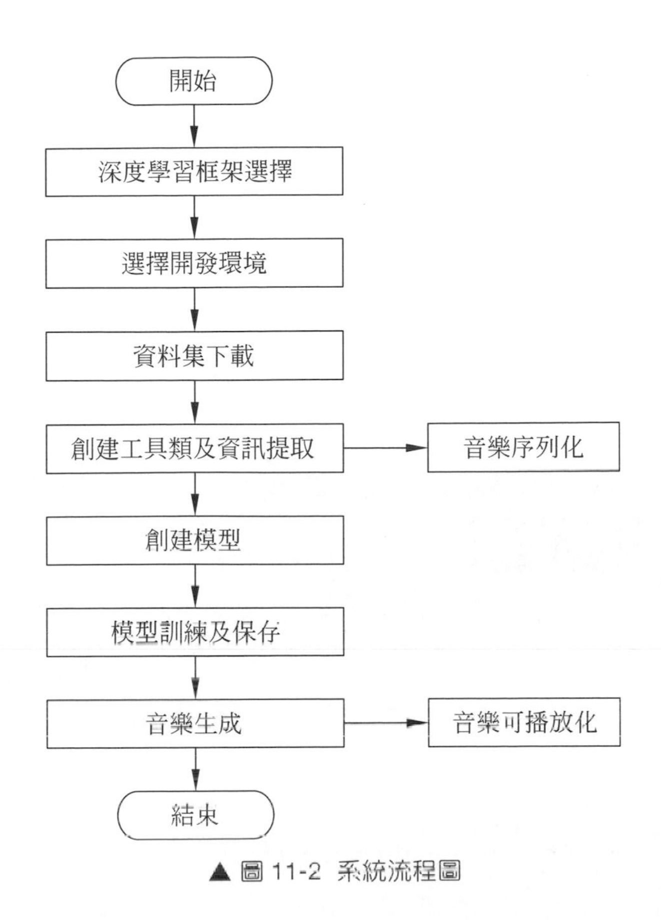

▲ 圖 11-2 系統流程圖

11.2 執行環境

本部分包括 Python 環境、虛擬機器環境、TensorFlow 環境、Python 類別庫及專案軟體。

11.2.1 Python 環境

需要 Python 2.7 及以上設定，推薦下載虛擬機器在 Ubuntu 16.04 環境下執行程式。

11.2.2 虛擬機器環境

安裝 VirtualBox，下載網址為 https://www.virtualbox.org，選擇 OS X hosts 下的 5.2.36 版本。

安裝 Ubuntu 系統，下載網址為 https://ubuntu.com/download，版本編號為 16.04 的 Ubuntu 系統為長期支援版 (LTS)。下載 Ubuntu 後，需要下載 Ubuntu GNOME 桌面，網址為 http://ubuntugnome.org。建立虛擬機器，開啟 VirtualBox，如圖 11-3 所示。

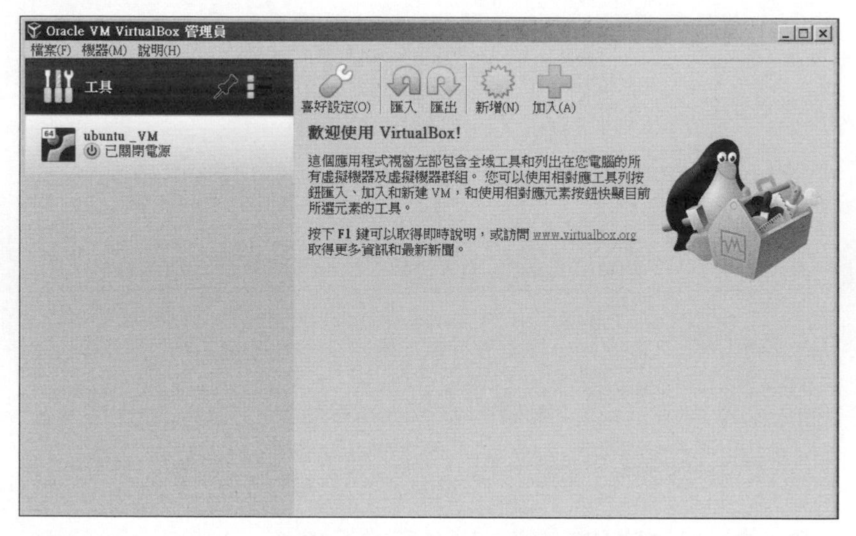

▲ 圖 11-3 VirtualBox 主介面

點擊「新建」按鈕，出現如圖 11-4 所示的對話方塊。

「名稱」可自行定義；「類型」選擇 Linux；「版本」選擇 Ubuntu(64-bit)；「記憶體大小」可自行設定，建議設定為 2048MB 及以上；「虛擬硬碟」選項選擇預設選項，即「現在建立虛擬硬碟」，之後點擊「建立」按鈕，在檔案位置和大小對話方塊中將虛擬硬碟更改為 20GB，虛擬機器映射檔案建立完成。對該映射檔案點擊右鍵進行設定，點擊「儲存」按鈕，如圖 11-5 所示。

▲ 圖 11-4 虛擬機器建立介面

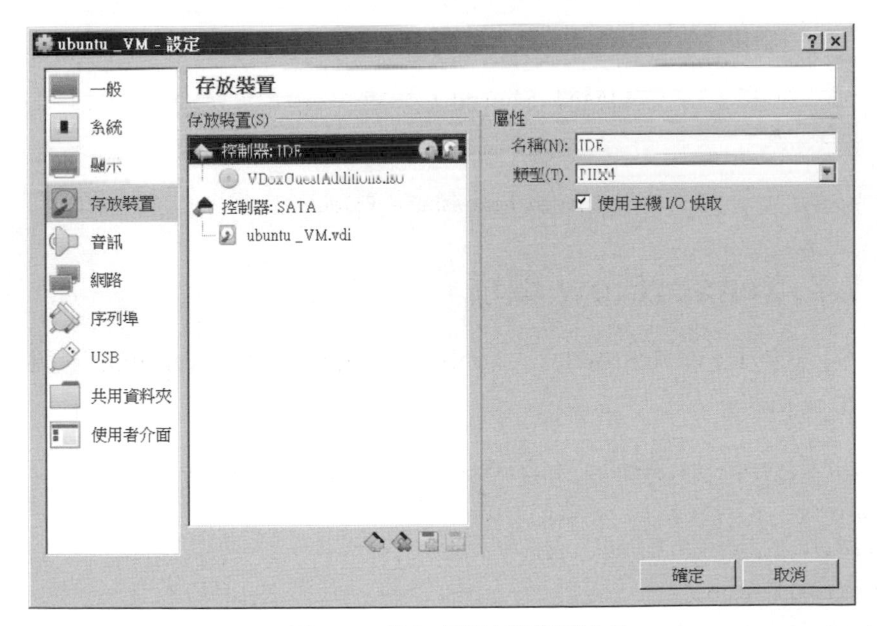

▲ 圖 11-5 增加虛擬光碟對話方塊

依次選擇沒有碟片→分配光碟機→選擇一個虛擬光碟檔案，增加下載好的 Ubuntu GnomeISO 映像檔檔案，點擊 OK 按鈕後，選擇 install Ubuntu GNOME、Continue → Install Now → Continue → Continue，在 Keyboard layout 對話方塊中選擇 Chinese，點擊 Continue 按鈕，等待安裝完成後點擊 Restart Now 按鈕即可。

（1）進行 Ubuntu 的基本設定；

（2）開啟 Terminal，安裝 Google 輸入法，輸入命令：

```
sudo apt install fcitx fcitx-googlepinyin im-config
```

（3）安裝 VIM，輸入命令：

```
sudo apt install vim
```

（4）建立與主機共用的資料夾，輸入命令：

```
mkdir share_folder
sudo apt install virtualbox-guest-utils
```

（5）建立主機資料夾 AIMM_Shared，建立主機與虛擬機器的共用路徑，輸入命令：

```
sudo mount -t vboxsf AIMM_Shared home/share_folder
```

11.2.3 TensorFlow 環境

參考網址為 https://tensorflow.google.cn/install，開啟 Terminal，輸入命令：

```
sudo apt-get install python-pip python-dev python-virtualenv
virtualenv --system-site-packages tensorflow
source ~/tensorflow/bin/activate
easy_install -U pip
pip install --upgrade tensorflow
deactivate
```

11.2.4 Python 類別庫及專案軟體

安裝 Python 的相關類別庫，輸入以下命令：

```
pip install numpy
pip install pandas
pip install matplotlib
sudo pip install keras
sudo pip install music21
sudo pip install h5py
sudo apt install ffmpeg
sudo apt install timidity
```

11.3 模組實現

本專案包括 5 個模組：資料前置處理、資訊提取、模型建構、模型訓練及儲存、音樂生成。下面分別列出各模組的功能介紹及相關程式。

11.3.1 資料前置處理

資料來自網際網路下載的 70 首音樂檔案 (格式為 MIDI)，如圖 11-6 所示。百度網路硬碟連結為 https://pan.baidu.com/s/1dQcdfXlSvDc0YIYLZ6UhSw，提取碼為 e7sj。

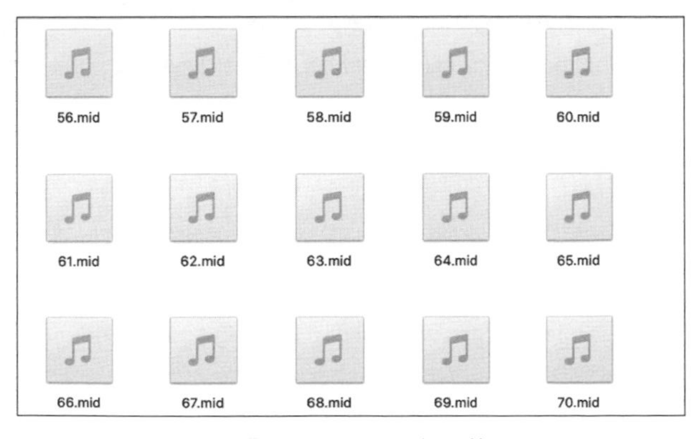

▲ 圖 11-6 訓練資料集

11.3.2 資訊提取

資料準備完成後，需要進行檔案格式轉換及音樂資訊提取。

1. 檔案格式轉換

使用 Timidity 軟體，實現將 MIDI 檔案格式轉為 MP3 等其他串流媒體格式的操作。

```
import os
import subprocess
import pickle #讀取檔案
import glob #讀取檔案，glob：比對所有符合條件的檔案，並以 list 的形式返回
from music21 import converter, instrument, note, chord, stream
#將神經網路生成的 MIDI 檔案轉成 MP3 檔案
def convert_midi_to_mp3():
    input_file = 'output.mid'
    output_file = 'output.mp3'
    #判斷路徑是否存在
    if not os.path.exists(input_file):
        raise Exception("MIDI 檔案 {} 不在此目錄下，請確保此檔案被正確生成 ".
format(input_file))
    print(' 將 {} 轉為 MP3'.format(input_file))
    #用 timidity 把檔案提取出來再用 ffmpeg 轉成 MP3
    command = 'timidity {} -Ow -o - | ffmpeg -i - -acodec libmp3lame -ab 64k
{}'.format(input_file, output_file)
    return_code = subprocess.call(command, shell=True)
    if return_code != 0:
        print(' 轉換時出錯，請查看出錯資訊 ')
    else:
        print(' 轉換完畢 . 生成的檔案是 {}'.format(output_file))
#從 music_midi 目錄中的所有 MIDI 檔案裡提取 note( 音符 ) 和 chord( 和絃 )
#確保包含所有 MIDI 檔案的 music_midi 資料夾在所有 Python 檔案的同級目錄下
def get_notes():
```

```
    if not os.path.exists("music_midi"):
        raise Exception(" 包含所有 MIDI 檔案的 music_midi 資料夾不在此目錄下，
請增加 ")
    notes = []
    # glob: 比對所有符合條件的檔案，並以 list 的形式返回
    for midi_file in glob.glob("music_midi/*.mid"):
        stream = converter.parse(midi_file)
    # converter 是 Music21 的類別，parse 方法用於解析檔案
        parts = instrument.partitionByInstrument(stream)
        # 如果有樂器部分，取第一個
        if parts:
            notes_to_parse = parts.parts[0].recurse()
        else:
            notes_to_parse = stream.flat.notes
        for element in notes_to_parse:
            # 如果是 Note 類型，那麼取它的音調
            if isinstance(element, note.Note):
            #isinstance() 函數來判斷一個物件是否是已知的類型
                # 格式，例如：E6
                notes.append(str(element.pitch))
            # 如果是 Chord 類型，那麼取它各個音調在映射表裡對應的數字序號
            elif isinstance(element, chord.Chord):
                # 轉換後格式，例如：4.15.7
                notes.append('.'.join(str(n) for n in element.normalOrder))
    # 如果 data 目錄不存在，建立此目錄
    if not os.path.exists("data"):
        os.mkdir("data")
    # 將資料寫入 data 目錄下的 notes 檔案
    with open('data/notes', 'wb') as filepath:
        pickle.dump(notes, filepath) #pickle.dump 用於管理檔案
    return notes
# 用神經網路 " 預測 " 的音樂資料來生成 MIDI 檔案，再轉成 MP3 檔案
def create_music(prediction):
```

```
offset = 0# 偏移，使增加的音符不會重疊，而是透過偏移讓音符有先後順序
output_notes = []
# 生成 Note( 音符 ) 或 Chord( 和絃 ) 物件
for data in prediction:
    # 是 Chord 格式，例如：4.15.7
    # 判斷 data 是否含有 "." ; isdigit() 用於檢測字串是否只由數字組成
    if ('.' in data) or data.isdigit():
        notes_in_chord = data.split('.')
        notes = []
        for current_note in notes_in_chord:
            new_note = note.Note(int(current_note))
            new_note.storedInstrument = instrument.Piano()
            # 樂器用鋼琴 (piano)
            notes.append(new_note)
        new_chord = chord.Chord(notes)
        new_chord.offset = offset
        output_notes.append(new_chord)
    # 是 Note
    else:
        new_note = note.Note(data)
        new_note.offset = offset
        new_note.storedInstrument = instrument.Piano()
        output_notes.append(new_note)
    # 每次迭代都將偏移增加，這樣才不會交疊覆蓋
    offset += 0.5
# 建立音樂串流 (Stream)
midi_stream = stream.Stream(output_notes)
# 寫入 MIDI 檔案
midi_stream.write('midi', fp='output.mid')
# 將生成的 MIDI 檔案轉換成 MP3
convert_midi_to_mp3()
```

2. 音樂資訊提取

需要將 MIDI 檔案中的音符資料全部提取，包括 note 和 chord 的處理；note 是指音符，而 chord 是指和絃。所使用的軟體是 Music21，它可以對 MIDI 檔案進行資料提取或寫入。

```
import os
from music21 import converter, instrument
def print_notes():
    if not os.path.exists("1.mid"):
        raise Exception("MIDI 檔案 1.mid 不在此目錄下，請增加 ")
    # 讀取 MIDI 檔案 , 輸出 Stream 串流類型
    stream = converter.parse("1.mid") # 解析 1.mid 的內容
    # 獲得所有樂器部分
    parts = instrument.partitionByInstrument(stream)
    if parts:# 如果有樂器部分，取第一個樂器部分，先採取一個音軌
        notes = parts.parts[0].recurse() # 遞迴獲取
    else:
        notes = stream.flat.notes
    # 列印出每一個元素
    for element in notes:
        print(str(element))
if __name__ == "__main__":
    print_notes()
```

11.3.3 模型建構

資料載入後，需要進行定義模型結構、最佳化損失函數。

1. 定義模型結構

如圖 11-7 所示為圖形化的神經網路架設模型，共 9 層，只使用 LSTM 的 70%，捨棄 30%，這是為了防止過擬合，最後全連接層的音調數就是初始定義 num_pitch 的數目，用神經網路去預測每次生成的新音調是所有音調

中的哪一個，利用交叉熵和 Softmax(啟動層) 計算出機率最高那一個並作為輸出 (輸出為預測音調對應的序列)。還需要在程式後面增加指定模型的損失函數和最佳化器設定。

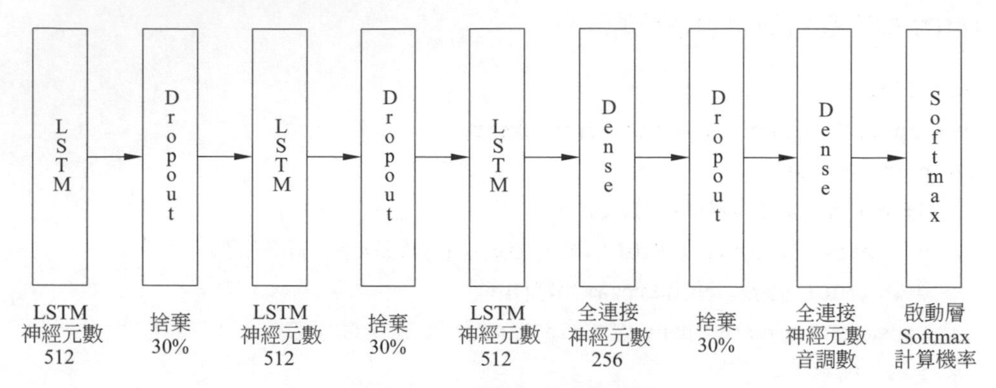

▲ 圖 11-7　神經網路模型結構

```
#RNN-LSTM 循環神經網路
import tensorflow as tf
# 神經網路模型
def network_model(inputs, num_pitch, weights_file=None):
    model = tf.keras.models.Sequential()
```

首先建構一個神經網路模型 (其中 Sequential 是序列的意思)，在 TensorFlow 官網裡可以看到基本用法，透過 add() 方法增加需要的層。Sequential 相當於一個漢堡模型，根據自己的需要按順序填充不同層。

```
# 模型框架，第 n 層輸出會成為第 n+1 層的輸入，一共 9 層
    model.add(tf.keras.layers.LSTM(
        512,#LSTM 層神經元的數目是 512，也是 LSTM 層輸出的維度
        input_shape=(inputs.shape[1], inputs.shape[2]),
        # 輸入的形狀，對第一個 LSTM 層必須設定
        #return_sequences：控制返回類型
        #True：返回所有的輸出序列
        #False：返回輸出序列的最後一個輸出
        # 在堆疊 LSTM 層時必須設定，最後一層 LSTM 可以不用設定
```

```
        return_sequences=True# 返回所有的輸出序列
    ))
    # 捨棄 30% 神經元，防止過擬合
    model.add(tf.keras.layers.Dropout(0.3))
    model.add(tf.keras.layers.LSTM(512, return_sequences=True))
    model.add(tf.keras.layers.Dropout(0.3))
    model.add(tf.keras.layers.LSTM(512))
    #return_sequences 是預設的 False，只返回輸出序列的最後一個
    #256 個神經元的全連接層
    model.add(tf.keras.layers.Dense(256))
    model.add(tf.keras.layers.Dropout(0.3))
    model.add(tf.keras.layers.Dense(num_pitch))
    # 輸出的數目等於所有不重複的音調數目：num_pitch
```

2. 最佳化損失函數

確定神經網路模型架構之後，需要對模型進行編譯，這是回歸分析問題，因此，需要用 Softmax 計算百分比機率，再用 Cross entropy(交叉熵) 計算機率和對應的獨熱碼之間的誤差，使用 RMSProp 最佳化器最佳化模型參數。

```
model.add(tf.keras.layers.Activation('softmax'))#Softmax 啟動函數算機率
    # 交叉熵計算誤差，使用 RMSProp 最佳化器
    # 計算誤差
    model.compile(loss='categorical_crossentropy', optimizer='rmsprop')
    # 損失函數 loss，最佳化器 optimizer
    if weights_file is not None:# 如果是生成音樂
        # 從 HDF5 檔案中載入所有神經網路層的參數 (Weights 權重 )
        model.load_weights(weights_file)
    return model
```

11.3.4 模型訓練及儲存

建構完整模型後，在訓練模型之前需要準備輸入序列，建立一個字典，用於映射音調和整數，同樣需要字典反向將整數映射成音調。除此之外，將輸入序列的形狀轉成神經網路模型可接受的形式，輸入歸一化。本文前面在建構神經網路模型時定義了損失函數，是用布林的形式計算交叉熵，所以要將期望輸出轉換成由 0 和 1 組成的布林矩陣。

1. 模型訓練

```
import numpy as np
import tensorflow as tf
from utils import *
from network import *
#訓練神經網路
def train():
    notes = get_notes()
    #得到所有不重複的音調數目
    num_pitch = len(set(notes))
    network_input, network_output = prepare_sequences(notes, num_pitch)
    model = network_model(network_input, num_pitch)
    filepath = "weights-{epoch:02d}-{loss:.4f}.hdf5"
```

在訓練模型之前，需要定義一個檢查點，其目的是在每輪結束時儲存模型參數 (weights)，在訓練過程中不會遺失模型參數，而且在對損失滿意時隨時停止訓練。本文根據官方檔案提供的範例格式設定了檔案路徑，不斷更新儲存模型參數 weights，檔案的格式也提到過 .hdf5。其中 checkpoint 中參數設定 save_best_only=Ture 是指監視器 monitor="loss" 監視儲存最好的損失，如果這次損失比上次損失小，則上次參數就會被覆蓋。

```
checkpoint = tf.keras.callbacks.ModelCheckpoint(
        filepath,# 儲存的檔案路徑
```

```
            monitor='loss',# 監控的物件是損失 (loss)
            verbose=0,
            save_best_only=True,# 不替換最近數值最佳監控物件的檔案
            mode='min'# 取損失最小的
        )
        callbacks_list = [checkpoint]
        # 用 fit() 方法訓練模型
        model.fit(network_input, network_output, epochs=100, batch_size=64,
callbacks=callbacks_list)
# 為神經網路準備好訓練的序列
def prepare_sequences(notes, num_pitch):
        sequence_length = 100# 序列長度
        # 得到所有不重複音調的名字
        pitch_names = sorted(set(item for item in notes)) #sorted 用於字母排序
        # 建立一個字典，用於映射音調和整數
        pitch_to_int=dict((pitch,num) for num,pitch in enumerate(pitch_names)
        #enumerate 是列舉
        # 建立神經網路的輸入序列和輸出序列
        network_input = []
        network_output = []
        for i in range(0, len(notes) - sequence_length, 1):
        # 每隔一個音符就取前面的 100 個音符用來訓練
            sequence_in = notes[i: i + sequence_length]
            sequence_out = notes[i + sequence_length]
            network_input.append([pitch_to_int[char] for char in sequence_in])
```

Batch size 是批次 (樣本) 數目。它是一次迭代所用的樣本數目。Iteration 是迭代，每次迭代更新一次權重 (網路參數)，每次權重更新需要 Batch size 個資料進行前向運算，再進行反向運算，一個 Epoch 指所有的訓練樣本完成一次迭代。

2. 模型儲存

訓練神經網路後，將參數 (weight) 存入 HDF5 檔案。

```
# 把 sequence_in 裡的每個字元轉成數字後存入 network_input
        network_output.append(pitch_to_int[sequence_out])
    n_patterns = len(network_input)
    # 將輸入的形狀轉換成神經網路模型可以接受的形式
network_input=np.reshape(network_input,(n_patterns,sequence_length, 1))
    # 將輸入標準化 / 歸一化
    # 歸一化可以讓之後的最佳化器 (optimizer) 更快更進一步地找到誤差最小值
    network_input = network_input / float(num_pitch)
    # 將期望輸出轉換成 {0, 1} 組成的布林矩陣，為配合誤差演算法使用
    network_output = tf.keras.utils.to_categorical(network_output)
    return network_input, network_output
if __name__ == '__main__':
    train()
```

11.3.5 音樂生成

該應用主要有序列準備、音符生成和音樂生成，有 3 種作用：①為神經網路準備好供訓練的序列；②以序列音符為基礎，用神經網路生成新的音符；③用訓練好的神經網路模型參數作曲。

本文在訓練模型時用 fit() 方法，模型預測資料時用 predict() 方法得到最大的維度，也就是機率最高的音符。將實際預測的整數轉換成音調儲存，輸入序列向後移動，不斷生成新的音調。

1. 序列準備

```
def prepare_sequences(notes, pitch_names, num_pitch):
    # 為神經網路準備好供訓練的序列
    sequence_length = 100
    # 建立一個字典，用於映射音調和整數
```

```
pitch_to_int = dict((pitch,num) for num, pitch in enumerate(pitch_names))
    # 建立神經網路的輸入序列和輸出序列
    network_input = []
    network_output = []
    for i in range(0, len(notes) - sequence_length, 1):
        sequence_in = notes[i: i + sequence_length]
        sequence_out = notes[i + sequence_length]
        network_input.append([pitch_to_int[char] for char in sequence_in])
        network_output.append(pitch_to_int[sequence_out])
    n_patterns = len(network_input)
    # 將輸入的形狀轉換成神經網路模型可以接受的形式
normalized_input=np.reshape(network_input,(n_patterns sequence_length, 1))
    # 將輸入標準化 / 歸一化
    normalized_input = normalized_input / float(num_pitch)
    return network_input, normalized_input
```

2. 音符生成

```
def generate_notes(model, network_input, pitch_names, num_pitch):
    # 以一序列音符為基礎，用神經網路生成新的音符
    # 從輸入裡隨機選擇一個序列，作為 " 預測 "/ 生成音樂的起始點
    start = np.random.randint(0, len(network_input) - 1)
    # 建立一個字典，用於映射整數和音調
    int_to_pitch = dict((num, pitch) for num, pitch in enumerate(pitch_
names))
    pattern = network_input[start]
    # 神經網路實際生成的音調
    prediction_output = []
    # 生成 700 個音符 / 音調
    for note_index in range(700):
        prediction_input = np.reshape(pattern, (1, len(pattern), 1))
        # 輸入歸一化
        prediction_input = prediction_input / float(num_pitch)
        # 用載入了訓練所得最佳參數檔案的神經網路預測 / 生成新的音調
        prediction = model.predict(prediction_input, verbose=0)
```

```
        #argmax 取最大的維度
        index = np.argmax(prediction)
        # 將整數轉成音調
        result = int_to_pitch[index]
        prediction_output.append(result)
        # 向後移動
        pattern.append(index)
        pattern = pattern[1:len(pattern)]
    return prediction_output
if __name__ == '__main__':
    generate()
```

3. 音樂生成

```
# 使用之前訓練所得的最佳參數生成音樂
def generate():
    # 載入用於訓練神經網路的音樂資料
    with open('data/notes', 'rb') as filepath:
        notes = pickle.load(filepath)
    # 得到所有音調的名字
    pitch_names = sorted(set(item for item in notes))
    # 得到所有不重複的音調數目
    num_pitch = len(set(notes))
    network_input, normalized_input = prepare_sequences(notes, pitch_names,
num_pitch)
    # 載入之前訓練時最好的參數檔案，生成神經網路模型
    model = network_model(normalized_input, num_pitch, "best-weights.hdf5")
    # 用神經網路生成音樂資料
    prediction=generate_notes(model, network_input, pitch_names, num_pitch)
    # 用預測的音樂資料生成 MIDI 檔案，再轉換成 MP3
    create_music(prediction)
```

11.4 系統測試

本部分包括模型訓練及測試效果。

11.4.1 模型訓練

執行 python train.py 開始訓練。預設訓練 100 個 Epoch，可使用組合鍵 Ctrl+C 結束訓練，測試過程如圖 11-8 所示。

```
Epoch 27/400
42685/42685 [==============================]42685/42685 [==============================] - 1858s 44ms/step - loss: 4.5118

Epoch 28/400
42685/42685 [==============================]42685/42685 [==============================] - 1855s 43ms/step - loss: 4.4739

Epoch 29/400
42685/42685 [==============================]42685/42685 [==============================] - 1853s 43ms/step - loss: 4.3547

Epoch 30/400
42685/42685 [==============================]42685/42685 [==============================] - 1853s 43ms/step - loss: 4.2431

Epoch 31/400
42685/42685 [==============================]42685/42685 [==============================] - 1850s 43ms/step - loss: 4.1182

Epoch 32/400
42685/42685 [==============================]42685/42685 [==============================] - 1849s 43ms/step - loss: 3.9861

Epoch 33/400
42685/42685 [==============================]42685/42685 [==============================] - 1847s 43ms/step - loss: 3.8438

Epoch 34/400
42685/42685 [==============================]42685/42685 [==============================] - 1845s 43ms/step - loss: 3.6849

Epoch 35/400
42685/42685 [==============================]42685/42685 [==============================] - 1842s 43ms/step - loss: 3.5315

Epoch 36/400
42685/42685 [==============================]42685/42685 [==============================] - 1844s 43ms/step - loss: 3.3884

Epoch 37/400
42685/42685 [==============================]42685/42685 [==============================] - 1845s 43ms/step - loss: 3.2341

Epoch 38/400
42685/42685 [==============================]42685/42685 [==============================] - 1845s 43ms/step - loss: 3.0969

Epoch 39/400
42685/42685 [==============================]42685/42685 [==============================] - 1849s 43ms/step - loss: 2.9628
```

▲ 圖 11-8 訓練過程

當 Epoch 次數增加後，損失率越來越低，模型在訓練資料、測試資料上的損失和準確率逐漸收斂，最終趨於穩定。

生成 MP3 音樂時，先生成 output.mid 這個 MIDI 檔案，再從 output.mid 生成 output.mp3 檔案——確保其位於 generate.py 同級目錄下，執行 python generate.py 即可生成 MP3 音樂。

11.4.2 測試效果

生成結果如圖 11-9 所示，output.mid 是直接生成的 MIDI 檔案，output.mp3 是轉換後的 MP3 串流媒體格式檔案。

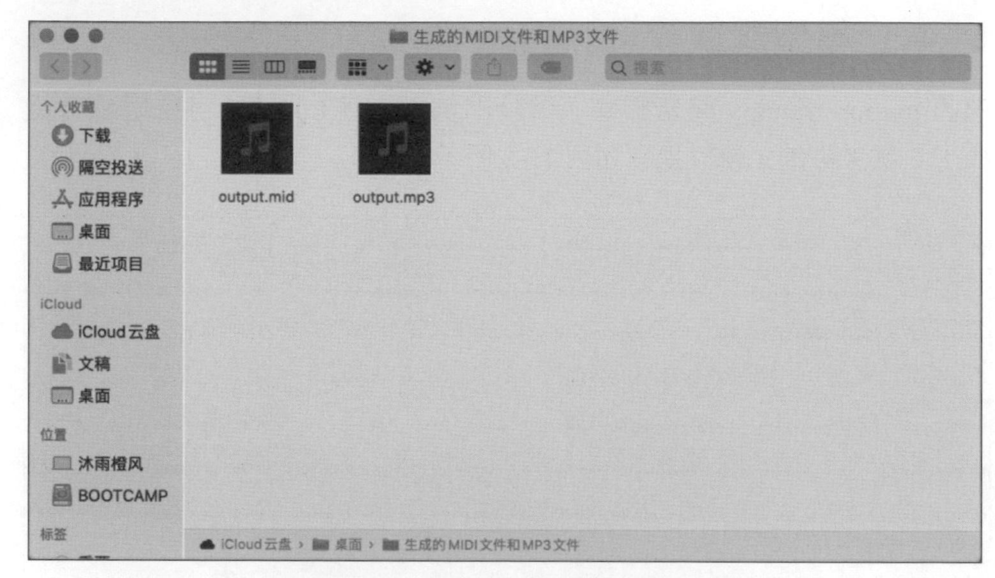

▲ 圖 11-9 生成的 MIDI 檔案和 MP3 檔案

利用 Garage Band 嘗試播放生成的音樂，如圖 11-10 所示。

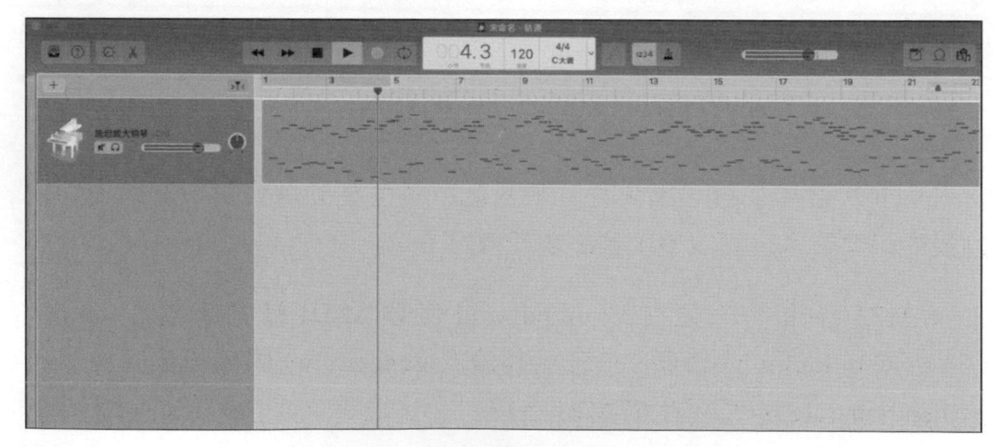

▲ 圖 11-10 播放 output.mid

PROJECT

12

智慧作文評分系統

本專案以 Kaggle 提供為基礎的 ASAP 資料集，建構 LSTM(Long Short Term Memory network) 模型，實現對使用者輸入文章的分數預測。

12.1 整體設計

本部分包括系統整體結構圖、系統流程圖和前端流程圖。

12.1.1 系統整體結構圖

系統整體結構如圖 12-1 所示。

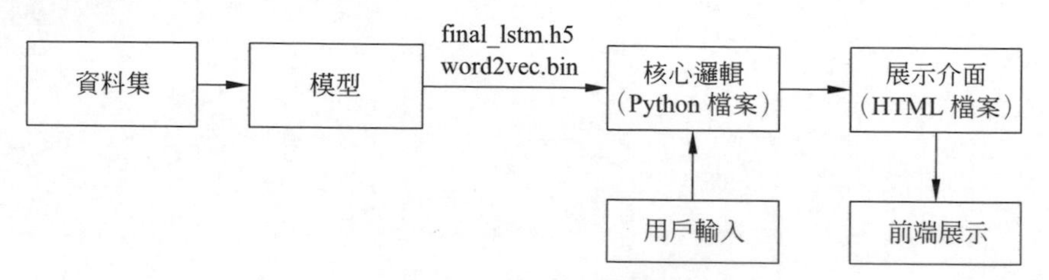

▲ 圖 12-1 系統整體結構圖

12.1.2 系統流程圖

系統流程如圖 12-2 所示。

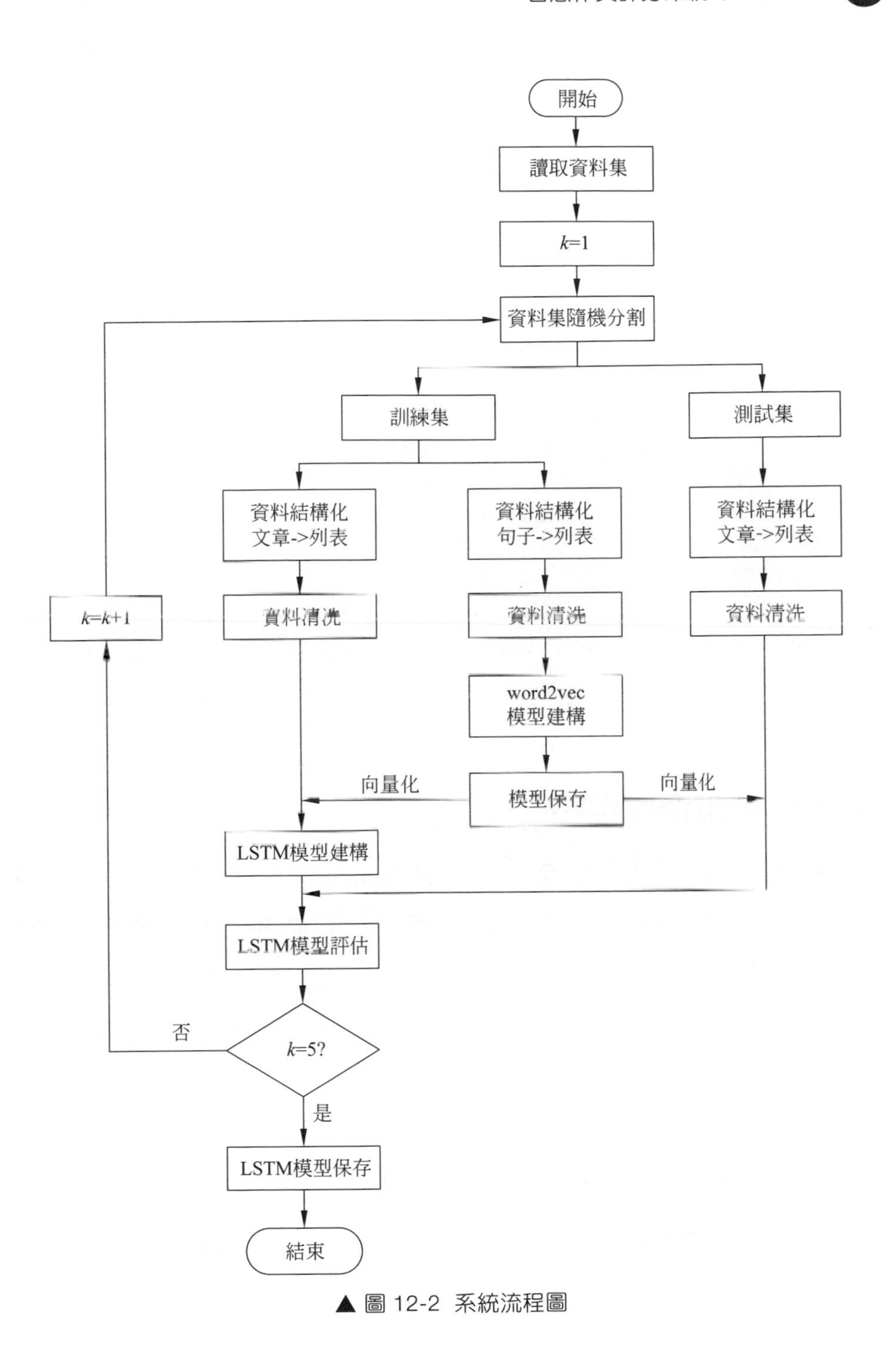
開始
讀取資料集
k=1
資料集隨機分割
訓練集
測試集
資料結構化
文章->列表
資料結構化
句子->列表
資料結構化
文章->列表
k=k+1
資料清洗
資料清洗
資料清洗
word2vec
模型建構
向量化
模型保存
向量化
LSTM模型建構
LSTM模型評估
否
k=5?
是
LSTM模型保存
結束

▲ 圖 12-2 系統流程圖

12.1.3 前端流程圖

前端流程如圖 12-3 所示。

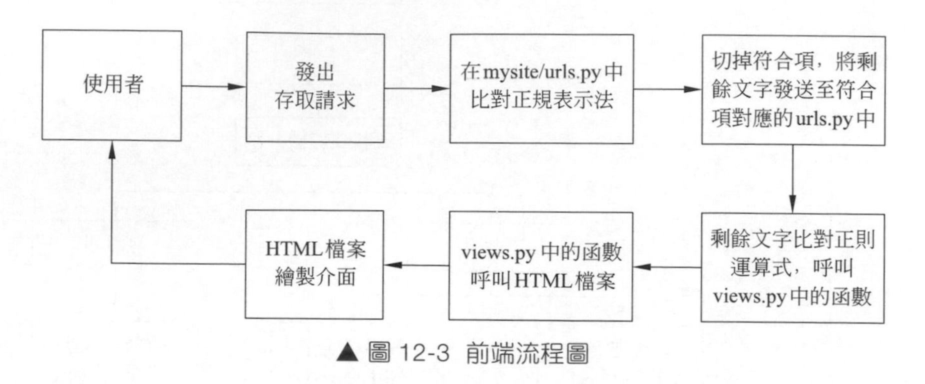

▲ 圖 12-3 前端流程圖

12.2 執行環境

本部分包括 Python 環境、Keras 環境和 Django 環境。

12.2.1 Python 環境

需要 Python 3.6 及以上設定，可以在 Windows 環境下載 Anaconda 完成 Python 所需的設定，下載網址為 https://docs.anaconda.com/anaconda/install/windows/。

開啟 Anaconda Prompt，輸入 conda list 查看已經安裝的名稱和版本編號。若結果可以正常顯示，則說明安裝成功。

12.2.2 Keras 環境

建立 Python 3.6 的虛擬環境，名稱為 auto_grade。開啟 Anaconda Prompt，輸入命令：

```
conda create -n auto_grade python=3.6
```

即可建立 auto_grade 虛擬環境。後面所有相關套件的安裝都依賴於該虛擬環境。在 Anaconda Prompt 中啟動 TensorFlow 環境，輸入命令：

```
activate auto_grade
```

安裝 Keras 環境時，輸入命令：

```
pip install keras
```

其他相關依賴套件的安裝方式和 Keras 類似，直接在虛擬環境中輸入命令：

```
pip install package_name
```

安裝完成後，可輸入命令：

```
conda list
```

以檢查是否安裝成功。

12.2.3 Django 環境

Django 是以 Python 為基礎的 Web 框架，可直接在 Anaconda Prompt 中使用 pip 安裝，無需下載其他軟體。

在 Anaconda Prompt 中輸入命令：

```
python -m pip install Django
```

即可安裝 Django 環境。若要驗證 Django 是否能被 Python 辨識，可以在 shell 中輸入 Python，然後嘗試匯入 Django，輸入命令：

```
>>> import django
>>> print(django.get_version())
3.0.4
```

若出現以上內容則說明 Django 成功安裝，且可被 Python 辨識。

12.3 模組實現

本專案包括 4 個模組：資料前置處理、模型建構、模型訓練及儲存、模型測試。下面分別列出各模組的功能介紹及相關程式。

12.3.1 資料前置處理

ASAP 資料集是 Kaggle 提供的作文評分資料集，包含 8 組不同題目的作文，共 12978 篇，下載網址為 https://www.kaggle.com/c/asap-aes/data。其中每篇作文由兩個評委評分，每組作文的評分標準不同，有不同的（最大、最小）分值。兩個評委對作文的評分、文章的總得分、各組文章總得分進行歸一化處理，使評分標準一致，分數為 [0,10] 內的整數。讀取已下載的資料集並處理，生成 DataFrame 的相關程式如下：

```
#匯入對應資料檔
import os
import pandas as pd
import numpy as np
#檔案目錄
DATASET_DIR = './data/'
GLOVE_DIR = './glove.6B/'
SAVE_DIR = './'
#讀取資料集
X = pd.read_csv(os.path.join(DATASET_DIR, 'training_set_rel3.tsv'), sep='\t',
encoding='ISO-8859-1')  #讀取檔案
X = X.dropna(axis=1)  #刪除預設的屬性
X = X.drop(columns=['rater1_domain1', 'rater2_domain1']) #刪除各評委的評分
#標籤 y：文章分數（兩位評委對文章的評分和）
y = X['domain1_score']
#各組文章最大分值
max_score = [12, 6, 3, 3, 4, 4, 30, 60]
#將不同組文章評分歸一化到 [0,10]
```

```
for i in range(r):
    for j in range(8):
        if X.iloc[i, 1] == j + 1:
            X.iloc[i, 3] =X.iloc[i, 3] /max_score[j]
```

DataFrame 前 5 行如圖 12-4 所示，各屬性分別為文章編號、所屬題組、文章內容和綜合評分。

essay_id	essay_set	essay	domain1_score
1	1	Dear local newspaper, I think effects computer...	8
2	1	Dear @CAPS1 @CAPS2, I believe that using compu...	9
3	1	Dear, @CAPS1 @CAPS2 @CAPS3 More and more peopl...	7
4	1	Dear Local Newspaper, @CAPS1 I have found that...	10
5	1	Dear @LOCATION1, I know having computers has a...	8

▲ 圖 12-4　資料集 Dataframe 示意圖

由於參與資料集較小，不同訓練集和測試集的劃分可能會使訓練後模型參數產生變化，因此，使用 K 折交換驗證的方法將資料集劃分為等長的 K 份，選取其中一份作為測試集，其他作為訓練集，對不同的測試集進行 K 次訓練，最後將 K 次訓練模型的平均評價指標作為最終結果，相關程式如下：

```
#匯入相關資料檔
from sklearn.model_selection import KFold
#5 折交換驗證實例
cv = KFold(n_splits=5, shuffle=True)  #5 折交換驗證實例
results = []
y_pred_list = []
count = 1
#K 次劃分資料集並訓練
for traincv, testcv in cv.split(X):#將資料集劃分成訓練集和測試集，返回 5 組索引
    print("\n--------Fold {}--------\n".format(count))
```

```
    #按索引劃分訓練集和測試集
    X_test, X_train, y_test, y_train = X.iloc[testcv], X.iloc[traincv],
y.iloc[testcv], y.iloc[traincv]
    train_essays = X_train['essay']    #輸入 X：文章
    test_essays = X_test['essay']
```

深度學習模型透過對文章的詞向量進行特徵學習得到對應的評分。為了準備資料，需要對文章進行資料前置處理，分為資料結構化、資料清洗、資料向量化三步。資料結構化是對每篇文章按詞分隔，並儲存在清單中，清單元素為詞。資料清洗是去除文章中非英文字母的字元和停用詞(即沒有實際含義的功能詞，如 but、your、this、a 等)，並進行統一小寫等處理。相關程式如下：

```
#匯入對應資料檔
import nltk
nltk.download('stopwords')#下載停止詞資料檔
nltk.download('punkt')#下載分詞工具
#將文章資料結構化和資料清洗儲存在 clean_train_essays 列表中
clean_train_essays = []
for essay_v in train_essays:
        clean_train_essays.append(essay_to_wordlist(essay_v, remove_
stopwords=True))
#清洗句子 / 文章，得到句子 / 文章的詞列表
def essay_to_wordlist(essay_v, remove_stopwords):
    #去除非大小寫字母以外的字元
    essay_v = re.sub("[^a-zA-Z]", " ", essay_v)
    #轉化為小寫，分詞成詞列表
    words = essay_v.lower().split()
    #去除停止符
    if remove_stopwords:
        stops = set(stopwords.words("english"))
        words = [w for w in words if not w in stops]
    return (words)
```

經過以上步驟獲得了「乾淨」的文章資料，但要想輸入 LSTM，還需將文章的詞列表用數值向量表示。使用當前資料集訓練 Word2Vec 模型，將文章資料登錄訓練好的 Word2Vec 模型中，得到詞向量表示。Word2Vec 模型進行詞向量化的依據是詞在句子中的上下文關係，訓練 Word2Vec 模型時，輸入應為句子的詞列表，將所有文章中的句子進行資料結構化和資料清洗，與之前操作類似，不同的是操作物件變成了句子，相關程式如下：

```
# 將句子資料結構化和資料清洗儲存在 sentences 列表中
sentences = []
    for essay in train_essays:
        sentences += essay_to_sentences(essay, remove_stopwords=True)
# 將文章分句，並呼叫 essay_to_wordlist() 對句子處理
def essay_to_sentences(essay_v, remove_stopwords):
    # 載入英文劃分句子的模型 ( 英文句子特點：. 之後有空格 )
    tokenizer = nltk.data.load('tokenizers/punkt/english.pickle')
    # 去除首尾的空格，得到句子列表
    raw_sentences = tokenizer.tokenize(essay_v.strip())
    sentences = []
    # 呼叫 essay_to_wordlist() 對句子進行資料結構化和資料清洗
    for raw_sentence in raw_sentences:
        if len(raw_sentence) > 0:
        sentences.append(essay_to_wordlist(raw_sentence,remove_stopwords))
    return sentences
```

Python 中的 Gensim 工具套件封裝了 Word2Vec 模型的程式，直接將句子的詞向量輸入模型即可訓練，Word2Vec 模型訓練和儲存的相關程式如下：

```
# 匯入對應資料檔
from gensim.models import Word2Vec
# 設定 Word2Vec 模型的參數
num_features = 300  # 特徵向量的維度
```

```
min_word_count = 40  # 最小詞頻，小於 min_word_count 的詞被捨棄
num_workers = 4  # 訓練的平行數
context = 10 # 當前詞與預測詞在一個句子中的最大距離
downsampling = 1e-3 # 高頻詞彙隨機降取樣的設定閾值
# 訓練模型
print("Training Word2Vec Model...")
model = Word2Vec(sentences, workers=num_workers, size=num_features, min_
count=min_word_count, window=context, sample=downsampling)
# 結束訓練後鎖定模型，使模型的儲存更加高效
model.init_sims(replace=True)
# 儲存模型
model.wv.save_word2vec_format('word2vecmodel.bin', binary=True)
```

訓練好 Word2Vec 模型後，對「乾淨」的文章資料進行前置處理——資料向量化。將文章中的每個詞輸入 Word2Vec 模型，得到一個長度為 300 的向量，逐位取平均，得到詞向量。

```
trainDataVecs=getAvgFeatureVecs(clean_train_essays, model, num_features)
# 對每個文章呼叫 makeFeatureVec() 向量化並合併文章向量
def getAvgFeatureVecs(essays, model, num_features):
    counter = 0
    # 設定 Numpy 變數儲存向量化的所有文章
    essayFeatureVecs = np.zeros((len(essays), num_features), dtype="float32")
    # 對每個文章呼叫 makeFeatureVec() 向量化
    for essay in essays:
        essayFeatureVecs[counter]=makeFeatureVec(essay,model,num_features)
        counter = counter + 1
    return essayFeatureVecs
# 從文章的單字清單中製作特徵向量
def makeFeatureVec(words, model, num_features):
    # 設定 Numpy 變數儲存向量化的文章
    featureVec = np.zeros((num_features,), dtype="float32")
    num_words = 0.
    # 訓練集中留下的詞列表
```

```
index2word_set = set(model.wv.index2word)
#將文章中每個詞輸入 Word2Vec 模型，得到各個詞向量
for word in words:
if word in index2word_set:
    num_words += 1
    #將每個詞向量逐位元相加
    featureVec = np.add(featureVec, model[word])#將每個詞向量疊加
#詞向量為文章中各詞向量的平均
featureVec = np.divide(featureVec, num_words)
return featureVec
```

最後，為確保資料結構符合模型要求，再次將資料的格式進行處理，相關程式如下：

```
#轉換訓練向量和測試向量為 Numpy 陣列，提高執行效率
trainDataVecs = np.array(trainDataVecs)
#將訓練向量和測試向量重塑為 3 維 (1 代表一個時間步進值)
trainDataVecs = np.reshape(trainDataVecs, (trainDataVecs.shape[0], 1,
trainDataVecs.shape[1]))
```

對測試集進行同樣的資料前置處理操作(不參與訓練 Word2Vec 模型)，得到輸入測試集 testDataVecs。

12.3.2 模型建構

資料載入到模型之後，定義模型結構，並最佳化損失函數和性能指標。模型的架構如下：2 個 LSTM 層，提取文章的特徵；在其後連接捨棄層進行正則化，以防止模型過擬合；最後加一個全連接層，啟動函數為 Relu，複習最終的評分結果。

文章評分是預測問題，使用均方誤差作為損失函數。由於不同標籤的樣本數量不同，如 5~8 分的文章數較多，而 0~2 分的數量較少，因此，使用二次加權 Kappa 係數作為性能指標，表徵分類結果與隨機選取結果的

差異程度，並且與樣本數量無關，RMSProp 演算法採用梯度下降的方法最佳化模型參數。

Keras 是 TensorFlow 高階 API，其完全模組化和可擴充性使神經網路的程式更加簡潔，因此，使用 Keras 建立模型。相關程式如下：

```
#引用相關的資料檔
from keras.layers import Embedding, LSTM, Dense, Dropout, Lambda, Flatten
from keras.models import Sequential, load_model, model_from_config
import keras.backend as K
#建構 RNN 模型
def get_model():
    #定義順序結構的模型
    model = Sequential()
    #第一層 LSTM 層
    model.add(LSTM(300, dropout=0.4, recurrent_dropout=0.4, input_shape=[1,
300], return_sequences=True))
    #第二層 LSTM 層
    model.add(LSTM(64, recurrent_dropout=0.4))
    #捨棄層
    model.add(Dropout(0.5))
    #全連接層
    model.add(Dense(1, activation='relu'))
    #對網路的學習過程進行設定，損失函數為均方誤差，評價參數為平均絕對誤差
    model.compile(loss='mean_squared_error', optimizer='rmsprop',
metrics=['mae'])
    model.summary() #輸出模型各層的參數狀況
    return model
```

12.3.3 模型訓練及儲存

在定義模型架構和編譯之後，透過訓練集訓練模型，使模型對文章評分。這裡，使用訓練集來擬合模型，並用測試集觀察效果，最後儲存模型。

1. 模型訓練

```
# 開始模型生成
lstm_model = get_model()
# 訓練 LSTM 模型
lstm_model.fit(trainDataVecs, y_train, batch_size=64, epochs=25)
# 使用測試集預測模型輸出
y_pred = lstm_model.predict(testDataVecs)
# 將預測值 y_pred 捨入到最接近的整數
y_pred = np.around(y_pred)
# 評估測試結果
result = cohen_kappa_score(y_test.values, y_pred, weights='quadratic')
```

將 10381 個文章訓練 40 次，並使用 5 折交換驗證訓練劃分資料集，將上述過程重複 5 次。每折訓練結束後，用測試集的二次加權 Kappa 係數作為評價指標，如圖 12-5 所示。從訓練結果中看出，各折訓練得到的評價指標都在 0.95 左右，波動不大，因此，判定訓練集與測試集的劃分對模型的參數影響極小。

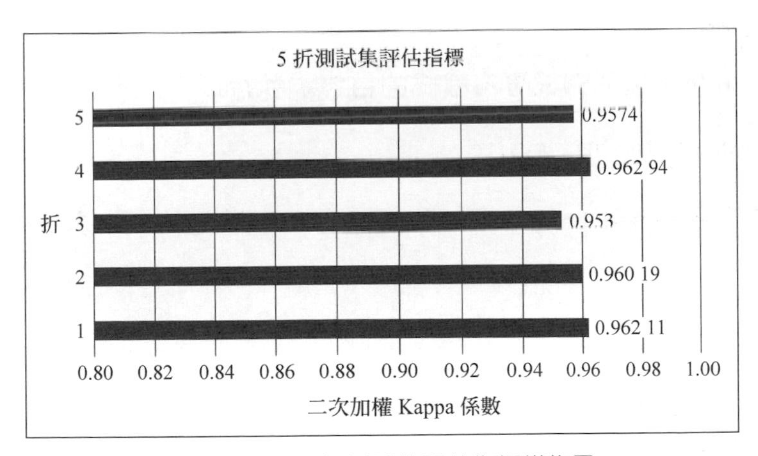

▲ 圖 12-5 5 折測試集評估指標橫條圖

測試集上的評估指標為 0.9591。若 Kappa 係數大於 0.8，則模型預測較為準確。

2. 模型儲存

使用 Keras 的 model.save() 函數直接儲存模型，既保持了圖的結構，又儲存了參數。本文儲存最後一折，即第 5 折的模型，儲存後可以被重用，也可以移植到其他環境中使用。

```
# 儲存 5 個模型中最後一個 (5 折交換驗證訓練 )
if count == 5:
    lstm_model.save('./model_weights/final_lstm.h5')
```

12.3.4 模型測試

完成模型訓練後，用 Web 前端展示訓練結果，主要分為建立專案檔案、應用程式互動介面設計和應用程式核心邏輯設計。

1. 建立專案檔案

建立前端所需的專案檔案，具體步驟如下。

1) 建立專案

在 Pycharm 中，進入存放專案程式的目錄，執行以下命令：

```
django-admin startproject mysite
```

此命令建立名為 mysite 的專案，會自動建立一些檔案，目錄結構如下：

```
mysite/
 └── manage.py
 └── mysite/
      └── __init__.py
      └── settings.py
      └── urls.py
      └── asgi.py
      └── wsgi.py
```

其中：manage.py 為整個專案的控制程式，與它同級的 mysite 資料夾中存放了專案的具體設定。

2) 建立應用

一個專案內可以有多個應用，使用以下命令建立 grader：

```
py manage.py startapp grader
```

目錄結構如下：

```
grader/
 └── __init__.py
 └── admin.py
 └── apps.py
 └── migrations/
      |   __init__.py
 └── models.py
 └── tests.py
 └── views.py
```

其中，admin.py 為後台相關設定；apps.py 為 App 相關的設定；apps.py 為一個表單類別，用來存放填入文章資訊；migrations 為資料夾存放資料庫內容，其中定義了資料庫格式；models.py 定義了資料庫模型；tests.py 為單元測試檔案；views.py 為整個 App 的視圖邏輯。

3) 建立檔案或資料夾

（1）建立 urls.py 檔案，定義 App 內不同網頁的 URL。

（2）建立 deep_learning_files 資料夾，存放訓練好的模型參數。

（3）建立 static 資料夾，存放 css 和 js 靜態檔案。

（4）建立 templates 資料夾，並在其中建立 3 個 HTML 檔案，分別為 index.html、question.html 和 essay.html，描述網站主介面、寫作介面及得分介面的展示形式。

（5）建立 utils 資料夾，存放深度學習模型。在其中建立兩個檔案，分別為 model.py 和 helper.py，前者與訓練時用的模型相同，後者描述資料處理中的一些參數。

（6）在外層的 mysite 資料夾中建立 templates 的資料夾，其中建立 base.html 的 HTML 檔案，此檔案作為基礎範本被 index.html、question.html 和 essay.html 擴充。

最終，前端部分的檔案結構如下：

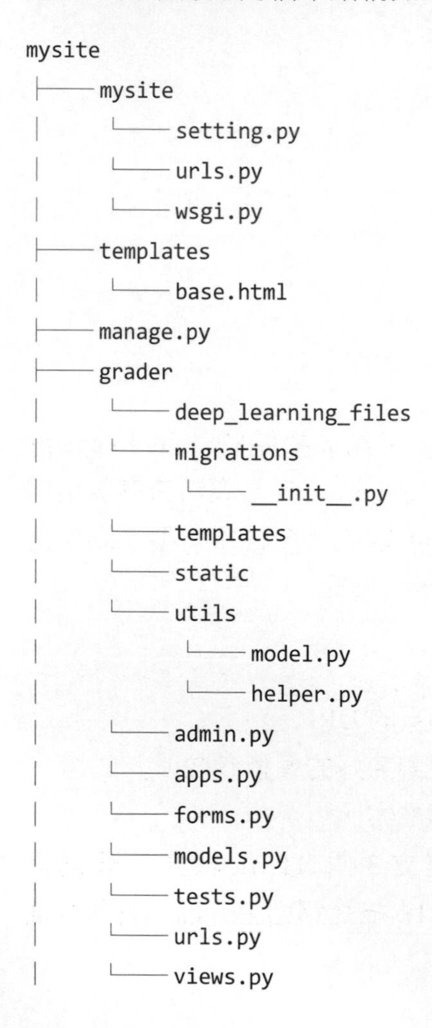

```
mysite
├──── mysite
│      └──── setting.py
│      └──── urls.py
│      └──── wsgi.py
├──── templates
│      └──── base.html
├──── manage.py
├──── grader
│      └──── deep_learning_files
│      └──── migrations
│             └──── __init__.py
│      └──── templates
│      └──── static
│      └──── utils
│             └──── model.py
│             └──── helper.py
│      └──── admin.py
│      └──── apps.py
│      └──── forms.py
│      └──── models.py
│      └──── tests.py
│      └──── urls.py
│      └──── views.py
```

2. 應用程式互動介面設計

(1) 在 base.html 檔案中寫入網站的通用格式。將這個檔案作為基礎範本，擴充到網站的每一頁。也可以不使用 base.html，而是將此檔案中的內容複製到每個 HTML 檔案中，擴充的方式可以使程式看起來更加整潔，容易維護。

```
<!-- 定義頁面最上方導覽連結 -->
    <nav class="navbar navbar-expand-lg navbar-dark bg-dark">
        <div class="container">
            <a class="navbar-brand" href="{% url 'index' %}">Essays</a>
        </div>
    </nav>
<!-- 範本擴充 -->
    <div class="container">
        <ol class="breadcrumb my-4">
            {% block breadcrumb %}
            {% endblock %}
        </ol>
        {% block content %}
        {% endblock %}
    </div>
```

(2) 在 index.html 建立網站首頁。首頁將顯示 6 個可選的題目，點擊文章標題進入每個題目。當游標放在題目上時，該題目的背景顏色變為紫色，index.html 擴充 base.html 中的內容。

```
<!-- 擴充 base 範本 -->
{% extends 'base.html' %}
<!—使用擴充的方式載入導覽 -->
{% block breadcrumb %}
<li class="breadcrumb-item active">Question Sets</li>
{% endblock %}
<!-- 載入題目列表 -->
```

```
{% block content %}
{% if questions_list %}
    <p class="h3">Alright! Let's select a Question Set to start writing!</p>
    <table class="table">
            <thead>
                <tr>
                    <th scope="col">#</th><!-- 列標題 -->
                    <th scope="col">Question</th>
                    <th scope="col">Min Score</th>
                    <th scope="col">Max Score</th>
                </tr>
            </thead>
            {% for question in questions_list %}
                <tr class="clickable-row"data-href='/{{question.set }}'>
                    <th scope="row">{{ question.set }}</th>
                    <td>{{ question.question_title|truncatewords:15 }}</td>
<!-- 只截斷顯示前 15 個詞 -->
                    <td>{{ question.min_score }}</td> <!-- 顯示最小得分 -->
                    <td>{{ question.max_score }}</td> <!-- 顯示最大得分 -->
                </tr>
            {% endfor %}
            <tbody>
            </tbody>
        </table>
 <!-- 放置游標的背景顏色和游標形狀 -->
        <style type="text/css">
            tr:hover {
                background-color: #cc99ff;
                cursor: pointer;
            }
        </style>
{% endblock %}
```

(3)在 question.html 檔案中建立寫作介面。此頁面展示使用者所選文章的題幹，可輸入文章並點擊「提交作文」按鈕，question.html 擴充了 base.html 中的內容。

```
<!-- 擴充 base 範本 -->
{% extends 'base.html' %}
{% block content %}
<!一展示題目和題幹 -->
{% if question %}
    <h1>Question Set {{ question.set }}</h1><!-- 題目 -->
    <p class="text-justify">{{ question.question_title }}</p><!-- 題幹 -->
    <form method="post" novalidate><!-- 提交時不驗證 -->
        {% csrf_token %}
        {% include 'includes/form.html' %}
        <button type="submit" class="btn btn-success">Grade Me!</button><!--
提交按鈕 -->
    </form>
```

(4)在 essay.html 中建立最終得分和使用者輸入文章的展示介面。essay.html 擴充了 base.html 中的內容。

```
<!-- 擴充 base 範本 -->
{% extends 'base.html' %}
{% block content %}
<!--jumbotron 區塊用來展示文章得分 -->
    <div class="jumbotron">
        <h1 class="display-4">Grade {{ essay.score }}</h1>
        <p class="lead">Congratulations! Maximum Possible Score on this
question is {{ essay.question.max_score }}</p>
        <hr class="my-4">
    <p>Your essay is graded by the magical power of neural networks.</p>
        <a class="btn btn-primary btn-lg" href="#" role="button">Learn more</a>
    </div>
<!--container 區塊用來展示文章 -->
```

```
    <div class="container">
            <h2 class="display-4">Your Submission</h2>
            <p class="text-justify">{{ essay.content }}</p>
    </div>
{% endblock %}
```

3. 應用程式核心邏輯設計

Django 框架的核心邏輯是當使用者請求網站的某個頁面時，Django 將載入 mysite/urls.py 模組。尋找 urlpatterns 的變數並且按序比對正規表示法。找到符合項後，切掉符合的文字，將剩餘文字發送至符合項對應的 urls.py 檔案，做進一步比對。根據剩餘文字符合的內容，呼叫 views.py 中的函數。完成對應操作後，呼叫 templates 中的 HTML 檔案繪製前端介面展示給使用者。

（1）在 mysite/urls.py 中建立 urlpatterns 變數，並為其指定正規表示法，使 URL 能透過它進入對應的 urls.py 檔案。

```
urlpatterns = [
    path('', include('grader.urls')),      # 指向 app grader 中的 urls
    path('admin/', admin.site.urls),]
```

本專案只有一個 App，因此，每個 URL 都會被指向 grader/urls.py。

（2）在 grader/urls.py 中建立 urlpatterns 變數，並建立 3 行正規表示法，分別指向首頁、寫作頁、得分頁，3 個頁面對應 views.py 中的函數。當使用者請求的 URL 與其中一項符合時，讀取 views.py 中的對應函數，進行下一步的操作。

```
urlpatterns = [
# 比對 url，對應視圖函數
path('', views.index, name='index'),
path('<int:question_id>/', views.question, name='question'),
path('<int:question_id>/essay<int:essay_id>/', views.essay, name='essay'),]
```

（3）在 views.py 中分別建立對應首頁、寫作頁、得分頁的函數，這三個函數最終的返回結果即為頁面所對應的 HTML 檔案。

（4）首頁函數 index(request) 透過從資料庫中提取題目資料，呼叫並將數據傳給 index.html 檔案後繪製頁面。

```
def index(request):
    # 從 sql 中提取 questions 資料
    questions_list = Question.objects.order_by('set')
    context = {
        'questions_list': questions_list,
    }
return render(request, 'grader/index.html', context)# 返回頁面 index
```

（5）寫作頁函數 question(request, question_id) 從資料庫中提取題目的資料，若使用者沒有在輸入框中輸入文章，則呼叫 question.html 顯示寫作介面，對應 else 部分：

```
    else:                        # 沒有填寫文章
        form = AnswerForm()      # 建立空白資料表單實例
    context = {
        "question": question,
        "form": form,
    }
# 仍返回此頁面
return render(request, 'grader/question.html', context)
```

首先，點擊 grade me 按鈕，觸發 post 請求，讀取輸入內容並進行處理。限定文章最低字數為 20，若字數不足，則判為 0 分；其次，建構 LSTM 模型並載入訓練好的資料，預測文章得分。預測評分可能會大於滿分、小於 0 分，將大於滿分的數值都置為滿分，將小於 0 分的數值都置為 0 分；最後，將文章和得分寫入資料庫中，URL 重新導向到 essay 頁面並呼叫 views.py 內的 essay() 函數繪製最終得分頁面。

```
def question(request, question_id):
    question = get_object_or_404(Question, pk=question_id)
    # 提取 question_ID 的資料
    if request.method == 'POST':
        # 建立一個表單實例，並使用請求中的資料填充它
        form = AnswerForm(request.POST)
        if form.is_valid():
            content = form.cleaned_data.get('answer')
            # 讀取 name 為 'answer' 的表單提交值
            if len(content) > 20:  # 文章長度大於 20
                num_features = 300
                # 載入訓練好的 word2vec 模型
                model = word2vec.KeyedVectors.load_word2vec_format(os.path.
join(current_path,"deep_learning_files/word2vec.bin"),binary=True)
                # 處理 content，即輸入的文章
                clean_test_essays = []
                clean_test_essays.append(essay_to_wordlist(content, remove_
stopwords=True ))
                testDataVecs = getAvgFeatureVecs(clean_test_essays, model,
num_features )
                testDataVecs = np.array(testDataVecs)
                testDataVecs = np.reshape(testDataVecs, (testDataVecs.
shape[0], 1, testDataVecs.shape[1]))
                # 建構 LSTM 模型，並載入訓練好的資料
                lstm_model = get_model()
                lstm_model.load_weights(os.path.join(current_path, "deep_
learning_files/final_lstm.h5"))
                preds = lstm_model.predict(testDataVecs)  # 分數預測值
                if math.isnan(preds):   # 判斷預測值是否有效
                    preds = 0
                else:
                    preds = np.around(preds)
                # 限定分數的最大最小值
                if preds < 0:
```

```
                preds = 0
            if preds > 10:
                preds = 10
        else:  #若文章長度小於 20，分數判為 0
            preds = 0
        K.clear_session()
        #將此文章資料寫入
        essay = Essay.objects.create(
            content=content,
            question=question,
            score=preds
        )
    return redirect('essay', question_id=question.set,
essay_id=essay.id)
```

（6）得分頁函數 essay(request、question_id、essay_id) 透過從資料庫中提取題目和使用者所寫文章的資料，呼叫並將資料傳給 essay.html 檔案後繪製頁面。

```
def essay(request, question_id, essay_id):
    #提取 essay_id 的資料
        essay = get_object_or_404(Essay, pk=essay_id)
        context = {
            "essay": essay,
        }
    return render(request, 'grader/essay.html', context)  #返回頁面 essay
```

12.4 系統測試

本部分包括訓練準確率、模型應用及測試效果。

12.4.1 訓練準確率

測試二次加權 Kappa 值達到 0.95 及以上，這表示預測模型訓練比較成功。如果查看整個訓練日誌，會發現隨著 epoch 次數的增多，模型在訓練資料、測試資料上的損失和平均絕對誤差逐漸收斂，最終趨於穩定，以第 5 折訓練過程為例，圖 12-6 和圖 12-7 分別為模型訓練損失圖和模型測試集評價指標圖。

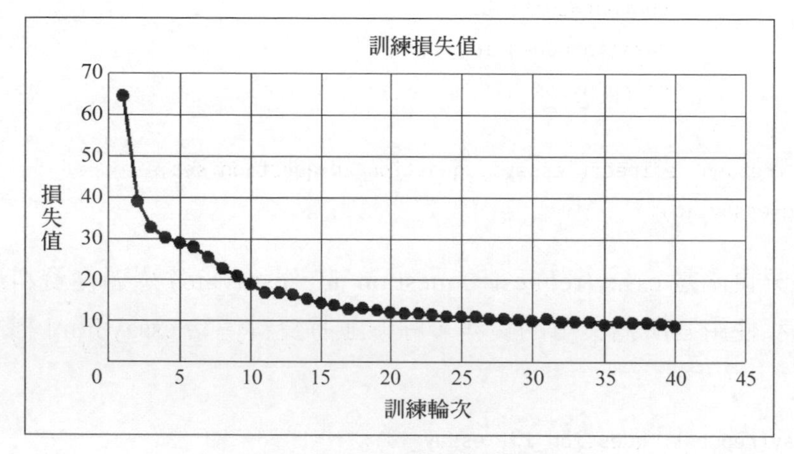

▲ 圖 12-6 模型訓練損失圖

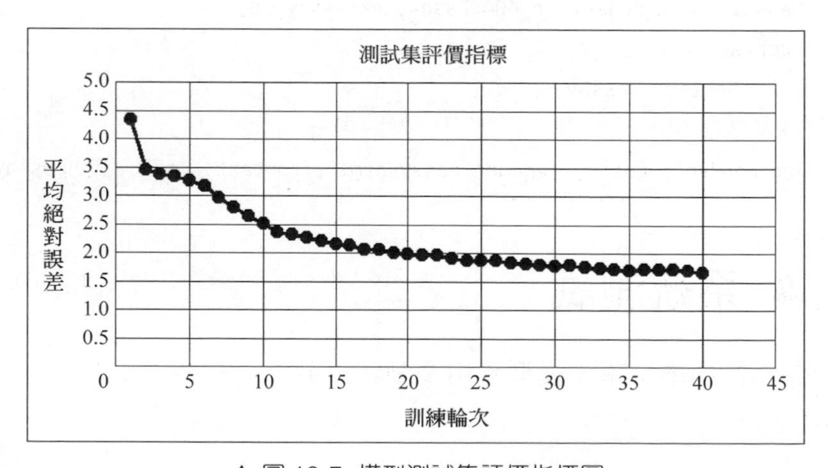

▲ 圖 12-7 模型測試集評價指標圖

12.4.2 模型應用

在 Anaconda Prompt 或 pycharm 的 terminal 中，進入 mysite 資料夾，依次執行：

```
python manage.py migrate
python manage.py runserver
```

在 http://127.0.0.1:8000/ 中執行 Web 端，如圖 12-8 所示，展示了每個題目要求的前 15 詞及每題分數的最大最小值，點擊任意題目即可進入寫作介面。

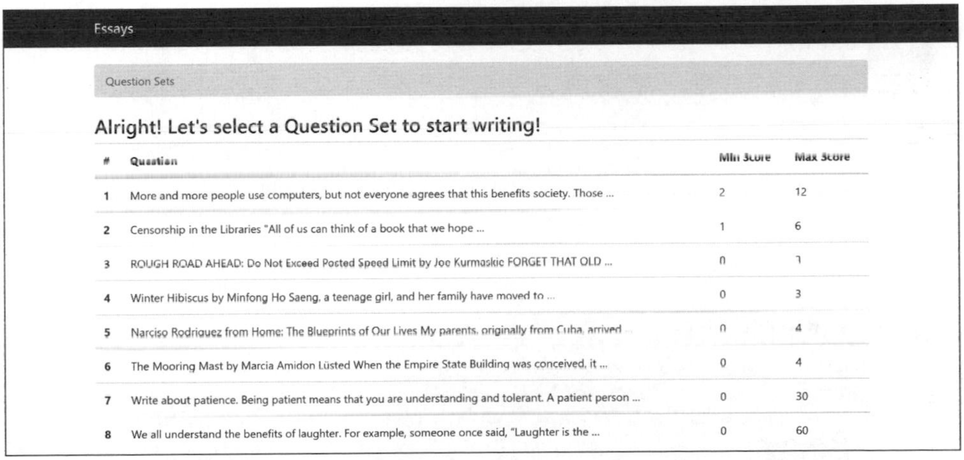

Essays

Question Sets

Alright! Let's select a Question Set to start writing!

#	Question	Min Score	Max Score
1	More and more people use computers, but not everyone agrees that this benefits society. Those ...	2	12
2	Censorship in the Libraries "All of us can think of a book that we hope ...	1	6
3	ROUGH ROAD AHEAD: Do Not Exceed Posted Speed Limit by Joe Kurmaskie FORGET THAT OLD ...	0	3
4	Winter Hibiscus by Minfong Ho Saeng, a teenage girl, and her family have moved to ...	0	3
5	Narciso Rodriguez from Home: The Blueprints of Our Lives My parents, originally from Cuba, arrived ...	0	4
6	The Mooring Mast by Marcia Amidon Lüsted When the Empire State Building was conceived, it ...	0	4
7	Write about patience. Being patient means that you are understanding and tolerant. A patient person ...	0	30
8	We all understand the benefits of laughter. For example, someone once said, "Laughter is the ...	0	60

▲ 圖 12-8 首頁介面

寫作介面如圖 12-9 所示。其中，展示了作文題目要求，下方有文字輸入框，使用者可在輸入框中寫入作文，點擊 Grade Me 按鈕即可進入得分頁查看分數。頁面上方有導覽列，可點擊 Home 按鈕返回主介面。

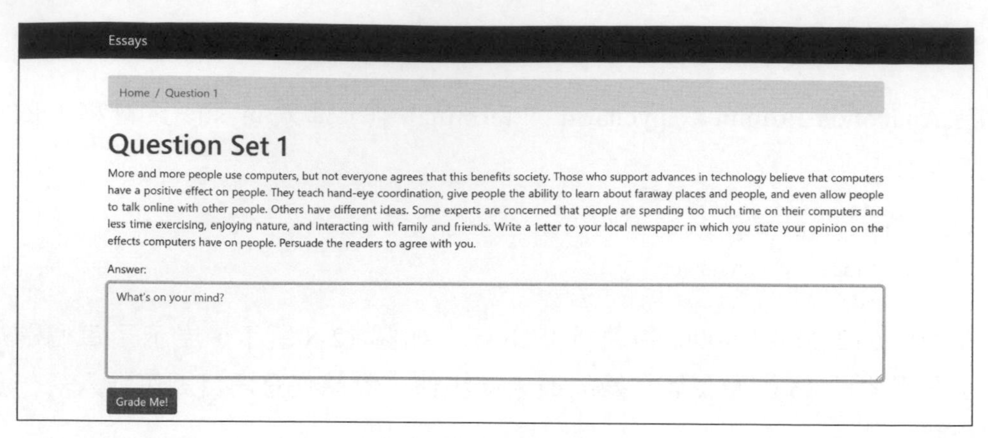

▲ 圖 12-9 寫作介面

得分介面如圖 12-10 所示，展示使用者得分及提交的文章。Learn more 按鈕沒有指定新的介面，將實現方法補充到網站中，幫助使用者瞭解評分原理。

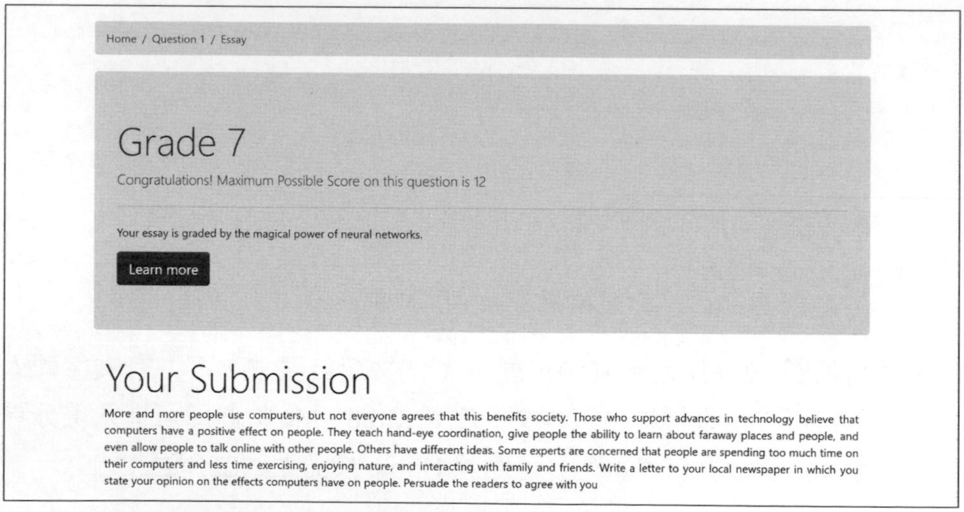

Home / Question 1 / Essay

Grade 7

Congratulations! Maximum Possible Score on this question is 12

Your essay is graded by the magical power of neural networks.

Learn more

Your Submission

More and more people use computers, but not everyone agrees that this benefits society. Those who support advances in technology believe that computers have a positive effect on people. They teach hand-eye coordination, give people the ability to learn about faraway places and people, and even allow people to talk online with other people. Others have different ideas. Some experts are concerned that people are spending too much time on their computers and less time exercising, enjoying nature, and interacting with family and friends. Write a letter to your local newspaper in which you state your opinion on the effects computers have on people. Persuade the readers to agree with you

▲ 圖 12-10 得分介面

12.4.3 測試效果

從資料集中取一篇文章，在 Web 端的測試結果，將預測得分與真實得分做比較，經過驗證，模型對得分的預測比較準確，如圖 12-11 所示，這篇文章的真實得分為 8 分。

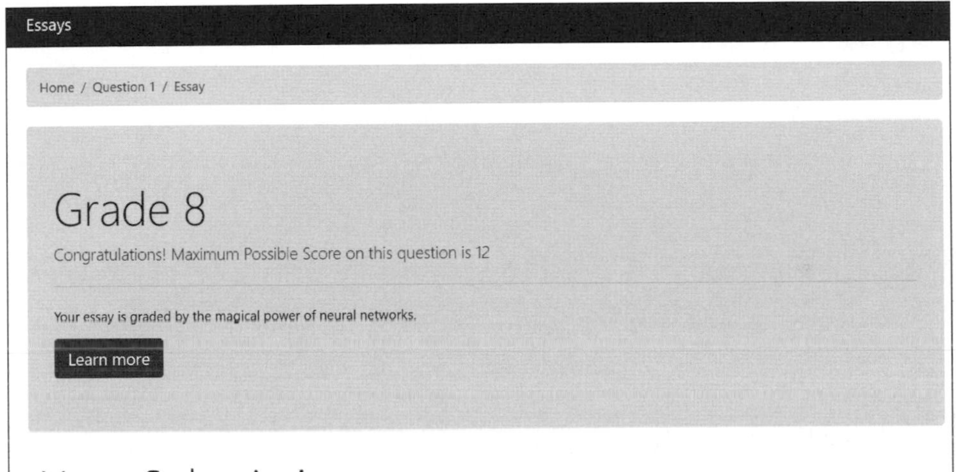
Essays
Home / Question 1 / Essay
Grade 8
Congratulations! Maximum Possible Score on this question is 12
Your essay is graded by the magical power of neural networks.
Learn more
Your Submission
Dear @LOCATION1, I know having computers has a positive effect on people. The computers connect families, contain information which is great for peoples education, and are very conveint. Computors are a step into the future and we should take advantage of it. First off the internet or e-mail will help family members connect. My family, which lives @NUM1 hours away by car, love to talk with me by e-mail. This helps me connect with my family and is just another reason why we should have computors. Another reason that includes family is when the family is just sitting around and are calling everywhere just to find a board game, it would just be easier to go online to find it. This way it would be quick and easy to find that one board game. The last reason why a computer would help a family is if a family wants to get in to any kinds of activities and they need the number they could just go online. On the internet the family could find the numbers, the and some information about it. This way more and more families can do activities together. As one can see the computer is bringing more and more families together. An other reason why the computers are good for society is educations. With information at the tip of your fingers more and more people will want to learn. Now a days people try to find the out, but will all the tools on the computers mae people get the education. Secondly computers are another way to go to collage. If you arn't up to going to school/collage because your sick. You wouldn't have to miss anything because with a click of a button you will have the materials needed for what was missed. Lastly everyone knows that in @LOCATION2 most classrooms can't afford one computer. The children want computors so hard. If they were to get one it would change so much. They would be able to learn so much more than before. The children could lean about different countries far away. As a result computers would improve the way we learn. The last reason why computers are so helpful is convience. Now a say the world is crazy, so if we don't have to go out or talk to someone we won't. The computer will offer the ability to confrence will other people so that there would be communication between work parttners. With the ability to talk with another for work would make us a lighter nation. This is only one of the many reasons computers are very conviente, subssiquently computers are conviente because you could book flights, vacations, rentals, and much more. With a click of a button you should be going to @CAPS1 or a nice vacation.

▲ 圖 12-11 模型訓練效果

PROJECT

13

新冠疫情輿情監督

本專案以循環神經網路為基礎的 LSTM 檢測模型，實現微博謠言檢測功能。

13.1 整體設計

本部分包括系統整體結構圖和系統流程圖。

13.1.1 系統整體結構圖

系統整體結構如圖 13-1 所示。

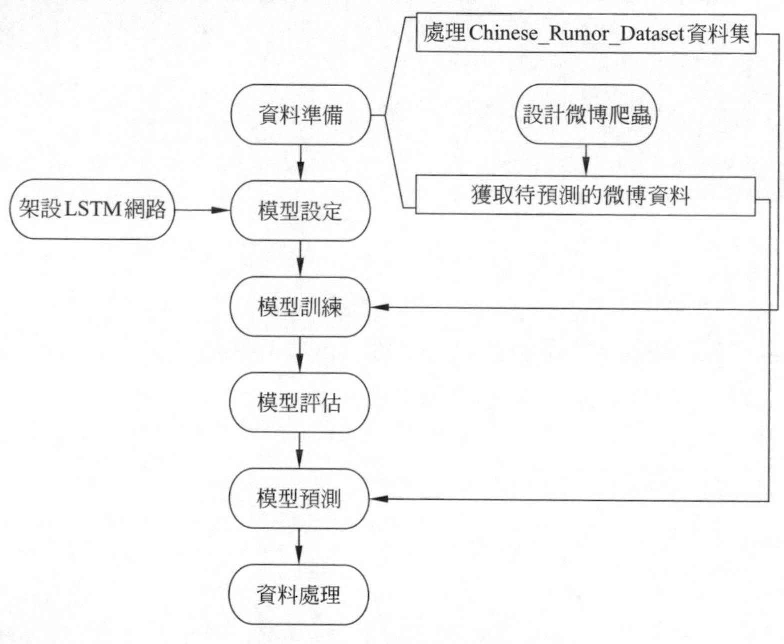

▲ 圖 13-1 系統整體結構圖

13.1.2 系統流程圖

系統流程如圖 13-2 所示。

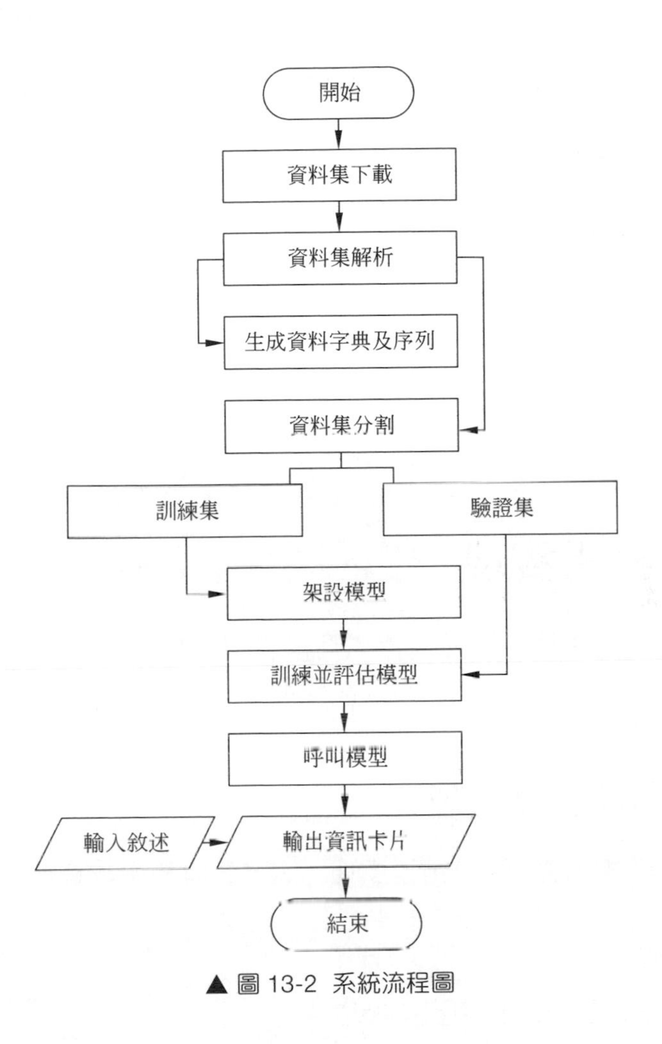

▲ 圖 13-2 系統流程圖

13.2 執行環境

本部分包括 Python 環境和 PaddlePaddle 環境。

13.2.1 Python 環境

需要 Python 3.6 及以上設定，在 Anaconda Python 3.7.0 環境下執行。

13.2.2 PaddlePaddle 環境

使用 Conda 安裝的步驟以下

1. 建立虛擬環境，輸入命令：

conda create -n paddle_env python=3.7

2. 安裝 PaddlePaddle(CPU 版本)，輸入命令：

pip install paddlepaddle

13.3 模組實現

本專案包括 5 個模組：準備前置處理、模型建構、模型訓練、模型評估和模型預測。下面分別列出各模組的功能介紹及相關程式。

13.3.1 準備前置處理

本部分包括資料獲取、資料前置處理、定義資料和生成資料。

1. 資料獲取

本部分包括獲取已有資料和資料爬取。

1) 獲取已有資料

GitHub 是開放原始碼資料集，下載網址為 https://github.com/thunlp/Chinese_Rumor_Dataset。

```
#引用資料檔含與微博原文相關的轉發與評論資訊，資料集中共包含謠言 1538 筆和非謠言 1849 筆
#@article{song2018ced,
#title={CED: Credible Early Detection of Social Media Rumors},
```

```
#author={Song, Changhe and Tu, Cunchao and Yang, Cheng and Liu, Zhiyuan and
Sun, Maosong},
#journal={arXiv preprint arXiv:1811.04175},
#year={2018}
#}
import zipfile
import os
import random
import json
src_path = "D:/_Projects/Rumor_Prediction/Chinese_Rumor_Dataset.zip"
# 所下載資料集位置
target_path = "D:/_Projects/Rumor_Prediction/Chinese_Rumor_Dataset-master"
# 欲儲存資料位置
if(not os.path.isdir(target_path)):
    z = zipfile.ZipFile(src_path, 'r')
    z.extractall(path = target_path) # 對下載資料集進行解壓
    z.close()
# 儲存路徑
rumor_class_dirs = os.listdir(target_path + "/CED_Dataset/rumor-repost/")
non_rumor_class_dirs = os.listdir(target_path + "/CED_Dataset/non-rumor-
repost/")
original_microblog = target_path + "/CED_Dataset/original-microblog/"
# 謠言 / 非謠言標籤
rumor_label = "0"
non_rumor_label = "1"
# 謠言 / 非謠言總數
rumor_num = 0
non_rumor_num = 0
all_rumor_list = []
all_non_rumor_list = []
```

2) 資料爬取

資料爬取相關程式如下：

```
import requests                                    #匯入需要的模組
import codecs
from pyquery import PyQuery as pq
import time
#from pymongo import MongoClient
from urllib.parse import quote
headers = {
    'Host': 'm.weibo.cn',
    'User-Agent': 'Mozilla/5.0 (Macintosh; Intel Mac OS X 10_12_3)
AppleWebKit/537.36 (KHTML, like Gecko) Chrome/58.0.3029.110 Safari/537.36',
    'X-Requested-With': 'XMLHttpRequest',
}
m = input('你想尋找的內容：')                        #控制檢索關鍵字
def get_page(page):                                #獲取頁面
url='https://m.weibo.cn/api/container/getIndex?containerid=100103type%3D1%26q%
3D'+quote(m)+'&page_type=searchall&page='+str(page)
    try:
        response = requests.get(url, headers=headers)
        if response.status_code == 200:
            return response.json()
    except requests.ConnectionError as e:          #異常處理
        print('Error', e.args)
def parse_page(json):                              #解析頁面
    if json:
        items = json.get('data').get('cards')
        for i in items:
            groups = i.get('card_group')
            if groups ==None:
                continue
            for item in groups:
                item = item.get('mblog')
```

```
                if item == None:
                    continue
                weibo = {}
                weibo['id'] = item.get('id')
                weibo['text'] = pq(item.get('text')).text()
                weibo['name'] = item.get('user').get('screen_name')
                if item.get('longText') != None :
                # 微博分長文字與文字，較長的文字會顯示不全，故要判斷並抓取
                    weibo['longText']=item.get('longText').
get('longTextContent')
                else:
                    weibo['longText'] =None
                    print(weibo['text'])
                print(weibo['name'])
                if weibo['longText'] !=None:
                    print(weibo['longText']) # 判斷長文字是否為 None，如果是，
不輸出
                weibo['attitudes'] = item.get('attitudes_count')
                weibo['comments'] = item.get('comments_count')
                weibo['reposts'] = item.get('reposts_count')
                weibo['time'] = item.get('created_at')
                yield weibo
if __name__ == '__main__':                                    # 主函數
    for page in range(1,10):                                  # 循環頁面
        json2 = get_page(page)
        results = parse_page(json2)
        for result in results:
            print(result)
            with codecs.open('d:\\weibodata.txt', mode='a', encoding='utf-8')
as file_txt:
                file_txt.write(json.dumps(result))      # 儲存檔案
```

以新冠肺炎為例，爬蟲爬取結果如圖 13-3 所示。

```
你想查找的内容：新冠肺炎
你想查找多少页：10
新华视点
【定了！#中国将首次完全以网络形式举办广交会#】7日召开的国务院常务会议决定，第127届广交会于6月中下旬在网上举办。这将是中国历史最为悠久的贸易盛会首次完全以网络形式举办，实现中外客商足不出户下订单、做生意。
    当前，新冠肺炎疫情在全球蔓延，形势严峻。会议决定，广邀海内外客商在线展示产品，运用先进信息技术，提供全天候网上推介、供采对接、在线洽谈等服务，打造优质特色商品的线上外贸平台。（记者刘红霞、王攀）
11小时前
四平日报V
#扫黑除恶# #吉林新闻# 【双辽市郑佰文涉黑案一审获刑25年】3月31日，受新冠肺炎疫情影响，铁东区人民法院通过远程视频一审公开宣判郑佰文、郑佰战、郑佰武、郑佰勇、郑龙等26名被告人犯组织、领导、参加黑社会性质组织罪、寻衅滋事罪、聚众斗殴罪、妨害公务罪等一案。法庭通过云审判信息平台与看守所远程连线，25名被告人在监所接受远程宣判，1名取保候审涉黑人员在法庭接受宣判。主要涉黑成员郑佰文被判处有期徒刑25年，剥夺政治权利5年，并处没收个人全部财产。
```

▲ 圖 13-3 微博資訊爬取結果

從網頁獲取的文字資料儲存在 weibodata.txt 中，用於 RNN 網路的評估及預測。

2. 資料前置處理

由於未將兩組資料連接起來，以下對已有資料集以 CED_Dataset 處理為主。對預先分好類的謠言和非謠言資料分別進行解析，並計數統計是否有缺漏的情況。

```
for rumor_class_dir in rumor_class_dirs:                     #解析謠言資料
        if(rumor_class_dir != '.DS_Store'):
    with open(original_microblog+rumor_class_dir,'r',encoding='utf-8') as f:
            try:
                rumor_content = f.read()                     #開啟檔案
            except UnicodeDecodeError:                       #異常處理
                continue
            else:
                rumor_dict = json.loads(rumor_content)       #載入資料
            all_rumor_list.append(rumor_label+"\t"+rumor_dict["text"]+"\n")
                rumor_num += 1
for non_rumor_class_dir in non_rumor_class_dirs:             #解析非謠言資料
    if(non_rumor_class_dir != '.DS_Store'):
```

```
        with open(original_microblog + non_rumor_class_dir, 'r', encoding =
'utf-8') as f2:
            try:
                non_rumor_content = f2.read()                 #開啟檔案
            except UnicodeDecodeError:                        #異常處理
                continue
            else:
                non_rumor_dict = json.loads(non_rumor_content)
                all_non_rumor_list.append(non_rumor_label + "\t" + non_
rumor_dict["text"] + "\n")
                non_rumor_num += 1
print(" 謠言資料總量為：" + str(rumor_num))
print(" 非謠言資料總量為：" + str(non_rumor_num))
```

該資料集中所有的資料都獲得了處理和統計。在上述程式中，為了正確讀取檔案，必須設定 encoding='utf-8' 參數，否則會出現顯示出錯 UnicodeDecodeError。因此，做雙重保險，用 try except else 敘述進行異常處理。

經過整理後，文段被區分為謠言或非謠言，不利於後面的訓練與驗證，所以將所有的文段打亂順序後作為最終的文字檔案。

```
data_list_path = "D:/_Projects/Rumor_Prediction/"             #亂數儲存
all_data_path = data_list_path + "all_data.txt"
all_data_list = all_rumor_list + all_non_rumor_list
random.shuffle(all_data_list)
with open(all_data_path, 'w', encoding = 'utf-8') as f:       #開啟檔案
    f.seek(0)
    f.truncate()
with open(all_data_path, 'a', encoding = 'utf-8') as f:       #資料寫入
    for data in all_data_list:
        f.write(data)
```

最終生成的文字檔案如圖 13-4 所示；其中 0 與 1 分別代表了謠言和非謠言，標注在每一段文字前。

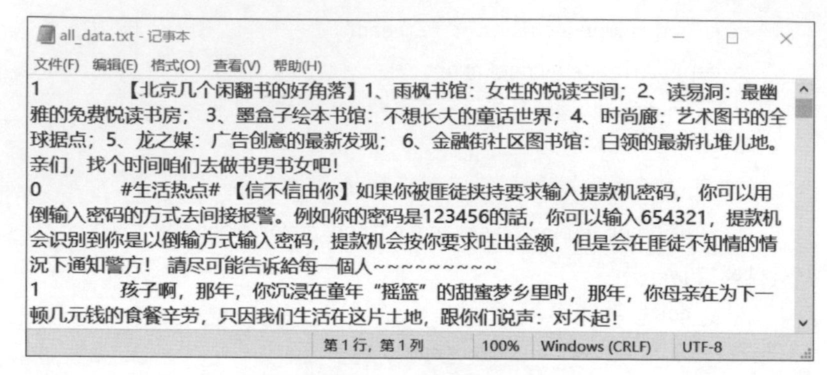

▲ 圖 13-4 標籤亂數結果

3. 定義資料

首先，定義資料字典的生成方式。剔除 all_data.txt 中對每段文字的標籤，並整合所有文字；其次，分割每一個文字，並使其與特定的數字相對應。

```
#資料字典
def create_dict(data_path, dict_path):
    dict_set = set()
    with open(data_path, 'r', encoding = 'utf-8') as f:
        lines = f.readlines()                    #讀取所有資料
    for line in lines:
        content=line.split('\t')[-1].replace('\n','') #整合所有文字資訊統一處理
        for s in content:
            dict_set.add(s)
    dict_list = []
    i = 0
    for s in dict_set:
        dict_list.append([s, i])                 #使單字與數字相對應
        i += 1
    dict_txt = dict(dict_list)
```

```
    end_dict = {"<unk>": i}            # 增加未知字元
    dict_txt.update(end_dict)
    with open(dict_path, 'w', encoding = 'utf-8') as f:
        f.write(str(dict_txt))
    print(" 資料字典生成完成 !")
```

資料字典 dict.txt 的內容如圖 13-5 所示。

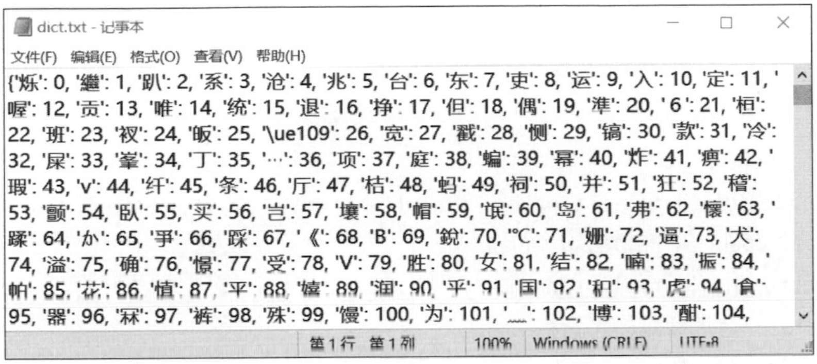

dict.txt - 记事本

文件(F) 编辑(E) 格式(O) 查看(V) 帮助(H)

{'烁': 0, '繼': 1, '趴': 2, '系': 3, '沧': 4, '兆': 5, '台': 6, '东': 7, '吏': 8, '运': 9, '入': 10, '定': 11, '喔': 12, '贡': 13, '啡': 14, '统': 15, '退': 16, '挣': 17, '但': 18, '偶': 19, '準': 20, ' 6 ': 21, '桓': 22, '班': 23, '衩': 24, '皈': 25, '\ue109': 26, '宽': 27, '戳': 28, '恻': 29, '镐': 30, '款': 31, '冷': 32, '屎': 33, '峯': 34, '丁': 35, '…': 36, '项': 37, '庭': 38, '蝙': 39, '幂': 40, '炸': 41, '痹': 42, '瑕': 43, 'v': 44, '纤': 45, '条': 46, '厅': 47, '桔': 48, '蚂': 49, '祠': 50, '并': 51, '狂': 52, '稽': 53, '颤': 54, '卧': 55, '买': 56, '岂': 57, '壤': 58, '帽': 59, '氓': 60, '岛': 61, '弗': 62, '懷': 63, '蹂': 64, 'か': 65, '爭': 66, '踩': 67, '《': 68, 'B': 69, '銳': 70, '℃': 71, '姗': 72, '逼': 73, '犬': 74, '溢': 75, '确': 76, '憬': 77, '受': 78, 'V': 79, '胜': 80, '女': 81, '结': 82, '喃': 83, '振': 84, '帕': 85, '花': 86, '慎': 87, '平': 88, '嬉': 89, '润': 90, '平': 91, '国': 92, '积': 93, '虎': 94, '食': 95, '器': 96, '寐': 97, '裤': 98, '殊': 99, '馒': 100, '为': 101, '＿': 102, '博': 103, '酣': 104,

第 1 行，第 1 列 100% Windows (CRLF) UTF-8

▲ 圖 13-5 資料字典 dict.txt 內容

定義字典長度，為後續計算提供資料資訊。

```
# 字典長度
def get_dict_len(dict_path):
    with open(dict_path, 'r', encoding = 'utf-8') as f:
        line = eval(f.readlines()[0])
    return len(line.keys())
```

定義資料列表。當所有文字按照資料字典替換為數字後，按照 7:1 的比例將資料集分為訓練集和驗證集。

```
# 序列化表示資料
def create_data_list(data_list_path):
    with open(os.path.join(data_list_path, 'eval_list.txt'), 'w', encoding = 
'utf-8') as f_eval:
        f_eval.seek(0)
        f_eval.truncate() # 清空 eval_list.txt
```

```
    with open(os.path.join(data_list_path, 'train_list.txt'), 'w', encoding = 
'utf-8') as f_train:
        f_train.seek(0)
        f_train.truncate()  # 清空 train_list.txt
    with open(os.path.join(data_list_path, 'dict.txt'), 'r', encoding = 'utf-
8') as f_data:
        dict_txt = eval(f_data.readlines()[0])              # 驗證集詞典
    with open(os.path.join(data_list_path, 'all_data.txt'), 'r', encoding = 
'utf-8') as f_data:
        lines = f_data.readlines()                          # 所有資料
    i = 0
    with open(
    os.path.join(data_list_path, 'eval_list.txt'), 'a', encoding = 'utf-8')
as f_eval, open(  # 開啟驗證集資料
    os.path.join(data_list_path, 'train_list.txt'), 'a', encoding = 'utf-8')
as f_train:   # 開啟訓練集資料
    for line in lines:
        words = line.split('\t')[-1].replace('\n', '')      # 分割
        label = line.split('\t')[0]
        labs = ""
        if i % 8 == 0:
            for s in words:
                lab = str(dict_txt[s])
                labs = labs + lab + ','
            labs = labs[:-1]
            labs = labs + '\t' + label + '\n'
            f_eval.write(labs) # 作為驗證集
        else:
            for s in words:
                lab = str(dict_txt[s])
                labs = labs + lab + ','
                labs = labs[:-1]
                labs = labs + '\t' + label + '\n'
                f_train.write(labs)                         # 作為訓練集
```

```
        i += 1
    print(" 資料列表生成完成 !")
```

資料列表 train_list.txt 內容如圖 13-6 所示，eval_list.txt 內容類似。

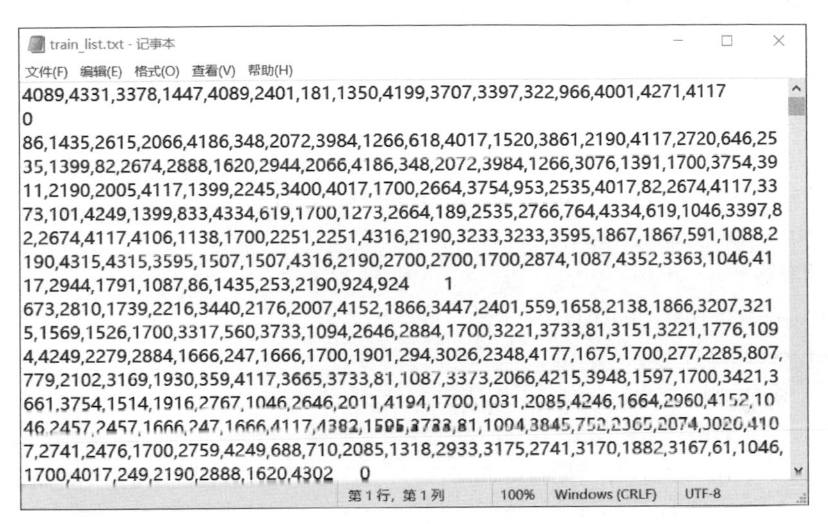

train_list.txt - 记事本

文件(F) 编辑(E) 格式(O) 查看(V) 帮助(H)

```
4089,4331,3378,1447,4089,2401,181,1350,4199,3707,3397,322,966,4001,4271,4117
0
86,1435,2615,2066,4186,348,2072,3984,1266,618,4017,1520,3861,2190,4117,2720,646,25
35,1399,82,2674,2888,1620,2944,2066,4186,348,2072,3984,1266,3076,1391,1700,3754,39
11,2190,2005,4117,1399,2245,3400,4017,1700,2664,3754,953,2535,4017,82,2674,4117,33
73,101,4249,1399,833,4334,619,1700,1273,2664,189,2535,2766,764,4334,619,1046,3397,8
2,2674,4117,4106,1138,1700,2251,2251,4316,2190,3233,3233,3595,1867,1867,591,1088,2
190,4315,4315,3595,1507,1507,4316,2190,2700,2700,1700,2874,1087,4352,3363,1046,41
17,2944,1791,1087,86,1435,253,2190,924,924	1
673,2810,1739,2216,3440,2176,2007,4152,1866,3447,2401,559,1658,2138,1866,3207,321
5,1569,1526,1700,3317,560,3733,1094,2646,2884,1700,3221,3733,81,3151,3221,1776,109
4,4249,2279,2884,1666,247,1666,1700,1901,294,3026,2348,4177,1675,1700,277,2285,807,
779,2102,3169,1930,359,4117,3665,3733,81,1087,3373,2066,4215,3948,1597,1700,3421,3
661,3754,1514,1916,2767,1046,2646,2011,4194,1700,1031,2085,4246,1664,2960,4152,10
46,2457,2457,1666,247,1666,4117,4382,1595,3733,81,1004,3845,752,2365,2074,3020,410
7,2741,2476,1700,2759,4249,688,710,2085,1318,2933,3175,2741,3170,1882,3167,61,1046,
1700,4017,249,2190,2888,1620,4302	0
```

第 1 行，第 1 列 | 100% | Windows (CRLF) | UTF-8

▲ 圖 13-6 資料列表 train_list.txt 內容

4. 生成資料

完成定義後，生成資料字典和資料清單。

```
dict_path = data_list_path + "dict.txt"   # 詞典路徑
with open(dict_path, 'w') as f:
        f.seek(0)
        f.truncate()
create_dict(all_data_path, dict_path)  # 生成資料詞典和列表
create_data_list(data_list_path)
```

13.3.2 模型建構

資料載入進模型之後，需要定義資料讀取工具、架設模型和定義函數。

1. 定義資料讀取工具

使用 PaddlePaddle 框架中的 paddle.fluid.io.xmap_readers(mapper、reader、process_num、buffer_size、order=False) 函數，其功能為多執行緒下，使用自訂映射器返回樣本到輸出佇列。

```
# 資料映射關係
def data_mapper(sample):
    data, label = sample
    data = [int(data) for data in data.split(',')]
    return data, int(label)
# 資料讀取器
def data_reader(data_path):
    def reader():
        with open(data_path, 'r', encoding = 'utf-8') as f:
            lines = f.readlines()
            for line in lines:
                data, label = line.split('\t')
                yield data, label
    return paddle.reader.xmap_readers(data_mapper, reader, cpu_count(), 1024)
# 多執行緒下，使用自訂映射器 reader 返回樣本到輸出佇列
```

完成資料讀取器的定義後，根據訓練集和驗證集資料分別生成對應的資料讀取器。同時設定了一次訓練所選取的樣本數 BATCH_SIZE 為 128。

```
# 獲取訓練資料讀取器和測試資料讀取器
BATCH_SIZE = 128
train_list_path = data_list_path + 'train_list.txt'
eval_list_path = data_list_path + 'eval_list.txt'
train_reader = paddle.batch(# 讀取訓練集
        reader = data_reader(train_list_path),
        batch_size = BATCH_SIZE)
eval_reader = paddle.batch(# 讀取驗證集
        reader = data_reader(eval_list_path),
        batch_size = BATCH_SIZE)
```

2. 架設模型

選擇 RNN 中的 LSTM 作為計算網路。PapplePaddle 框架中為 LSTM 網路提供了 fluid.layers.fc() 和 fluid.layers.dynamic_lstm() 兩種函數，分別建構全連接層和實現 LSTM。

```
# 定義長短期記憶網路
def lstm_net(ipt, input_dim):
    emb = fluid.layers.embedding(input = ipt, size = [input_dim, 128], is_
sparse=True)
    fc1 = fluid.layers.fc(input = emb, size = 128)
    lstm1, cell = fluid.layers.dynamic_lstm(input = fc1,
        # 返回：隱藏狀態 LSTM 的神經元狀態
                                            size = 128)  # size=4*hidden_size
    fc2 = fluid.layers.sequence_pool(input = fc1, pool_type = 'max')
    lstm2 = fluid.layers.sequence_pool(input = lstm1, pool_type = 'max')
    out = fluid.layers.fc(input = [fc2, lstm2], size = 2, act = 'softmax')
    return out
```

輸入網路的資料運用 fluid.data() 進行處理，其中 PaddlePaddle 框架中獨具特色的部分 LoDTensor 也有所表現，即 lod_level 參數的設定，預設值 0 代表該資料為非序列資料，1 代表該資料為序列資料。

```
# 定義資料
words = fluid.data(name = 'words', shape = [None,1], dtype = 'int64', lod_
level = 1) # 指定輸入資料為序列資料
label = fluid.data(name = 'label', shape = [None,1], dtype = 'int64')
# 預設非序列資料，有了上述的模型與資料，則可以得到 LSTM 的分類器。
# 獲取字典長度，即類別數量
dict_dim = get_dict_len(dict_path)
# 獲取 LSTM 的分類器
model = lstm_net(words, dict_dim)
```

3. 定義函數

判斷所得到分類器實現效果的依據是損失函數和準確率。首先，運用 PaddlePaddle 框架中的 fluid.layers.cross_entropy() 和 fluid.layers.accuracy() 計算；其次，需要對模型進行不斷最佳化，初步設定學習率為 0.001，運用自我調整梯度最佳化器即函數 fluid.optimizer.AdagradOptimizer() 進行最佳化。

```
# 獲取性質函數：損失函數 & 準確率
cost=fluid.layers.cross_entropy(input=model, label = label) # 定義損失函數
avg_cost = fluid.layers.mean(cost) # 定義損失平均值
acc = fluid.layers.accuracy(input = model, label = label)    # 定義準確率
# 獲取預測程式
test_program=fluid.default_main_program().clone(for_test=True)# 複製一個主程式
# 定義最佳化方法
optimizer = fluid.optimizer.AdagradOptimizer(learning_rate = 0.001)
opt = optimizer.minimize(avg_cost)                               # 定義最佳化方法
```

13.3.3 模型訓練

定義模型架構和編譯之後，使用訓練集訓練模型，使模型可以分辨言論是否為謠言。這裡，使用訓練集和測試集來擬合併儲存模型。

1. 初始化參數設定

初始化分為執行初始化和資料初始化。在 PaddlePaddle 框架中，執行模型需使用執行器 fluid.Executor 來執行各類操作；且用 fluid.CUDAPlace 和 fluid.CPUPlace 指定執行地點。進行資料初始化時，需要考慮到訓練集和驗證集兩類資料集，其中包括損失率和準確率的計算。

```
# 執行初始化
use_cuda = False
place = fluid.CUDAPlace(0) if use_cuda else fluid.CPUPlace()
# 定義執行地點，此處為混合裝置執行
```

```
exe = fluid.Executor(place) #建立執行器
exe.run(fluid.default_startup_program()) #進行初始化
#定義資料映射器
feeder = fluid.DataFeeder(place = place, feed_list = [words, label])
#資料初始化
all_train_iter=0
all_train_iters=[]
all_train_costs=[]
all_train_accs=[]
all_eval_iter=0
all_eval_iters=[]
all_eval_costs=[]
all_eval_accs=[]
```

2. 定義資料視覺化

為了能夠對模型性質進行分析，需要提前定義模型訓練產生的參數與視覺化圖表。

```
def draw_process(title,iters,costs,accs,label_cost,lable_acc):  #畫圖參數
    plt.title(title, fontsize=24)
    plt.xlabel("iter", fontsize=20)
    plt.ylabel("cost/acc", fontsize=20)
    plt.plot(iters, costs,color='red',label=label_cost)
    plt.plot(iters, accs,color='green',label=lable_acc)
    plt.legend()
    plt.grid()
    plt.show()
```

3. 完成訓練與驗證模型

訓練時運用已劃分好的訓練集和驗證集分別對模型進行訓練和驗證。設定 EPOCH 為 10 輪，每訓練一次就會對現有模型驗證一次，並對每輪訓練或驗證計算損失率和準確率。

```
EPOCH_NUM=10    #輪次及模型儲存
model_save_dir = 'D:/_Projects/Rumor_Prediction/work/infer_model/'
for pass_id in range(EPOCH_NUM):                       #訓練
    for batch_id, data in enumerate(train_reader()):
        train_cost,train_acc=exe.run(program=fluid.default_main_program(),
                                     feed = feeder.feed(data),
                                     fetch_list = [avg_cost, acc])
        all_train_iter = all_train_iter + BATCH_SIZE
        all_train_iters.append(all_train_iter)
        all_train_costs.append(train_cost[0])      #代價
        all_train_accs.append(train_acc[0])        #準確度
        if batch_id % 100 == 0:
            print('Pass:%d, Batch:%d, Cost:%0.5f, Acc:%0.5f' % (pass_id, 
batch_id, train_cost[0], train_acc[0]))
    eval_costs = []                                    #驗證
    eval_accs = []
    for batch_id, data in enumerate(eval_reader()):
        eval_cost, eval_acc = exe.run(program = test_program,
                                      feed = feeder.feed(data),
                                      fetch_list = [avg_cost, acc])
        eval_costs.append(eval_cost[0])
        eval_accs.append(eval_acc[0])
        all_eval_iter=all_eval_iter+BATCH_SIZE
        all_eval_iters.append(all_eval_iter)
        all_eval_costs.append(eval_cost[0])
        all_eval_accs.append(eval_acc[0])
    #平均驗證損失率和準確率
    eval_cost = (sum(eval_costs) / len(eval_costs))
    eval_acc = (sum(eval_accs) / len(eval_accs))
    print('Test:%d, Cost:%0.5f, ACC:%0.5f'%(pass_id, eval_cost, eval_acc))
if not os.path.exists(model_save_dir):                 #儲存模型
    os.makedirs(model_save_dir)
fluid.io.save_inference_model(model_save_dir,
                              feeded_var_names=[words.name],
```

```
                      target_vars=[model],
                      executor=exe)
print('訓練模型儲存完成！')
draw_process("train",all_train_iters,all_train_costs,all_train_accs,"trainning cost","trainning acc")
draw_process("eval",all_eval_iters,all_eval_costs,all_eval_accs,"evaling cost","evaling acc")
```

13.3.4 模型評估

完成模型訓練後繪製出訓練結果，供模型性質分析。

```
draw_process("train",all_train_iters,all_train_costs,all_train_accs,"trainning cost","trainning acc")
draw_process("eval",all_eval_iters,all_eval_costs,all_eval_accs,"evaling cost","evaling acc")
```

13.3.5 模型預測

將上述步驟中已經架設好的模型運用於預測中。

1. 呼叫生成模型

呼叫生成模型時會使用到和模型訓練驗證時類似的程式。除此之外，還需結合資料準備實現序列的部分程式，將使用者輸入的文字按照資料字典轉化為序列。

```
#建立執行器
place = fluid.CPUPlace()
infer_exe = fluid.Executor(place)
infer_exe.run(fluid.default_startup_program())
save_path = 'D:/_Projects/Rumor_Prediction/work/infer_model/'
#從模型中獲取預測程式、輸入資料名稱清單、分類器
[infer_program, feeded_var_names, target_var] = fluid.io.load_inference_
```

```
model(dirname = save_path, executor = infer_exe)
#獲取資料
def get_data(sentence):
    #讀取資料字典
    with open('D:/_Projects/Rumor_Prediction/dict.txt', 'r', encoding = 'utf-
8') as f_data:
        dict_txt = eval(f_data.readlines()[0])
    dict_txt = dict(dict_txt)
    #把字串資料轉換成清單資料
    keys = dict_txt.keys()
    data = []
    for s in sentence:
    #判斷是否存在未知字元
    if not s in keys:
      s = '<unk>'
    data.append(int(dict_txt[s]))
return data
```

2. 輸入需驗證的資訊

使用 input 敘述與使用者實現互動，使用者可透過下方視窗輸入需驗證的資訊。

```
data = []
question = input("您想驗證的敘述為：")
data_1 = np.int64(get_data(question))#建立執行器
place = fluid.CPUPlace()
infer_exe = fluid.Executor(place)
infer_exe.run(fluid.default_startup_program())
save_path = 'D:/_Projects/Rumor_Prediction/work/infer_model/'
#從模型中獲取預測程式、輸入資料名稱清單、分類器
[infer_program, feeded_var_names, target_var] = fluid.io.load_inference_
model(dirname = save_path, executor = infer_exe)
#獲取資料
def get_data(sentence):
```

```
    #讀取資料字典
    with open('D:/_Projects/Rumor_Prediction/dict.txt', 'r', encoding = 'utf-
8') as f_data:
        dict_txt = eval(f_data.readlines()[0])
    dict_txt = dict(dict_txt)
    #把字串資料轉換成清單資料
    keys = dict_txt.keys()
    data = []
    for s in sentence:
        #判斷是否存在未知字元
        if not s in keys:
            s = '<unk>'
        data.append(int(dict_txt[s]))
    return data
data.append(data 1)
#獲取每句話的單字數量
base_shape = [[len(c) for c in data]]
```

3. 定義輸出格式

呼叫 OpenCV 函數庫處理資訊卡片原始範本，將使用者欲驗證的資訊和計算結果輸出至最終的資訊卡片中，運用 PhotoShop 軟體計算輸出文字的位置資訊。

```
import cv2
from PIL import Image, ImageDraw, ImageFont
def out_img(results):                          #輸出的參數定義
    img_OpenCV = cv2.imread("D:/_Projects/Rumor_Prediction/original.png")
    img_PIL = Image.fromarray(cv2.cvtColor(img_OpenCV, cv2.COLOR_BGR2RGB))
    font = ImageFont.truetype('simhei.ttf', 40)
    fillColor_1 = (255, 255, 255)              #填充顏色
    fillColor_2 = (64, 79, 105)
    position_1 = (64, 46)                      #位置
    position_2 = (64, 405)
    draw = ImageDraw.Draw(img_PIL)
```

```
    draw.text(position_1, question, font = font, fill = fillColor_1)
    draw.text(position_2, results, font = font, fill = fillColor_2)
    img_PIL.save('C:/Users/iris-/Desktop/prediction_results.jpg', 'jpeg')
```

4. 生成資訊卡片

透過執行之前生成的資料資訊得到計算結果。

```
# 生成預測資料
tensor_words = fluid.create_lod_tensor(data, base_shape, place)
# 執行預測
result = exe.run(program = infer_program,
                 feed = {feeded_var_names[0]: tensor_words},
                 fetch_list = target_var)
# 分類名稱
names = [ '謠言', '非謠言']
# 獲取結果機率最大的 label
for i in range(len(data)):
    lab = np.argsort(result)[0][i][-1]
    prediction = '\n 預測結果標籤：' + str(lab) + '，分類：' + str(names[lab])
    + '\n\n 機率：' + str(result[0][i][lab])
    out_img(prediction)
```

13.4 系統測試

本部分包括訓練準確率、測試效果及模型應用。

13.4.1 訓練準確率

訓練準確率接近 90% 則表示這個預測模型訓練比較成功。透過查看訓練日誌，隨著 epoch 次數的增多，模型在訓練資料、測試資料上的損失和準確率逐漸收斂，最終趨於穩定，如圖 13-7 所示。

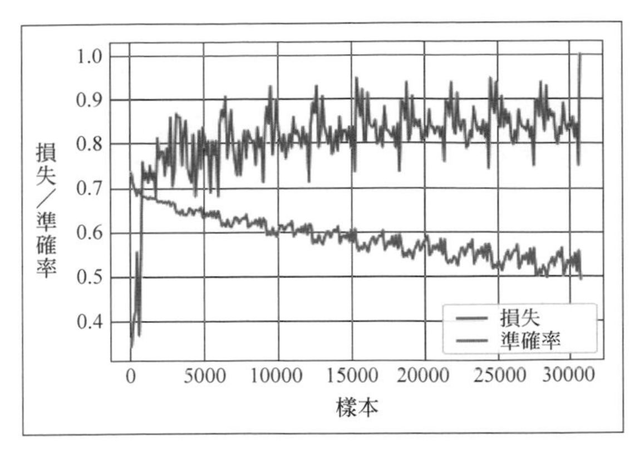

▲ 圖 13-7 模型訓練準確率

13.4.2 測試效果

將測試集的資料代入模型進行測試，對分類的標籤與原始資料進行顯示和比較，測試準確率接近 80%，如圖 13-8 所示，雖然比訓練準確率低，但足夠判斷大部分資料。

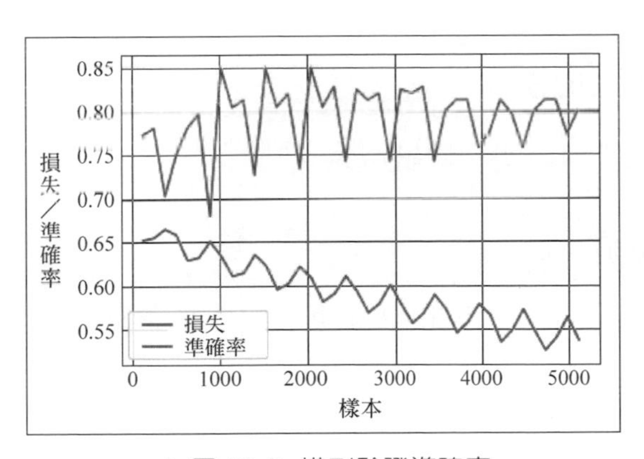

▲ 圖 13-8 模型驗證準確率

輸入需運用模型進行判斷的敘述，這裡以來自騰訊較真查證平台的謠言敘述為例，選取非謠言敘述如圖 13-9 所示，非謠言敘述結果如圖 13-10 所示，選取謠言敘述如圖 13-11 所示，謠言敘述結果如圖 13-12 所示。

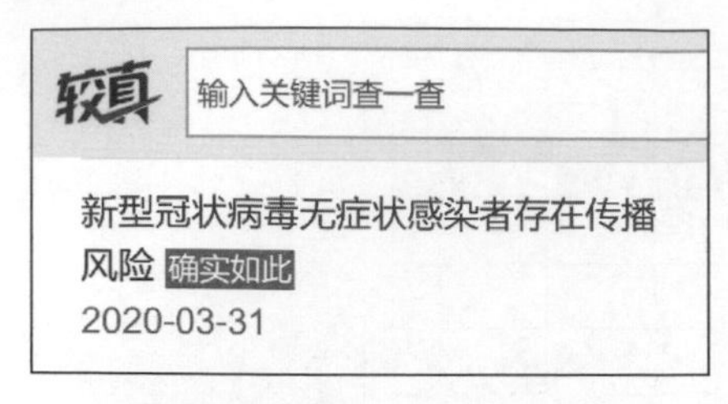

▲ 圖 13-9 選取一筆非謠言敘述

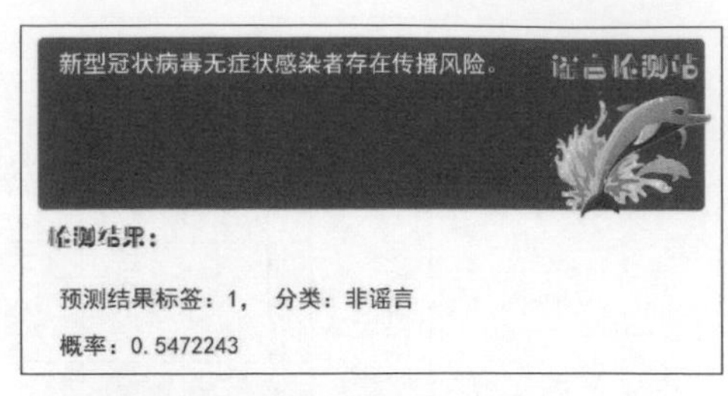

▲ 圖 13-10 模型測試非謠言敘述結果

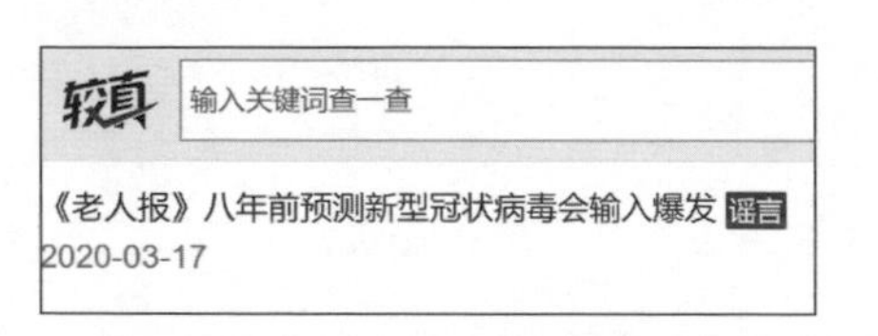

▲ 圖 13-11 選取一筆謠言敘述

▲ 圖 13-12 模型測試謠言敘述結果

綜上可知，模型可以完成新冠疫情謠言檢測的功能。

13.4.3 模型應用

本部分包括程式使用說明和測試結果。

1. 程式使用說明

模型編譯成功後，將已完成的模型與原始圖放置於同一資料夾中。執行檔案前，需修改模型 Rumor_Prediction 資料夾所在位置和希望生成的資訊卡片儲存的位置，如圖 13-13 所示。

```
path = 'D:/_Projects/Rumor_Prediction/'   ## 需修改单引号中的地址为目前文件保存位置
path_pics = 'C:/Users/iris-/Desktop/'   ## 需修改单引号中的地址为，希望信息卡片所保存到的位置
```

▲ 圖 13-13 執行程式前需修改的兩個位址參數

完成修改後，執行 Rumor_user.ipynb 檔案，按照提示輸入希望驗證的敘述資訊，並得到生成的資訊卡片。

2. 測試結果

本謠言檢測可以提供基本判斷，最終生成的資訊卡片不僅呈現出待驗證敘述是否為謠言，還會提供可信機率供使用者參考。圖 13-14 中雖然為「非謠言」，但是可信機率為 0.51，較為中立，這是由於具體的判斷時間不同導致的。

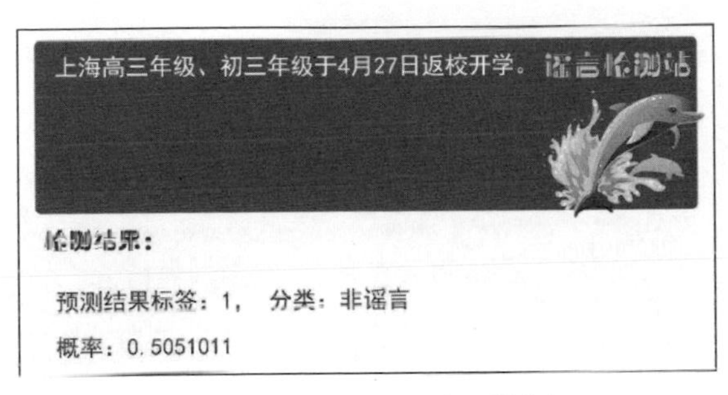

▲ 圖 13-14 測試結果範例

PROJECT 14

語音辨識——視訊增加字幕

本專案透過 THCHS30 資料集進行 B-RNN 網路模型訓練，實現對音訊資訊進行語音辨識，並生成字幕文字。

14.1 整體設計

本部分包括系統整體結構圖和系統流程圖。

14.1.1 系統整體結構圖

系統整體結構如圖 14-1 所示。

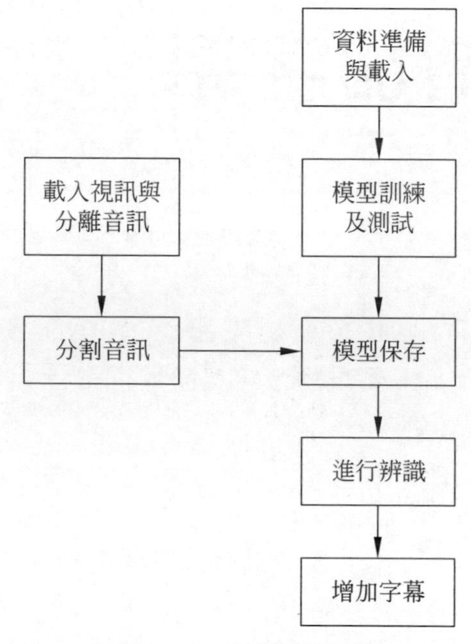

▲ 圖 14-1 系統整體結構圖

14.1.2 系統流程圖

系統流程如圖 14-2 所示。

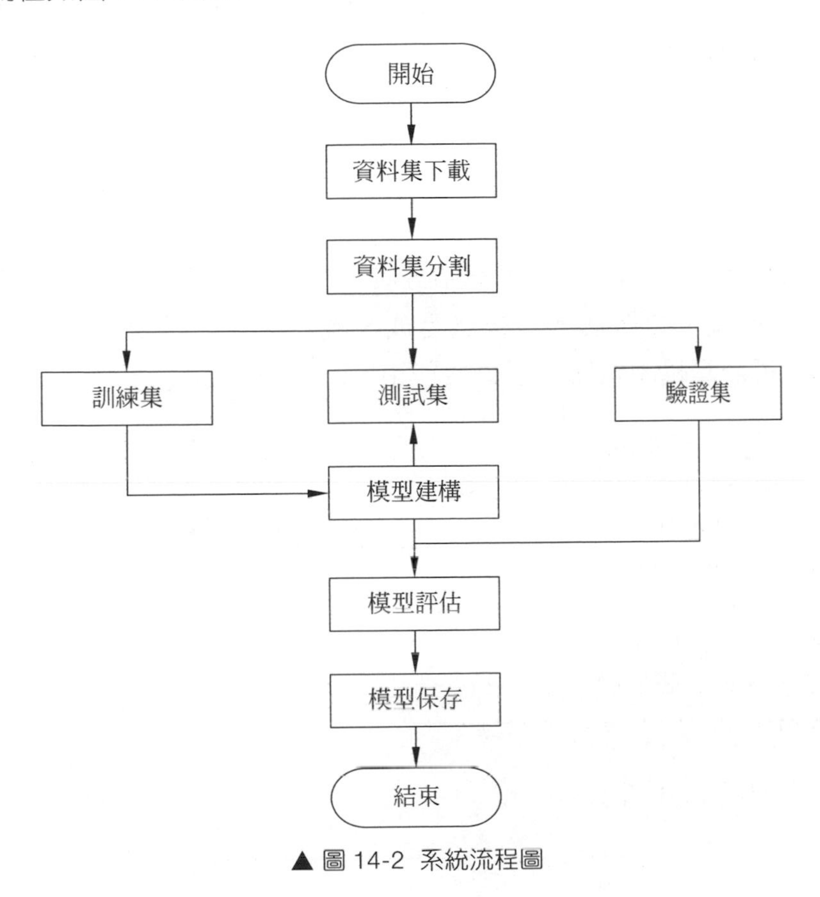

▲ 圖 14-2 系統流程圖

14.2 執行環境

硬體平台為 PC；作業系統為 Windows 10；程式設計平台為 Anaconda；開發環境為 TensorFlow；開發語言為 Python；資料集為公開的語料庫樣本 THCHS30。資料集下載網址為 http://www.openslr.org/18/。

14.3 模組實現

本專案包括 7 個模組：分離音訊、分割音訊、提取音訊、模型建構、辨識音訊、增加字幕、GUI 介面。下面分別列出各模組的功能介紹及相關程式。

14.3.1 分離音訊

用 MoviePy 函數庫將音訊從視訊中分離，它是 Python 視訊編輯函數庫，可裁剪、拼接、標題插入、視訊合成、視訊處理和自訂效果。不安裝 moviepy 視訊編輯函數庫可以直接使用 ffmpeg-python 函數庫。相關程式如下：

```
from moviepy.editor import *                  #匯入模組
def MovieToVoice(input,output):               #視訊轉為音訊
    video = VideoFileClip(input)
    video.audio.write_audiofile(output)       #輸出音訊
input_str = r'視訊位址'
output_str = r'音訊位址'
MovieToVoice(input_str,output_str)
```

執行結果如圖 14-3 所示。

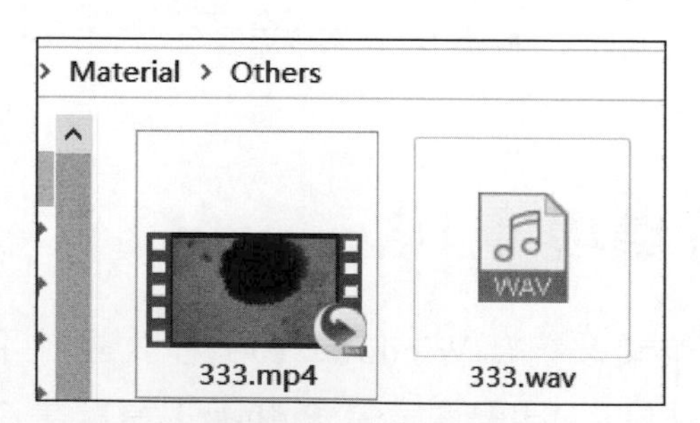

▲ 圖 14-3 執行結果

14.3.2 分割音訊

用靜音檢測方法切分音訊，為分類奠定基礎。音訊打點切分完成後，將各音訊部分儲存。使用 pydub 函數庫中的函數如下：

```
split_on_silence(soun，min_silence_len,silence_thresh,keep_silence=400)
```

第一個參數為待分割音訊，第二個為多少秒「沒聲」代表沉默，第三個為分貝小於多少 dBFS 時代表沉默，第四個為截出的每個音訊增加多少 ms 無聲。相關程式如下：

```
from pydub import AudioSegment #匯入模組
from pydub.silence import split_on_silence
def Split(str1):  #分割
    sound = AudioSegment.from_mp3(str1)
    loudness = sound.dBFS
    #print(loudness)
        chunks = split_on_silence(sound,
        #沉默半秒
        min_silence_len=10,
                #聲音小於 -16dBFS 認為沉默
        silence_thresh=-52,
        keep_silence=0
            )
    print('總分段：', len(chunks))
    #根據後續的情況選擇
        '''
        # 放棄長度小於 2 秒的錄音部分
        for i in list(range(len(chunks)))[::-1]:
        if len(chunks[i]) <= 2000 or len(chunks[i]) >= 10000:
            chunks.pop(i)
    print('取有效分段 ( 大於 2s 小於 10s)：', len(chunks))
    '''
    #將分割的音訊儲存
```

```
for i, chunk in enumerate(chunks):
    str = "chunk{0}.wav".format(i)
    chunk.export(str, format="wav")
```

結果如圖 14-4 所示。

```
In [5]: runfile('C:/Users/10116/Desktop/test/MovieToVoice.py', wdir='C:/Users/10116/
Desktop/test')
总分段： 5
```

1.wav	2019/8/7 11:34	媒体文件(.wav)	249 KB
addstr.py	2020/3/12 14:00	Python File	1 KB
chunk0.wav	2020/3/19 9:05	媒体文件(.wav)	48 KB
chunk1.wav	2020/3/19 9:05	媒体文件(.wav)	2 KB
chunk2.wav	2020/3/19 9:05	媒体文件(.wav)	28 KB
chunk3.wav	2020/3/19 9:05	媒体文件(.wav)	127 KB
chunk4.wav	2020/3/19 9:05	媒体文件(.wav)	44 KB

▲ 圖 14-4 程式執行成功示意圖

14.3.3 提取音訊

MFCC 提取過程如下：對語音進行預減輕、分幀和加窗；每個短分時析窗透過 FFT 去掉對應的頻譜；將上面的頻譜透過梅爾濾波器組去掉梅爾頻譜；在梅爾頻譜上面進行倒譜分析 (先取對數，然後做逆轉換，逆轉換透過 DCT 離散餘弦變換來實現，取 DCT 後的 2~13 作為 MFCC 係數)，取得梅爾頻率倒譜系數 MFCC，就是這幀語音的特徵。

將語音資料轉為需要計算 13 位元或 26 位元不同倒譜特徵的 MFCC，作為模型的輸入。經過轉換，資料儲存在一個頻率特徵係數 (行) 和時間 (列) 的矩陣中。相關程式如下：

```
# 將音訊資訊轉成 MFCC 特徵
# 參數說明 ---audio_filename：音訊檔案，numcep：梅爾倒譜系數個數
#numcontext：對於每個時間段，要包含上下文樣本個數
def audiofile_to_input_vector(audio_filename, numcep, numcontext):
    # 載入音訊檔案
```

```
    fs, audio = wav.read(audio_filename)
    # 獲取 MFCC 係數
    orig_inputs = mfcc(audio, samplerate=fs, numcep=numcep)
    # 列印 MFCC 係數的形狀，得到 (955, 26) 的形狀
    # 955 表示時間序列，26 表示每個序列 MFCC 的特徵值
    # 形狀因檔案而異，不同檔案可能有不同長度的時間序列，但是，每個序列的特徵值
數量都相同
    print(np.shape(orig_inputs))
```

使用雙向循環神經網路訓練，輸出包含正、反向的結果，相當於每一個時間序列擴大一倍，為了保證總時序不變，使用 orig_inputs =orig_inputs[::2] 對 orig_inputs 每隔一行進行一次取樣。這樣被忽略的序列可以用後文中反向 RNN 生成的輸出代替，維持整體序列長度。

```
orig_inputs = orig_inputs[::2]#(478, 26)
print(np.shape(orig_inputs))
# 實際使用 numcontext=9
# 返回資料，考慮前 9 個和後 9 個時間序列，每個時間序列組合 19*26=494 個 MFCC 特徵數
train_inputs = np.array([], np.float32)
train_inputs.resize((orig_inputs.shape[0],numcep+2*numcep* numcontext))
print(np.shape(train_inputs))#)(478, 494)
# 準備修復前修復後上下文
empty_mfcc = np.array([])
empty_mfcc.resize((numcep))
# 使用過去和將來的上下文準備 train_inputs
#time_slices 儲存的是時間切片，也就是有多少個時間序列
time_slices = range(train_inputs.shape[0])
#context_past_min 和 context_future_max 用來計算哪些序列需要補零
context_past_min = time_slices[0] + numcontext
context_future_max = time_slices[-1] - numcontext
# 開始遍歷所有序列
for time_slice in time_slices:
  # 對前 9 個時間序列的 MFCC 特徵補 0，不需要補零的，則直接獲取前 9 個時間序列的特徵
    need_empty_past = max(0, (context_past_min - time_slice))
```

```
    empty_source_past = list(empty_mfcc for empty_slots in range(need_empty_
past))
    data_source_past = orig_inputs[max(0, time_slice - numcontext):time_slice]
    assert(len(empty_source_past)+len(data_source_past) == numcontext)
# 對後 9 個時間序列的 MFCC 特徵補 0，不需要補零的，則直接獲取後 9 個時間序列的特徵
    need_empty_future = max(0, (time_slice - context_future_max))
    empty_source_future = list(empty_mfcc for empty_slots in range(need_
empty_future))
    data_source_future = orig_inputs[time_slice + 1:time_slice + numcontext + 1]
    assert(len(empty_source_future) + len(data_source_future) == numcontext)
    # 前 9 個時間序列的特徵
    if need_empty_past:
        past = np.concatenate((empty_source_past, data_source_past))
    else:
        past = data_source_past
    # 後 9 個時間序列的特徵
    if need_empty_future:
    future = np.concatenate((data_source_future, empty_source_future))
    else:
        future = data_source_future
    # 將前 9 個時間序列、當前時間序列以及後 9 個時間序列組合
    past = np.reshape(past, numcontext * numcep)
    now = orig_inputs[time_slice]
    future = np.reshape(future, numcontext * numcep)
    train_inputs[time_slice] = np.concatenate((past, now, future))
    assert(len(train_inputs[time_slice]) == numcep + 2 * numcep * numcontext)
# 將資料使用正太分佈標準化，減去平均值再除以方差
train_inputs = (train_inputs - np.mean(train_inputs)) / np.std(train_inputs)
return train_inputs
```

14.3.4 模型建構

本部分包括定義模型結構、最佳化損失函數、模型訓練。

1. 定義模型結構

網路模型使用 3 個 1024 節點的全連接層網路，經過 Bi-RNN 網路，最後再連接兩個全連接層，且都帶有 dropout 層。啟動函數使用帶截斷的 Relu，截斷值設定為 20。

模型的結構變換如下：由於輸入資料結構是 3 維，首先，將它變成 2 維，傳入全連接層；其次，全連接層到 Bi-RNN 網路時，轉成 3 維；再次，轉成 2 維，傳入全連接層；最後，將 2 維轉成 3 維的輸出。具體過程如下：

```
[batch_size, amax_stepsize, n_input + (2 * n_input * n_context)]
[amax_stepsize * batch_size, n_input + 2 * n_input * n_context]
[amax_stepsize, batch_size, 2*n_cell_dim]
[amax_stepsize * batch_size, 2 * n_cell_dim]
```

相關程式如下：

```
def BiRNN_model(batch_x, seq_length, n_input, n_context, n_character, keep_
dropout):
#batch_x_shape: [batch_size, amax_stepsize, n_input + 2 * n_input * n_context]
偵錯程式
    batch_x_shape = tf.shape(batch_x)
    # 將輸入轉成時間序列優先
    batch_x = tf.transpose(batch_x, [1, 0, 2])
    # 再轉成 2 維傳入第一層
    #[amax_stepsize * batch_size, n_input + 2 * n_input * n_context]
    batch_x = tf.reshape(batch_x, [-1, n_input + 2 * n_input * n_context])
    # 使用 RELU 啟動和退出
    # 第 1 層
    with tf.name_scope('fc1'):
        b1 = variable_on_cpu('b1', [n_hidden_1], tf.random_normal_
initializer(stddev=b_stddev))
        h1 = variable_on_cpu('h1', [n_input + 2 * n_input * n_context, n_hidden_1],
                             tf.random_normal_initializer(stddev=h_stddev))
        layer_1 = tf.minimum(tf.nn.relu(tf.add(tf.matmul(batch_x, h1), b1)),
```

```
relu_clip)
        layer_1 = tf.nn.dropout(layer_1, keep_dropout)
    #第 2 層
with tf.name_scope('fc2'):
        b2 = variable_on_cpu('b2', [n_hidden_2], tf.random_normal_
initializer(stddev=b_stddev))
        h2 = variable_on_cpu('h2', [n_hidden_1, n_hidden_2], tf.random_
normal_initializer(stddev=h_stddev))
        layer_2 = tf.minimum(tf.nn.relu(tf.add(tf.matmul(layer_1, h2), b2)),
relu_clip)
        layer_2 = tf.nn.dropout(layer_2, keep_dropout)
    #第 3 層
with tf.name_scope('fc3'):
        b3 = variable_on_cpu('b3', [n_hidden_3], tf.random_normal_
initializer(stddev=b_stddev))
        h3 = variable_on_cpu('h3', [n_hidden_2, n_hidden_3], tf.random_
normal_initializer(stddev=h_stddev))
        layer_3 = tf.minimum(tf.nn.relu(tf.add(tf.matmul(layer_2, h3), b3)),
relu_clip)
        layer_3 = tf.nn.dropout(layer_3, keep_dropout)
    #雙向 RNN
with tf.name_scope('lstm'):
        #前向
lstm_fw_cell = tf.contrib.rnn.BasicLSTMCell(n_cell_dim, forget_bias=1.0,
state_is_tuple=True)
        lstm_fw_cell = tf.contrib.rnn.DropoutWrapper(lstm_fw_cell,
                                                input_keep_prob=keep_dropout)
        #反向
    lstm_bw_cell = tf.contrib.rnn.BasicLSTMCell(n_cell_dim, forget_bias=1.0,
state_is_tuple=True)
        lstm_bw_cell = tf.contrib.rnn.DropoutWrapper(lstm_bw_cell,
                                                input_keep_prob=keep_dropout)
        #第 3 層 [amax_stepsize, batch_size, 2 * n_cell_dim]
        layer_3 = tf.reshape(layer_3, [-1, batch_x_shape[0], n_hidden_3])
```

```
        outputs, output_states = tf.nn.bidirectional_dynamic_rnn(cell_
fw=lstm_fw_cell,
                                                                 cell_bw=lstm_bw_cell,
                                                                 inputs=layer_3,
                                                                 dtype=tf.float32,
                                                                 time_major=True,
                                                                 sequence_length=seq_length)
        # 連接正反向結果 [amax_stepsize, batch_size, 2 * n_cell_dim]
        outputs = tf.concat(outputs, 2)
        # 單一張量 [amax_stepsize * batch_size, 2 * n_cell_dim]
        outputs = tf.reshape(outputs, [-1, 2 * n_cell_dim])
    with tf.name_scope('fc5'):
        b5 = variable_on_cpu('b5', [n_hidden_5], tf.random_normal_
initializer(stddev=b_stddev))
        h5 = variable_on_cpu('h5', [(2 * n_cell_dim), n_hidden_5], tf.random_
normal_initializer(stddev=h_stddev))
        layer_5 = tf.minimum(tf.nn.relu(tf.add(tf.matmul(outputs, h5), b5)),
relu_clip)
        layer_5 = tf.nn.dropout(layer_5, keep_dropout)
with tf.name_scope('fc6'):
        # 全連接層用於 softmax 分類
        b6 = variable_on_cpu('b6', [n_character], tf.random_normal_
initializer(stddev=b_stddev))
        h6 = variable_on_cpu('h6', [n_hidden_5, n_character], tf.random_
normal_initializer(stddev=h_stddev))
        layer_6 = tf.add(tf.matmul(layer_5, h6), b6)
        # 將 2 維 [amax_stepsize * batch_size, n_character] 轉成 3 維 time-major
[amax_stepsize, batch_size, n_character].
    layer_6 = tf.reshape(layer_6, [-1, batch_x_shape[0], n_character])
    print('n_character:' + str(n_character))
    # 輸出維度 [amax_stepsize, batch_size, n_character]
    return layer_6
```

2. 最佳化損失函數

語音辨識屬於時序分類任務，使用 ctc_loss 函數計算損失。而最佳化器使用梯度下降法 AdamOptimizer，設定學習率為 0.001。相關程式如下：

```
# 使用 ctc_loss 計算損失
avg_loss = tf.reduce_mean(ctc_ops.ctc_loss(targets, logits, seq_length))
# 最佳化器
learning_rate = 0.001
optimizer = tf.train.AdamOptimizer(learning_rate=learning_rate).minimize(avg_
loss)
```

3. 模型訓練

音訊檔案直接使用 train 資料夾下的資料，翻譯用 data 資料夾下的資料，音訊檔案是 XX.wav，對應的翻譯檔案則是 XX.wav.trn，先找出所有 train 資料夾下的音訊檔案，再找 data 資料夾下音訊檔案名稱 .trn 尾碼的翻譯檔案，取第一行作為翻譯內容，將音訊檔案和翻譯的內容一一對應，載入到記憶體中，方便使用。相關程式如下：

```
# 迭代次數
epochs = 100
# 模型儲存位址
savedir = "saver/"
# 如果該目錄不存在，則新建
if os.path.exists(savedir) == False:
    os.mkdir(savedir)
# 生成 saver
saver = tf.train.Saver(max_to_keep=1)
# 建立 session
with tf.Session() as sess:
    # 初始化
    sess.run(tf.global_variables_initializer())
    # 如果沒有模型，重新初始化
```

```
    kpt = tf.train.latest_checkpoint(savedir)
    print("kpt:", kpt)
    startepo = 0
    if kpt != None:
    saver.restore(sess, kpt)
    ind = kpt.find("-")
    # 讀取上次執行到哪一次 epoch，這次直接跳過
    startepo = int(kpt[ind + 1:])
    print(startepo)
# 準備執行訓練步驟
section = '\n{0:=^40}\n'
n_batches_per_epoch = int(np.ceil(len(labels) / batch_size))
print(section.format('Run training epoch'))
    train_start = time.time()
for epoch in range(epochs):  # 樣本集迭代次數
    epoch_start = time.time()
    # 跳過之前執行過的 epoch
    if epoch < startepo:
        continue
    print("epoch start:", epoch, "total epochs= ", epochs)
    print("total loop ", n_batches_per_epoch, "in one epoch，", batch_size,
"items in one loop")
    train_cost = 0
    train_ler = 0
    next_idx = 0
    # 讀取上次執行到了哪個 batch 值，這次直接跳過
    last_batch_file=open(r'E:\資料夾\大三下\資訊系統設計\視訊加字幕\batch.
txt','r')
    last_batch=last_batch_file.read()
    print('Last batch:'+last_batch)
    last_batch=int(last_batch)
    # 判斷是否已經執行完一個 epoch，是則需要手動修改 last batch 值
    if last_batch==1249:
        last_batch=-1
```

```
        last_batch_file.close()
        for batch in range(n_batches_per_epoch):  #每次 batch_size，取多少
            #跳過之前執行過的 batch
            if batch<=last_batch:
                continue
            #取資料
            print('開始獲取資料:' + str(batch))
            next_idx, source, source_lengths, sparse_labels = next_batch(wav_
files,labels,next_idx ,batch_size)
            print('資料獲取結束')
            feed = {input_tensor: source, targets: sparse_labels, seq_length:
source_lengths,
                    keep_dropout: keep_dropout_rate}
            #計算 avg_loss
            print('開始訓練模型')
            batch_cost, _ = sess.run([avg_loss, optimizer], feed_dict=feed)
            print('模型訓練結束')
            train_cost += batch_cost
            #模型儲存，每 batch 都儲存
            saver.save(sess, savedir + "saver.cpkt", global_step=epoch)
            last_batch_file=open(r'E:\資料夾\大三下\資訊系統設計\視訊加字
幕\batch.txt','w')
            last_batch_file.write(str(batch))
            last_batch_file.close()
        epoch_duration = time.time() - epoch_start
        log = 'Epoch {}/{}, train_cost: {:.3f}, train_ler: {:.3f}, time: {:.2f} sec'
        print(log.format(epoch, epochs, train_cost, train_ler, epoch_duration))
        train_duration = time.time() - train_start
print('Training complete, total duration: {:.2f} min'.format(train_duration /
60))
```

14.3.5 辨識音訊

使用訓練好的模型，對分割後的音訊檔案依次辨識，相關程式如下：

```
# 辨識模組
decoded_str=[]
with tf.Session() as sess:
    # 初始化
    sess.run(tf.global_variables_initializer())
    # 如沒有模型，則重新初始化
    kpt = tf.train.latest_checkpoint(savedir)
    startepo = 0
    if kpt != None:
        saver = tf.train.import_meta_graph(meta_path)
        saver.restore(sess, kpt)
        ind = kpt.find("-")
        startepo = int(kpt[ind + 1:])
    for file in get_wav_files(split_dir):
        source,source_lengths,sparse_labels= get_speech_file(file, labels)
        feed2 = {input_tensor: source, targets: sparse_labels, seq_length:
source_lengths, keep_dropout: 1.0}
        d, train_ler = sess.run([decoded[0], ler], feed_dict=feed2)
        dense_decoded = tf.sparse_tensor_to_dense(d, default_value=-1).
eval(session=sess)
        if (len(dense_decoded) > 0):
        decoded_str.append(ndarray_to_text_ch(dense_decoded[0], words))
```

14.3.6 增加字幕

需要參數如下：開始時間、結束時間、字幕文字、序號。按 srt 檔案格式編輯內容，寫入 srt 檔案，然後關閉檔案，將 srt 檔案和名稱相同的視訊檔案放在同一個資料夾，用迅雷播放機進行播放，可以顯示字幕。同時生成一個字幕文字內容的 txt 文字，結果如圖 14-5 所示。相關程式如下：

```
# 生成字幕檔案模組
#import csv
subtitle_outcome=""
txt_out=""
for i in range(0,len(BeginTime)):
    subtitle_outcome+=str(i)+"\n"+str(BeginTime[i])+" --> "+str(EndTime[i])+"\
n"+str(decoded_str[i][0:20])+"\n\n"
    txt_out+=str(decoded_str[i][0:20])+"\n"
with open(subtitle_path,'w') as f:
    f.write(subtitle_outcome)
f.close()
with open(txt_path,'w') as t:
    t.write(txt_out)
```

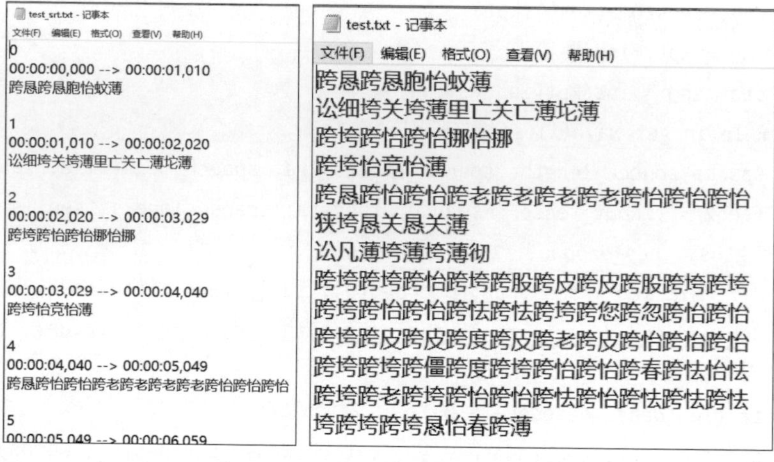

▲ 圖 14-5 程式執行結果示意圖

14.3.7 GUI 介面

載入檔案路徑，實現增加字幕功能，最後提示生成 .str 檔案。在 GUI 的 .py 檔案中，程式提取使用者輸入的檔案路徑，呼叫語音辨識的 .py 檔案，將生成的 .str 檔案載入到視訊中，最後使用者得到增加好字幕的視訊檔案。GUI 介面如圖 14-6 所示，執行結果如圖 14-7 所示。

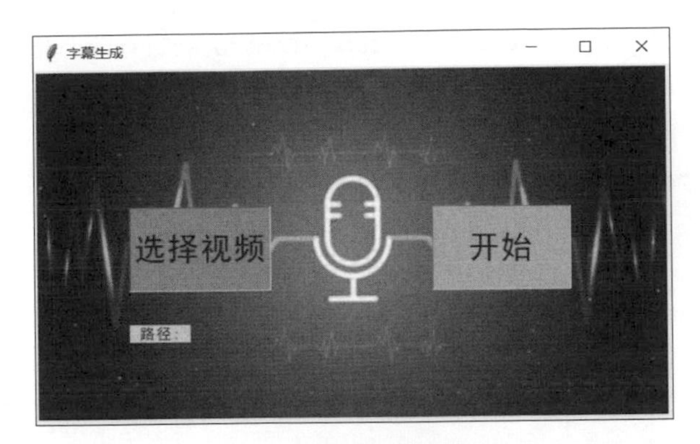

▲ 圖 14-6 GUI 介面

▲ 圖 14 7 執行結果

相關程式如下：

```
#!/usr/bin/env python
#coding: utf-8
import tkinter as tk   #匯入模組
from tkinter import filedialog
from tkinter import *
import os
from PIL import ImageTk, Image
root= Tk()
root.title(' 字幕生成 ')
#背景
canvas = tk.Canvas(root, width=541,height=300,bd=0,cursor='circle')
```

```
imgpath = 'C:/Users/Administrator/Pictures/Camera Roll/test.jpg'
img = Image.open(imgpath)
photo = ImageTk.PhotoImage(img)
canvas.create_image(0, 0,anchor=NW,image=photo)
canvas.pack()
# 獲取視訊路徑
def get_vedio_path():
    # 設定檔案對話方塊會顯示的檔案類型
    my_filetypes = [('all files', '.*'), ('text files', '.txt')]
    # 請求選擇檔案
    global vedio_path
    vedio_path = filedialog.askopenfilename(parent=root,
    initialdir=os.getcwd(),
    title="Please select a file:",
    filetypes=my_filetypes)
    #vedio 路徑顯示
    r_path_show=tk.Label(root,text=vedio_path,fg='black',font=(" 黑體 ",10))
    r_path_show.config(bg='lightcyan',bd=0, height=1, width=55)
    canvas.create_window(130, 220,anchor=NW,window=r_path_show)
# 生成字幕
def get_srt():
    # 呼叫語音辨識程式，生成字幕檔案
    os.system("python vedio_subtitle.py %s" % (vedio_path))
    #srt 生成成功顯示
    global srt_path_show
    srt_path_show=tk.Label(root,text=' 字幕檔案生成成功 ',fg='black',font=(" 黑
體 ",15))
    srt_path_show.config(bg='lime',bd=0, height=2, width=16)
    canvas.create_window(200, 250,anchor=NW,window=srt_path_show)
# 選擇視訊
vedio_select = tk.Button(text =" 選擇視訊 ",command=get_vedio_
path,fg='black',font=(" 黑體 ",20))
vedio_select.config(bg='cornflowerblue',bd=1,relief='groove',height=2, width=8
,cursor='circle',activebackground='cornflowerblue', activeforeground='red')
```

```
#顯示視訊路徑
vedio_show=tk.Label(root,text='路徑：',fg='black',font=("黑體",10))
vedio_show.config(bg='lightblue',bd=0, height=1, width=7)
#開始生成字幕檔案
subtitle_generate = tk.Button(text ="開始",command=get_srt,fg='black',font=("
黑體",20))
subtitle_generate.config(bg='turquoise',bd=1,relief='groove', height=2, width=
8,cursor='circle',activebackground='turquoise', activeforeground='red')
#將各部件放置指定位置
canvas.create_window(80, 120,anchor=NW, window=vedio_select)
canvas.create_window(80, 220,anchor=NW, window=vedio_show)
canvas.create_window(340, 120,anchor=NW,window=subtitle_generate)
#視窗執行
root.mainloop()
```

14.4 系統測試

全資料集迭代 12 次模型時的錯誤率為 0.872，測試結果如圖 14-8 所示；視訊分離音訊檔案如圖 14-9 所示；音訊分離檔案如圖 14-10 所示；字幕檔案如圖 14-11 所示，字幕內容如圖 14-12 所示；字幕文字內容如圖 14-13 所示。

```
INFO:tensorflow:Restoring parameters from ./saver\saver.cpkt-12
Decoded:  这 月 悬 员 员 蓬  的
0.8367347
Decoded:  这 国  队 用 礼
0.877551
Decoded:  他 闹   生
0.8979592
Decoded:  这 年 唧  雀 嶂 培 惯 了
0.8367347
Decoded:  他 玩  子 惯 况
0.877551
Decoded:  这 韵  酷 渠 了
0.8979592
Decoded:  这 年   蓬 子 击 了
0.8367347
Decoded:  这 霞    礼
0.877551
Decoded:  他 玩   等
0.8979592
Decoded:  这 日  尼 营 礼
0.877551
Decoded:  这 启 韵 业 训  了
0.877551
error rate:0.8719851591370322
```

▲ 圖 14-8 資料集迭代 12 次測試結果

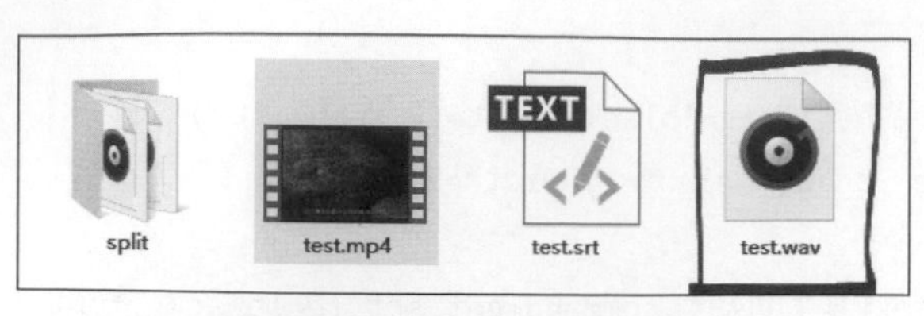

▲ 圖 14-9 視訊分離音訊檔案

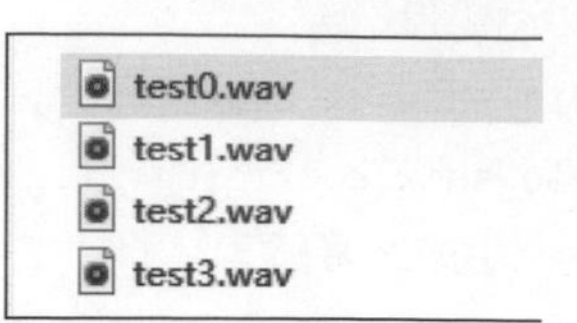

▲ 圖 14-10 音訊分離檔案

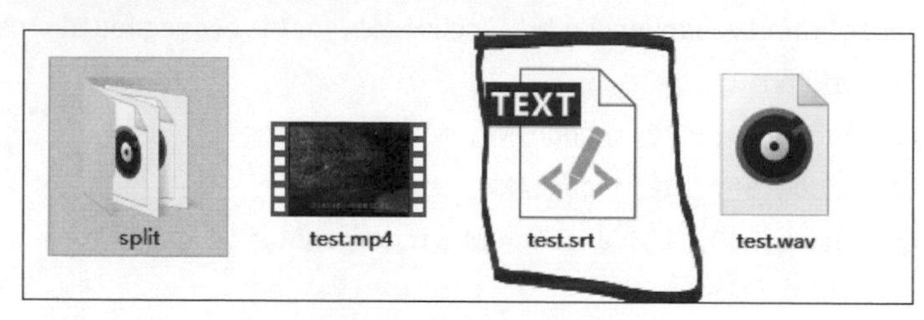

▲ 圖 14-11 字幕檔案

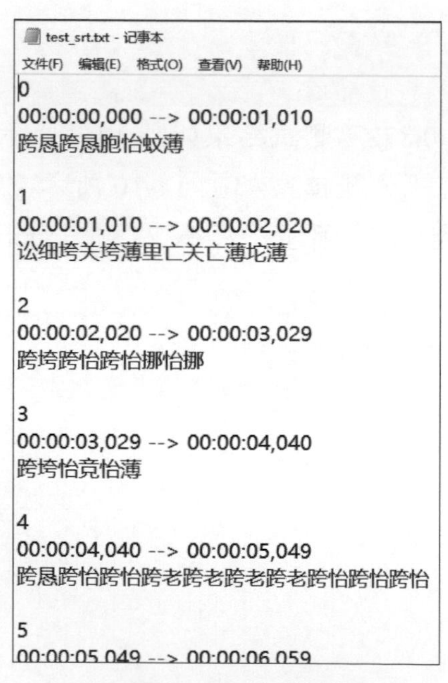

test_srt.txt - 记事本

文件(F) 编辑(E) 格式(O) 查看(V) 帮助(H)

0
00:00:00,000 --> 00:00:01,010
跨悬跨悬胞怡蚊薄

1
00:00:01,010 --> 00:00:02,020
讼细垮关垮薄里亡关亡薄坨薄

2
00:00:02,020 --> 00:00:03,029
跨垮跨怡跨怡挪怡挪

3
00:00:03,029 --> 00:00:04,040
跨垮怡竞怡薄

4
00:00:04,040 --> 00:00:05,049
跨悬跨怡跨怡跨老跨老跨老跨老跨怡跨怡跨怡

5
00:00:05,049 --> 00:00:06,059

▲ 圖 14-12 字幕內容

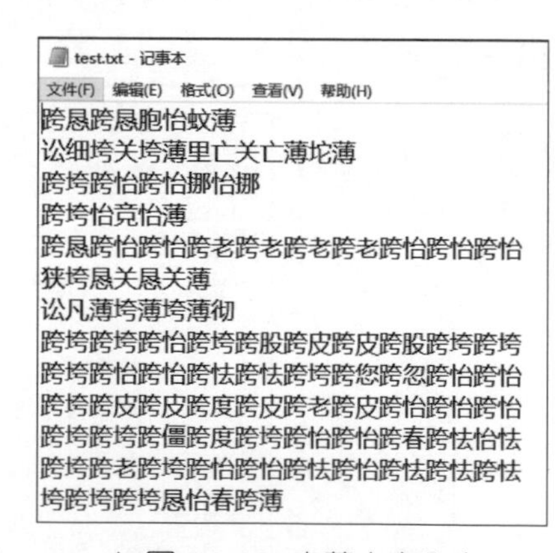

test.txt - 记事本

文件(F) 编辑(E) 格式(O) 查看(V) 帮助(H)

跨悬跨悬胞怡蚊薄
讼细垮关垮薄里亡关亡薄坨薄
跨垮跨怡跨怡挪怡挪
跨垮怡竞怡薄
跨悬跨怡跨怡跨老跨老跨老跨老跨怡跨怡跨怡
狭垮悬关悬关薄
讼凡薄垮薄垮薄彻
跨垮跨垮跨怡跨垮跨股跨皮跨皮跨股跨垮跨垮
跨垮跨怡跨怡跨怯跨怯跨垮跨您跨忽跨怡跨怡
跨垮跨皮跨皮跨度跨皮跨老跨皮跨怡跨怡跨怡
跨垮跨垮跨僵跨度跨垮跨怡跨怡跨春跨怯怡怯
跨垮跨老跨垮跨怡跨怡跨怯跨怡跨怯跨怯跨怯
垮跨垮跨垮悬怡春跨薄

▲ 圖 14-13 字幕文字內容

人臉辨識與機器翻譯小程式

本專案透過帶有注意力機制的 Seq2Seq 架構及 Tranformer 訓練機器翻譯模型，實現多項人臉業務以及機器翻譯的功能。

15.1 整體設計

本部分主要包括系統整體結構圖和系統流程圖。

15.1.1 系統整體結構圖

系統整體結構如圖 15-1 所示。

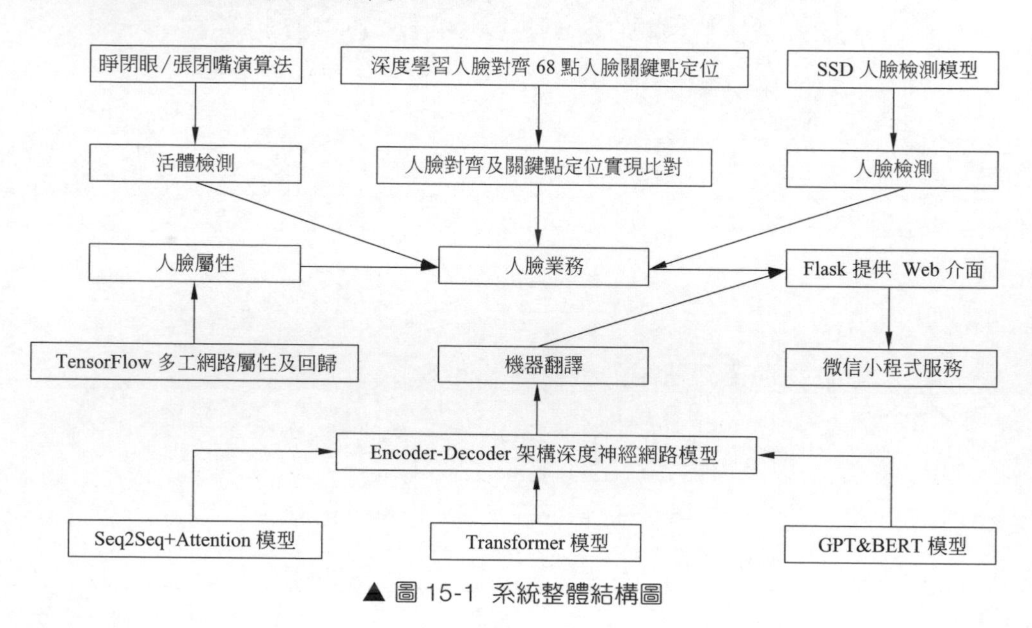

▲ 圖 15-1 系統整體結構圖

15.1.2 系統流程圖

人臉影像處理流程如圖 15-2 所示，機器翻譯流程如圖 15-3 所示。

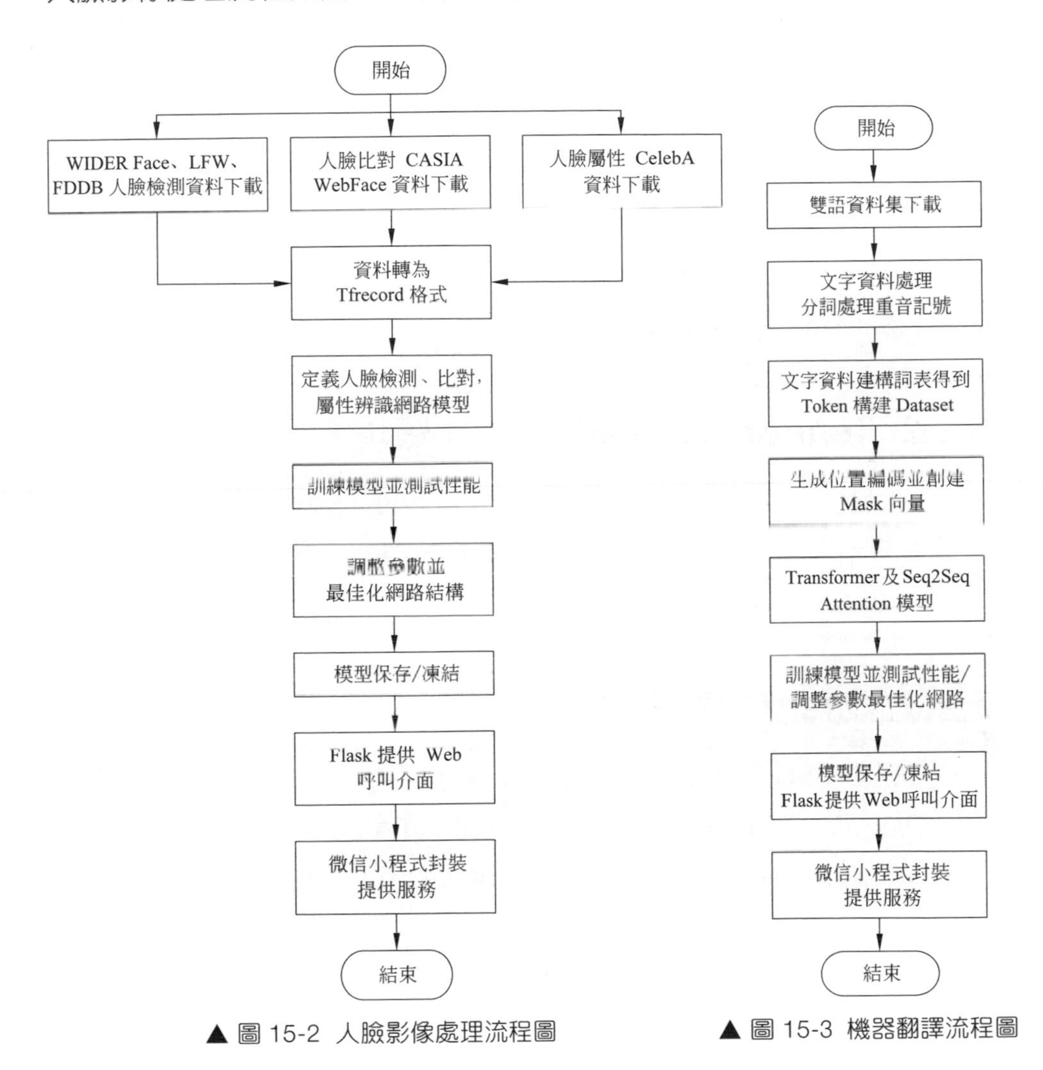

▲ 圖 15-2 人臉影像處理流程圖

▲ 圖 15-3 機器翻譯流程圖

15.2 執行環境

本部分包括 9 個執行環境。

15.2.1 Python 環境

需要 Python 3.6 及以上設定，在 Windows 環境下推薦下載 Anaconda 完成 Python 所需的設定，下載網址為 https://www.anaconda.com/，也可以下載虛擬機器在 Linux 環境下執行程式。需要安裝 Numpy、Matplotlib、Pandas、Sklearn 等機器學習常用函數庫。

15.2.2 TensorFlow-GPU/CPU 環境

人臉業務需要使用 1.12.0~1.15.0 版本，由於 TensorFlow 2.0 版本不相容，而在機器翻譯部分使用最新的 TensorFlow 2.0。安裝教學參考位址為 https://tensorflow.google.cn/install。

15.2.3 OpenCV2 函數庫

OpenCV 是以 BSD 許可 (開放原始碼) 發行為基礎的跨平台電腦視覺函數庫，可以執行在 Linux、Windows、Android 和 Mac OS 作業系統上。它是輕量級而且高效——由一系列 C 函數和少量 C++ 類別組成，同時提供了 Python、Ruby、MATLAB 等語言的介面，實現影像處理和電腦視覺方面的很多通用演算法。安裝教學參考位址為 https://github.com/opencv/opencv 和 https://opencv.org/。

15.2.4 Dlib 函數庫

安裝教學參考位址為 http://dlib.net 和 https://github.com/tensorflow/models/tree/master/research/object_detection。

15.2.5 Flask 環境

Flask 方便提供程式呼叫所需的 Web 介面，安裝教學參考位址為 https://github.com/pallets/flask 和 https://flask.palletsprojects.com/en/1.1.x/。

15.2.6 TensorFlow-SSD 目標(人臉)檢測框架

安裝教學參考位址為 https://github.com/tensorflow/models/tree/master/research/object_detection，按照 github 教學進行環境安裝設定即可。

15.2.7 TensorFlow-FaceNet 人臉比對框架

安裝參考教學位址為 https://github.com/davidsandberg/facenet。

15.2.8 微信小程式開發環境

安裝參考教學位址為 https://mp.weixin.qq.com/cgi-bin/wx 和 https://developers.weixin.qq.com/miniprogram/dev/devtools/download.html。

15.2.9 JupyterLab

JupyterLab 以 Web 為基礎的整合式開發環境，可以使用它編寫 notebook、操作終端、編輯 markdown 文字、開啟互動模式、查看 csv 檔案及圖片等功能。安裝參考教學位址為 https://jupyter.org/。

15.3 模組實現

本部分包括 2 個模組──準備前置處理和建立模型，下面分別列出各模組的功能介紹和相關程式。

15.3.1 資料前置處理

(1) 人臉檢測演算法用到 Widerface 並列轉為 PASCAL VOC 格式的資料集，便於 TensorFlow 進行讀取。

VOC 資料集組織包括：

- Annotations 進行 detection 任務時的標籤檔案，xml 檔案形式；
- ImageSets 存放資料集的分割檔案，例如 train、val、test；
- JPEGImages 存放 .jpg 格式的圖片檔案；
- SegmentationClass 按照 class 分割的圖片存放；
- SegmentationObject 存放按照 object 分割的圖片。

(2) 人臉辨識中用到 LFW 資料集，其下載網址為 http://vis-www.cs.umass.edu/lfw/。

(3) 人臉辨識中另一個資料集用 Casia-FaceV5，其下載網址為 https://pan.baidu.com/s/1W-w3raZFtHdls6re3CiuQQ#list/path=%2F。

(4) 人臉檢測用到 FDDB 資料集，其下載網址為 http://vis-www.cs.umass.edu/fddb/。

(5) 人臉比對身份鑑定中用到 CASIA WebFace 資料集，其下載網址為 https://pgram.com/dataset/casia-webface/。

(6) 人臉屬性辨識用到 CelebA 資料集，其下載網址為 http://mmlab.ie.cuhk.edu.hk/projects/CelebA.html。

(7) 機器翻譯的 seq2seq+Attention 中用到雙語資料集，其下載網址為 http://www.manythings.org/anki/，其中 en-spa 的西班牙語、英文資料集需要經過分詞等前置處理之後構造成 TensorFlow 常用的資料集格式。

```
def unicode_to_ascii(s):# 編碼轉換
    return ''.join(c for c in unicodedata.normalize('NFD', s) if unicodedata.
```

```
    category(c) != 'Mn')
en_sentence = u"May I borrow this book?"
sp_sentence = u"  Puedo tomar prestado este libro?"
print(unicode_to_ascii(en_sentence))
print(unicode_to_ascii(sp_sentence))
def preprocess_sentence(w):# 前置處理
    w = unicode_to_ascii(w.lower().strip())
    w = re.sub(r"([?.!, ])", r" \1 ", w)
    w = re.sub(r'[" "]+', " ", w)
    # 用空格替換所有內容，除了 (a-z, A-Z, ".", "?", "!", ",")
    w = re.sub(r"[^a-zA-Z?.!, ]+", " ", w)
    w = w.rstrip().strip()
    # 在句子中增加開始標記和結束標記
    w = '<start> ' + w + ' <end>'
    return w
data_path = './sample_data/spa.txt'
# 去除重音，清理句子，返回單字對：[ENGLISH，SPANISH]
def create_dataset(path, num_examples):
    lines = open(path, encoding='UTF-8').read().strip().split('\n')
    word_pairs = [[preprocess_sentence(w) for w in l.split('\t')]for l in
lines[:num_examples]]
    return zip(*word_pairs)
```

得到分詞並增加 token 後的文字結果如圖 15-4 所示。

```
<start> if you want to sound like a native speaker , you must be willing to practice saying the same sentence over and over in
the same way that banjo players practice the same phrase over and over until they can play it correctly and at the desired temp
o . <end>
<start> si quieres sonar como un hablante nativo , debes estar dispuesto a practicar diciendo la misma frase una y otra vez de
la misma manera en que un musico de banjo practica el mismo fraseo una y otra vez hasta que lo puedan tocar correctamente y en
el tiempo esperado . <end>
```

▲ 圖 15-4 文字結果

```
def max_length(tensor): # 最大長度句子
    return max(len(t) for t in tensor)
def tokenize(lang):# 單字雙向對照表
    lang_tokenizer = tf.keras.preprocessing.text.Tokenizer(filters='')
```

```
    lang_tokenizer.fit_on_texts(lang)
    tensor = lang_tokenizer.texts_to_sequences(lang)
    tensor = tf.keras.preprocessing.sequence.pad_sequences(tensor,
padding='post')
    return tensor, lang_tokenizer
def load_dataset(path, num_examples=None):#建立乾淨的輸入，輸出對
    targ_lang, inp_lang = create_dataset(path, num_examples)
    input_tensor, inp_lang_tokenizer = tokenize(inp_lang)
    target_tensor, targ_lang_tokenizer = tokenize(targ_lang)
    return input_tensor, target_tensor, inp_lang_tokenizer, targ_lang_
tokenizer
```

資料集規模如圖 15-5 所示。

```
def convert(lang, tensor):#語言轉張量
    for t in tensor:
        if t != 0:
            print ("%d ----> %s" % (t, lang.index_word[t]))
```

```
(24000, 24000, 6000, 6000)
```

▲ 圖 15-5 資料集規模

處理後得到的 index-word 對應關係結果如圖 15-6 所示。

```
Input Language; index to word mapping
1 ----> <start>
5027 ----> arrestadlo
27 ----> !
2 ----> <end>

Target Language; index to word mapping
1 ----> <start>
1308 ----> seize
41 ----> him
37 ----> !
2 ----> <end>
```

▲ 圖 15-6 對應關係結果

（8）機器翻譯 Transformer 模型用到 TensorFlow 官方提供的 ted_hrlr_translate 資料集。

```
import tensorflow_datasets as tfds#載入資料
examples, info = tfds.load('ted_hrlr_translate/pt_to_en',
                           with_info = True,
                           as_supervised = True)
train_examples, val_examples = examples['train'], examples['validation']
#需要對資料進行處理
en_tokenizer = tfds.features.text.SubwordTextEncoder.build_from_corpus(
    (en.numpy() for pt, en in train_examples),
    target_vocab_size = 2 ** 13)
pt_tokenizer = tfds.features.text.SubwordTextEncoder.build_from_corpus(
    (pt.numpy() for pt, en in train_examples),
    target_vocab_size = 2 ** 13)                     #轉為 TensorFlow 格式
buffer_size = 20000
batch_size = 64
max_length = 40
def encode_to_subword(pt_sentence, en_sentence):    #資料轉化為 subwords 格式
    pt_sequence = [pt_tokenizer.vocab_size] \
    + pt_tokenizer.encode(pt_sentence.numpy()) \
    + [pt_tokenizer.vocab_size + 1]
    en_sequence = [en_tokenizer.vocab_size] \
    + en_tokenizer.encode(en_sentence.numpy()) \
    + [en_tokenizer.vocab_size + 1]
    return pt_sequence, en_sequence
def filter_by_max_length(pt, en):                         #以最大長度進行過濾
    return tf.logical_and(tf.size(pt) <= max_length,
                          tf.size(en) <= max_length)
def tf_encode_to_subword(pt_sentence, en_sentence):      #TensorFlow 運算節點
    return tf.py_function(encode_to_subword,
                          [pt_sentence, en_sentence],
                          [tf.int64, tf.int64])
train_dataset = train_examples.map(tf_encode_to_subword)    #訓練集構造
```

```
train_dataset = train_dataset.filter(filter_by_max_length)
train_dataset = train_dataset.shuffle(
    buffer_size).padded_batch(
    batch_size, padded_shapes=([-1], [-1]))
valid_dataset = val_examples.map(tf_encode_to_subword)  #驗證集構造
valid_dataset = valid_dataset.filter(
    filter_by_max_length).padded_batch(
    batch_size, padded_shapes=([-1], [-1]))
```

15.3.2 建立模型

資料載入進模型之後，需要定義模型結構、損失函數及最佳化器。

1. 定義模型結構

本部分包括人臉業務、人臉辨識、人臉屬性辨識和機器翻譯。

1) 人臉業務

採用 Inception V3 作為特徵提取網路的 SSD 模型建構。相關程式如下：

```
class SSDInceptionV3FeatureExtractor(ssd_meta_arch.SSDFeatureExtractor):
    def __init__(self,#特徵提取初始化
                 is_training,
                 depth_multiplier,
                 min_depth,
                 pad_to_multiple,
                 conv_hyperparams_fn,
                 reuse_weights=None,
                 use_explicit_padding=False,
                 use_depthwise=False,
                 num_layers=6,
                 override_base_feature_extractor_hyperparams=False):
        super(SSDInceptionV3FeatureExtractor, self).__init__(#實例化參數
            is_training=is_training,
            depth_multiplier=depth_multiplier,
```

```
            min_depth=min_depth,
            pad_to_multiple=pad_to_multiple,
            conv_hyperparams_fn=conv_hyperparams_fn,
            reuse_weights=reuse_weights,
            use_explicit_padding=use_explicit_padding,
            use_depthwise=use_depthwise,
            num_layers=num_layers,
            override_base_feature_extractor_hyperparams=
            override_base_feature_extractor_hyperparams)
        if not self._override_base_feature_extractor_hyperparams:
            raise ValueError('SSD Inception V3 feature extractor always uses
scope returned by 'conv_hyperparams_fn' for both the base feature extractor
and the additional layers added since there is no arg_scope defined for the
base feature extractor.')#異常處理
    def preprocess(self, resized_inputs):
        #SSD前置處理
        return (2.0 / 255.0) * resized_inputs - 1.0
    def extract_features(self, preprocessed_inputs):
        #從前置處理輸入中提取特徵
        preprocessed_inputs = shape_utils.check_min_image_dim(
            33, preprocessed_inputs)
        feature_map_layout = {#特徵映射
            'from_layer': ['Mixed_5d', 'Mixed_6e', 'Mixed_7c', '', '', ''
                          ][:self._num_layers],
            'layer_depth': [-1, -1, -1, 512, 256, 128][:self._num_layers],
            'use_explicit_padding': self._use_explicit_padding,
            'use_depthwise': self._use_depthwise,
        }
        with slim.arg_scope(self._conv_hyperparams_fn()):   #輕量級訓練
            with tf.variable_scope('InceptionV3',reuse=self._reuse_weights)
as scope:
            _, image_features = inception_v3.inception_v3_base(
            ops.pad_to_multiple(preprocessed_inputs, self._pad_to_multiple),
                final_endpoint='Mixed_7c',
```

```
            min_depth=self._min_depth,
            depth_multiplier=self._depth_multiplier,
            scope=scope)
    feature_maps=feature_map_generators.multi_resolution_feature_maps(
            feature_map_layout=feature_map_layout,# 特徵映射參數輸出
            depth_multiplier=self._depth_multiplier,
            min_depth=self._min_depth,
            insert_1x1_conv=True,
            image_features=image_features)
    return feature_maps.values()
```

使用特徵提取器進行目標檢測模型架設，bbox 生成部分程式，請掃描二維碼獲取。

參考 TensorFlow-models 中目標檢測部分的程式實現，保留以下部分並進行修改，如圖 15-7 所示，參考位址為 https://github.com/tensorflow/models/tree/master/research/object_detection/core。

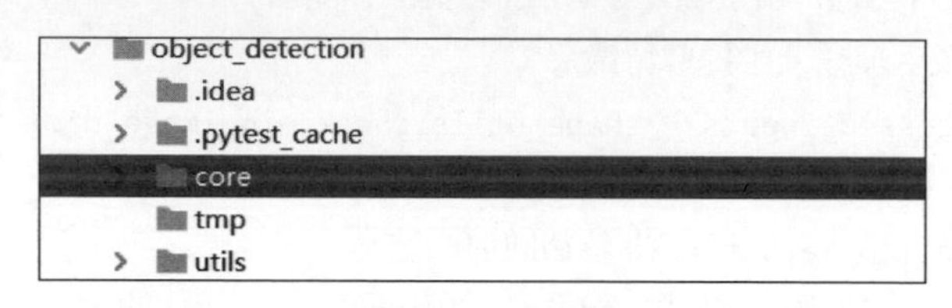

▲ 圖 15-7 檢測圖

2) 人臉辨識

使用 Inception V2 和 ResNet 作為特徵提取器建構的 FaceNet，儲存得到人臉特徵如圖 15-8 所示，人臉比較如圖 15-9 所示。

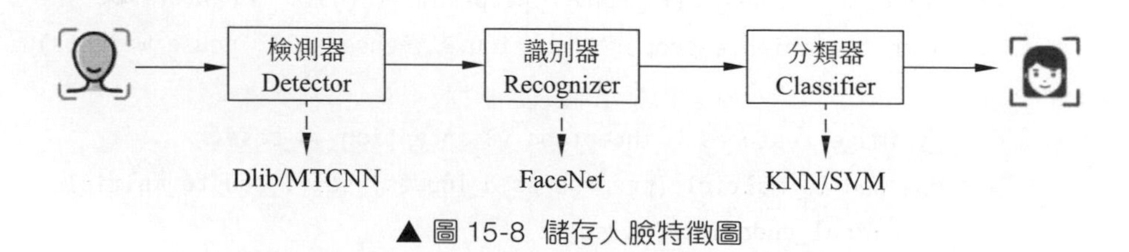

▲ 圖 15-8 儲存人臉特徵圖

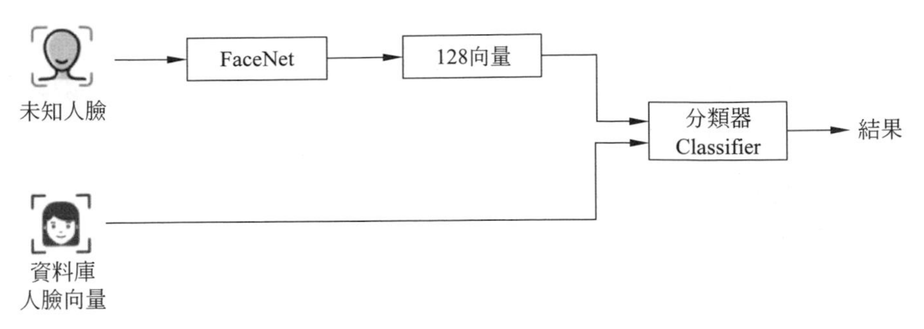

▲ 圖 15-9 人臉比較圖

參考位址為 https://github.com/davidsandberg/facenet/blob/master/src/，程式結構如圖 15-10 所示。

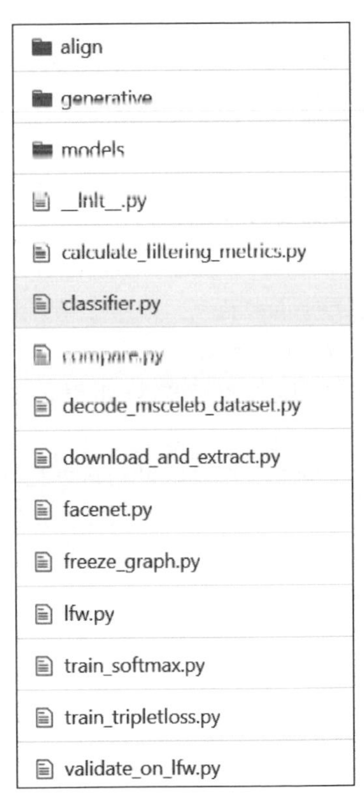

▲ 圖 15-10 程式結構圖

3) 人臉屬性辨識

採用 ResNet 作為基本結構、殘差連接支援深度更大的網路，相關程式如下：

```
def shortcut(input, residual):
#shortcut 連接，也就是身份映射部分
    input_shape = K.int_shape(input)
    residual_shape = K.int_shape(residual)
    stride_height = int(round(input_shape[1] / residual_shape[1]))
    stride_width = int(round(input_shape[2] / residual_shape[2]))
    equal_channels = input_shape[3] == residual_shape[3]
    identity = input
    # 如果維度不同，則使用 1*1 卷積進行調整
    if stride_width > 1 or stride_height > 1 or not equal_channels:
        identity = Conv2D(filters=residual_shape[3],
                          kernel_size=(1, 1),
                          strides=(stride_width, stride_height),
                          padding="valid",
                          kernel_regularizer=regularizers.l2(0.0001))(input)
    return add([identity, residual])
def basic_block(nb_filter, strides=(1, 1)):
    # 基本的 ResNet 建構模組，適用於 ResNet-18 和 ResNet-34
    def f(input):
        conv1 = conv2d_bn(input, nb_filter, kernel_size=(3, 3),
strides=strides)
        residual = conv2d_bn(conv1, nb_filter, kernel_size=(3, 3))
        return shortcut(input, residual)
    return f
def residual_block(nb_filter, repetitions, is_first_layer=False):
    # 建構每層的殘餘模組
    def f(input):
        for i in range(repetitions):
            strides = (1, 1)
            if i == 0 and not is_first_layer:
```

```
                strides = (2, 2)
            input = basic_block(nb_filter, strides)(input)
        return input
    return f
# ResNet 整體模型
def resnet_18(input_shape=(224,224,3), nclass=1000):
    # 使用帶有 TensorFlow 後端的 Keras 建構 Resnet-18 模型
    input_ = Input(shape=input_shape)
    conv1 = conv2d_bn(input_, 64, kernel_size=(7, 7), strides=(2, 2))
    pool1 = MaxPool2D(pool_size=(3, 3), strides=(2, 2), padding='same')(conv1)
    conv2 = residual_block(64, 2, is_first_layer=True)(pool1)
    conv3 = residual_block(128, 2, is_first_layer=True)(conv2)# 卷積
    conv4 = residual_block(256, 2, is_first_layer=True)(conv3)
    conv5 = residual_block(512, 2, is_first_layer=True)(conv4)
    pool2 = GlobalAvgPool2D()(conv5)# 池化
    output_ = Dense(nclass, activation='softmax')(pool2)
    model = Model(inputs=input_, outputs=output_) # 模型輸出
    model.summary()
    return model
```

4) 機器翻譯

本部分包括 Seq2Seq 注意力模型和 Transformer 模型。

(1) Seq2Seq 注意力模型。Seq2Seq 注意力模型相關程式如下。

```
# 編碼部分
class Encoder(tf.keras.Model):
    def __init__(self, vocab_size, embedding_dim, encoding_units, batch_
size):# 初始化
        super(Encoder, self).__init__()
        self.batch_size = batch_size
        self.encoding_units = encoding_units
        self.embedding = keras.layers.Embedding(vocab_size,embedding_dim)
        self.gru = keras.layers.GRU(self.encoding_units,
```

```
                                        return_sequences=True,
                                        return_state=True,
                                        recurrent_initializer='glorot_uniform')
    def call(self, x, hidden):# 定義隱藏狀態
        x = self.embedding(x)
        output, state = self.gru(x, initial_state = hidden)
        return output, state
    def initialize_hidden_state(self):# 初始化隱藏狀態
        return tf.zeros((self.batch_size, self.encoding_units))
# 注意力部分：使用 BahdanauAttention 的注意力計算方法
class BahdanauAttention(tf.keras.Model):
    def __init__(self, units):# 初始化
        super(BahdanauAttention, self).__init__()
        self.W1 = tf.keras.layers.Dense(units)
        self.W2 = tf.keras.layers.Dense(units)
        self.V = tf.keras.layers.Dense(1)
    def call(self, query, values):# 定義批次和隱藏尺寸
        # hidden shape == (batch_size, hidden size)
        # hidden_with_time_axis shape == (batch_size, 1, hidden size)
        # 執行累加分數
        hidden_with_time_axis = tf.expand_dims(query, 1)
        score = self.V(tf.nn.tanh(self.W1(values) + self.W2(hidden_with_time_
axis)))
        # attention_weights shape == (batch_size, max_length, 1)
        attention_weights = tf.nn.softmax(score, axis=1)# 注意力加權
        # context_vector shape after sum == (batch_size, hidden_size)
        context_vector = attention_weights * values# 上下文向量
        context_vector = tf.reduce_sum(context_vector, axis=1)
        return context_vector, attention_weights
# 解碼部分
class Decoder(tf.keras.Model):
    def __init__(self, vocab_size, embedding_dim, decoding_units, batch_size):
# 初始化參數
        super(Decoder, self).__init__()
```

```
        self.batch_size = batch_size
        self.decoding_units = decoding_units
        self.embedding = keras.layers.Embedding(vocab_size, embedding_dim)
        self.gru = keras.layers.GRU(self.decoding_units,
                                    return_sequences=True,
                                    return_state=True,
                                    recurrent_initializer='glorot_uniform')
            self.fc = keras.layers.Dense(vocab_size)
            #使用注意力機制
        self.attention = BahdanauAttention(self.decoding_units)
    def call(self, x, hidden, encoding_output):
        #enc_output shape == (batch_size, max_length, hidden_size)
        context_vector, attention_weights = self.attention(hidden, encoding_
output)
        #透過嵌入後的 x 為 (batch_size, 1, embedding_dim)
        x = self.embedding(x)
        #透過串聯後的 x 為 (batch_size, 1, embedding_dim + hidden_size)
        x = tf.concat([tf.expand_dims(context_vector, 1), x], axis=-1)
        #將連接的向量傳遞給 GRU
        output, state = self.gru(x)
        #output shape == (batch_size * 1, hidden_size)
        output = tf.reshape(output, (-1, output.shape[2]))
        #output shape == (batch_size, vocab)
        x = self.fc(output)
        return x, state, attention_weights
```

（2）Transformer 模型。

2. 定義損失函數及最佳化器

使用 Adam 最佳化器實現自動調整學習率，呼叫 Adam 程式實現：

```
optimizer = keras.optimizers.Adam(learning_rate,
                                  beta_1 = 0.9,
                                  beta_2 = 0.98,
```

```
                                  epsilon = 1e-9)
# 在 Transformer 中還使用了自訂的排程器實現學習率自訂排程
class CustomizedSchedule(
    keras.optimizers.schedules.LearningRateSchedule):
    def __init__(self, d_model, warmup_steps = 4000):# 初始化
        super(CustomizedSchedule, self).__init__()
            self.d_model = tf.cast(d_model, tf.float32)
        self.warmup_steps = warmup_steps
    def __call__(self, step):# 定義呼叫參數
        arg1 = tf.math.rsqrt(step)
        arg2 = step * (self.warmup_steps ** (-1.5))
        arg3 = tf.math.rsqrt(self.d_model)
        return arg3 * tf.math.minimum(arg1, arg2)
learning_rate = CustomizedSchedule(d_model)# 學習率
```

1) 人臉業務中損失計算

2) 機器翻譯

本部分包括 Seq2Seq 注意力模型和 Transformer 模型。

（1）Seq2Seq 注意力模型相關程式如下。

```
optimizer = keras.optimizers.Adam()# 最佳化器
loss_object = keras.losses.SparseCategoricalCrossentropy(from_logits=True,
reduction='none')
def loss_function(real, pred): # 損失函數
    mask = tf.math.logical_not(tf.math.equal(real, 0))
    loss_ = loss_object(real, pred)
    mask = tf.cast(mask, dtype=loss_.dtype)
    loss_ *= mask
    return tf.reduce_mean(loss_)
```

（2）Transformer 模型相關程式如下。

```
loss_object = keras.losses.SparseCategoricalCrossentropy(    # 損失
```

```
    from_logits = True, reduction = 'none')
def loss_function(real, pred):# 損失函數
    mask = tf.math.logical_not(tf.math.equal(real, 0)) #隱藏
    loss_ = loss_object(real, pred)
        mask = tf.cast(mask, dtype=loss_.dtype)
    loss_ *= mask
        return tf.reduce_mean(loss_)
```

15.4 系統測試

人臉業務小程式初始介面如圖 15-11 所示，人臉檢測及辨識如圖 15-12 所示，人臉簽到 (活體檢測 + 註冊 + 比較) 如圖 15-13 所示。

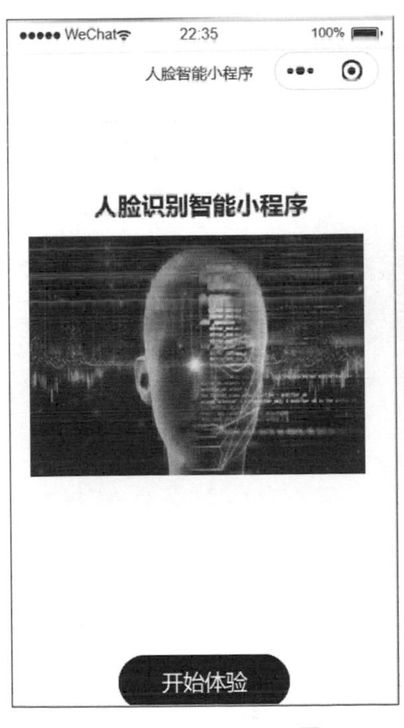

▲ 圖 15-11 人臉初始介面

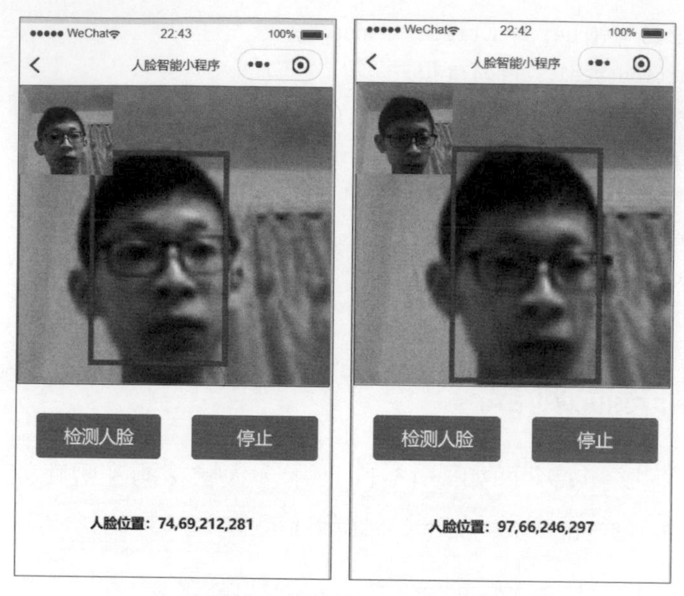

▲ 圖 15-12 人臉檢測及辨識

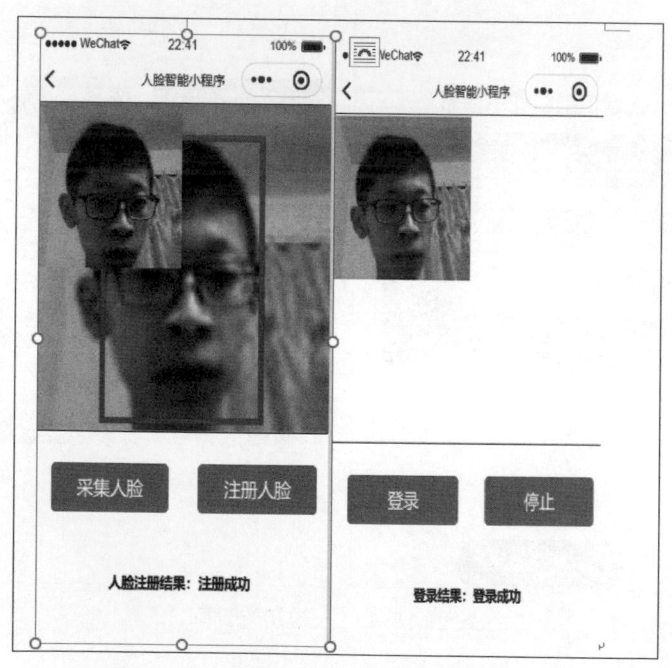

▲ 圖 15-13 人臉簽到（活體檢測 + 註冊 + 比較）

PROJECT

16

以循環神經網路為基礎的機器翻譯

本專案以 NMT（Neural Machine Translation，神經機器翻譯）提供的英文 - 法語資料集為基礎，訓練注意力機制的 Seq2Seq 神經網路翻譯模型，並將模型移植到 Web 端，實現線上機器翻譯。

16.1 整體設計

本部分包括系統整體結構圖和系統流程圖。

16.1.1 系統整體結構圖

系統整體結構如圖 16-1 所示。

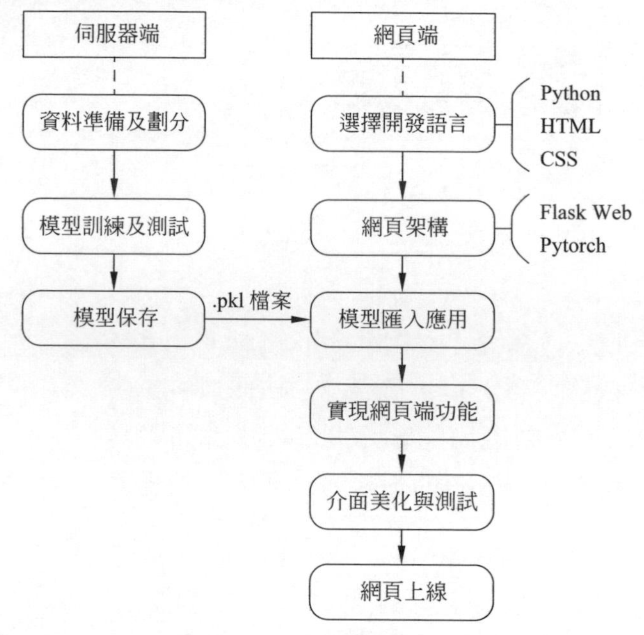

▲ 圖 16-1 系統整體結構圖

16.1.2 系統流程圖

系統流程如圖 16-2 所示。

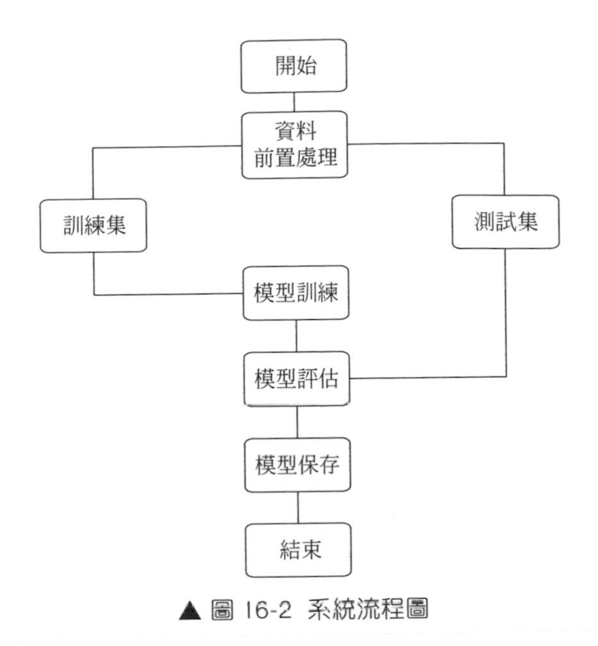

▲ 圖 16-2 系統流程圖

16.2 執行環境

本部分包括 Python 環境、Pytorch 環境和 Flask 環境。

16.2.1 Python 環境

需要 Python 3.7 及以上設定，在 Windows 環境下推薦下載 Anaconda 完成 Python 所需的設定，下載網址為 https://www.anaconda.com/，也可以下載虛擬機器在 Linux 環境下執行程式。

16.2.2 PyTorch 環境

建立 Python 3.7 環境，名稱為 Pytorch，此時 Python 版本和後面 pytorch 的版本有相容性問題，此步選擇 Python 3.7，輸入命令：

```
conda create -n pytorch python=3.7
```

需要確認時都輸入 y。

在 Anaconda Prompt 中啟動 Pytorch 環境，輸入命令：

```
activate pytorch
```

安裝 CPU 版本的 Pytorch，輸入命令：

```
pip install torch
```

安裝完畢。

16.2.3 Flask 環境

安裝 Flask 函數庫，輸入命令 pip install flask。

16.3 模組實現

本專案包括 4 個模組：資料前置處理、模型建構、模型訓練及儲存、模型測試，下面分別列出各模組的功能介紹及相關程式。

16.3.1 資料前置處理

資料前置處理是為了在原有資料集的基礎上進一步統一資料格式，為後面模型訓練做準備。

1. 資料集讀取

英文及法語資料集網址為 https://tatoeba.org/，共 135842 筆英、法敘述對。為了讀取資料檔案，先進行按行分開，將每行分成兩對讀取檔案，增加翻轉標示翻轉敘述對。相關程式如下：

```
def readLangs(lang1, lang2, reverse=False):
    # 讀取檔案，按行分開
    lines = open('D:/dataset/data/%s-%s.txt' % (lang1, lang2),
encoding='utf-8').read().strip().split('\n')
    # 將每行劃成一對並且做正則化
    pairs = [[normalizeString(s) for s in l.split('\t')] for l in lines]
    # 翻轉對，改變翻譯的順序
    if reverse:
        pairs = [list(reversed(p)) for p in pairs]
        input_lang = Lang(lang2)
        output_lang = Lang(lang1)
    else:
        input_lang = Lang(lang1)
        output_lang = Lang(lang2
    return input_lang, output_lang, pairs
```

2. 資料清洗

文字資料全部採用 Unicode 編碼，將 Unicode 字元轉換成 ASCII 編碼，所有內容小寫，並修剪大部分標點符號，相關程式如下：

```
#Unicode 字元轉換成 ASCII 編碼
def unicodeToAscii(s):
    return ''.join(
        c for c in unicodedata.normalize('NFD', s)
        if unicodedata.category(c) != 'Mn'
    )
# 所有內容小寫，並修剪大部分標點符號
def normalizeString(s):
    s = unicodeToAscii(s.lower().strip())
    s = re.sub(r"([.!?])", r" \1", s)
    s = re.sub(r"[^a-zA-Z.!?]+", r" ", s)
    return s
```

由於例句很多，要快速訓練模型，需要把資料集修剪為長度相對較短且簡單的句子。在這裡，最大長度是 10 個單字 (包括結尾標點符號)，並且對翻譯為 "I am" 或 "He is" 形式的句子進行過濾，相關程式如下：

```
# 將資料集修剪為長度相對較短且簡單的句子，最長 10 個詞
def filterPair(p):
    return len(p[0].split(' ')) < MAX_LENGTH and \
        len(p[1].split(' ')) < MAX_LENGTH and \
        p[1].startswith(eng_prefixes)
def filterPairs(pairs):
    return [pair for pair in pairs if filterPair(pair)]
# 過濾後的文字數量從 135842 減少到 10599
```

3. 單字向量化

句子中每個單字對應唯一的索引，將句子向量化。由於多數語言有大量的字，編碼向量很大，因此，進行資料修剪以保證每種語言僅使用幾千字，相關程式如下：

```
# 定義開始，結束的標示
SOS_token = 0
EOS_token = 1
class Lang:
    def __init__(self, name):
        self.name = name
        self.word2index = {}  # 詞到索引
        self.word2count = {}
        self.index2word = {0: "SOS", 1: "EOS"} # 索引到詞
        self.n_words = 2   # 索引
    # 遍歷每一句建立詞彙表
    def addSentence(self, sentence):
        for word in sentence.split(' '):
            self.addWord(word)
    # 將不在詞彙表裡的詞加入
    def addWord(self, word):
```

```
        if word not in self.word2index:
            self.word2index[word] = self.n_words
            self.word2count[word] = 1
            self.index2word[self.n_words] = word
            self.n_words += 1
        else:
            self.word2count[word] += 1
# 將輸入的句子轉換成索引表示
def indexesFromSentence(lang, sentence):
    return [lang.word2index[word] for word in sentence.split(' ')]
# 將數值化後的句子轉換成 tensor 形式，便於後面進行模型訓練
def tensorFromSentence(lang, sentence):
    indexes = indexesFromSentence(lang, sentence)
    indexes.append(EOS_token)
        return torch.tensor(indexes,dtype=torch.long,device=device).view
(-1, 1)
# 將每對切分開，一部分作為輸入 tensor，一部分作為目標 tensor
def tensorsFromPair(pair):
    input_tensor = tensorFromSentence(input_lang, pair[0])
    target_tensor = tensorFromSentence(output_lang, pair[1])
    return (input_tensor, target_tensor)
```

16.3.2 模型建構

將資料載入進模型之後，需要定義模型結構、最佳化損失函數。

1. 定義模型結構

Seq2Seq 網路的編碼器是 RNN，它為輸入序列中的每個單字輸出一些值。對每個輸入單字，編碼器輸出一個向量和一個隱狀態，並將其用於下一個輸入的單字。

建構 GRU 的遞迴神經網路，並在輸入層後面放一個嵌入層。嵌入層的詞向量適用之前，將訓練好的詞向量降維到 hidden_size=256，該層的詞向

量在訓練過程中不斷更新。隱藏狀態的維度是 256，定義編碼器網路，相關程式如下：

```
class EncoderRNN(nn.Module):
    def __init__(self, input_size, hidden_size):
        super(EncoderRNN, self).__init__()
        # 定義 embedding 層，門單元使用 GRU
        self.hidden_size = hidden_size
        self.embedding = nn.Embedding(input_size, hidden_size)
        self.gru = nn.GRU(hidden_size, hidden_size)
    # 進行前向傳播
    def forward(self, input, hidden):
        embedded = self.embedding(input).view(1, 1, -1)
        output = embedded
        output, hidden = self.gru(output, hidden)
        return output, hidden
    # 進行隱藏狀態的初始化
    def initHidden(self):
        return torch.zeros(1, 1, self.hidden_size, device=device)
```

解碼部分的實現 (加入注意力機制)：如果僅在編碼器和解碼器之間傳遞上下文向量 (不使用注意力機制)，則該單一向量承擔編碼整個句子的「負擔」。而注意力機制允許解碼器網路針對自身輸出的每一步聚焦編碼器輸出不同部分。

計算一組注意力權重，這些將被乘以編碼器輸出向量獲得加權的組合。結果包含關於輸入序列的特定部分資訊，從而幫助解碼器選擇正確的輸出單字。

權值的計算是用另一個前饋層進行的，將解碼器和隱藏層狀態作為輸入。由於訓練資料中的輸入序列 (敘述) 長短不一，為了建立和訓練此層，必須選擇最大長度的句子，相關程式如下：

```
class AttnDecoderRNN(nn.Module):
```

```
    def __init__(self, hidden_size, output_size, dropout_p=0.1, max_
length=MAX_LENGTH):
        super(AttnDecoderRNN, self).__init__()
        self.hidden_size = hidden_size
        self.output_size = output_size
        self.dropout_p = dropout_p
        self.max_length = max_length
        # 設定網路的 embedding 層，gru 單元，attention 層，dropout 機制
        self.embedding = nn.Embedding(self.output_size, self.hidden_size)
        self.attn = nn.Linear(self.hidden_size * 2, self.max_length)
        self.attn_combine = nn.Linear(self.hidden_size*2,self.hidden_size)
        self.dropout = nn.Dropout(self.dropout_p)
        self.gru = nn.GRU(self.hidden_size, self.hidden_size)
        self.out = nn.Linear(self.hidden_size, self.output_size)
    # 定義前向傳播函數，設定 dropout
    def forward(self, input, hidden, encoder_outputs):
        embedded = self.embedding(input).view(1, 1, -1)
        embedded = self.dropout(embedded)
        # 進行注意力權值計算
        attn_weights = F.softmax(
            self.attn(torch.cat((embedded[0], hidden[0]), 1)), dim=1)
        # 對編碼的隱藏狀態加權
        attn_applied = torch.bmm(attn_weights.unsqueeze(0),
                                 encoder_outputs.unsqueeze(0))
        output = torch.cat((embedded[0], attn_applied[0]), 1)
        output = self.attn_combine(output).unsqueeze(0)
        # 透過 gru 單元輸出 output 和 hidden，output 透過 softmax 輸出預測單字
        output = F.relu(output)
        output, hidden = self.gru(output, hidden)
        output = F.log_softmax(self.out(output[0]), dim=1)
        return output, hidden, attn_weights
    # 初始化隱藏狀態
    def initHidden(self):
        return torch.zeros(1, 1, self.hidden_size, device=device)
```

2. 最佳化損失函數

確定模型架構之後進行編譯，使用對數機率函數作為損失函數，透過隨機梯度下降 (Stochastic Gradient Descent，SGD) 最佳化器訓練模型，加入捨棄機制，防止過擬合現象，相關程式如下：

```
# 使用 SGD 最佳化器訓練
encoder_optimizer = optim.SGD(encoder.parameters(), lr=learning_rate)
decoder_optimizer = optim.SGD(decoder.parameters(), lr=learning_rate)
training_pairs = [tensorsFromPair(random.choice(pairs))
                  for i in range(n_iters)]
# 使用對數機率損失函數
criterion = nn.NLLLoss()
```

使用「教師強制」，將實際目標輸出用做下一個輸入概念，而非將解碼器的猜測用做下一個輸入。

```
if use_teacher_forcing:
        # 教師強制：將目標作為下一個輸入
        for di in range(target_length):
            decoder_output, decoder_hidden, decoder_attention = decoder(
                decoder_input, decoder_hidden, encoder_outputs)
            loss += criterion(decoder_output, target_tensor[di])
            decoder_input = target_tensor[di]
    else:
        # 使用教師強制，將實際輸出作為下一個輸入，使損失函數收斂更快
        for di in range(target_length):
            decoder_output, decoder_hidden, decoder_attention = decoder(
                decoder_input, decoder_hidden, encoder_outputs)
            topv, topi = decoder_output.topk(1)
            decoder_input=topi.squeeze().detach() #detach from history as input
            loss += criterion(decoder_output, target_tensor[di])
            if decoder_input.item() == EOS_token:
                break
```

16.3.3 模型訓練及儲存

在定義模型架構和編譯之後，透過訓練集訓練模型，使模型可以翻譯句子，訓練結果如圖 16-3 所示。

```
10m 40s (- 149m 32s) (5000  6%) 2.8595
21m 29s (- 139m 44s) (10000  13%) 2.2784
32m 29s (- 129m 58s) (15000  20%) 1.9654
43m 21s (- 119m 14s) (20000  26%) 1.7065
54m 29s (- 108m 59s) (25000  33%) 1.5532
65m 36s (- 98m 24s) (30000  40%) 1.3932
76m 41s (- 87m 38s) (35000  46%) 1.2369
87m 41s (- 76m 43s) (40000  53%) 1.1169
98m 35s (- 65m 43s) (45000  60%) 0.9982
109m 25s (- 54m 42s) (50000  66%) 0.8831
120m 18s (- 43m 44s) (55000  73%) 0.8268
131m 5s (- 32m 46s) (60000  80%) 0.7280
229m 26s (- 35m 17s) (65000  86%) 0.6775
240m 1s (- 17m 8s) (70000  93%) 0.6290
250m 45s (- 0m 0s) (75000  100%) 0.5664
```

▲ 圖 16-3 訓練結果

1. 模型訓練

模型訓練相關程式如下。

```
# 遍歷 n 次資料集，也就是將資料集訓練 n 次
for iter in range(1, n_iters + 1):
    training_pair = training_pairs[iter - 1]
    input_tensor = training_pair[0]
    target_tensor = training_pair[1]
    loss = train(input_tensor, target_tensor, encoder,
        decoder, encoder_optimizer, decoder_optimizer, criterion)
    print_loss_total += loss
    plot_loss_total += loss
    # 每遍歷一定次數就列印損失
    if iter % print_every == 0:
        print_loss_avg = print_loss_total / print_every
        print_loss_total = 0
        print('%s (%d  %d%%) %.4f' % (timeSince(start, iter / n_iters),
```

```
                iter, iter / n_iters * 100, print_loss_avg))
        #計算平均損失
        if iter % plot_every == 0:
            plot_loss_avg = plot_loss_total / plot_every
            plot_losses.append(plot_loss_avg)
            plot_loss_total = 0
```

透過觀察資料集損失函數、準確率大小評估模型的訓練程度，進行模型訓練的進一步決策。一般來說，模型訓練的最佳狀態為資料集的損失函數（或準確率）不變且基本相等。

```
import matplotlib.pyplot as plt
#繪製曲線
plt.switch_backend('agg')
import matplotlib.ticker as ticker
import numpy as np
def showPlot(points):
    plt.figure()
    fig, ax = plt.subplots()
    #該計時器用於定時記錄時間
    loc = ticker.MultipleLocator(base=0.2)
    ax.yaxis.set_major_locator(loc)
    plt.plot(points)plt.legend(lns, labels, loc=7)
plt.show()
```

2. 模型儲存

為了能夠被 Web 端讀取，需要將模型檔案儲存為 .pkl 格式，使用 torch.save() 函數將編碼器和解碼器模型分別儲存到 .pkl 檔案中。模型被儲存後，可以重用，也可以移植到其他環境中使用。

```
    #儲存模型
    torch.save(encoder1,'D:/dataset/model/encoder.pkl')
torch.save(attn_decoder1,'D:/dataset/model/decoder.pkl')
```

3. 模型評估

評估過程與大部分訓練過程相同，但沒有目標，因此，只是將解碼器的每一步預測回饋替它自身。每當預測到一個單字，會增加到輸出字串中，如果預測到停止的 EOS 指令，則預測結束。相關程式如下：

```
decoder_attentions = torch.zeros(max_length, max_length)
        # 當預測出 EOS 標示時句子翻譯完畢
        for di in range(max_length):
            decoder_output, decoder_hidden, decoder_attention = decoder(
                decoder_input, decoder_hidden, encoder_outputs)
            decoder_attentions[di] = decoder_attention.data
            topv, topi = decoder_output.data.topk(1)
            if topi.item() == EOS_token:
                decoded_words.append('<EOS>')
                break
            else:
                decoded_words.append(output_lang.index2word[topi.item()])
            decoder_input = topi.squeeze().detach()
```

16.3.4 模型測試

本測試實現 Web 端的網頁設計、模型匯入及呼叫。

1. 網頁設計

網頁設計相關程式如下。

```
# 定義網頁主體結構
<!DOCTYPE html>
<html>
<head>
    <title>Home</title>
    <link rel="stylesheet" type="text/css" href="../static/style.css">
    <!--<link rel="stylesheet" type="text/css" href="{{ url_for('static',
```

```
filename='style.css') }}">-->
</head>
<body>
    <header>
        <div class="container">
        <div id="brandname">
            ML App with Flask
        </div>
        <h2>Neural Machine Translation</h2>
    </div>
    </header>
    <div style="width:100%;text-align:center">
        <form action="{{ url_for('predict')}}" method="POST">
        <p>Enter Your Message Here</p>
        <!-- <input type="text" name="comment"/> -->
        <textarea name="message" rows="4" cols="50"></textarea>
        <br/>
        <input type="submit" class="btn-info" value="translate">
        </form>
    </div>
</body>
</html>
#呼叫 style.css 檔案整理格式問題
body{
    font:15px/1.5 Arial, Helvetica,sans-serif;
    padding: 0px;
    background-color:#f4f3f3;
    #設定背景圖片
    background-image: url(bend-4948376.jpg);
    #圖片適應視窗大小，這裡設定的是不進行延展
    background-repeat:no-repeat;
    #圖片相對於瀏覽器固定，這裡設定背景圖片固定，不隨內容捲動
    background-attachment: fixed;
    #從邊框區域顯示
```

```
    background-origin: border-box;
    # 指定圖片大小，此時會保持圖型的縱橫比，並將圖型縮放成完全覆蓋背景定位區域
的大小
    background-size:cover; }
.container{
    width:100%;
    margin: auto;
    overflow: hidden;
}
header{
    /*background:#03A9F4;#35434a;*/
    border-bottom:3px solid #448AFF;
    height:120px;
    width:100%;
    padding-top:30px;
}
.main-header{
            text-align:center;
            background-color: blue;
            height:100px;
            width:100%;
            margin:0px;
}
#brandname{
    float:left;
    font-size:30px;
    color: #fff;
    margin: 10px;
}
header h2{
    text-align:center;
    color:#fff;
}
.btn-info {background-color: #2196F3;
```

```
    height:40px;
    width:100px;
} /* Blue */
.btn-info:hover {
    background: #0b7dda;
}
.resultss{
    border-radius: 15px 50px;
    background: #345fe4;
    padding: 20px;
    width: 200px;
    height: 150px;
}
```

2. 模型匯入及呼叫

使用者輸入所需翻譯的句子，點擊「確定」按鈕後在 Flask 架構中呼叫預先訓練好的模型，相關程式如下。

```
app = Flask(__name__)
@app.route('/')
def home():
    return render_template('home.html')
@app.route('/back',methods=['POST'])
def back():
    return render_template('home.html')
@app.route('/predict',methods=['POST'])
def predict():
    #使用儲存的模型
    encoder2=torch.load('./model/encoder.pkl')
    attn_decoder2=torch.load('./model/decoder.pkl')#載入模型
    global input_lang, output_lang, pairs
    input_lang, output_lang, pairs = prepareData('eng', 'fra', True)
    print()#資料準備
    if request.method == 'POST':
```

```
        message = request.form['message']
        print(message)
    output_sentence=evaluate_onesetence(encoder2,attn_decoder2,message)
    return render_template('result.html',prediction = output_sentence)
def evaluate_onesetence(encoder,decoder,single_sentence):
    sentence = [normalizeString(s) for s in single_sentence.split('\t')]
    print(sentence[0])#輸出句子
    output_words, attentions = evaluate(encoder, decoder, sentence[0])
    output_sentence = ' '.join(output_words)
    return output_sentence
if __name__ == '__main__':#主程式
    app.run(debug=True)
private static final String MODEL_FILE = "file:///android_asset/grf.pb";
```

模型重新預測完成後，呼叫 result.html 檔案，展現一個新的頁面，其中 result.html 也是使用 HTML 與 CSS 編寫的，使用者點擊 back 按鈕重新回到原頁面。

```
<!DOCTYPE html>
<html>
<head>
    <title></title>
    <!--<link rel="stylesheet" type="text/css" href="{{ url_for('static',
filename='style.css') }}">-->
    <link rel="stylesheet" type="text/css" href="../static/style.css">
</head>
<body>
    <header>
        <div class="container">
        <div id="brandname">
            ML App
        </div>
        <h2>Neural Machine Translation</h2>
    </div>
```

```
    </header>
    <p style="color: blue;font-size:20;text-align: center;"><b>Results for
    Comment</b></p>
    <br/>
    <div style="width:100%;text-align:center">
        <form action="{{ url_for('back')}}" method="POST">
            <div class="results">
            <p style = "color: cyan;;text-align: center;font-size:
1000;">{{prediction}}</p>
            </div>
        <br/>
        <input type="submit" class="btn-info" value="back">
        </form>
    </div>
</body>
</html>
```

16.4 系統測試

本部分內容包括訓練準確率及模型應用。

16.4.1 訓練準確率

模型經過 75000 次遍歷資料集，每遍歷 5000 次列印進度，最佳化器的學習率為 0.001，設定捨棄率為 0.1。隨著訓練輪次的增加，模型損失減小，說明預測的精準度不斷提升，如圖 16-4 所示。

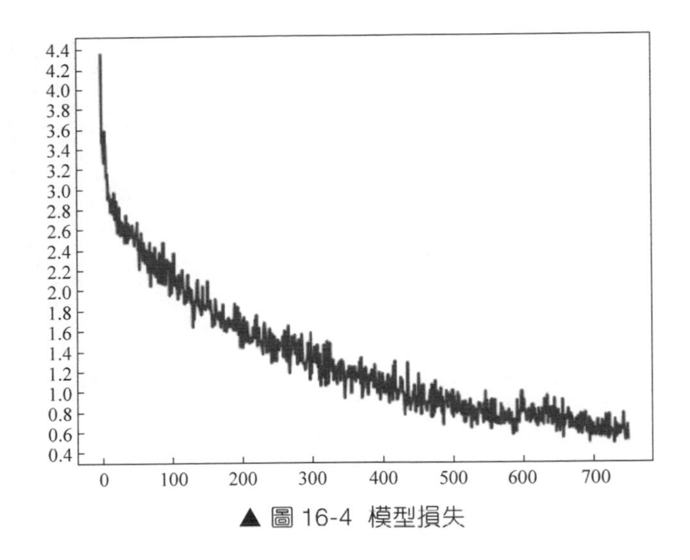

▲ 圖 16-4 模型損失

16.4.2 模型應用

本部分包括程式執行、應用使用說明和測試結果。

1. 程式執行

開啟 Anaconda 建立 NMT 虛擬環境中的命令列，執行程式 app.py，介面如圖 16-5 所示。

```
* Serving Flask app "app" (lazy loading)
* Environment: production
  WARNING: This is a development server. Do not use it in a production deployment.
  Use a production WSGI server instead.
* Debug mode: on
* Restarting with stat
* Debugger is active!
* Debugger PIN: 200-531-087
* Running on http://127.0.0.1:5000/ (Press CTRL+C to quit)
```

▲ 圖 16-5 執行介面

2. 應用使用說明

開啟 http://127.0.0.1:5000/，在文字標籤中輸入要翻譯的句子，點擊 translate 按鈕，如圖 16-6 所示。

▲ 圖 16-6 應用介面

3. 測試結果

翻譯法敘述子 je suis pret a tout faire pour toi，如圖 16-7 所示，翻譯比較如圖 16-8 所示。

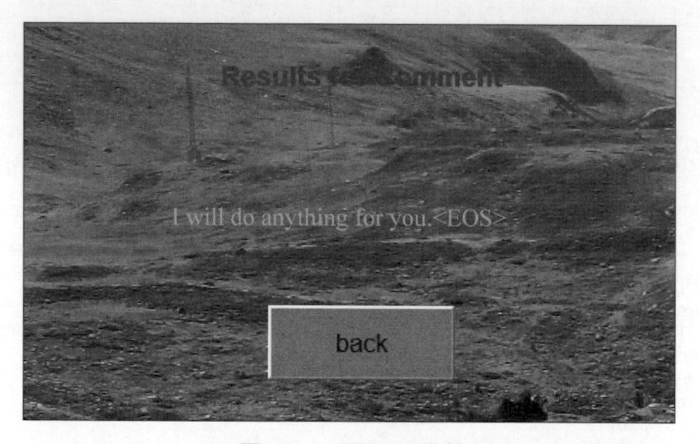

▲ 圖 16-7 測試結果範例

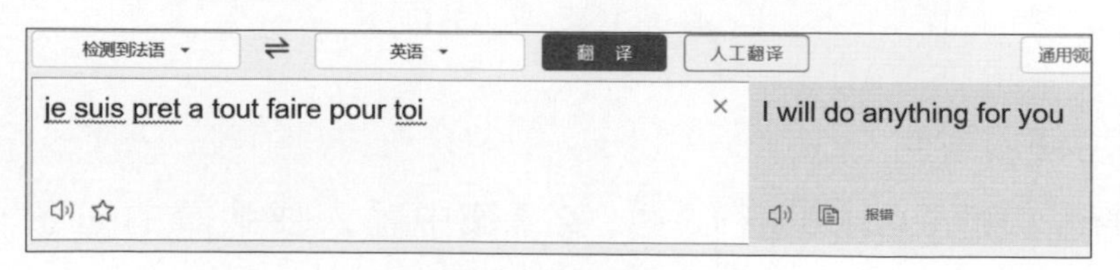

▲ 圖 16-8 翻譯比較

PROJECT

17

以 LSTM 為基礎的股票預測

本專案透過調取正弦波、標準普爾 500 股票指數的資料庫，進行特徵篩選和提取，實現以 LSTM 時間序列為基礎的股票預測。

17.1 整體設計

本部分包括系統整體結構圖和系統流程圖。

17.1.1 系統整體結構圖

系統整體結構如圖 17-1 所示。

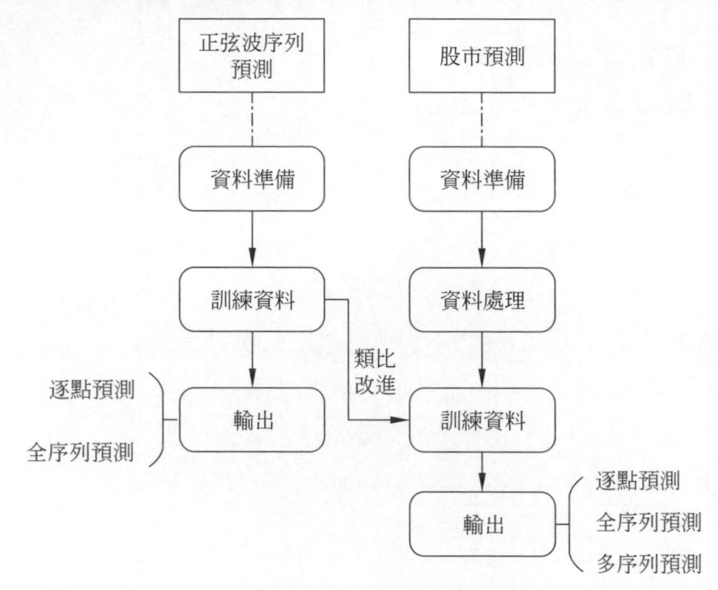

▲ 圖 17-1 系統整體結構圖

17.1.2 系統流程圖

系統流程如圖 17-2 所示。

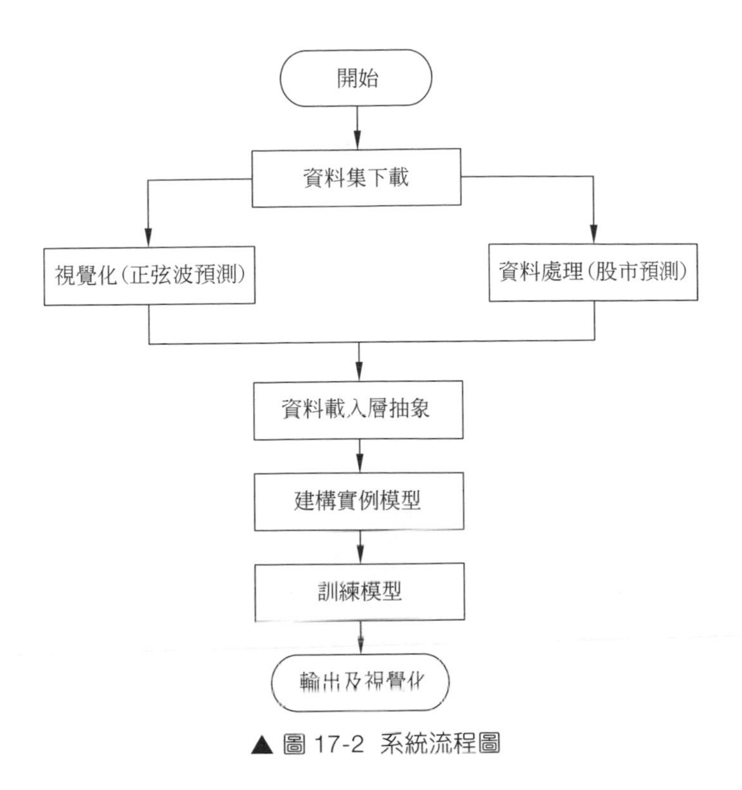

▲ 圖 17-2 系統流程圖

17.2 執行環境

本部分包括 Python 環境、TensorFlow 環境、Numpy 環境、Pandas 環境、Keras 環境和 Matplotlib 環境。

17.2.1 Python 環境

需要 Python 3.6 及以上設定，在 Windows 環境下推薦下載 Anaconda 完成 Python 所需的設定，下載網址為 https://www.anaconda.com/，也可以下載虛擬機器在 Linux 環境下執行程式。

17.2.2 TensorFlow 環境

建立 Python 3.5 的環境，名稱為 TensorFlow，此時 Python 版本和後面 TensorFlow 的版本有相容性問題，此步選擇 python 3.5，輸入命令：

```
conda create -n tensorflow python=3.5
```

有需要確認的地方，都輸入 y。

在 Anaconda Prompt 中啟動 TensorFlow 環境，輸入命令：

```
activate tensorflow
```

安裝 CPU 版本的 TensorFlow，輸入命令：

```
pip install -upgrade --ignore-installed tensorflow
```

安裝完畢。

17.2.3 Numpy 環境

在映像檔來源的環境中直接使用 pip 安裝，輸入命令：

```
pip install numpy
```

Numpy 選擇正確的版本 1.15.0，版本如果有問題會導致設定的程式執行環境出錯。

17.2.4 Pandas 環境

在映像檔來源的環境中直接使用 pip 安裝，輸入命令：

```
pip install pandas
pandas==0.23.3
```

17.2.5 Keras 環境

在映像檔來源的環境中直接使用 pip 安裝，輸入命令：

```
pip install keras
keras==2.2.2
```

17.2.6 Matplotlib 環境

在映像檔來源的環境中直接使用 pip 安裝，輸入命令：

```
pip install matplotlib
matplotlib==2.2.2
```

17.3 模組實現

本專案包括 4 個模組：資料前置處理、模型建構、模型儲存及輸出預測和模型測試。下面分別列出各模組的功能介紹及相關程式。

17.3.1 資料前置處理

本部分包括正弦波預測所用資料集以及股市預測資料集。下載網址為 https://github.com/Voirtheo/Python-project。

1. 正弦波預測資料集

下載 sinewave.csv 檔案，包含 5001 個正弦波時間段，幅度和頻率為 1(角頻率為 6.28)，時間差值為 0.01，如圖 17-3 所示。

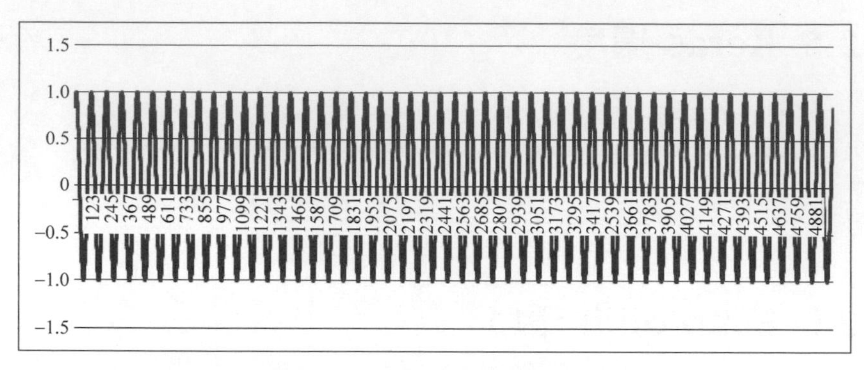

▲ 圖 17-3 正弦波資料集視覺化圖

2. 股市預測資料集

資料集 sp500.csv 檔案包含 2000 年 1 月 ~2018 年 9 月的開盤價、最高價、最低價、收盤價以及標準普爾 500 股指的每日交易量。

在股市預測中，與僅在 -1~+1 數值範圍的正弦波不同，收盤價是不斷變化的股市絕對價格。這表示，如果不對標準化的情況下進行訓練，將永遠不會收斂。

為解決這個問題，使用每個大小為 n 的訓練 / 測試資料視窗，並對每個視窗進行標準化處理，以反映該視窗開始時的（百分比）變化。採用以下方程式進行歸一化，在預測過程結束時進行反歸一化，以從預測中獲得真實數字：

n = 價格變化的歸一化清單

p = 調整後的每日回報價格的原始清單

歸一化：$n_i = \left(\frac{p_i}{p_0}\right) - 1$

反歸一化：$p_i = p_0(n_i + 1)$

17.3.2 模型建構

首先，將資料轉換載入到 Pandas 資料幀；其次，輸入 Numpy 陣列中；最後，選擇 Keras 架設深度神經網路模型，使用 compile() 方法編譯，確定損失函數和最佳化器。

1. 定義模型結構

Keras LSTM 層的工作方式是採用 3 維 (N，W，F)Numpy 陣列。其中：N 是訓練序列的數量，W 是序列長度，F 是每個序列的特徵數量。選擇的序列長度 (讀取視窗大小) 為 50，因此，可以在每一個序列看到正弦波的形狀，這有利於對正弦波序列進行預測。

為載入此資料，在程式中建立 DataLoader 類別，初始化 DataLoader 物件時，將傳入檔案名稱、一個拆分變數 (該變數確定用於訓練與測試的資料百分比) 和一個列變數 (該變數用於選擇一個或多個資料列)，用於一維或多維分析。

```
class DataLoader():
    #用於為 LSTM 模型載入和轉換資料的類別
    def __init__(self, filename, split, cols):#初始化
        dataframe = pd.read_csv(filename)#資料讀取
        i_split = int(len(dataframe) * split)
        self.data_train = dataframe.get(cols).values[:i_split]#訓練集
        self.data_test = dataframe.get(cols).values[i_split:]#測試集
        self.len_train = len(self.data_train)
        self.len_test = len(self.data_test)
        self.len_train_windows = None
```

在擁有載入資料的物件之後，建構深度神經網路模型。本專案的程式框架使用 Model 類別以及 config.json 檔案來建構模型實例，前提是所需的系統結構儲存在 config 檔案的超參數中。建構網路的主要功能是 build_model() 函數，該函數接收已解析的設定檔。使用 Keras 中的 Sequential

模型，將一些網路層透過堆疊，組成神經網路模型。相關程式可以進行擴充，以便在更複雜的系統結構上使用。

```
class Model():
    # 一個用於建構和推斷 LSTM 模型的類別
    def __init__(self):
        self.model = Sequential()
    def load_model(self, filepath):  #載入模型
        print('[Model] Loading model from file %s' % filepath)
        self.model = load_model(filepath)
    def build_model(self, configs):  #建構模型
        timer = Timer()
        timer.start()
        for layer in configs['model']['layers']: #參數定義
            neurons = layer['neurons'] if 'neurons' in layer else None
        dropout_rate = layer['rate'] if 'rate' in layer else None
        activation = layer['activation'] if 'activation' in layer else None
        return_seq = layer['return_seq'] if 'return_seq' in layer else None
        input_timesteps = layer['input_timesteps'] if 'input_timesteps' in
layer else None
        input_dim = layer['input_dim'] if 'input_dim' in layer else None
        if layer['type'] == 'dense': #類型為 dense
            self.model.add(Dense(neurons, activation=activation))
        if layer['type'] == 'lstm':  #類型為 LSTM
            self.model.add(LSTM(neurons, input_shape=(input_timesteps, input_
dim), return_sequences=return_seq))
        if layer['type'] == 'dropout': #捨棄率
            self.model.add(Dropout(dropout_rate))
```

2. 損失函數和最佳化器

確定模型架構後進行編譯，使用 Keras 官網定義的 MSE 均方誤差作為損失函數，Adam 作為梯度下降方法來最佳化模型參數。

```
# 定義損失函數和最佳化器
self.model.compile(loss=configs['model']['loss'], optimizer=configs['model']
['optimizer'])
# 在 config.json 檔案中看到對損失函數和最佳化模型的設定
"model": {
    "loss": "mse",
    "optimizer": "adam",
    "save_dir": "saved_models",
    "layers": [
        {
            "type": "lstm",
            "neurons": 100,
            "input_timesteps": 49,
            "input_dim": 2,
            "return_seq": true
        },
        {
            "type": "dropout",
            "rate": 0.2
        },
        {
            "type": "lstm",
            "neurons": 100,
            "return_seq": true
        },
        {
            "type": "lstm",
            "neurons": 100,
            "return_seq": false
        },
        {
            "type": "dropout",
            "rate": 0.2
        },
```

```
        {
            "type": "dense",
            "neurons": 1,
            "activation": "linear"
        }
    ]
}
```

17.3.3 模型儲存及輸出預測

在定義模型架構和編譯後，使用訓練集訓練模型，使模型預測曲線走向。這裡，將使用訓練集和測試集擬合併儲存模型。

載入資料並建構模型後，繼續使用訓練資料對模型進行訓練。為此，建立單獨的執行模組，該模組利用 Model 和 DataLoader 將它們組合起來進行訓練、輸出和視覺化。

```
# 建立 Model 類別中的訓練模型
class Model():
    def train(self, x, y, epochs, batch_size, save_dir):  # 定義訓練參數
        timer = Timer()
        timer.start()
        print('[Model] Training Started')
        print('[Model] %s epochs, %s batch size' % (epochs, batch_size))
        save_fname = os.path.join(save_dir, '%s-e%s.h5' % (dt.datetime.now().
strftime('%d%m%Y-%H%M%S'), str(epochs)))  # 儲存檔案
        callbacks = [  # 回呼函數
            EarlyStopping(monitor='val_loss', patience=2),
            ModelCheckpoint(filepath=save_fname, monitor='val_loss', save_
best_only=True)
        ]
# 使用 model.fit() 方法
        self.model.fit(
            x,
```

```
                y,
                epochs=epochs,
                batch_size=batch_size,
                callbacks=callbacks
            )
            self.model.save(save_fname) # 儲存模型
        print('[Model] Training Completed. Model saved as %s' % save_fname)
            timer.stop()
# 模組實例化
configs = json.load(open('config.json', 'r'))
data = DataLoader(  # 載入資料
    os.path.join('data', configs['data']['filename']),
    configs['data']['train_test_split'],
    configs['data']['columns']
)
model = Model()
# 建立模型，傳入參數
model.build_model(configs)
x, y = data.get_train_data(
    seq_len = configs['data']['sequence length'],
    normalise = configs['data']['normalise']
)
# 將 json 檔案中的參數傳入 train 模組中，架設訓練模型
model.train(
    x,
    y,
    epochs = configs['training']['epochs'],
    batch_size = configs['training']['batch_size']
)
x_test, y_test = data.get_test_data(  # 獲取測試資料
    seq_len = configs['data']['sequence_length'],
    normalise = configs['data']['normalise']
)
```

其中，一個 batch_size 就是在一次前向 / 後向傳播過程用到的訓練範例數量，也就是一次用 32 個資料進行訓練，共 2×32×124=7936 個資料。

1. 模型儲存

使用 model.savc() 方法將模組儲存在指定路徑中，方便其他程式呼叫。

```
save_fname = os.path.join(save_dir, '%s-e%s.h5' % (dt.datetime.now().
strftime('%d%m%Y-%H%M%S'), str(epochs)))
self.model.save(save_fname)
```

2. 輸出預測

對於輸出，執行兩類預測：一是逐點方式，也就是每次僅預測一個點，將其繪製為預測；二是沿下一個視窗進行預測，具有完整的測試資料，並再次預測下一個點。

本專案進行的第二個預測是完整序列，只用訓練資料的第一部分初始化訓練視窗一次。第一，該模型將預測下一個點，像逐點方法一樣移動視窗。區別在於使用先前預測中的資料進行預測。第二，僅一個資料點 (最後一個點) 來自先前的預測。第三，最後兩個資料點來自先前的預測，依此類推。經過 50 次預測後，模型將進行預測，模組可以使用該模型預測未來的許多時間步進值。

```
# 點對點預測和全序列預測的程式以及對應的輸出
def predict_point_by_point(self, data):
    # 根據指定真實資料的最後順序預測每個時間步進值，實際上每次僅預測 1 個步進值
    predicted = self.model.predict(data)
    predicted = np.reshape(predicted, (predicted.size,))
    return predicted
def predict_sequence_full(self, data, window_size):
    # 每次將視窗移動 1 個新預測，然後在新視窗上重新執行預測
    curr_frame = data[0]
    predicted = []
```

```
    for i in range(len(data)):
predicted.append(self.model.predict(curr_frame[newaxis,:,:])[0,0])
        curr_frame = curr_frame[1:]
        curr_frame = np.insert(curr_frame, [window_size-2], predicted[-1],
axis=0)
    return predicted  #返回預測值
predictions_pointbypoint = model.predict_point_by_point(x_test)
plot_results(predictions_pointbypoint, y_test)
predictions_fullseq = model.predict_sequence_full(x_test, configs['data']
['sequence_length'])
#輸出預測結果
plot_results(predictions_fullseq, y_test)
```

17.3.4 模型測試

本專案主要以正弦波為基礎的 LSTM 預測方法即神經網路模型運用到股票市場中，並加以改進。

與正弦波不同，股市時間序列不能映射任何特定靜態函數，描述股市時間序列運動的最佳屬性是隨機遊走。作為隨機過程，真正的隨機遊走沒有可預測的模式，因此，嘗試對其建模沒有意義。但股票市場是不是純粹的隨機過程仍有爭論，可以推斷時間序列很可能具有某種隱藏模式。這些隱藏的模式是 LSTM 深度網路可以預測的主要候選物件。

1. 視窗標準化

在 DataLoader 類別中增加 normalise_windows() 函數進行轉換，在 config 檔案中包含一個布林型歸一化標示，用於指示這些視窗的歸一化。

```
def normalise_windows(self, window_data, single_window=False):
    #視窗標準化
    normalised_data = []
    window_data = [window_data] if single_window else window_data
```

```
        for window in window_data:
            normalised_window = []
            for col_i in range(window.shape[1]):
                normalised_col = [((float(p) / float(window[0, col_i])) - 1) for
p in window[:, col_i]]
                normalised_window.append(normalised_col)
            # 重塑陣列並將其轉置為原始多維格式
        normalised_window = np.array(normalised_window).T
        normalised_data.append(normalised_window)
    return np.array(normalised_data)
```

2. 模型改進

視窗標準化後，針對正弦波資料執行。但是，在執行時期進行了更改：未使用框架的 model.train() 方法，而是使用已建立的 model.train_generator() 方法。這是因為嘗試訓練大類型資料集時很容易耗盡記憶體，model.train() 函數將整個資料集載入到記憶體中，規範化應用於記憶體中的每個視窗，容易引起記憶體溢位。因此，改為使用 Keras 的 fit_generator() 函數，以便使用 Python 生成器繪製資料來動態訓練資料集，降低記憶體使用率。

```
configs = json.load(open('config.json', 'r'))
data = DataLoader(  # 載入資料
    os.path.join('data', configs['data']['filename']),
    configs['data']['train_test_split'],
    configs['data']['columns']
)
model = Model()
model.build_model(configs) # 建構模型
x, y = data.get_train_data(
    seq_len = configs['data']['sequence_length'],
    normalise = configs['data']['normalise']
)
# 生成訓練
```

```
steps_per_epoch = math.ceil((data.len_train - configs['data']['sequence_
length']) / configs['training']['batch_size'])
model.train_generator(
    data_gen = data.generate_train_batch( #訓練資料參數
        seq_len = configs['data']['sequence_length'],
        batch_size = configs['training']['batch_size'],
        normalise = configs['data']['normalise']
    ),
    epochs = configs['training']['epochs'],
    batch_size = configs['training']['batch_size'],
    steps_per_epoch = steps_per_epoch
)
x_test, y_test = data.get_test_data(  #測試資料
    seq_len = configs['data']['sequence_length'],
    normalise = configs['data']['normalise']
)
predictions_multiseq = model.predict_sequences_multiple(x_test,
configs['data']['sequence_length'], configs['data']['sequence_length'])
predictions_fullseq = model.predict_sequence_full(x_test, configs['data']
['sequence_length'])
predictions_pointbypoint = model.predict_point_by_point(x_test)
plot_results_multiple(predictions_multiseq, y_test, configs['data']['sequence_
length'])
#預測輸出
plot_results(predictions_fullseq, y_test)
plot_results(predictions_pointbypoint, y_test)
```

在引入正弦波逐點預測和完整序列預測方法後，嘗試在股票市場預測中結合兩種方法改進預測值的過擬合與欠擬合問題，即引入多序列預測。

從某種意義上說，這是全序列預測的混合，因為它使用測試資料來初始化測試視窗，預測該視窗的下一個點，並建立一個新視窗。但是，如果到達輸入視窗完全由過去的預測組成的點，將停止向前移動一個完整的視窗長度，使用真實的測試資料重置視窗，再次開始該過程。從本質上

講，這為測試資料提供了多個類似趨勢線的預測，從而分析模型如何適應未來的動量趨勢。

```
def predict_sequences_multiple(self, data, window_size, prediction_len):
        # 在預測向前移動 50 步之前，預測 50 步的順序
        print('[Model] Predicting Sequences Multiple...')
        prediction_seqs = []
        for i in range(int(len(data)/prediction_len)):
            curr_frame = data[i*prediction_len]  # 當前幀
            predicted = []
            for j in range(prediction_len):
predicted.append(self.model.predict(curr_frame[newaxis,:,:])[0,0])# 預測
                curr_frame = curr_frame[1:]
curr_frame= np.insert(curr_frame, [window_size-2], predicted[-1], axis=0)
            prediction_seqs.append(predicted) # 預測序列輸出
        return prediction_seqs
```

3. 相關程式

本部分包括資料載入及視窗架設類別、模型預測類別和主活動類別程式。

1) 資料載入及視窗架設類別

資料載入及視窗架設類別相關程式如下。

```
import math
import numpy as np
import pandas as pd
class DataLoader():
    # 用於為 LSTM 模型載入和轉換資料的類別
    def __init__(self, filename, split, cols):  # 初始化參數
        dataframe = pd.read_csv(filename)
        i_split = int(len(dataframe) * split)
        self.data_train = dataframe.get(cols).values[:i_split]
        self.data_test  = dataframe.get(cols).values[i_split:]
        self.len_train  = len(self.data_train)
```

```
        self.len_test   = len(self.data_test)
        self.len_train_windows = None
    def get_test_data(self, seq_len, normalise):  #獲取測試資料
        #建立 x，y 測試資料視窗
        data_windows = []
        for i in range(self.len_test - seq_len):
        data_windows.append(self.data_test[i:i+seq_len])
        data_windows = np.array(data_windows).astype(float)
        data_windows = self.normalise_windows(data_windows, single_
window=False) if normalise else data_windows
        x = data_windows[:, :-1]
        y = data_windows[:, -1, [0]]
        return x,y
    def get_train_data(self, seq_len, normalise):  #獲取訓練資料
        #建立 x，y 訓練資料視窗 ''
        data_x = []
        data_y = []
        for i in range(self.len_train - seq_len):
            x, y = self._next_window(i, seq_len, normalise)
            data_x.append(x)
            data_y.append(y)
        return np.array(data_x), np.array(data_y)
    def generate_train_batch(self, seq_len, batch_size, normalise):
        #從指定的列表檔案名稱中生成訓練資料的生成器，以進行訓練 / 測試
        i = 0
        while i < (self.len_train - seq_len):
            x_batch = []
            y_batch = []
            for b in range(batch_size):
                if i >= (self.len_train - seq_len):
                    #如果資料未平均分配，則終止條件可用於較小的最終批次
                    yield np.array(x_batch), np.array(y_batch)
                    i = 0
            x, y = self._next_window(i, seq_len, normalise)
```

```
                x_batch.append(x)
                y_batch.append(y)
                i += 1
            yield np.array(x_batch), np.array(y_batch)
    def _next_window(self, i, seq_len, normalise):
                # 從指定的索引位置 i 生成下一個資料視窗
            window = self.data_train[i:i+seq_len]
            window = self.normalise_windows(window, single_window=True)[0] if
normalise
else window
            x = window[:-1]
            y = window[-1, [0]]
            return x, y
    def normalise_windows(self, window_data, single_window=False):
            # 歸一化視窗，基值為零
            normalised_data = []
            window_data = [window_data] if single_window else window_data
            for window in window_data:
                normalised_window = []
                for col_i in range(window.shape[1]):
                    normalised_col = [((float(p) / float(window[0, col_i])) - 1)
for p in window[:, col_i]]
                    normalised_window.append(normalised_col)
                normalised_window = np.array(normalised_window).T
                # 重塑陣列並將其轉置為原始多維格式
                normalised_data.append(normalised_window)
        return np.array(normalised_data)
```

2) 模型預測類別

模型預測類別相關程式如下。

```
import os
import math
import numpy as np
```

```
import datetime as dt
from numpy import newaxis
from core.utils import Timer
from keras.layers import Dense, Activation, Dropout, LSTM
from keras.models import Sequential, load_model
from keras.callbacks import EarlyStopping, ModelCheckpoint
class Model():
    #用於建構和推斷 LSTM 模型的類別
    def __init__(self):                         #初始化
        self.model = Sequential()
    def load_model(self, filepath):             #載入模型
        print('[Model] Loading model from file %s' % filepath)
        self.model = load_model(filepath)
    def build_model(self, configs):             #建構模型
        timer = Timer()
        timer.start()
        for layer in configs['model']['layers']:
            neurons = layer['neurons'] if 'neurons' in layer else None
            dropout_rate = layer['rate'] if 'rate' in layer else None
    activation = layer['activation'] if 'activation' in layer else None
    return_seq = layer['return_seq'] if 'return_seq' in layer else None
            input_timesteps = layer['input_timesteps'] if 'input_timesteps'
in layer else None
        input_dim = layer['input_dim'] if 'input_dim' in layer else None
            if layer['type'] == 'dense':        #類型為 dense
                self.model.add(Dense(neurons, activation=activation))
            if layer['type'] == 'lstm':         #類型為 LSTM
                self.model.add(LSTM(neurons, input_shape=(input_timesteps,
input_dim), return_sequences=return_seq))
            if layer['type'] == 'dropout':      #類型為捨棄率
        self.model.add(Dropout(dropout_rate))
    self.model.compile(loss=configs['model']['loss'],
optimizer=configs['model']['optimizer'])        #模型編譯
    print('[Model] Model Compiled')
```

```
    timer.stop()
def train(self, x, y, epochs, batch_size, save_dir):   #訓練模型
    timer = Timer()
    timer.start()
    print('[Model] Training Started')
    print('[Model] %s epochs, %s batch size' % (epochs, batch_size))
        save_fname = os.path.join(save_dir, '%s-e%s.h5' % (dt.datetime.now().
strftime('%d%m%Y-%H%M%S'), str(epochs)))
    callbacks = [                                        #回呼函數
        EarlyStopping(monitor='val_loss', patience=2),
        ModelCheckpoint(filepath=save_fname, monitor='val_loss', save_best_
only=True)
    ]
    self.model.fit(                                      #模型擬合
        x,
        y,
        epochs=epochs,
        batch_size=batch_size,
        callbacks=callbacks
    )
    self.model.save(save_fname)                          #模型儲存
print('[Model] Training Completed. Model saved as %s' % save_fname)
    timer.stop()
def train_generator(self, data_gen, epochs, batch_size, steps_per_epoch, save_
dir):                                                    #訓練引擎
    timer = Timer()
    timer.start()
    print('[Model] Training Started')
    print('[Model] %s epochs, %s batch size, %s batches per epoch' % (epochs,
batch_size, steps_per_epoch))
    save_fname = os.path.join(save_dir, '%s-e%s.h5' % (dt.datetime.now().
strftime('%d%m%Y-%H%M%S'), str(epochs)))                 #儲存模型
    callbacks = [
        ModelCheckpoint(filepath=save_fname, monitor='loss', save_best_
```

```
only=True)
    ]
    self.model.fit_generator(                    # 模型擬合引擎
        data_gen,
        steps_per_epoch=steps_per_epoch,
        epochs=epochs,
        callbacks=callbacks,
        workers=1
    )
print('[Model] Training Completed. Model saved as %s' % save_fname)
        timer.stop()
    def predict_point_by_point(self, data):
        # 根據指定真實資料的最後順序預測每個時間步進值，實際上每次僅預測 1 個步
進值
        print('[Model] Predicting Point-by-Point...')
        predicted = self.model.predict(data)
        predicted = np.reshape(predicted, (predicted.size,))
        return predicted
def predict_sequences_multiple(self, data, window_size, prediction_len):
        # 在將預測向前移動 50 步之前，預測 50 步的順序
        print('[Model] Predicting Sequences Multiple...')
        prediction_seqs = []
        for i in range(int(len(data)/prediction_len)):
            curr_frame = data[i*prediction_len]
            predicted = []
            for j in range(prediction_len):    # 預測序列
predicted.append(self.model.predict(curr_frame[newaxis,:,:])[0,0])
                curr_frame = curr_frame[1:]
                curr_frame = np.insert(curr_frame, [window_size-2],
predicted[-1], axis=0)
            prediction_seqs.append(predicted)
        return prediction_seqs
    def predict_sequence_full(self, data, window_size):
        # 每次將視窗移動 1 個新預測，在新視窗上會重新執行預測
```

```
        print('[Model] Predicting Sequences Full...')
        curr_frame = data[0]
        predicted = []
        for i in range(len(data)):# 預測序列 predicted.append(self.model.
predict(curr_frame[newaxis,:,:])[0,0])
            curr_frame = curr_frame[1:]
            curr_frame = np.insert(curr_frame, [window_size-2],
predicted[-1], axis=0)
        return predicted
```

3) 主活動類別

主活動類別相關程式如下。

```
import os# 匯入模組
import json
import time
import math
import matplotlib.pyplot as plt
from core.data_processor import DataLoader
from core.model import Model
def plot_results(predicted_data, true_data): # 結果繪製參數
    fig = plt.figure(facecolor='white')
    ax = fig.add_subplot(111)
    ax.plot(true_data, label='True Data')
    plt.plot(predicted_data, label='Prediction')
    plt.legend()
    plt.show()
def plot_results_multiple(predicted_data, true_data, prediction_len):
    fig = plt.figure(facecolor='white')# 多結果繪製
    ax = fig.add_subplot(111)
    ax.plot(true_data, label='True Data')
    # 填充預測清單將其在圖表中移動到正確的起點
    for i, data in enumerate(predicted_data):
        padding = [None for p in range(i * prediction_len)]
```

```
        plt.plot(padding + data, label='Prediction') #資料及填充
        plt.legend()
    plt.show()
def main():#主函數
    configs = json.load(open('config.json', 'r'))
    if not os.path.exists(configs['model']['save_dir']):
os.makedirs(configs['model']['save_dir'])
    data = DataLoader(#載入資料
        os.path.join('data', configs['data']['filename']),
        configs['data']['train_test_split'],
        configs['data']['columns']
    )
    model = Model()
    model.build_model(configs)#建構模型
    x, y = data.get_train_data(
        seq_len=configs['data']['sequence_length'],
        normalise=configs['data']['normalise']
    )
    '''
    #模型訓練
    model.train(
        x,
        y,
        epochs = configs['training']['epochs'],
        batch_size = configs['training']['batch_size'],
        save_dir = configs['model']['save_dir']
    )
    '''
    #生成訓練
    steps_per_epoch = math.ceil((data.len_train - configs['data']['sequence_
length']) / configs['training']['batch_size'])
model.train_generator(#訓練引擎
        data_gen=data.generate_train_batch(
            seq_len=configs['data']['sequence_length'],
```

```
            batch_size=configs['training']['batch_size'],
            normalise=configs['data']['normalise']
        ),
        epochs=configs['training']['epochs'],
        batch_size=configs['training']['batch_size'],
        steps_per_epoch=steps_per_epoch,
        save_dir=configs['model']['save_dir']
    )
    x_test, y_test = data.get_test_data(   #測試資料
        seq_len=configs['data']['sequence_length'],
        normalise=configs['data']['normalise']
    )
    #predictions = model.predict_sequences_multiple(x_test, configs['data']
['sequence_length'], configs['data']['sequence_length'])
    predictions = model.predict_sequence_full(x_test, configs['data']
['sequence_length'])#模型預測序列
    # predictions = model.predict_point_by_point(x_test)
    # plot_results_multiple(predictions, y_test, configs['data']['sequence_
length'])
    plot_results(predictions, y_test)
if __name__ == '__main__':                       #主函數
    main()
```

17.4 系統測試

本部分包括訓練準確率及模型效果。

17.4.1 訓練準確率

損失函數在一輪訓練的過程中已經降低到接近 0 的值，說明訓練模型狀態較佳，如圖 17-4 所示。

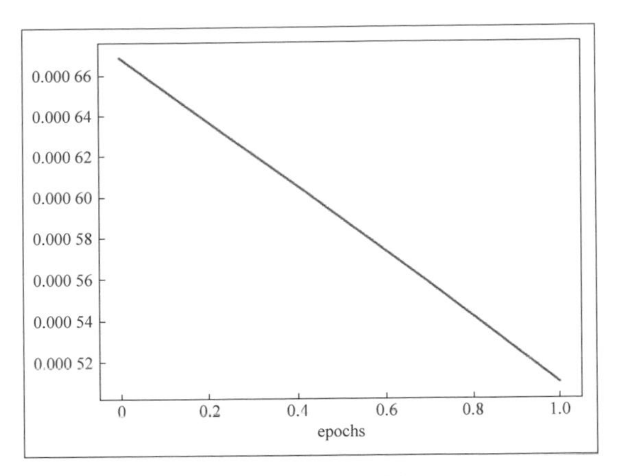

▲ 圖 17-4 訓練結果

17.4.2 模型效果

將預測資料與測試資料視覺化，完整序列預測效果如圖 17-5 所示，可以得到驗證：模型欠擬合，基本無法得到正確的預測模型。

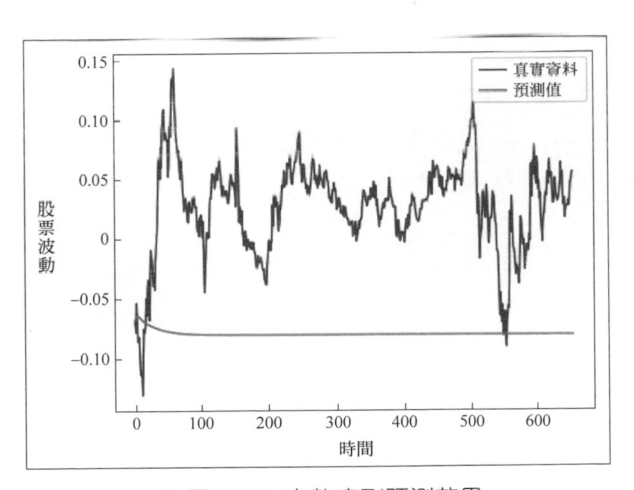

▲ 圖 17-5 完整序列預測效果

逐點序列預測模型：由圖 17-6 可得，在單一逐點預測上執行資料接近匹配返回的內容。經過仔細檢查，發現預測線由「奇異」的預測點組成，這些預測點在後面具有整個先前的真實歷史視窗。因此，

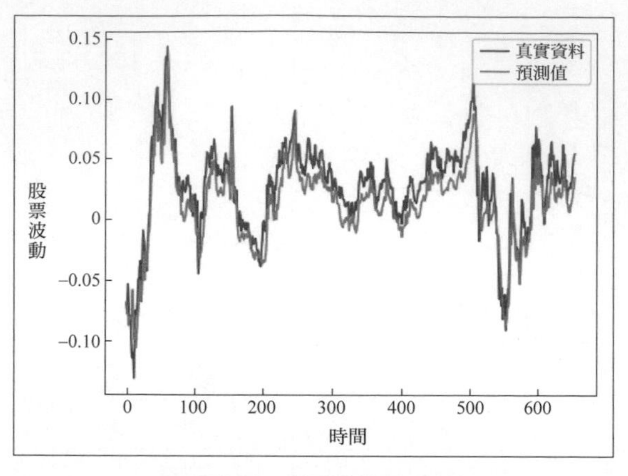

▲ 圖 17-6 逐點序列預測

網路不需要了解時間序列本身，除了下一個點很可能不會離最後一點太遠。即使得到錯誤點的預測，下一個預測也將考慮真實的歷史並忽略不正確的預測，然後再次允許產生錯誤。

此資訊可用於波動率預測等應用 (能夠預測市場中高或低波動的時段，這對於特定交易策略非常有利)，或遠離交易 (這也可用作良好指標的異常檢測)。透過預測下一個點，將其與真實資料進行比較來實現異常檢測，如果真實資料值與預測點不同，則可以針對該資料點標出異常標記。多序列預測如圖 17-7 所示。

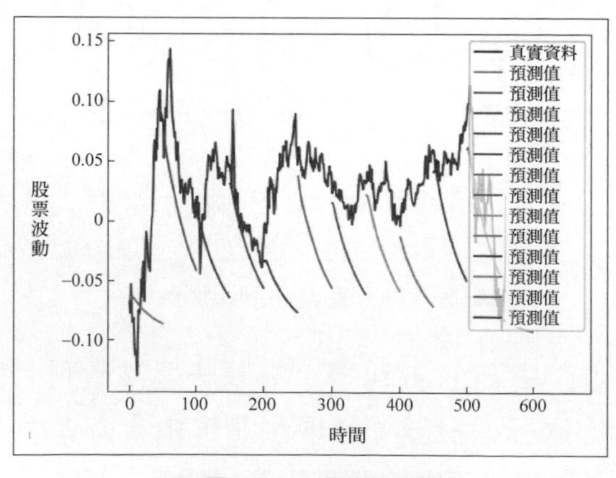

▲ 圖 17-7 多序列預測

PROJECT

18

以 LSTM 為基礎的豆瓣影評分類情感分析

本專案以 Word2Vec 模型為基礎，採用 LSTM 架構架設情感分類，結合 Python 原生的 GUI 函數庫 Tkinter，將分析結果和生成的詞雲透過 Tkinter 介面進行顯示。

18.1 整體設計

本部分包括系統整體結構圖和系統流程圖。

18.1.1 系統整體結構圖

系統整體結構如圖 18-1 所示。

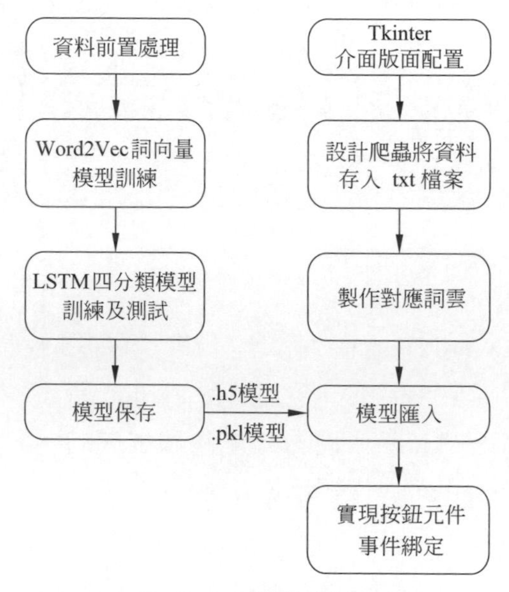

▲ 圖 18-1 系統整體結構圖

18.1.2 系統流程圖

系統流程如圖 18-2 所示。

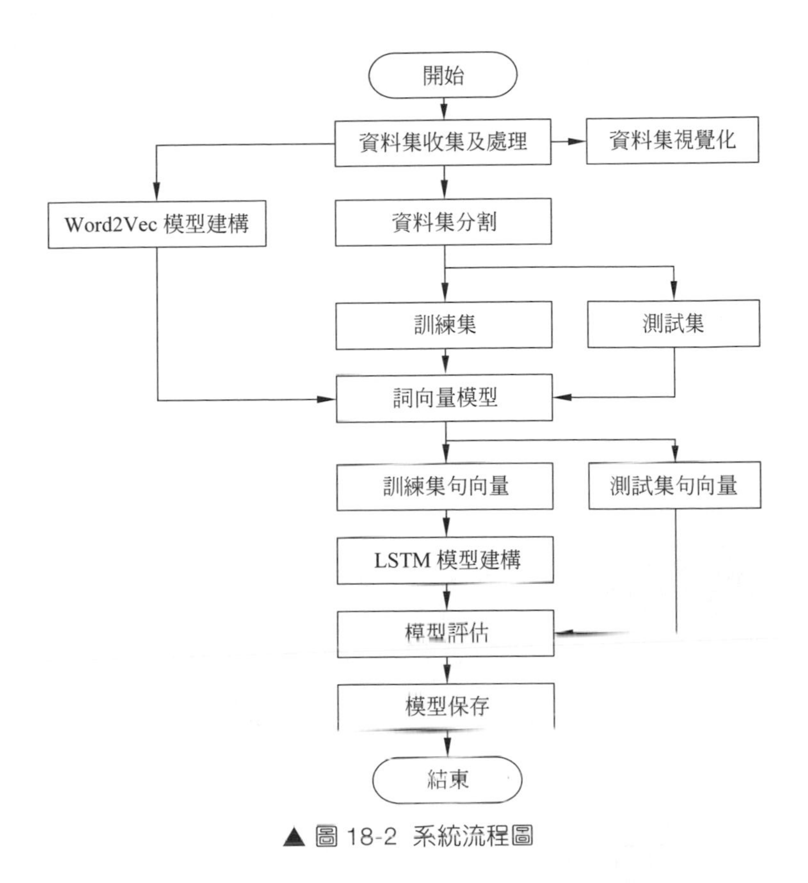

▲ 圖 18-2 系統流程圖

18.2 執行環境

本部分包括 Python 環境、TensorFlow 環境和 Keras 環境。

18.2.1 Python 環境

在 Windows 64 位元作業系統下，下載 Anaconda 完成 Python 3.7 的設定。

18.2.2 TensorFlow 環境

開啟 Anaconda Prompt，以管理員許可權執行，安裝 Python 3.7，輸入命令：

```
conda install python = 3.7
```

建立名為 TensorFlow 的 conda 計算環境，輸入命令：

```
conda create -n tensorflow python = 3.7
```

啟動 TensorFlow 環境，輸入命令：

```
activate tensorflow
```

查看是否切換到 Python 3.7 工作環境，輸入命令：

```
python -version
```

在 ANACONDA NAVIGATOR 中的 Environments 裡可以看到新的環境，如圖 18-3 所示。

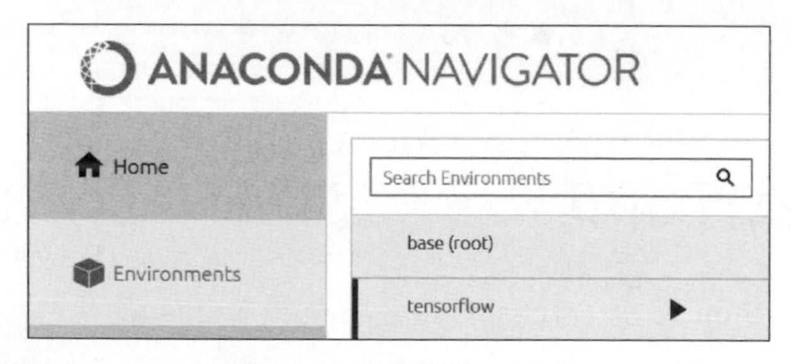

▲ 圖 18-3 新環境 TensorFlow

安裝 TensorFlow，輸入命令：

```
pip install tensorflow
```

呼叫 TensorFlow，若執行成功則安裝完畢。輸入命令：

```
python
import tensorflow as tf
```

18.2.3 Keras 環境

開啟 Anaconda Prompt，啟動 TensorFlow 環境，輸入命令：

```
activate tensorflow
```

安裝 Keras，輸入命令：

```
pip install keras
```

安裝完畢。

18.3 模組實現

本專案包括 6 個模組：資料收集、資料處理、Word2Vec 模型、LSTM 模型、完整流程和模型測試。下面分別列出各模組的功能介紹及相關程式。

18.3.1 資料收集

資料集下載網址為 https://download.csdn.net/download/turkan/9181661。包含了「開心」(happy)、「憤怒」(angry)、「不喜歡」(dislike)、「沮喪」(upset) 四種情感的語料集。

以下是豆瓣評論的爬取程式：

```
import urllib.request#匯入模組
from bs4 import BeautifulSoup
import re
def get_Html(url):
    #獲取 url 頁面
    headers = {'User-Agent':'Mozilla/5.0 (Windows NT 10.0; WOW64)
AppleWebKit/537.36 (KHTML, like Gecko) Chrome/62.0.3202.94 Safari/537.36'}
    req = urllib.request.Request(url,headers=headers)
    req = urllib.request.urlopen(req)
    content = req.read().decode('utf-8')
```

```
    return content
def get_Comment(url):
    # 解析 HTML 頁面
    html = get_Html(url)
    soupComment = BeautifulSoup(html, 'html.parser')
    comments = soupComment.findAll('div', {'class':'comment-item'})
    onePageComments = []
    for comment in comments:
        shortjudge = comment.find('span','short')
        star=comment.find('span',{'class':re.compile(r'^allstar(.*?)')})
        # 捨棄無評分的無效資料
        if star is None:
            continue
        # 三星 - 五星的評分標記為 1( 積極 )，否則標記為 0( 消極 )
        if int(star['class'][0][7])>2:target=1
        else:target=0
        content=shortjudge.get_text().strip()
        # 正規表示法比對中文
        pattern = re.compile(r'[\u4e00-\u9fa5]+')
        filterdata = re.findall(pattern, content)
        cleaned_comments = ''.join(filterdata)
        print(str(target)+cleaned_comments+'\n')
        onePageComments.append(str(target)+cleaned_comments+'\n')
    return onePageComments
if __name__ == '__main__':
    # 將爬取的資料寫入 .txt 檔案
    f = open('data.txt', 'w', encoding='utf-8')
    for page in range(10):
        url = 'https://movie.douban.com/subject/26752088/comments?start=' +
str(20*page) + '&limit=20&sort=new_score&status=P'
        for i in get_Comment(url):
            f.write(i)
            print(i)
        print('\n')
```

18.3.2 資料處理

資料處理包括資料清洗、建構詞向量、建構詞索引。原始資料中有很多無用的特殊符號，需要去掉這些符號及停用詞。分詞把句子分成獨立的詞語以便建構詞向量。建構詞索引可以瞭解成一種對高維向量的降維，在下一步處理中，Word2Vec 模型將每個詞建構成了 150 維的向量，再引入分詞後，整個資料集將非常龐大，這為專案帶來了很大的運算量。建構詞索引即給每個詞指定一個數值，用於簡化運算。

1. 資料清洗

使用正規表示法將中文比對出來的資料儲存到新的 .txt 檔案中：

```
def clean_data(rpath,wpath):
    # 正規表示法比對中文字元
    pchinese = re.compile('([\u4e00-\u9fa5]+)+?')
    f = open(rpath,encoding='UTF-8')
    fw = open(wpath, "w",encoding='UTF-8')
    # 取 f 檔案中的前 50000000 個字元寫入檔案，其中 readlines() 函數會讀取整數行
    for line in f.readlines(50000000):
        m = pchinese.findall(str(line))
        if m:
            str1 = ''.join(m)
            str2 = str(str1)
            fw.write(str2)
            fw.write("\n")
    f.close()
    fw.close()
```

2. 建構詞向量

本專案選擇了最好的中文分詞工具 jieba，參數設定為精準比對，並使用隱馬可夫模型提升分詞準確率，標記好四類情感並將四個語料庫合併成一個完整的資料集，相關程式如下。

```
def loadfile():                                          #載入檔案
    happy = []
    angry = []
    dislike = []
    upset = []
    #jieba分詞使用精準比對並啟用隱馬可夫模型
    with open('happy.txt',encoding='UTF-8') as f:       #高興
        for line in f.readlines():
            happy.append(list(jieba.cut(line, cut_all=False, HMM=True))[:-1])
    with open('angry.txt',encoding='UTF-8') as f:       #憤怒
        for line in f.readlines():
            angry.append(list(jieba.cut(line, cut_all=False, HMM=True))[:-1])
        f.close()
    with open('dislike.txt',encoding='UTF-8') as f:     #不喜歡
        for line in f.readlines():
            dislike.append(list(jieba.cut(line, cut_all=False, HMM=True))[:-1])
        f.close()
    with open('upset.txt',encoding='UTF-8') as f:       #難過
        for line in f.readlines():
            upset.append(list(jieba.cut(line, cut_all=False, HMM=True))[:-1])
        f.close()
        #合併資料集
        X_Vec = np.concatenate((happy,angry,dislike,upset))
    #標記四類情感
    y = np.concatenate((np.zeros(len(happy), dtype=int),
                        np.ones(len(angry), dtype=int),
                        2*np.ones(len(dislike), dtype=int),
                        3*np.ones(len(upset), dtype=int)))
    return X_Vec, y
```

3. 建構詞索引

相關程式如下。

```
#對資料集分詞得到的每個詞建構詞索引
```

```
def data2inx(w2indx,X_Vec):
    data = []
    for sentence in X_Vec:
        new_txt = []
        for word in sentence:
            try:
                new_txt.append(w2indx[word])
            except:# 異常處理
                new_txt.append(0)
        data.append(new_txt)
    return data
```

18.3.3 Word2Vec 模型

Word2Vec 是由 Google 公司的工程師和機器學習專家所提出的一種演算法，主要完成詞語和高維向量的映射。Gensim 是開放原始碼的第三方 Python 工具套件，用於從原始非結構化的文字中，無監督地學習到文字隱層主題向量表達。本專案使用的 Word2Vec 是 Gensim 中的模型。同時考慮模型的準確性和計算成本，將詞向量的長度設為 150、滑動視窗的大小設為 7，並將出現頻數不超過 4 的詞語都編為零向量。

```
def word2vec_train(X_Vec):
    # 使用 gensim 函數庫裡的 Word2Vec 模型建構詞向量
    model_word = Word2Vec(size=voc_dim,# 詞向量長度
                          min_count=min_out,   # 被編碼詞語的最小頻數
                          window=window_size,  # 滑動視窗大小
                          workers=cpu_count,   # 控制訓練的平行數為 GPU 核心數
                          iter=100)
    model_word.build_vocab(X_Vec)
    model_word.train(X_Vec,total_examples=model_word.corpus_count,
epochs=model_word.iter)
    model_word.save('new_Word2Vec.pkl')
    print(len(model_word.wv.vocab.keys()))
```

```
    # 頻數小於閾值的詞語編碼為 0
    input_dim = len(model_word.wv.vocab.keys()) + 1
    # 初始化權重矩陣
    embedding_weights = np.zeros((input_dim, voc_dim))
    # 從 Word2Vec 中提取權重矩陣，即詞向量
    w2dic={}
    for i in range(len(model_word.wv.vocab.keys())):
        embedding_weights[i+1, :] = model_word[list(model_word.wv.vocab.
keys())[i]]
        w2dic[list(model_word.wv.vocab.keys())[i]]=i+1
    return input_dim,embedding_weights,w2dic
```

18.3.4 LSTM 模型

Keras 是一個高層神經網路 API，由 Python 編寫並以 TensorFlow、Theano 以及 CNTK 後端為基礎，它支援 RNN 網路，有兩種不同的建構模型方法。本專案使用 Sequential 模型建構 LSTM 網路。Sequential 模型使用多個網路層的線性疊加建構整個神經網路，將各層參數列表傳遞替 Sequential 的構造函數，來建立分類使用的 LSTM 模型，同時 add( ) 方法也可以將新層增加到模型中。建構後使用合適的損失函數訓練模型，最後進行評估並儲存模型。

1. 資料視覺化和預分析

先進行簡單的視覺化觀察資料特徵，以便調整模型參數：

```
import pandas as pd
# 讀取正則化處理過後的各個資料集檔案，合併為統一的資料集
f_angry=open(r"angry.txt",'r',encoding='utf-8')
reviews_angry=f_angry.readlines()
f_dislike=open(r"dislike.txt",'r',encoding='utf-8')
reviews_dislike=f_dislike.readlines()
f_upset=open(r"upset.txt",'r',encoding='utf-8')
```

```
reviews_upset=f_upset.readlines()
f_happy=open(r"happy.txt",'r',encoding='utf-8')
reviews_happy=f_happy.readlines()
data=[]
for r in reviews_dislike:       # 不喜歡
    data.append(r)
for r in reviews_upset:         # 難過
    data.append(r)
for r in reviews_angry:         # 憤怒
    data.append(r)
for r in reviews_happy:         # 高興
    data.append(r)
d1=pd.DataFrame(data)
pd.set_option('max_colwidth',1000)
d1.columns=['comment']
# 使用 jieba.lcut() 函數將分詞結果存入 ,list 統計每行敘述包含的詞語數量
import jieba
numWords = []
for r in data:
    counter = len(jieba.lcut(r))
    numWords.append(counter)
# 作圖
import matplotlib.pyplot as plt
from matplotlib.font_manager import FontProperties
font = FontProperties(fname=r"c:\windows\fonts\simsun.ttc", size=14)
plt.hist(numWords,20)
plt.xlabel(" 敘述長度 ",fontproperties="SimHei")
plt.ylabel(" 頻率 ",fontproperties="SimHei")
plt.axis([0,200,0,80000])
plt.show()
```

大部分敘述的詞彙量在 100 以內，因此，將 LSTM 的輸入序列長度定為 100，如圖 18-4 所示。

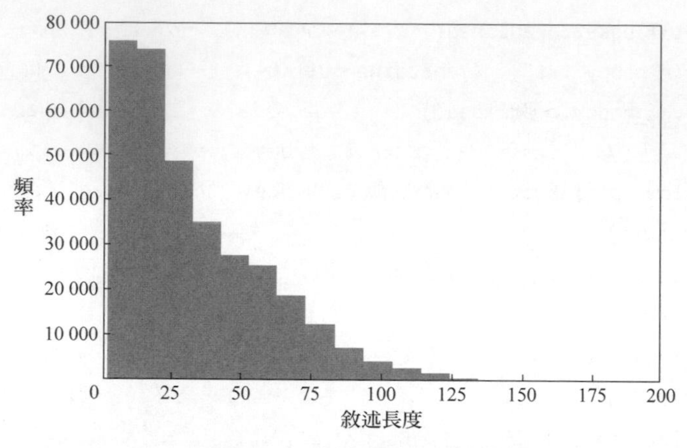

▲ 圖 18-4 敘述長度 - 頻率圖

2. 定義模型結構

使用 Sequential 模型，首先，加入嵌入層；其次，連接 LSTM 層。用一個全連接層和啟動函數以建構整個 LSTM 神經網路。

```
def lstm(input_dim, embedding_weights):
model = Sequential()
# 嵌入層參數設定
model.add(Embedding(output_dim=voc_dim,
          input_dim=input_dim,
          mask_zero=True,
          weights=[embedding_weights],
          input_length=lstm_input))
#LSTM 參數設定，捨棄正則化防止過擬合
model.add(LSTM(128,activation='softsign',dropout=0.2,recurrent_dropout=0.2))
# 全連接層
model.add(Dense(4))
# 多分類任務，啟動函數為 softmax
model.add(Activation('softmax'))
return model
```

3. 模型訓練、評估及儲存

確定模型架構後進行編譯，這是多類別的分類問題。因此，使用交叉熵作為損失函數。由於所有標籤都帶有相似的權重，本專案使用精確度作為性能指標，同時還計算了通用的平均絕對誤差 mae。Adam 是常用的梯度下降方法，使用它來最佳化模型參數。設定整體架構，使用訓練集訓練模型，測試集測試模型，輸出測試結果並儲存模型為 .h5 檔案以便後續呼叫。

```
def train_lstm(model, x_train, y_train, x_test, y_test):
    print('Compiling the Model...')
    #使用交叉熵作為損失函數，adam 最佳化，輸出準確率和平均絕對誤差
    model.compile(loss='binary_crossentropy',
                  optimizer='adam', metrics=['mae','acc'])
    #訓練模型
    print("Train..." )
    model.fit(x_train, y_train, batch_size=batch_size, epochs=epoch_time,
verbose=1)
    #測試模型
    print("Evaluate...")
    print(model.predict(x_test))
    score = model.evaluate(x_test, y_test,
                           batch_size=batch_size)
    #儲存 yaml 檔案
    yaml_string = model.to_yaml()
    with open('new_lstm.yml', 'w') as outfile:
        outfile.write(yaml.dump(yaml_string, default_flow_style=True))
    #儲存權重檔案
    model.save('new_total.h5')
    print('Test score:', score)
```

18.3.5 完整流程

在程式中頻繁使用 print() 顯示程式處理程序：

```
print("開始清洗資料................")
clean_data('0_simplifyweibo.txt','happy.txt')
clean_data('1_simplifyweibo.txt','angry.txt')
clean_data('2_simplifyweibo.txt','dislike.txt')
clean_data('3_simplifyweibo.txt','upset.txt')
print("清洗資料完成................")
print("開始下載資料................")
X_Vec, y=loadfile()
print("下載資料完成................")
print("開始建構詞向量................")
input_dim,embedding_weights,w2dic = word2vec_train(X_Vec)
print("建構詞向量完成................")
#詞索引建構
index = data2inx(w2dic,X_Vec)
#詞索引在資料集上的映射
index2 = sequence.pad_sequences(index, maxlen=lstm_input )
#分割資料集，其中驗證集佔 20%
x_train,x_test,y_train,y_test=train_test_split(index2, y, test_size=0.2)
#把類別標籤轉為獨熱編碼
y_train = keras.utils.to_categorical(y_train, num_classes=4)
y_test = keras.utils.to_categorical(y_test, num_classes=4)
#模型載入和訓練
model=lstm(input_dim, embedding_weights)
train_lstm(model, x_train, y_train, x_test, y_test)
```

透過觀察訓練集、測試集的損失函數和準確率來調整參數，進行模型訓練的進一步決策。一般來說，訓練集和測試集的損失函數不變且基本相等時，模型訓練達到理想狀態。執行訓練進度如圖 18-5 所示，可以看出，訓練過程有較好的視覺化效果。

```
开始清洗数据................
Building prefix dict from the default dictionary ...
Loading model from cache C:\Users\MONOLO~1\AppData\Local\Temp\jieba.cache
清洗数据完成................
开始下载数据................
Loading model cost 0.725 seconds.
Prefix dict has been built succesfully.
下载数据完成................
开始构建词向量................
C:/Users/Monologue/newanalysis.py:87: DeprecationWarning: Call to
deprecated `iter` (Attribute will be removed in 4.0.0, use self.epochs
instead).
  model_word.train(X_Vec, total_examples=model_word.corpus_count,
epochs=model_word.iter)
96186
C:/Users/Monologue/newanalysis.py:95: DeprecationWarning: Call to
deprecated `__getitem__` (Method will be removed in 4.0.0, use
self.wv.__getitem__() instead).
  embedding_weights[i+1, :] = model_word[list(model_word.wv.vocab.keys())
[i]]
构建词向量完成................
```

▲ 圖 18-5 訓練進度

18.3.6 模型測試

有兩種方式用於模型測試：一是使用 Python 原生 GUI 函數庫 Tkinter，設計一個簡單合理的介面；二是對按鈕進行事件綁定，透過點擊按鈕觸發爬蟲，將對應評論存入 .txt 檔案。點擊第二個按鈕，載入模型對檔案中的評論進行情感分析，並返回分析結果和生成的詞雲。

1. 介面設定

首先，設定兩個文字標籤分別用來輸入電影 ID 資訊和輸出分析結果；其次，設定兩個按鈕獲取文字標籤輸入內容和情感分析；最後，設定標籤用於顯示詞雲，元件的放置使用 pack 佈局方式。

```
#設定視窗
window = tk.Tk()
window.title('情感分析')
window.geometry('500x500')
#設定輸入視窗
tk.Label(window, text="請輸入想了解的電影 ID:").pack()
e = tk.Entry()
e.pack()
```

```
#設定兩個插入按鈕
b1 = tk.Button(text='獲取資訊', width=20, height=2, command=show)
b1.pack()
b2 = tk.Button(text='分析結果', width=20, height=2, command=analysis)
b2.pack()
#設定文字顯示框
t = tk.Text(width=20, height=2)
t.pack()
window.mainloop()
```

2. 評論的獲取

（1）定義 getReview() 函數，使用 get() 方法獲取文字標籤輸入的電影 ID，透過分析豆瓣電影連結變化，構造短評網頁的 URL。

（2）在 getReview() 中呼叫 getComment() 函數解析獲取的 HTML 頁面，對獲取的評論資料進行簡單的清洗──去掉標點及特殊符號，只保留中文字，並將清洗後的資料寫入 review.txt 檔案中。下面列出獲取並儲存評論用到的 3 個函數。

```
def getReview():                              #獲取評論
    global ni
    ni=e.get()                                #使用 get() 方法獲取輸入文字標籤內容
    print("輸入內容為:% s"% ni)
    f = open('review.txt', 'w', encoding='utf-8')
    for page in range(10):                    #爬取對應電影的 10 頁評論
        url ='https://movie.douban.com/subject/'+str(ni)+'/comments?start=' +
str(20*page)+ '&limit=20&sort=new_score&status=P'  #構造短評網頁的 URL
            for i in getComment(url):                  #呼叫 getComment 函數
                f.write(i)
                print(i)
                print('\n')
def getHtml(url):
    #獲取 url 頁面
```

```
    headers = {'User-Agent':'Mozilla/5.0 (Windows NT 10.0; WOW64)
AppleWebKit/537.36 (KHTML, like Gecko) Chrome/62.0.3202.94 Safari/537.36'}
    req = urllib.request.Request(url,headers=headers)
    req = urllib.request.urlopen(req)
    content = req.read().decode('utf-8')
    return content
def getComment(url):
    # 解析 HTML 頁面
    html = getHtml(url)
    soupComment = BeautifulSoup(html, 'html.parser')
    comments = soupComment.findAll('div', {'class':'comment-item'})
    # 獲取評論區標籤
    onePageComments = []
    for comment in comments:
        shortjudge = comment.find('span','short')        # 獲取短評
        star=comment.find('span',{'class':re.compile(r'^allstar(.*?)')})
        # 獲取短評對應的星級
        if star is None:
            continue
        if int(star['class'][0][7])>2:target=1          # 將 3~5 星標記為 1
        else:target=0                                     # 將 1~2 星標記為 0
        # 對資料進行簡單的清洗
        content=shortjudge.get_text().strip()
        # 清除所有 html 標籤元素，移除字串頭尾的空格或分行符號
        pattern = re.compile(r'[\u4e00-\u9fa5]+')
        filterdata = re.findall(pattern, content)        # 只保留中文字
        cleaned_comments = ''.join(filterdata)
        print(str(target)+cleaned_comments+'\n'
        onePageComments.append(str(target)+cleaned_comments+'\n')
```

3. 分析結果的返回

(1) 定義 analysis 函數，載入 Word2Vec_java.pkl 和 lstm_java_total.h5 模型，定義標籤。

（2）讀取評論檔案，將內容按行劃分，並連接成一個字串，轉換成高維向量進行連接。

（3）呼叫 wordcloud 函數，根據評論內容形成個性化詞雲。

```
def analysis():
    #載入模型
    model_word=Word2Vec.load('Word2Vec_java.pkl')
    input_dim = len(model_word.wv.vocab.keys()) + 1
    embedding_weights = np.zeros((input_dim, voc_dim))
    w2dic={}
    for i in range(len(model_word.wv.vocab.keys())):
            embedding_weights[i+1, :] = model_word [list(model_word.wv.vocab.
keys())[i]]
            w2dic[list(model_word.wv.vocab.keys())[i]]=i+1
    model = load_model('lstm_java_total.h5')
    pchinese = re.compile('([\u4e00-\u9fa5]+)+?')
    label={0:"happy",1:"angry",2:"dislike",3:"upset"}
    #讀取檔案，將內容按行劃分並連接成一個長字串
    in_str=open('review.txt',encoding='utf-8')
    lines=[]
    for i in in_str:
        lines.append(i)
        txt=''.join(lines)
    in_stc=''.join(pchinese.findall(txt))
    wordcloud()   #形成個性化詞雲
    in_stc=list(jieba.cut(in_stc,cut_all=True, HMM=False))
    #使用全模式進行分詞，不採用 HMM 模型
    new_txt=[]
    data=[]
    #將詞語轉為高維向量並連接
    for word in in_stc:
        try:
            new_txt.append(w2dic[word])
```

```
        except:       # 異常處理
            new_txt.append(0)
    data.append(new_txt)
    data=sequence.pad_sequences(data, maxlen=voc_dim )  # 資料序列
    pre=model.predict(data)[0].tolist()
    result=label[pre.index(max(pre))]
    t.insert('insert', result)
def wordcloud():      # 詞雲
    text = open("review.txt","rb").read()
    #jieba 分詞
    wordlist = jieba.cut(text,cut_all=True)
    wl = " ".join(wordlist)
    wc = WordCloud(background_color = "white",      # 設定背景顏色
            mask =imageio.imread('original.jpg'),  # 設定背景圖片
            max_words = 2000, # 設定最大顯示的字數
            stopwords = [" 的 ", " 這種 ", " 這樣 ", " 還是 ", " 就是 ", " 這個 "],
            # 設定停用詞
            font_path = "C:\Windows\Fonts\simkai.ttf", # 設定為楷體
    # 設定中文字型，使得詞雲可以顯示（詞雲預設字型是 "DroidSansMono.ttf 字型庫 "）
        max_font_size = 60,  # 設定字型最大值
        random_state = 30, # 設定有多少種隨機生成狀態，即有多少種配色方案
    )
    myword = wc.generate(wl)# 生成詞雲
    wc.to_file('result.jpg')
    global img_png
    # 設定標籤的文字
    Img = Image.open('C:\\Users\\15671\\result.jpg')
    img_png = ImageTk.PhotoImage(Img)
    label_Img = tk.Label(window, image=img_png)
    label_Img.pack()
    # 展示詞雲圖
    plt.imshow(myword)
    plt.axis("off")
    plt.show()
```

18.4 系統測試

本部分包括訓練準確率及應用效果。

18.4.1 訓練準確率

訓練準確率在進行二分類情感分析時達到了 90% 以上，如圖 18-6 所示。但在進行四分類時僅為 85% 左右，模型過擬合情況良好，如圖 18-7 所示，說明模型有很大提升空間。進行四分類時準確率低也與下載的資料集規範度等情況有關。

```
Epoch 1/10
13388/13388 [==============================] - 76s 6ms/step - loss: 0.5433 - mae: 0.3615 - acc: 0.7365
Epoch 2/10
13388/13388 [==============================] - 85s 6ms/step - loss: 0.4280 - mae: 0.2667 - acc: 0.8225
Epoch 3/10
13388/13388 [==============================] - 93s 7ms/step - loss: 0.3222 - mae: 0.1928 - acc: 0.8768
Epoch 4/10
13388/13388 [==============================] - 90s 7ms/step - loss: 0.2689 - mae: 0.1543 - acc: 0.9015
Epoch 5/10
13388/13388 [==============================] - 96s 7ms/step - loss: 0.2529 - mae: 0.1446 - acc: 0.9055
Epoch 6/10
13388/13388 [==============================] - 102s 8ms/step - loss: 0.2118 - mae: 0.1221 - acc: 0.9241
Epoch 7/10
13388/13388 [==============================] - 101s 8ms/step - loss: 0.1703 - mae: 0.0945 - acc: 0.9423
Epoch 8/10
13388/13388 [==============================] - 108s 8ms/step - loss: 0.1502 - mae: 0.0822 - acc: 0.9494
Epoch 9/10
13388/13388 [==============================] - 103s 8ms/step - loss: 0.1170 - mae: 0.0637 - acc: 0.9612
Epoch 10/10
13388/13388 [==============================] - 95s 7ms/step - loss: 0.0993 - mae: 0.0530 - acc: 0.9683
Evaluate...
3347/3347 [==============================] - 7s 2ms/step
Test score: [0.2696365864108775, 0.1031867042183876, 0.915297269821167]
```

▲ 圖 18-6 二分類訓練結果

```
Epoch 1/5
265603/265603 [==============================] - 2047s 8ms/step - loss: 0.4082 - mae: 0.2539 - acc: 0.8290
Epoch 2/5
265603/265603 [==============================] - 1940s 7ms/step - loss: 0.3844 - mae: 0.2372 - acc: 0.8412
Epoch 3/5
265603/265603 [==============================] - 1870s 7ms/step - loss: 0.3687 - mae: 0.2265 - acc: 0.8480
Epoch 4/5
265603/265603 [==============================] - 1865s 7ms/step - loss: 0.3554 - mae: 0.2176 - acc: 0.8539
Epoch 5/5
265603/265603 [==============================] - 1866s 7ms/step - loss: 0.3428 - mae: 0.2094 - acc: 0.8595
Evaluate...
[[0.65534014 0.11793894 0.0867953  0.13992563]
 [0.8730366  0.02846943 0.04689741 0.05159654]
 [0.95720625 0.01716856 0.0174463  0.00817891]
 ...
 [0.0056415  0.08688713 0.87967455 0.02779683]
 [0.2594925  0.11196107 0.3630051  0.2655413 ]
 [0.6930258  0.14605646 0.1259604  0.03495736]]
66401/66401 [==============================] - 69s 1ms/step
Test score: [0.3880039076225522, 0.22213022410869598, 0.8423178791999817]
```

▲ 圖 18-7 四分類訓練結果

18.4.2 應用效果

執行程式初始介面如圖 18-8 所示，其中「電影 ID」在豆瓣頁面的 URL 中。

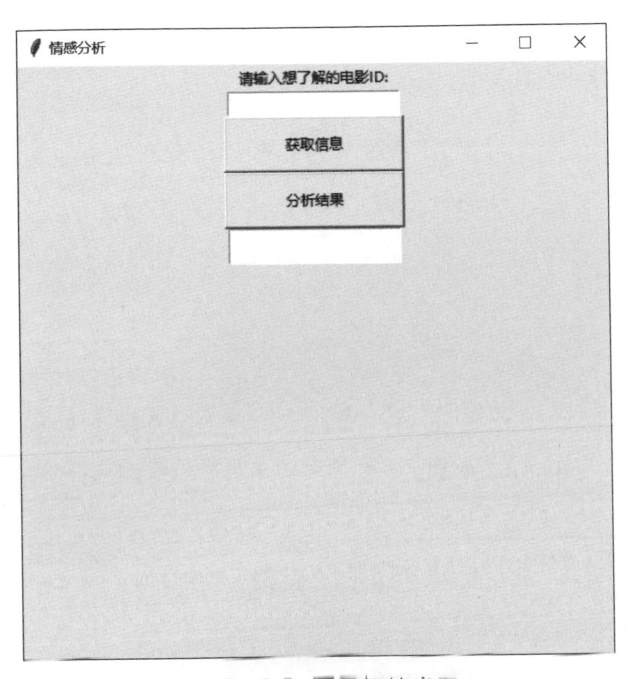

▲ 圖 18-8 應用初始介面

介面從上至下，分別是一個輸入文字標籤、兩個按鈕、一個輸出文字標籤（顯示結果）、一個標籤（用於顯示圖片）。輸入電影 ID 後，點擊第一個按鈕「獲取資訊」，可觸發爬蟲，待爬蟲結束後，點擊第二個按鈕「分析結果」，可以看到輸出文字標籤顯示對短評檔案進行情感分析後的結果 (happy、upset、dislike、angry)，同時在文字標籤下方顯示生成的詞雲，預測結果顯示介面如圖 18-9 所示，行動端測試結果如圖 18-10 所示。

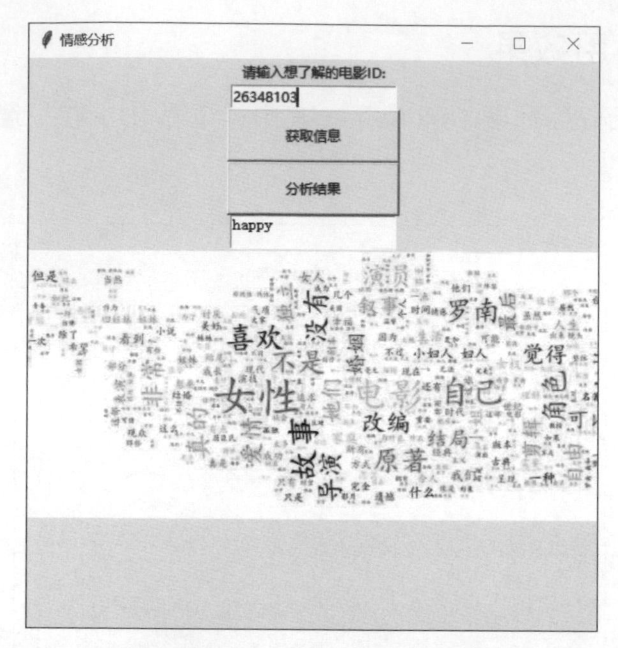

▲ 圖 18-9 預測結果顯示介面

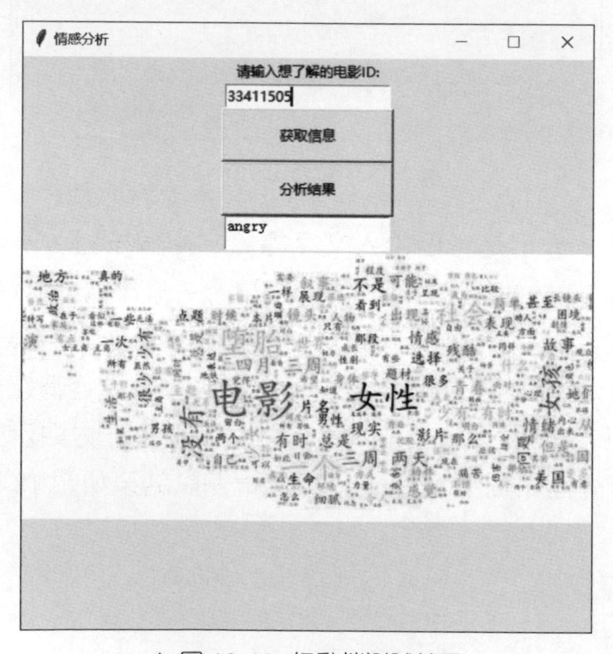

▲ 圖 18-10 行動端測試結果

PROJECT

19

AI 寫詩機器人

本文透過 GitHub 中文資料集，以 TensorFlow 為基礎的兩層門控循環神經網路 LSTM 模型，實現根據指定輸入寫詩的功能，在 Qt 上架設介面進行視覺化操作。

19.1 整體設計

本部分包括系統整體結構圖和系統流程圖。

19.1.1 系統整體結構圖

系統整體結構如圖 19-1 所示。

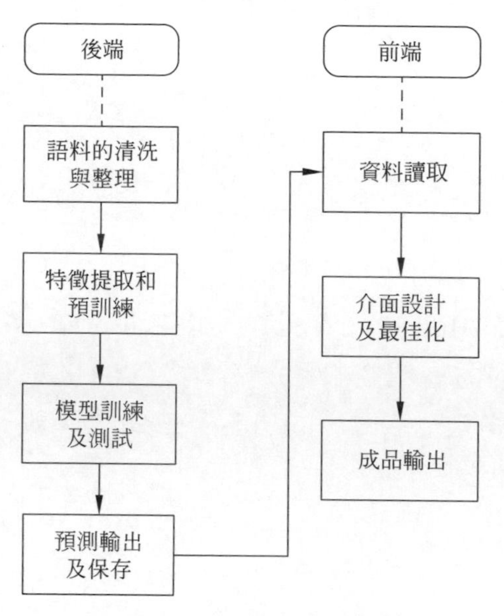

▲ 圖 19-1 系統整體結構圖

19.1.2 系統流程圖

系統流程如圖 19-2 所示。

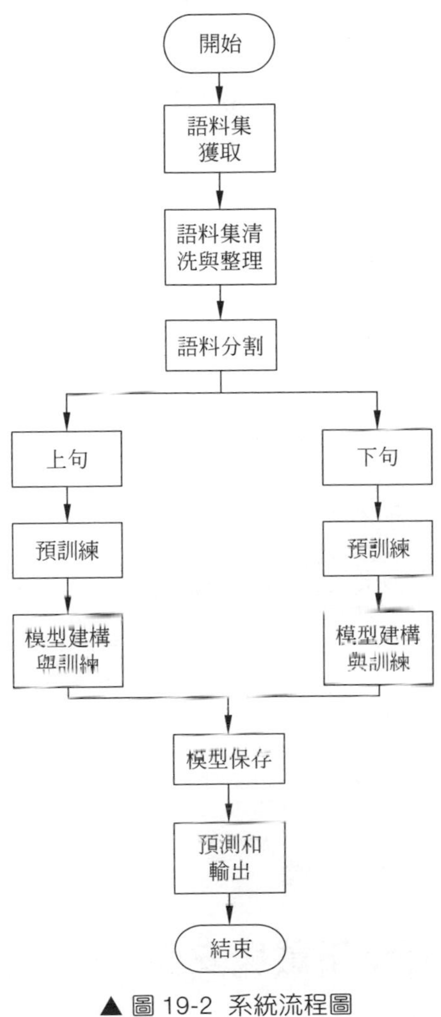

▲ 圖 19-2 系統流程圖

19.2 執行環境

本部分包括 Python 環境、TensorFlow 環境和 Qt Creator 環境。

19.2.1 Python 環境

下載 Anaconda 完成 Python 所需的設定，下載網址為 https://www.anaconda.com/。

19.2.2 TensorFlow 環境

建立 Python 3.5 環境，名稱為 TensorFlow，此時 Python 版本和後面 TensorFlow 的版本有相容性問題，此步選擇 Python 3.5，輸入命令：

```
conda create -n tensorflow python=3.5
```

有需要確認的地方，都輸入 y。

在 Anaconda Prompt 中啟動 TensorFlow 環境，輸入命令：

```
activate tensorflow
```

安裝 CPU 版本的 TensorFlow，輸入命令：

```
pip install -upgrade --ignore-installed tensorflow
```

安裝完畢。

19.2.3 Qt Creator 下載與安裝

下載 Qt Creator：進入 http://download.qt.io/ 網站，選擇 official_releases 或 archive，選擇後者。進入 archive，此時有四個選項，選擇 qt/，選擇符號合自己需要版本的 Qt 安裝套件 (此程式使用 5.9.0 版本)。

安裝 Qt Creator：點擊下一步或 skip 按鈕直到選擇好安裝路徑，其他選項預設即可。

選擇需要的元件：在 Qt 5.9 中，如果使用 MinGW 進行編譯，選中 MinGW 模組。如果呼叫 VS 的編譯器，則需要選取 VS 模組。

Tools 工具項的選擇：第一項是 CDB 的偵錯器，如果僅使用 MinGW 進行編譯，則此項可以不選。第二項雖然名字帶 MinGW，但只是用於交換編譯 (即在某一平台上用其他平台的程式)，如果不需要，也可以不選。第三項用於 Perl。如果沒有安裝 Perl，無法操作，繼續選擇「下一步」直到安裝完成。

19.3 模組實現

本專案包括 7 個模組：語料獲取和整理、特徵提取與預訓練、建構模型、模型訓練、結果預測、設定詩句評分標準和介面設計。下面分別列出各模組的功能介紹及相關程式。

19.3.1 語料獲取和整理

語料集下載網址為 https://github.com/jinfagang/tensorflow_poems/tree/master/data。首先，去掉英文字母特殊符號，並且篩選得到符合律詩結構的語料；其次，將語料集分解成上下兩句，統計每一個中文字出現的頻率後按順序、排列儲存在字典裡；最後，提取上下句的句子向量，並與之前得到的字典整理成詩歌矩陣備用。

19.3.2 特徵提取與預訓練

對於全唐詩結構特點的調研結果，在資料載入到模型訓練之前，提取句子向量中的一些額外特徵，如平仄、押韻，進行 Embedding 和 additional_Embedding 作為預訓練模組。相關程式如下：

```
skiptoken = "_((《[E{"
    for mname in ["qijue-all", "qilv-all", "wujue-all", "wulv-all"]:
        with open("./data/%s.txt" % mname, encoding='utf8') as f:
                lines = f.read().split('\n')
```

```
            lines = [i for i in lines if ':' in i and not any([c in i for c
in skiptoken])]
        corpus = [[i for i in poem.split(':')[1]] for poem in lines]
            model = Word2Vec(corpus, size=58, min_count=0, hs=1)
            model.save("./data/embedding/%s.dat" % mname)
    # 載入預訓練模型程式如下：
    def getEmbedding(vocabularies: list, add_dim: dict, data_name)->
np.ndarray:
        # 從 gensim::Word2Vec 中嵌入
        model = Word2Vec.load('./data/embedding/%s.dat' % data_name)
        # 使用笛卡爾乘積生成 (-1, 0, 1) 組成的五位三進位數
        vdim = add_dim["vowel"]
        ls = [i for i in product(*([range(-1, 2)] * vdim))]
        vdic = {k: ls[v] for k, v in getVowel().items()}
        tdim = add_dim["tune"]
        ls = [[i] * tdim for i in range(-1, 2)]
        tdic = {k: ls[v + 1] for k, v in getTune().items()}
        del ls
    embeddings = []
    for dim, dic in zip([64 - vdim - tdim, vdim, tdim], [model, vdic, tdic]):
                z = [0] * dim
            add_embedding = [# 增加嵌入
                np.array([dic[c] if c in dic else z for c in vocab])
                for vocab in vocabularies
            ]
            embeddings.append(add_embedding)
        return [np.concatenate(tuple(e[i] for e in embeddings), axis=1) for i
in range(len(vocabularies))]
```

19.3.3 建構模型

資料載入進模型之後，需要定義模型結構、最佳化損失函數。

1. 定義模型結構

封裝 2 層的 RNN 模型用於相容兩種不同的 LSTM，相關程式如下：

```
class MultiFusedRNNCell(FusedRNNCell):
    # 多融合 RNN 單元類別
        def __init__(self, cells: list):# 初始化
            for i in cells: assert isinstance(i, LSTMBlockFusedCell)
            self._cells = cells
        def __call__(self, inputs, initial_state=None, dtype=None, sequence_
length=None, scope=None):# 呼叫函數參數設定
            new_states = []
            cur_inp = inputs
            if scope is None: scope = "MultiFusedRNNCell"
            with tf.name_scope(scope):# 設定範圍
                for i, cell in enumerate(self._cells):
                    cur_inp, cur_stat = cell(
                        inputs = cur_inp, initial_state = None if initial_
state is None else initial_state[i],
                        dtype=dtype, sequence_length=sequence_length
                    )# 當前輸入和狀態
                    new_states.append(cur_stat)
            return cur_inp, tuple(new_states)
        @property
        def state_size(self):# 狀態值大小
            return [i.state_size for i in self._cells]
        @property
        def output_size(self):# 輸出值大小
            return [i.output_size for i in self._cells]
        def zero_state(self, batch_size, dtype):# 零狀態定義
            return tuple([
                tuple([
                    tf.zeros((batch_size,cell.num_units),dtype=dtype)for i
in range(2)
                ]) for cell in self._cells
```

```
        ])
    class MyLSTMAdapter(base_layer.Layer):#LSTM 介面卡類別
        def __init__(self, GPU, num_layers, num_units, dropout=0., dtype=tf.
dtypes.float32, name=None):# 初始化參數
            base_layer.Layer.__init__(self, dtype=dtype, name=name)
            self.GPU = GPU
            self.dropout = dropout
            if GPU:#GPU 情況
                self.model = CudnnLSTM(num_layers, num_units, dtype=self.
dtype, name=name)
            else:# 其他情況
                self.model = MultiFusedRNNCell(
                    [LSTMBlockFusedCell(num_units, dtype=self.dtype,
name='%s_%d' % (name, i)) for i in range(num_layers)]
                )
            def __call__(self, inputs, initial_state=None, training=True):
        if self.GPU:# 定義呼叫模型 GPU
            return self.model(
                inputs, training=training, initial_state = initial_state
            )
        else:# 其他情況
            inputs = tf.transpose(inputs, [1, 0, 2])
            time_len, batch_size, hidden_size = inputs.shape
            output, states = self.model(inputs, initial_state=initial_state,
dtype=self.dtype)
            output = tf.transpose(output, [1, 0, 2])
            output = tf.layers.dropout(output, rate=self.dropout,
training=training)# 捨棄處理
            return output, states
    def zero_state(self, batch_size):# 零狀態處理
        if self.GPU:
            return self.model._zero_state(batch_size)
        else:
            return self.model.zero_state(batch_size, self.dtype)
```

```
    # 封裝模型類別和公共的中間程式
class RNNModel:
    # 建構 RNN Seq2Seq 模型
    num_layers: int
    rnn_size: int
    batch_size: int
    vocab_size: int
    time_len: int
    add_dim: dict
        def __init__(self, name: str, num_layers, rnn_size, batch_size,
vocabularies, add_dim: dict, substr_len: int):# 初始化參數
            assert rnn_size % 2 == 0
            self.model_name = name
            self.num_layers = num_layers
            self.rnn_size = rnn_size
            self.batch_size = batch_size
            self.up_vocab = len(vocabularies[0])
            self.down_vocab = len(vocabularies[1])
            self.time_len = substr_len
            self.add_dim = sum(add_dim["sentense"].values())
                self.up_model = MyLSTMAdapter(
                    GPU=GPU, num_layers = self.num_layers, num_units=self.
rnn_size // 2 + self.add_dim, name='up_lstm'
            )
            self.down_model = MyLSTMAdapter(
                GPU=GPU, num_layers = self.num_layers, num_units=self.rnn_
size, name="down_lstm"
            )
                # 取得 embedding 層參數
            embedding = getEmbedding(vocabularies, add_dim["word"], self.
model_name)
            self.up_embedding, self.down_embedding = [
                tf.constant(
                        embedding[i], dtype = tf.float32,
```

```
                    name = '%s_embedding' % name
                ) for i, name in enumerate(["up", "down"])
            ]
            # 增加 embedding
            self.add_embedding = tf.get_variable(
                'add_embedding',
                initializer=tf.ones([self.time_len, self.add_dim]), dtype = 
tf.float32
            )
        def __middleware(self, input_data: tf.Tensor, add_data: tf.Tensor, 
up: bool, is_training):
            # middleware 是一步中間操作，不對外曝露
            if up:# 中間層向上操作
                prefex = "up/"
                vocab_embedding = self.up_embedding
                add_embedding = self.add_embedding
                model = self.up_model
                rnn_size = self.rnn_size // 2 + self.add_dim
                vocab_size = self.up_vocab
                add_data = add_data[:, 0, :]
                input_data = input_data[:, 0, :]
                else:# 中間層向下操作
                prefex = "down/"
                vocab_embedding = self.up_embedding
                add_embedding = self.down_embedding
                model = self.down_model
                rnn_size = self.rnn_size
                vocab_size = self.down_vocab
                t = add_data
                add_data = input_data[:, 1, :]
                input_data = t[:, 0, :]
                del t
        inputs = tf.nn.embedding_lookup(vocab_embedding, input_data)
        addmat = tf.nn.embedding_lookup(add_embedding, add_data)
```

```
        inputs = tf.concat([inputs, addmat], axis=2)
        # 建立一個 RNN 網路
        #inputs: 神經網路的輸入
        initial_state = None if is_training else model.zero_state(1)
            outputs, last_state = model(inputs, initial_state=initial_state,
training = is_training)
            output = tf.reshape(outputs, [-1, rnn_size])
            # 網路參數 weights: 用截斷正態分佈初始化
            weights = tf.Variable(tf.truncated_normal([rnn_size, vocab_size +
1]), name = prefex + "Weights")
            # 網路參數 bias: 初始化為 0
            bias = tf.Variable(tf.zeros(shape=[vocab_size + 1]), name =
prefex + "Bias")
            logits = tf.nn.bias_add(tf.matmul(output, weights), bias=bias)
            return initial_state, logits, last_state
```

2. 最佳化損失函數

使用交叉熵作為損失函數，Adam 最佳化模型參數，相關程式如下：

```
with tf.name_scope(prefex + "prepare_label"):
    # 輸出資料必須是一位有效編碼
        with tf.device('/cpu.0'):
            labels = tf.one_hot(
                tf.reshape(label_data[:, 1 - int(up), :], [-1]),
                depth = (self.up_vocab if up else self.down_vocab) + 1
            )
with tf.name_scope(prefex + "cal_loss"):
    # 使用 softmax 交叉熵計算損失
    loss = tf.nn.softmax_cross_entropy_with_logits(labels=labels,
logits=logits)
    # 所有損失的平均值
    total_loss = tf.reduce_mean(loss)
    tf.summary.scalar("loss", total_loss)
with tf.name_scope(prefex + "optimize"):
```

```
    #Adam 最佳化
    train_op = tf.train.AdamOptimizer(learning_rate).minimize(total_loss)
```

19.3.4 模型訓練

模型訓練相關程式如下：

```
def train(self, input_data, add_data,label_data, learning_rate=0.01)-> list:
        ops = []# 訓練函數
    for up in [True, False]:
        initial_state, logits, last_state = self.__middleware(input_data,
add_data if up else label_data, up, True)
        prefex = "up/" if up else "down/"
        # 計算損失
        with tf.name_scope(prefex + "prepare_label"):
            # 輸出資料必須是一位有效編碼
                with tf.device('/cpu:0'):
                    labels = tf.one_hot(
                        tf.reshape(label_data[:, 1 - int(up), :], [-1]),
                        depth = (self.up_vocab if up else self.down_vocab) + 1
                    )
        with tf.name_scope(prefex + "cal_loss"):
            # 使用 softmax 交叉熵計算損失
            loss = tf.nn.softmax_cross_entropy_with_logits(labels=labels,
logits=logits)
            # 所有損失的平均值
            total_loss = tf.reduce_mean(loss)
            tf.summary.scalar("loss", total_loss)
        with tf.name_scope(prefex + "optimize"):
            # Adam 最佳化
            train_op = tf.train.AdamOptimizer(learning_rate).minimize(total_loss)
# 在定義模型架構和編譯模型之後，使用語料集訓練並儲存模型
    def run_training():
    if not os.path.exists(FLAGS.model_dir):
```

```
        os.makedirs(FLAGS.model_dir)
    # 語料矩陣，每層為一行詩，分上下句，其中每個字用對應的序號表示
    # 字到對應序號的映射
    # 單詞表出現頻率由高到低
poems_vector, word_to_int, vocabularies = process_poems(FLAGS.file_path)
    _, _, substr_len = poems_vector.shape
    # 語料矩陣按 batch_size 分為許多區塊
    #batches_inputs: 四維 ndarray, 每區塊中每層為一個資料 (2 * substr_len)
    # batches_outputs: 四維 ndarray,batches_inputs 向左平移一位得到
    batches_inputs, batches_outputs = generate_batch(FLAGS.batch_size,
poems_vector, word_to_int)
    graph = tf.Graph()
    with graph.as_default():
        # 宣告預留位置 (batch_size, 2, substr_len)
        input_data = tf.placeholder(tf.int32, [FLAGS.batch_size, 2,
substr_len], name = "left_word")
        output_targets = tf.placeholder(tf.int32, [FLAGS.batch_size, 2,
substr_len], name = "right_word")
        add_mat = tf.placeholder(tf.int32, [FLAGS.batch_size, 2, substr_
len], name = "additional_feature")
        # 取得模型
        rnn = RNNModel(
            model_name, num_layers=2, rnn_size=64, batch_size=64,
vocabularies=vocabularies,
            add_dim = add_feature_dim, substr_len=substr_len
        )
    # 獲得 2 個端點
    endpoints = rnn.train(
        input_data=input_data, add_data=add_mat, label_data=output_
targets, learning_rate=FLAGS.learning_rate
    )
    # 只儲存一個檔案
    saver = tf.train.Saver(tf.global_variables(), max_to_keep=1)
    init_op = tf.group(tf.global_variables_initializer(), tf.local_
```

```
variables_initializer())
        #session設定
    config = tf.ConfigProto()
    config.gpu_options.allow_growth = True
        with tf.Session(config = config, graph = graph) as sess:
            #初始化
            sess.run(init_op)
            summary_writer = tf.summary.FileWriter(FLAGS.log_path,
graph=graph)
            #start_epoch，訓練完的輪數
            start_epoch = 0
            #建立檢查點
            checkpoint = tf.train.latest_checkpoint(FLAGS.model_dir)
            os.system('cls')
            if checkpoint:
            #從檢查點中恢復
                saver.restore(sess, checkpoint)
                print("## restore from checkpoint {0}".format(checkpoint))
                start_epoch += int(checkpoint.split('-')[-1])
                print('## start training...')
            print("## run 'tensorboard --logdir %s', and view
localhost:6006." % (os.path.abspath("./log/train/%s" % model_name)))
            # n_chunk, chunk區塊的大小
            n_chunk = len(poems_vector) // FLAGS.batch_size
            tf.get_default_graph().finalize()
            for epoch in range(start_epoch, FLAGS.epochs):
                bar = Bar("epoch%d" % epoch, max=n_chunk)
                for batch in range(n_chunk):
                    #訓練兩個模型
                    summary = easyTrain(
                        sess, endpoints,
                        inputs = (input_data, batches_inputs[batch]),
label=(output_targets, batches_outputs[batch]),
                        pos_data = (add_mat, generate_add_mat(batches_
```

```
inputs[batch], 'binary'))
                    )
                    if batch % 16 == 0:
            summary_writer.add_summary(summary, epoch * n_chunk + batch)
                        bar.next(16)
            # 每輪結束儲存
            saver.save(sess, os.path.join(FLAGS.model_dir, FLAGS.model_
prefix), global_step=epoch)
            bar.finish()
        # 儲存退出
        saver.save(sess, os.path.join(FLAGS.model_dir, FLAGS.model_prefix),
global_step = epoch)
        print('## Last epoch were saved, next time will start from epoch
{}.'.format(epoch))
```

19.3.5 結果預測

預測圖構造相關程式如下：

```
def predict(self, input_data, add_data)-> list:# 定義預測
    ops = []
    for up in [True, False]:
        initial_state, logits, last_state = self.__middleware(input_data,
add_data, up, False)
        prefex = "up/" if up else "down/"
        # 將 logits 傳入 softmax 得到最後輸出
        with tf.name_scope(prefex + "predict"):
            prediction = tf.nn.softmax(logits)
# 預測過程封裝程式
# 從 begin_word 開始推導 length 個字元
        assert length <= substr_len
        if not begin_char: begin_char = start_token
        # 奇數行（下句）
        odd = idx & 1
```

```
# 當前的端點
end = self.endpoints[odd]
# 當前的 word_map
word_map = self.word_int_map[odd]
# 當前的輸入
inputs = np.full((1, 2, 1), word_map[begin_char], dtype=np.int32)
if odd: at = lambda s, i: s[i] if i < len(s) else '，'
# 設定位置函數
if pos_mode == "linear":
    pos_func = lambda i: i % substr_len
elif pos_mode == "binary":
    pos_func = lambda i: int(i == substr_len - 1)
else: raise ValueError("illegal pos_mode: %s" % pos_mode)
# 初始化
pos_mat = np.zeros((1, 2, 1), np.int32)
# 當前狀態
cur_state = self.state[odd]
feed_dict = {}
# 生成的字元序列
s = ''
    for i in range(substr_len - length, substr_len):
        # 如果下句：pos_mat 由上句中的對應字元填充
        # 如果上句：pos_mat 由 pos 函數中填充
        pos_mat[:] = self.word_int_map[1 - odd][at(self.poem[idx -
1], i)] if odd else pos_func(i)
        feed_dict[self.pos_mat], feed_dict[self.input_data] =
(inputs, pos_mat) if odd else (pos_mat, inputs)
        # 預測
        predict, cur_state = self.sess.run(
            [end.prediction, end.last_state],
            feed_dict = feed_dict
        )
        feed_dict[end.initial_state] = cur_state
```

```
            #轉變為字元
            w = self.to_word(predict, self.vocabularies[odd])
            #作為下一個輸入
            inputs[:] = word_map[w]
            #與 "s" 拼接
            s += w
        self.state[odd] = cur_state
        return s
```

19.3.6 設定詩句評分標準

設定詩句評分標準的相關程式如下：

```
class Rater:#評分類
    sml_model = None
    tune_patterns: np.ndarray
    def __init__(self, model_name, substr_len):#初始化模型參數
        self.model = model_name
        assert substr_len == 5 or substr_len == 7
        self.__gen_tune_pattern(substr_len)
    def __gen_tune_pattern(self, substr_len): #產生音調模式
        p1 = [-1, -1, 1, 1, -1, -1, 1]
        p3 = [1, 1, -1, -1, -1, 1, 1]
        p1 = np.array(p1, np.int8)[-substr_len:]
        p3 = np.array(p3, np.int8)[-substr_len:]
        p1 = np.hstack((p1, -p1))
        p3 = np.hstack((p3, -p3))
        self.tune_patterns = np.vstack((p1, -p1, p3, -p3))
    def rate(self, poems, subjects=None):#評價
        if subjects is None:
            subjects = [self.similarity, self.perplexity, self.vowel_score,
self.tune_score]
        for subject in subjects:
```

```
            print("%s: %.3f" % (subject.__name__, subject(poems)))
    def similarity(self, poems)-> float:
        #計算上 / 下句的相似度
        if self.sml_model is None:
            self.sml_model = Word2Vec.load("./data/embedding/qijue-all.dat")
            l = [self.sml_model.wv.similarity(u, d) for i in range(0,
len(poems), 2) for u, d in zip(*poems[i: i + 2])]
            return np.mean(l)
    def perplexity(self, poems, exp=False)-> float:
        #這不是標準的困惑演算法，僅用於比較
        with open("./data/%s.txt" % self.model, encoding='utf8') as f:
            lines = f.read().split('\n')
        #獲取所有內容
            contents = [i.split(':')[1] for i in lines if ':' in i and not
any([c in i for c in skiptoken])]
        f = '\n'.join(contents)
        chain = [
            #二元條件機率
            (len(re.findall(p[i: i + 2], f, re.S)) + 1) / len(re.
findall(p[i], f, re.S))
            for p in poems for i in range(len(p) - 1)
        ]
        #log P(sentense) ^ -1/N = -log sum ( p(w_i | w_i-1 ) ) / N
        p = np.sum(np.log(np.array(chain)))
        p = -p / sum([len(i) for i in poems])
        if exp: p = np.exp(p)
        return p
    def vowel_score(self, poems=False)-> float:
        #詩歌中的統計母音類，未知母音跳過
        d = getVowel()
        c = [d.get(p[-1], 0) for p in poems]
        n = np.count_nonzero(c)
        c = set(c)
```

```
        if 0 in c: c.remove(0)
        c = max(1, len(c))
        return (n - c) / (n - 1)
    def tune_score(self, poems=False)-> float:
        # 詩歌中的統計音類，未知的音調跳過
        d = getTune()
        score = 0
        n = 0
        for i in range(0, len(poems), 2):
            seq = [d.get(i, 0) for i in ''.join(poems[i: i + 2])]
            seq = np.array(seq, np.int8)
            n += np.count_nonzero(seq)
            # 計算每種模式的內積
            score += max([np.sum(i * seq) for i in self.tune_patterns])
        return score / n
```

19.3.7 介面設計

介面與前後端連接的相關程式請參閱本書附程式碼。

19.4 系統測試

上下句訓練模型的損失函數值在逐漸降低並且趨於平穩，如圖 19-3 所示；模型初步訓練效果如圖 19-4 所示；最終成品展示如圖 19-5~ 圖 19-8 所示。

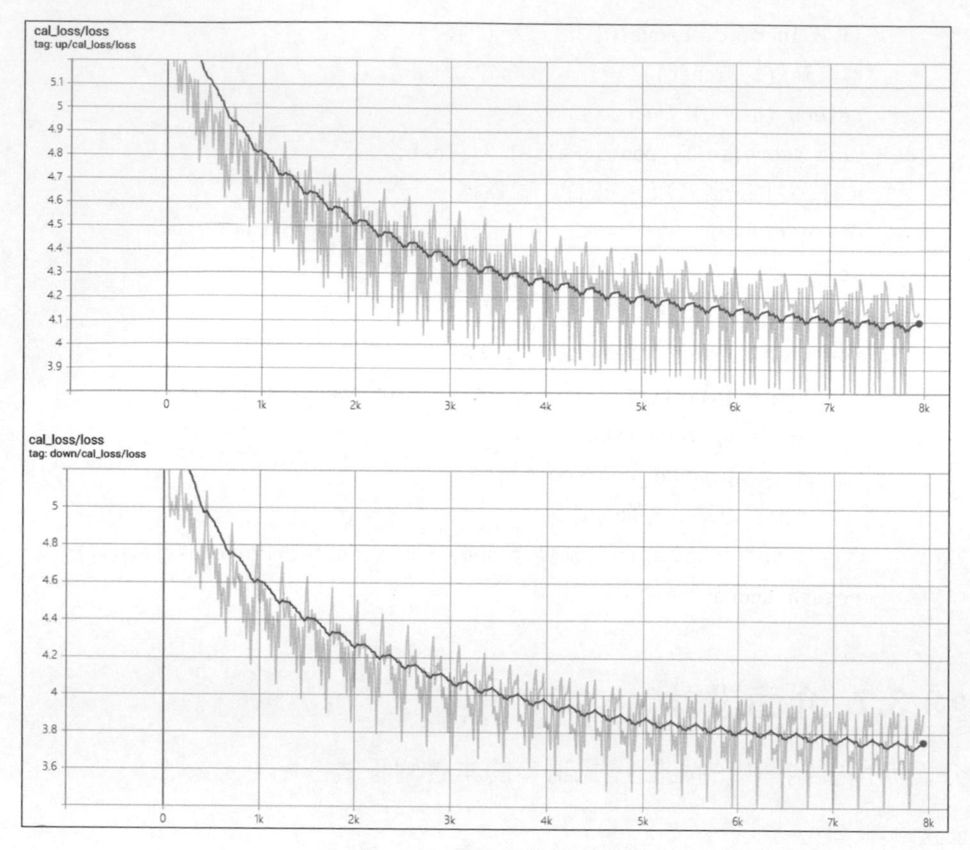

▲ 圖 19-3 模型損失函數曲線

```
composing |######################################| 4/4
诗云:
日为朝如尚翠姤，南有繁悜乃分春。
片入草山开又漏，回明稳不我穷真。
similarity: 0.006
perplexity: 5.635
tune_score: 0.750
```

▲ 圖 19-4 模型初步訓練效果

▲ 圖 19-5 成品展示圖 1

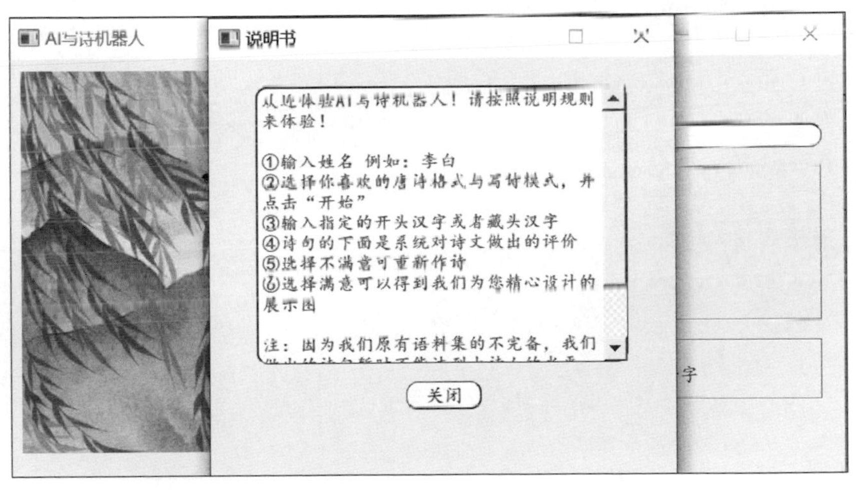

▲ 圖 19-6 成品展示圖 2

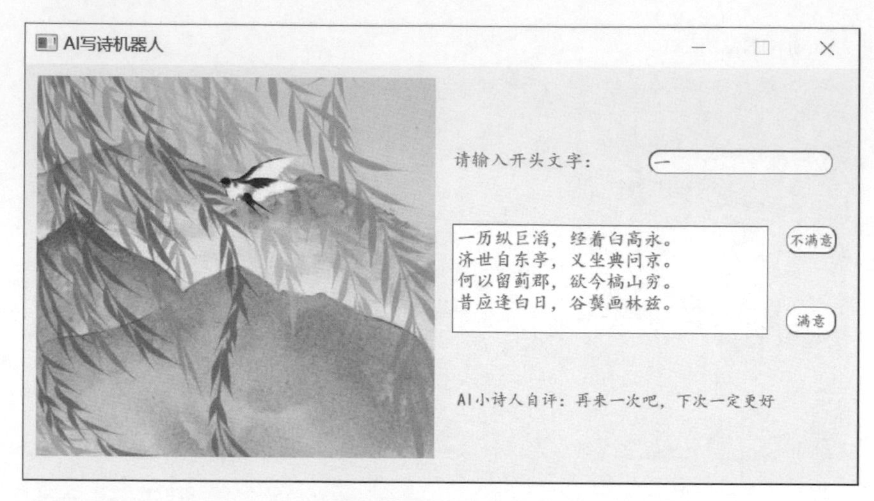

▲ 圖 19-7 成品展示圖 3

▲ 圖 19-8 成品展示圖 4

PROJECT 20

以 COCO 資料集為基礎的自動圖型描述

本專案透過 NLTK（Natural Language Toolkit，自然語言處理工具套件）附帶的 jieba 分詞器建構詞向量，使用 CNN 提取圖形特徵，RNN 完成對詞向量的建構，實現對圖型的自動描述，並在 Python 附帶的 Tkinter 上完成圖型介面的展示。

20.1 整體設計

本部分包括系統整體結構圖和系統流程圖。

20.1.1 系統整體結構圖

系統整體結構如圖 20-1 所示。

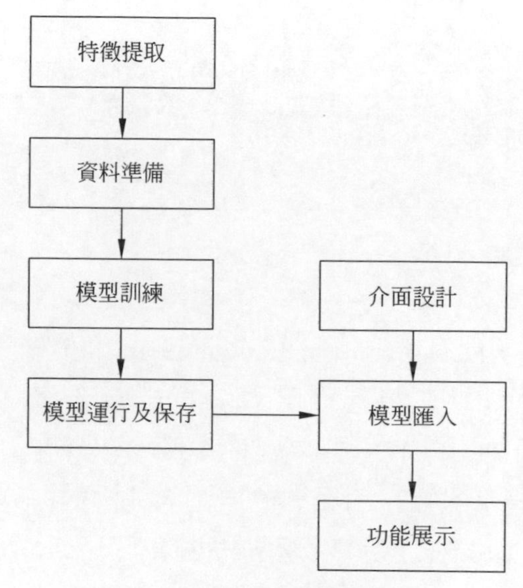

▲ 圖 20-1 系統整體結構圖

20.1.2 系統流程圖

系統流程如圖 20-2 所示。

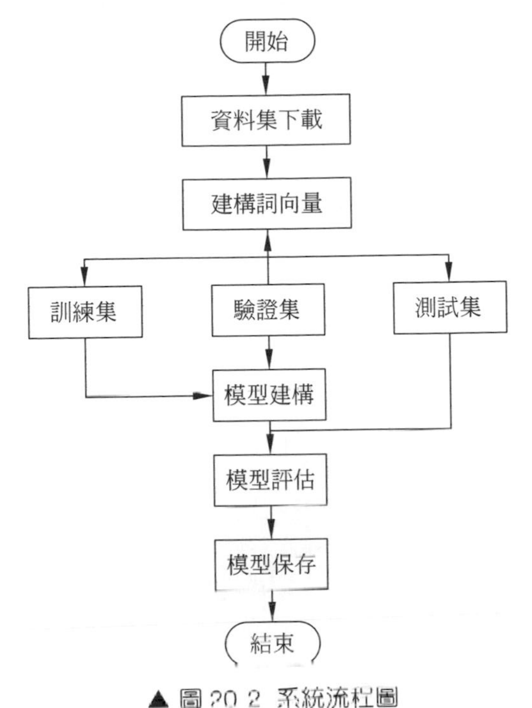

▲ 圖 20.2 系統流程圖

20.2 執行環境

需要 Python 3.6 及以上設定，在 Windows 環境下推薦下載 Anaconda 完成 Python 所需的設定，下載網址為 https://www.anaconda.com/，也可以下載虛擬機器在 Linux 環境下執行程式。版本為 1.4.0，需要在 pip install torch 環境中。

20.3 模組實現

本專案包括 4 個模組：資料準備、模型建立及儲存、模型訓練及儲存、介面設定及演示。下面分別列出各模組的功能介紹及相關程式。

20.3.1 資料準備

資料集下載網址為 http://cocodataset.org/#home。包括 91 類、328000 個影像和 2500000 個標籤。到目前為止有語義分割的最巨量資料集，提供 80 類和 33 萬張圖片，其中 20 萬張有標注，整個資料集中的數目超過 150 萬個。

1. 詞語向量表的建立

使用 NLTK 附帶的分詞工具 jieba，實現對 COCO 資料集標注的分詞並儲存。

```
import nltk
import pickle
import argparse
from collections import Counter
from pycocotools.coco import COCO
#匯入需要的 package 套件
class Vocabulary(object):    #定義 Vocabulary 類別
    def __init__(self):  #初始化
        self.word2idx = {}
        self.idx2word = {}
        self.idx = 0
    def add_word(self, word):  #定義單字寫入函數
        if not word in self.word2idx:
            self.word2idx[word] = self.idx
            self.idx2word[self.idx] = word
            self.idx += 1
    def __call__(self, word):  #定義呼叫
        if not word in self.word2idx:
            return self.word2idx['<unk>']
        return self.word2idx[word]
    def __len__(self): #定義長度
        return len(self.word2idx)
```

```
def build_vocab(json, threshold):  # 建立詞向量和函數
    """Build a simple vocabulary wrapper."""
    coco = COCO(json)
    counter = Counter()
    ids = coco.anns.keys()
    for i, id in enumerate(ids):
        caption = str(coco.anns[id]['caption'])
        tokens = nltk.tokenize.word_tokenize(caption.lower())
        counter.update(tokens)
        if i % 1000 == 0:
            print("[%d/%d] Tokenized the captions." %(i, len(ids)))
    # 如果單字的頻率小於閾值，則將單字捨去
        words = [word for word, cnt in counter.items() if cnt >= threshold]
    # 建立詞向量抓取器，並設定一些特殊的詞向量
    vocab = Vocabulary()
    vocab.add_word('<pad>')
    vocab.add_word('<start>')
    vocab.add_word('<end>')
    vocab.add_word('<unk>')
    # 將單字放入 vocab 中
    for i, word in enumerate(words):
        vocab.add_word(word)
    return vocab
def main(args):
    vocab = build_vocab(json=args.caption_path,
            threshold=args.threshold)
    vocab_path = args.vocab_path
    with open(vocab_path, 'wb') as f:
        pickle.dump(vocab, f, pickle.HIGHEST_PROTOCOL)
    print("Total vocabulary size: %d" %len(vocab))
    print("Saved the vocabulary wrapper to '%s'" %vocab_path)
if __name__ == '__main__':  # 主函數
    parser = argparse.ArgumentParser() # 解析參數
    parser.add_argument('--caption_path', type=str, default='J:\ 謝明
```

```
熹 \pytorch_image_caption-master\data\captions_train_val2014/annotations\
captions_train2014.json',
                        help='path for train annotation file')
    parser.add_argument('--vocab_path', type=str, default='./data/vocab.pkl',
                        help='path for saving vocabulary wrapper')
    parser.add_argument('--threshold', type=int, default=4,
                        help='minimum word count threshold')
    args = parser.parse_args()
    main(args)
```

2. 圖片格式設定

圖片格式相關程式如下：

```
def resize_image(image, size):                         #將圖片統一成一個格式
    return image.resize(size, Image.ANTIALIAS)
def resize_images(image_dir, output_dir, size):        #提示儲存的資料夾以及位置
    if not os.path.exists(output_dir):
        os.makedirs(output_dir)
    images = os.listdir(image_dir)
    num_images = len(images)
    for i, image in enumerate(images):                 #列舉圖片
        with open(os.path.join(image_dir, image), 'r+b') as f:
            with Image.open(f) as img:                 #開啟圖片
                img = resize_image(img, size)
                img.save(os.path.join(output_dir, image), img.format)  #儲存
        if i % 100 == 0:
            print ("[%d/%d] Resized the images and saved into '%s'."
                   %(i, num_images, output_dir))
def main(args):                                        #定義圖片的格式
    splits = ['train', 'val']
    for split in splits:
        image_dir = args.image_dir
        output_dir = args.output_dir
        image_size = [args.image_size, args.image_size]
```

```
        resize_images(image_dir, output_dir, image_size)
if __name__ == '__main__': #主函數
    parser = argparse.ArgumentParser()  #參數解析
    parser.add_argument('--image_dir', type=str, default='./data/train2014/',
                        help='directory for train images')
    parser.add_argument('--output_dir', type=str, default='./data/resized2014/',
                        help='directory for saving resized images')
    parser.add_argument('--image_size', type=int, default=256,
                        help='size for image after processing')
    args = parser.parse_args()
    main(args)
```

20.3.2 模型建立及儲存

建立用於編碼的 CNN 模型以及解碼的 RNN 模型，相關程式如下：

```
class EncoderCNN(nn.Module):              #建立 CNN 模型
def __init__(self, embed_size):
    #載入預訓練的 ResNet-152 並替換頂層
    super(EncoderCNN, self).__init__()
    self.resnet = models.resnet152(pretrained=True)
    for param in self.resnet.parameters():
        param.requires_grad = False
    self.resnet.fc = nn.Linear(self.resnet.fc.in_features, embed_size)
    self.bn = nn.BatchNorm1d(embed_size, momentum=0.01)
    self.init_weights()
def init_weights(self):                   #定義權重
    self.resnet.fc.weight.data.normal_(0.0, 0.02)
    self.resnet.fc.bias.data.fill_(0)
def forward(self, images):                #提取圖型中的特徵向量
    features = self.resnet(images)
    features = self.bn(features)
    return features
class DecoderRNN(nn.Module):              #定義 RNN 模型
```

```
def __init__(self, embed_size, hidden_size, vocab_size, num_layers):
    #設定超參數和建構層
    super(DecoderRNN, self).__init__()
    self.embed = nn.Embedding(vocab_size, embed_size)
    self.lstm = nn.LSTM(embed_size, hidden_size, num_layers, batch_
first=True)
    self.linear = nn.Linear(hidden_size, vocab_size)
    self.init_weights()
    def init_weights(self):                #設定權重
    self.embed.weight.data.uniform_(-0.1, 0.1)
    self.linear.weight.data.uniform_(-0.1, 0.1)
    self.linear.bias.data.fill_(0)
    def forward(self, features, captions, lengths):
        #解碼圖形特徵向量並建立解釋敘述
    embeddings = self.embed(captions)
    embeddings = torch.cat((features.unsqueeze(1), embeddings), 1)
    packed = pack_padded_sequence(embeddings, lengths, batch_first=True)
    hiddens, _ = self.lstm(packed)
    outputs = self.linear(hiddens[0])
    return outputs
    def sample(self, features, states):    #展示列出圖型的解釋句子
    sampled_ids = []
    inputs = features.unsqueeze(1)
    for i in range(20):
        hiddens, states = self.lstm(inputs, states)
        outputs = self.linear(hiddens.squeeze(1))
        predicted = outputs.max(1)[1]
        sampled_ids.append(predicted)
        inputs = self.embed(predicted.unsqueeze(1))
    sampled_ids = torch.cat(sampled_ids, 0)
    return sampled_ids.squeeze()
```

20.3.3 模型訓練及儲存

訓練結果如圖 20-3 所示。其中 Epoch 表示訓練的輪數；step 表示每輪訓練的樣本數；loss 表示損失值；perplexity 表示訓練的準確值，其值越低準確度越高。

```
Epoch [0/5], Step [24/3236], Loss: 5.1719, Perplexity: 176.2451
Epoch [0/5], Step [25/3236], Loss: 5.0953, Perplexity: 163.2583
Epoch [0/5], Step [26/3236], Loss: 5.1062, Perplexity: 165.0352
Epoch [0/5], Step [27/3236], Loss: 5.0297, Perplexity: 152.8909
Epoch [0/5], Step [28/3236], Loss: 5.0122, Perplexity: 150.2372
Epoch [0/5], Step [29/3236], Loss: 4.9624, Perplexity: 142.9325
Epoch [0/5], Step [30/3236], Loss: 4.9649, Perplexity: 143.3006
Epoch [0/5], Step [31/3236], Loss: 5.0632, Perplexity: 158.0939
Epoch [0/5], Step [32/3236], Loss: 5.0136, Perplexity: 150.4489
Epoch [0/5], Step [33/3236], Loss: 4.7827, Perplexity: 119.4222
Epoch [0/5], Step [34/3236], Loss: 4.9245, Perplexity: 137.6145
Epoch [0/5], Step [35/3236], Loss: 4.9026, Perplexity: 134.6366
Epoch [0/5], Step [36/3236], Loss: 4.8871, Perplexity: 132.5665
Epoch [0/5], Step [37/3236], Loss: 4.8226, Perplexity: 124.2845
Epoch [0/5], Step [38/3236], Loss: 4.7812, Perplexity: 119.2498
Epoch [0/5], Step [39/3236], Loss: 4.7593, Perplexity: 116.6664
Epoch [0/5], Step [40/3236], Loss: 4.7911, Perplexity: 120.4357
Epoch [0/5], Step [41/3236], Loss: 4.7548, Perplexity: 116.1424
Epoch [0/5], Step [42/3236], Loss: 4.7774, Perplexity: 118.7946
Epoch [0/5], Step [43/3236], Loss: 4.7690, Perplexity: 117.8004
Epoch [0/5], Step [44/3236], Loss: 4.6573, Perplexity: 105.3512
Epoch [0/5], Step [45/3236], Loss: 4.7147, Perplexity: 111.5708
Epoch [0/5], Step [46/3236], Loss: 4.6788, Perplexity: 107.6408
Epoch [0/5], Step [47/3236], Loss: 4.5700, Perplexity: 96.5462
Epoch [0/5], Step [48/3236], Loss: 4.7630, Perplexity: 117.0930
Epoch [0/5], Step [49/3236], Loss: 4.6824, Perplexity: 108.0304
Epoch [0/5], Step [50/3236], Loss: 4.5935, Perplexity: 98.8393
Epoch [0/5], Step [51/3236], Loss: 4.5954, Perplexity: 99.0260
Epoch [0/5], Step [52/3236], Loss: 4.6079, Perplexity: 100.2731
```

▲ 圖 20-3 訓練結果

相關程式如下：

```
def main(args):
    #建立模型目錄
    if not os.path.exists(args.model_path):
        os.makedirs(args.model_path)
    #圖片前置處理
```

```
transform = transforms.Compose([
    transforms.RandomCrop(args.crop_size),
    transforms.RandomHorizontalFlip(),
    transforms.ToTensor(),
    transforms.Normalize((0.5, 0.5, 0.5), (0.5, 0.5, 0.5))])
#載入單字抓取器
with open(args.vocab_path, 'rb') as f:
    vocab = pickle.load(f)
#建立資料載入函數
data_loader = get_loader(args.image_dir, args.caption_path, vocab,
                         transform, args.batch_size,
                         shuffle=True, num_workers=args.num_workers)
#建立模型
encoder = EncoderCNN(args.embed_size)
decoder = DecoderRNN(args.embed_size, args.hidden_size,
    len(vocab), args.num_layers)
    if torch.cuda.is_available():
    encoder.cuda()
    decoder.cuda()
#損失函數以及最佳化器
criterion = nn.CrossEntropyLoss()
params = list(decoder.parameters()) + list(encoder.resnet.fc.parameters())
optimizer = torch.optim.Adam(params, lr=args.learning_rate)
#模型訓練
total_step = len(data_loader)
for epoch in range(args.num_epochs):
    for i, (images, captions, lengths) in enumerate(data_loader):
        #設定小量資料集
        images = Variable(images)
        captions = Variable(captions)
        if torch.cuda.is_available():
            images = images.cuda()
            captions = captions.cuda()
        targets = pack_padded_sequence(captions, lengths, batch_first=True)[0]
```

```
    #期望值、損失值以及最佳化
    decoder.zero_grad()
    encoder.zero_grad()
    features = encoder(images)
    outputs = decoder(features, captions, lengths)
    loss = criterion(outputs, targets)
    loss.backward()
    optimizer.step()
    #列印日誌資訊
    if i % args.log_step == 0:
        print('Epoch [%d/%d], Step [%d/%d], Loss: %.4f, Perplexity: %5.4f'
              %(epoch, args.num_epochs, i, total_step,
              loss.item(), np.exp(loss.item())))
        #儲存模型
    if (i+1) % args.save_step == 0:
        torch.save(decoder.state_dict(),
                   os.path.join(args.model_path,
                           'decoder-%d-%d.pkl' %(epoch+1, i+1)))
        torch.save(encoder.state_dict(),
                   os.path.join(args.model_path,
                           'encoder-%d-%d.pkl' %(epoch+1, i+1)))
        if __name__ == '__main__': #主函數
parser = argparse.ArgumentParser() #參數解析
parser.add_argument('--model_path', type=str, default='./models/' ,
                    help='path for saving trained models')
parser.add_argument('--crop_size', type=int, default=224 ,
                     help='size for randomly cropping images')
parser.add_argument('--vocab_path', type=str, default='./data/vocab.pkl',
                    help='path for vocabulary wrapper')
parser.add_argument('--image_dir', type=str, default='./data/resized2014',
                    help='directory for resized images')
parser.add_argument('--caption_path', type=str,
                    default='./data/captions_train_val2014/
                    annotations/captions_ train2014.json',
```

```
                        help='path for train annotation json file')
    parser.add_argument('--log_step', type=int , default=1,
                        help='step size for prining log info')
    parser.add_argument('--save_step', type=int , default=100,
                        help='step size for saving trained models')
        #設定模型參數
    parser.add_argument('--embed_size', type=int , default=256 ,
                        help='dimension of word embedding vectors')
    parser.add_argument('--hidden_size', type=int , default=512 ,
                        help='dimension of lstm hidden states')
    parser.add_argument('--num_layers', type=int , default=1 ,
                        help='number of layers in lstm')
        parser.add_argument('--num_epochs', type=int, default=5)
    parser.add_argument('--batch_size', type=int, default=128)
    parser.add_argument('--num_workers', type=int, default=2)
    parser.add_argument('--learning_rate', type=float, default=0.001)
    args = parser.parse_args()
    print(args)
    main(args)
```

20.3.4 介面設定及演示

選擇圖片位址並輸出，當按下按鈕時顯示當前圖片的描述。

```
def test(args):
    #圖型前置處理
        transform = transforms.Compose([
        transforms.Scale(args.crop_size),
        transforms.CenterCrop(args.crop_size),
        transforms.ToTensor(),
        transforms.Normalize((0.5, 0.5, 0.5), (0.5, 0.5, 0.5))])
    #載入詞向量抓取器
    with open(args.vocab_path, 'rb') as f:
        vocab = pickle.load(f)
```

```
# 建立模型
encoder = EncoderCNN(args.embed_size)
encoder.eval()  # 評估模式
decoder = DecoderRNN(args.embed_size, args.hidden_size,
                     len(vocab), args.num_layers)
encoder.load_state_dict(torch.load(args.encoder_path))
decoder.load_state_dict(torch.load(args.decoder_path))
# 準備圖片
image = Image.open(args.image)
image_tensor = Variable(transform(image).unsqueeze(0))
# 設定初值
state = (Variable(torch.zeros(args.num_layers, 1, args.hidden_size)),
         Variable(torch.zeros(args.num_layers, 1, args.hidden_size)))
    if torch.cuda.is_available():
    encoder.cuda()
    decoder.cuda()
    state = [s.cuda() for s in state]
    image_tensor = image_tensor.cuda()
# 根據圖型建立相關對圖型瞭解的句子
feature = encoder(image_tensor)
sampled_ids = decoder.sample(feature, state)
sampled_ids = sampled_ids.cpu().data.numpy()
# 將單字編碼解碼成對應的單字
sampled_caption = []
for word_id in sampled_ids:
    word = vocab.idx2word[word_id]
    sampled_caption.append(word)
    if word == '<end>':
        break
sentence = ' '.join(sampled_caption)
# 輸出圖片和對應圖片瞭解的句子
print(sentence)
plt.imshow(np.asarray(image))
return sentence
```

```
class Application(Frame):
#建立圖形介面
    def __init__(self, master=None):  #設定初值
        Frame.__init__(self, master, bg='black')
        self.pack(expand=YES, fill=BOTH)
        self.window_init()
        self.createWidgets(image_address, sentence)
    def window_init(self):  #設定視窗的初值
        self.master.title('welcome to IMAGE-captioning system')
        self.master.bg = 'black'
        width, height = self.master.maxsize()
        self.master.geometry("{}x{}".format(width, height))
    def createWidgets(self, address, sentence):#定義各種部件的參數
        #第一部分
        self.fm1 = Frame(self, bg='black')
        self.titleLabel = Label(self.fm1, text="video-captioning system",
font=('微軟雅黑', 64), fg="white", bg='black')
        self.titleLabel.pack()
        self.fm1.pack(side=TOP, expand=YES, fill='x', pady=20)
        #第二部分
        self.fm2 = Frame(self, bg='black')
        self.fm2_left = Frame(self.fm2, bg='black')
        self.fm2_right = Frame(self.fm2, bg='black')
        self.fm2_left_top = Frame(self.fm2_left, bg='black')
        self.fm2_left_bottom = Frame(self.fm2_left, bg='black')
        self.predictEntry = Entry(self.fm2_left_top, font=('微軟雅黑', 24),
width='72', fg='#FF4081')
        self.predictButton = Button(self.fm2_left_top, text='predict
sentence', bg='#FF4081', fg='white',
                                    font=('微軟雅黑', 36), width='16',
                                    command=self.output_predict_sentence)
        self.predictButton.pack(side=LEFT)
        self.predictEntry.pack(side=LEFT, fill='y', padx=20)
        self.fm2_left_top.pack(side=TOP, fill='x')
```

```
        self.fm2_left_bottom.pack(side=TOP, pady=10, fill='x')
        self.fm2_left.pack(side=LEFT, padx=60, pady=20, expand=YES, fill='x')
        self.fm2_right.pack(side=RIGHT, padx=60)
        self.fm2.pack(side=TOP, expand=YES, fill="x")
        # 第三部分
        self.fm3 = Frame(self, bg='black')
        load = Image.open(address)
        initIamge = ImageTk.PhotoImage(load)
        self.panel = Label(self.fm3, image=initIamge)
        self.panel.image = initIamge
        self.panel.pack()
        self.fm3.pack(side=TOP, expand=YES, fill=BOTH, pady=10)
    def output_predict_sentence(self):
        predicted_sentence_str = sentence
        self.predictEntry.delete(0, END)
        self.predictEntry.insert(0, predicted_sentence_str)
if __name__ == '__main__':  # 主函數
    parser = argparse.ArgumentParser()  # 參數解析
    parser.add_argument('--image', type=str, default='./data/2.jpg',
                        help='input image for generating caption')
    parser.add_argument('--encoder_path', type=str, default='./models/
encoder-1-900.pkl',
                        help='path for trained encoder')
    parser.add_argument('--decoder_path', type=str, default='./models/
decoder-1-900.pkl',
                        help='path for trained decoder')
    parser.add_argument('--vocab_path', type=str, default='./data/vocab.pkl',
                        help='path for vocabulary wrapper')
    parser.add_argument('--crop_size', type=int, default=224,
                        help='size for center cropping images')
    # 模型參數設定
    parser.add_argument('--embed_size', type=int, default=256,
                        help='dimension of word embedding vectors')
    parser.add_argument('--hidden_size', type=int, default=512,
```

```
                    help='dimension of lstm hidden states')
parser.add_argument('--num_layers', type=int, default=1,
                    help='number of layers in lstm')
args = parser.parse_args()
image_address = './data/2.jpg'
sentence = test(args)
app=Application()
app.mainloop()
```

20.4 系統測試

頁面上方顯示專案名稱 image-captioning system，下方顯示選擇的圖片，點擊 predict sentence 按鈕將顯示輸出文字結果，如圖 20-4 所示。

▲ 圖 20-4 界面展示